现代兽医基础研究经典著作

世界兽医经典著作译丛

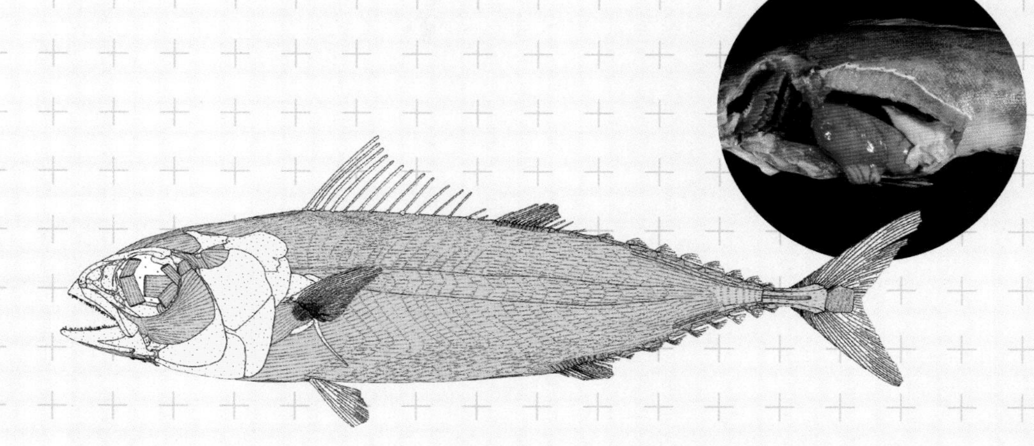

新鱼类解剖图鉴

New Atlas of Fish Anatomy

[日] 木村清志　主编　　[日] 大须贺友一　解剖图着色

【高天翔　张秀梅 译】

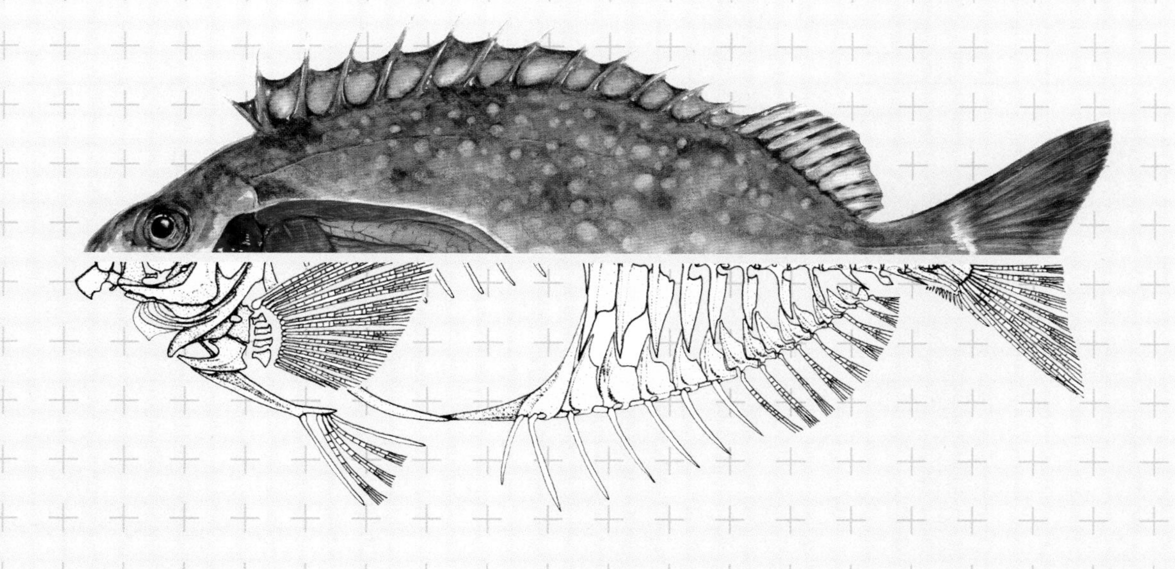

中国农业出版社

北　京

编写者名单

■主编

木村清志（三重大学大学院生物资源学研究科　水产研究所）

■编者

木村清志（三重大学大学院生物资源学研究科　水产研究所）
赤崎正人（故）
荒井真（NPO法人　水产业•渔村振兴推进机构）
石田实（独立法人　水产综合研究中心　濑户内海区水产研究所）
石原元（株式会社　W&I 联盟）
楳田晋
河合俊郎（北海道大学综合博物馆）
神田优 （NPO法人　黑潮体验中心）
木户芳 （青森县大间町公务所）
Chavalit Vidthayanon (世界自然基金会 泰国)
小原昌和（长野县水产试验场）
佐佐木邦夫（高知大学理学部）
盐满捷夫
城泰彦（社团法人　日本水产资源保护协会）
白井滋（东京农业大学生物产业学部）
铃木荣
须田健太（北海道大学水产科学院）
濑崎启次郎（财团法人　新日本检定协会　横滨分析中心）
谷口顺彦（福山大学生命工学部附属内海生物资源研究所）
内藤一明（独立法人　北海道立综合研究机构　鲑鳟鱼类•内陆水域水产试验场）

中江雅典（国立科学博物馆）
长泽和也（广岛大学大学院生物圈科学研究科）
中坊彻次（京都大学综合博物馆）
仲谷一宏（北海道大学大学院水产科学研究院）
西内修一（独立法人　北海道立综合研究机构　栽培水产试验场）
西田清德（大阪Water front 开发株式会社　大阪•海游馆）
藤田清
松冈学（爱媛县中予地方局水产科）
丸山秀佳（独立法人　北海道立综合研究机构　中央水产试验场）
宫正树（千叶县立中央博物馆）
村井贵史（大阪Water front 开发株式会社　大阪•海游馆）
山冈耕作（高知大学大学院黑潮圈海洋科学研究科）
山本贤治

■资料提供者
岩井保
大野诚（北海道大学水产科学院）
大桥慎平（北海道大学水产科学院）
落合明
小林靖尚（琉球大学）
平贺英树（三重大学练习船势水丸）
町敬介（北海道大学水产科学院）
本村浩之（鹿儿岛大学综合研究博物馆）
淀太我（三重大学大学院生物资源学研究科）

主编简介

木村清志

三重大学大学院生物资源学研究科　水产研究所教授/所长

1953年生于日本京都市，毕业于三重大学水产学部，同大学院水产学研究科修业期满，1978年，三重大学水产研究所助手。1982年，获京都大学农学博士学位。现为三重大学大学院生物资源学研究科纪伊•黑潮海域生命科学中心附属水产研究所教授、所长。研究方向为鱼类系统分类学、鱼类资源生物学。主要从事日本志摩地区鱼类相关研究和教育工作。主要著作有《日本产稚鱼图鉴》（合著，东海大学出版社）、《Field Selection 11 海水鱼》（合著，北隆馆）、《鱼类解剖大图鉴》（合著，绿书房）、《观赏鱼类解剖图鉴 I》（合著，绿书房）、《日本的海水鱼》（合著，山溪谷社）、《日本动物大百科 6 鱼类》（合著，平凡社）、《稚鱼的自然史》（合著，北海道大学图书发行会）、《地球环境调查测量辞典 第三卷 沿岸篇》（合著，富士•技术体系）、《愉快的日本鱼类词典-随笔 海水鱼篇1-4》（主编，河出书房新社）等，爱好吉他演奏和烹制无国籍料理。

内 容 简 介

《鱼类解剖图鉴》（日文版）于1987年发行，随着鱼类学研究的不断发展，各种新概念和新数据日益增多，2008年起笔者对该书进行了全面修订。在修订过程中，为了增强图鉴的直观性和视觉效果，不仅对相关解说内容进行了更新，还将旧版的传统手绘图更换成彩色照片和彩色插图，并对所介绍的鱼种进行了删减，对概论部分进行了大量补充说明。在多位专家学者的努力配合下，2010年《新鱼类解剖图鉴》（日文版）正式出版。

该书共分为二章。第一章为概论：分别叙述了鱼体各部分的构造，包括皮肤、鳞片、体色、骨骼系统、肌肉系统、消化系统、神经系统、循环系统和感觉器官的结构特征及其相关生理机能；第二章为分鱼种解说：分别展示了3种软骨鱼类和29种硬骨鱼类的解剖图、骨骼图和解剖照片，并对每种鱼类的名称、外部形态特征、生态分布、成熟和产卵、生长发育和食性，以及每种鱼类的解剖学特征进行了系统描述。全书附有100幅彩色插图和310幅彩色解剖照片。

该书是一部内容新颖、图文并茂的佳作，值得向动物学界、海洋生物学界和水产学界的教学、科技工作者推荐，也可作为大学本科生和研究生的辅助教材。

译者序

儿时最喜欢的一本书《小黑鳗游大海》，这本不知翻看了多少遍的彩色连环画，激发了我们对奇妙蓝色海洋世界的无限渴望。生于内陆、长于内陆的我们，冥冥之中大学选择了水产专业，与“鱼”结下不解之缘。

光阴似梦，往事如烟。20世纪八九十年代，东渡日本留学期间，先生利用分子手段研究鱼类的种群分布格局，本人专攻鱼类行为学研究。儿时那条牵挂于心的小黑鳗在大海旅行中所遇见的各种鱼类亦成为我们终身研究的对象。

我国是世界海洋鱼类生物多样性最丰富的国家之一，海洋鱼类总数达3 700余种。生活在水中的鱼类，由于其生活环境十分复杂，远至高原湖泊，深至大洋深渊，有底栖、有埋栖、有穴居，生活方式各不相同。不言而喻，长期的环境适应造就了各自不同的体型，使得各种鱼类形成了独特的形态特征。虽然我国有关鱼类的文献浩如烟海，林林总总介绍了鱼类的形态特征、分类地位及各部分器官的解剖学特征等，尤其针对鲢、鲤、大黄鱼等12种代表性鱼类的解剖亦有详细的研究报道，但至今尚未有一本系统的鱼类解剖原色图谱。

当中国农业出版社把这部日文版原著送到手中时，精美的图片和全面系统的分类整理，激发了我们翻译本书的激情和勇气。中日两国濒临西北太平洋，毗邻东海、黄海，拥有许多共有鱼种，图谱中涉及的种类在我国几乎均有分布。初看上去，这本图谱似乎写得很简单，但其中的许多专业词汇晦涩难解。无数个日日夜夜，在实验室众多研究生的帮助之下，一条条肌肉、一块块骨骼对应的一个个条目逐字逐句查阅，不只是涉及文字上的准确翻译，还要斟酌大量专业术语的严谨性，工作量远远超出了最初的设想，学生们的付出和帮助让我们由衷感激。孟庆闻、苏锦祥、李婉端先生合著的《鱼类比较解剖》一书，也为本图谱的翻译提供了重要参考。虽然20世纪七八十年代没有先进的拍照技术，但先生们手绘的大量插图，内容丰富翔实，见证了老一辈鱼类学家博征实据的治学路数和严谨求实的学术风范。夜深人静之时，灯下逐条核校译稿，深感鱼类学研究之不易，翻译《新鱼类解剖图谱》是一件艰巨的事。

本图谱共收录100幅彩色插图和310幅彩色解剖照片，全面介绍了鱼体各部分的构造，包括皮肤、鳞片、体色、骨骼系统、肌肉系统、消化系统、神经系统、循环系统和感觉器官的结构特征及其相关生理机能；展示了不同形态特征的3种软骨鱼类和29种硬骨鱼类的解剖图、骨骼图和解剖照片，详细叙述了每种鱼类的外部形态特征、生态分布、成熟和产卵、生长发育和食性，并对每种鱼类的解剖学特征进行了翔实描绘，配有详细的参考文献、术语表和索引。堪称一部图文并茂的鱼类解剖学基础专著，又是一部鱼类生理、分类和生态学研究的辅助工具书，值得向水产、生物等专业的本科生、研究生和海洋生物研究人员推荐。

鱼类堪称地球上种类和数量最多、分布最广泛的水生动物之一，但长期的过度开发利用，导致许多种类处于濒危或灭绝的境地。当我们意识到问题的严重性时，珍惜和保护鱼类资源无疑是明智之举。如何实施有效的保护，应透过“表象”去“追根溯源”。庖丁解牛之所以刀刀到位，因为掌握了牛的肌理。衷心希望这部图鉴的发行，能发挥“庖丁解牛”之力，以此推动鱼类学和鱼类保护学研究向更深发展。希望“濒临灭绝”的字样不再出现，未来子孙后代对鱼类的了解不会仅局限于图谱或电视屏幕映出的图像。

取人之长，补己之短，译者殷切希望学界同仁能帮助我们指出误漏之处，以便后续勘误或时机成熟之时更出新译。在此向中国农业出版社对基础学科的重视，并将翻译之重任委以我们，致以由衷的谢忱。

本书获得浙江海洋大学出版基金和国家自然科学基金项目（41776171）资助。

译 者

2020年11月

原书序

开展鱼类生物学研究、给学生授课或解答媒体提问时，了解和掌握丰富的不同分类群的鱼类解剖学知识往往很有必要。当然，时间充裕时笔者也尝试解剖手头的鱼类标本。然而，如果前期不具备相关参考资料和基础知识，首次涉及解剖某一类群的鱼类，则很难得到满意的解剖学信息，常以失败而告终。

在这种情况下，一个简单的方法就是参考文献资料。通常，鱼类学教科书里会刊登一些典型鱼类的解剖学内容。然而，鱼类是形态多样性非常高的一个类群，在普通教科书里涉及的解剖学内容往往信息量较少。因此，为满足工作需要或自己的求知欲，需要分别查找各个分类群的资料或者与鱼类各种器官相关的文献报道。

涉及鱼类骨骼部分的主要参考资料如Gregory（1993）、堀田（1961）、高桥（1962），消化道部分如Suyehiro（1942）等，这些文献曾给予了人们很多帮助。此外，富永（1967）编著的《综合鱼类解剖图鉴》知名度较高，但上述资料在一些种类的解剖学知识方面还存在诸多不足。为了打破这种局面，1987年落合明编著并出版了具有划时代意义的《鱼类解剖图鉴》。在这本图鉴中，以养殖鱼类为中心，介绍了36种鱼类的解剖图、骨骼图，并刊载了各种鱼类器官的彩色解剖照片。该图鉴为了解鱼类相关解剖学知识提供了极大的便利。此后，1991年发行的《鱼类解剖图鉴第Ⅱ集》刊载了太平洋鲱等6种鱼类的解剖图、骨骼图、解剖照片等。1994年又追加了24种，在总论部分增添了软骨鱼类的相关内容，整合为《鱼类解剖大图鉴》进行新版发行。1997年又发行了《观赏鱼解剖图鉴1》（落合明与铃木克美共著），补充了之前未曾涉及的观赏鱼类，并发布了许多在鱼类学研究中非常有趣的相关种的解剖学信息。

《鱼类解剖图鉴》出版以来历经23年，即使再优秀的图书历经20余年的岁月，其部分学术观点的错误和片面性也会愈发明显。为此，我们提出了对《鱼类解剖图鉴》进行全面修订的计划。

2008年春季，我突然接到绿书房编辑关于修订《鱼类解剖图鉴》的电话，落合明先生推荐我担任该图鉴的主编。并将最初为《鱼类解剖图鉴》描绘三线矶鲈等4种鱼类骨骼图的作者一同列入编纂小组。在《鱼类解剖图鉴第Ⅱ集》中我曾负责带鱼和裼篮子鱼部分的写作，另外，在《鱼类解剖大图鉴》中我负责追加鲣等4个种的相关描述。可以说很久之前我就与《鱼类解剖图鉴》结下了不解之缘，加之落合明先生的钦点，我决定担任修订版的主编。在此，不仅要更新修订版的内容，还要让图鉴符合现代“视觉化”风格。在概论部分，一改旧版的线描图，使用彩色照片和彩色图版替代。另外，充实了概论部分的内容，使之更加详细、具体，删减了刊载鱼种的数量，将上述几本图鉴进行了合并和整理。

从修订版立项到现在已历时两年，最初一年主要修订各种鱼类的解剖图、骨骼图，第二年主要开展了概论部分相关内容的补充和描述，并根据需要拍摄了新的解剖照片。通过这些照片的积累和使用，逐步满足了编辑提出的向“视觉化”贴近的修订要求。经多方努力，由涵盖大量彩色照片和彩色图版的概论部分以及包括3种软骨鱼类和29种硬骨鱼类解剖图、骨骼图和解剖照片的分鱼种解说部分构成的新版《新鱼类解剖图鉴》终于完稿。

在《新鱼类解剖图鉴》出版发行过程中，得到了各方的大力支持与帮助。感谢本图鉴的原作者，即上述多部解剖图鉴的主编落合明先生，委以我《新鱼类解剖图鉴》主编的重任。针对我比较薄弱的环节，岩井保先生提供了诸多新信息，多位合著者承担了概论部分新增内容的写作，各位作者针对旧版内容进行了再次修订与校对，众多同仁为本书的编著提供了各种资料和信息，在此向他们表示最诚挚的谢意。

最后，向本书编辑过程中提供了各种帮助和支持的绿书房月刊养殖编辑部的川音泉女士表示衷心感谢。本书能作为绿书房创业50周年纪念刊出版，甚感荣幸。

2010年4月

木村清志

目录

2 鱼种解说

1　概论

本章主要介绍了鱼类的体形、鱼体各部分名称、鳍、皮肤、鳞片、体色、软骨鱼类的骨骼系统、硬骨鱼类的骨骼系统、肌肉系统、消化系统、鳔、神经系统、循环系统、内脏、感觉器官。

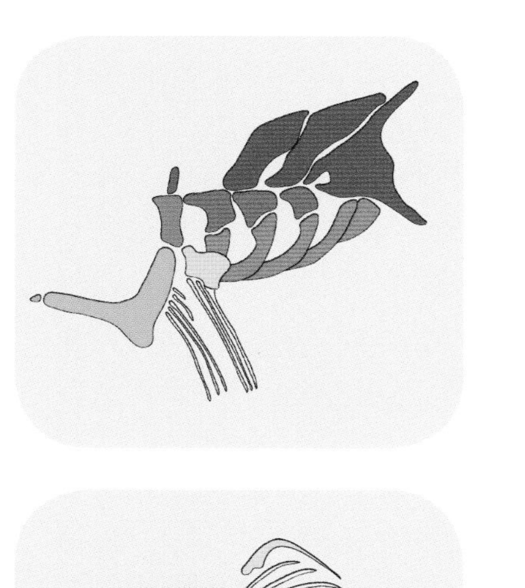

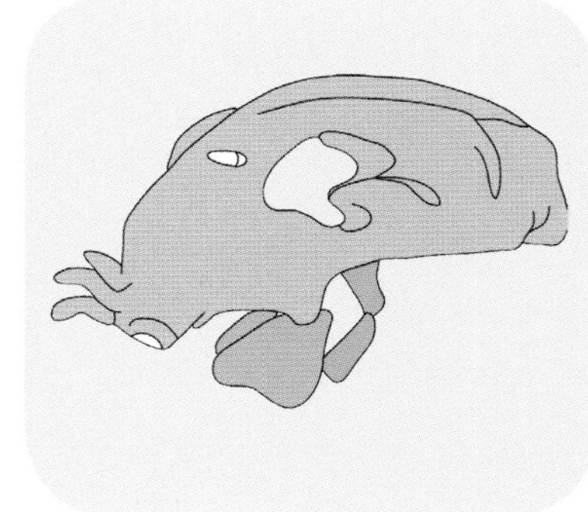

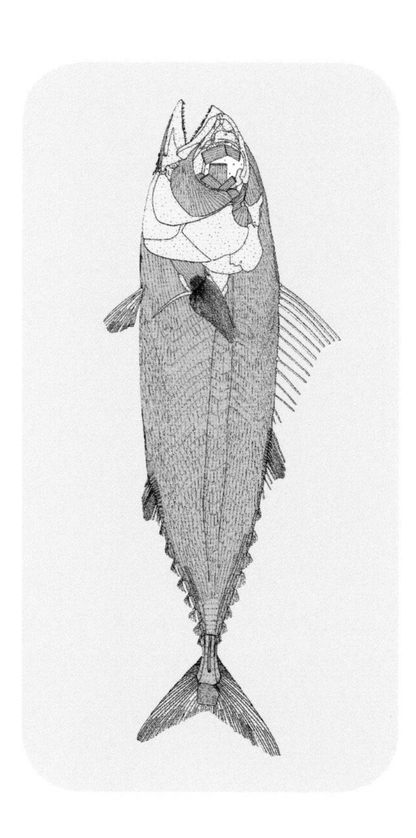

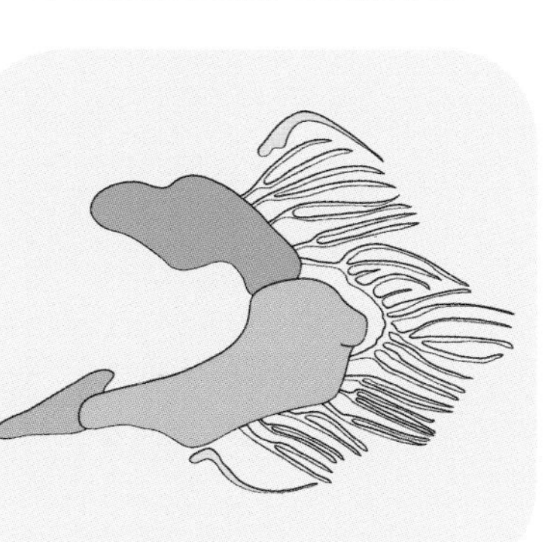

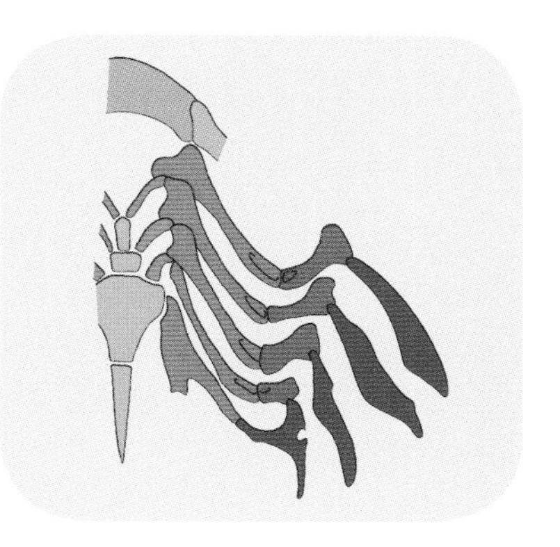

1.1 体形

鱼类体形较其他脊椎动物更为多样化，有时同目或同科不同属和不同种间亦存在显著差异。这可归结为鱼类体形是适应生态环境的结果，但通常同属不同种间的体形差异较小。

1.1.1 侧扁型

鱼的体宽较体高狭窄，左右方向扁平的体形被称为侧扁型（compressed form）（图1-1-1），这是鱼类中最具代表性的体形。侧扁型体形在海洋鱼类中非常常见，主要代表种类有银鲛目的黑线银鲛（*Chimaera phantasma*）、海鲢目的夏威夷海鲢（*Elops hawaiensis*）、鲱形目的斑鰶（*Konosirus punctatus*）、鼠鱚目的遮目鱼（*Chanos chanos*）、鲤形目的白鲫（*Carassius cuvieri*）、鲑形目的马苏大马哈鱼（*Oncorhynchus masou*）、巨口鱼目的褶胸鱼（*Sternoptyx diaphana*）、仙女鱼目的阿氏谷口鱼（*Coccorella atrata*）、月鱼目的旗月鱼（*Velifer hypselopterus*）、银眼鲷目的日本须鳂（*Polymixia japonica*）、鼬鳚目的棘鼬鳚（*Hoplobrotula armata*）、金眼鲷目的金眼鲷（*Beryx splendens*）、海鲂目的远东海鲂（*Zeus faber*）、刺鱼目的三刺鱼（*Gasterosteus aculeatus*）、银汉鱼目的南洋银汉鱼（*Atherinomorus lacunosus*）、颌针鱼目的长颌拟飞鱼（*Parexocoetus mento*）、鲉形目的焦氏平鲉（*Sebastes joyneri*）、鲈形目的日本鲈（*Lateolabrax japonicus*）、竹筴鱼（*Trachurus japonicus*）、颈斑鲾（*Nuchequula nuchalis*）、真鲷（*Pagrus major*）、蝴蝶鱼（*Chaetodon auripes*）、鲀形目的丝背细鳞鲀（*Stephanolepis cirrhifer*）等。

在近海鱼类中，侧扁型体形最为常见。侧扁的程度多用体高—体长比表示，且这一比值在侧扁型鱼类中变化较大。例如，马苏大马哈鱼、日本鲈和竹筴鱼等鱼类侧扁程度较低（体高约为体长的25%）；而鲈形目的眼镜鱼（*Mene maculata*）和黄鲳鲳（*Monodactylus argenteus*）等鱼类体形近菱形，侧扁的程度极高（体高为体长的70%～80%）。

侧扁型体轴与前进方向一致，使水流的抵抗力大大变小，这样可以很好地适应不断变化的游泳速度和前进方向。这种体形常与近海鱼类，尤其是岩礁性和珊瑚礁性鱼类的生活方式相适应。此外，鲆科、鲽科和舌鳎科等鲽形目鱼类的成鱼眼睛位于身体同侧，身体另一侧贴近水底，体形表现出明显的左右不对称，这些鱼类也属于侧扁型体形。

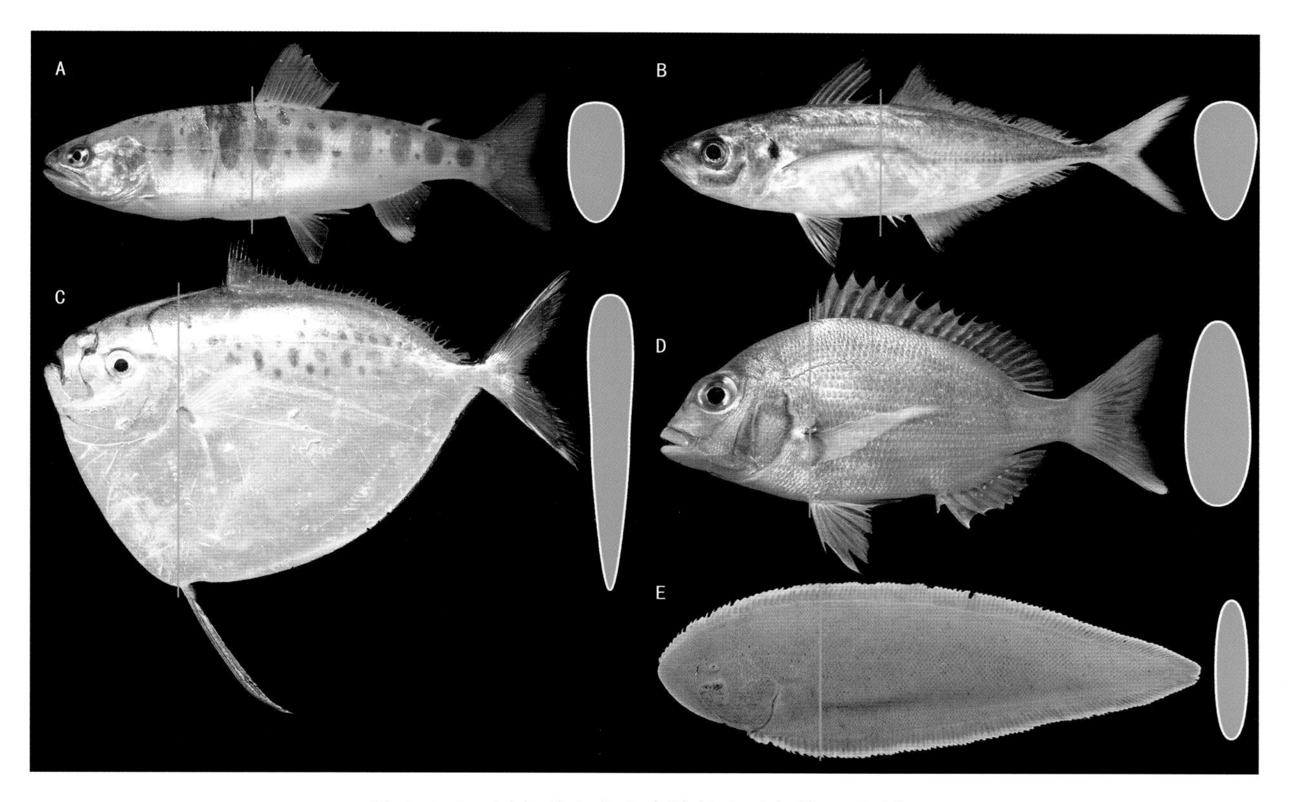

图 1-1-1　侧扁型鱼类及其横断面（木村，原图）
竖线表示断面的位置
A. 樱鳟　B. 竹筴鱼　C. 眼镜鱼　D. 真鲷　E. 日本须鳎

1.1.2 带型

带型鱼类体形极其侧扁且头尾轴特别延长，形如带状（ribbon-like form）（图1-1-2）。带型体形的鱼类主要有月鱼目的勒氏皇带鱼（*Regalecus russellii*）、鲈形目的克氏棘赤刀鱼（*Acanthocepola krusenstenii*）、带鳚（*Xiphasia setifer*）、黑体网鳚（*Dictyosoma burgeri*）以及带鱼科的所有鱼类。这种体形常见于各种类群，适于潜底、穴居或穿绕水底礁石岩缝，以偏深海种类居多。

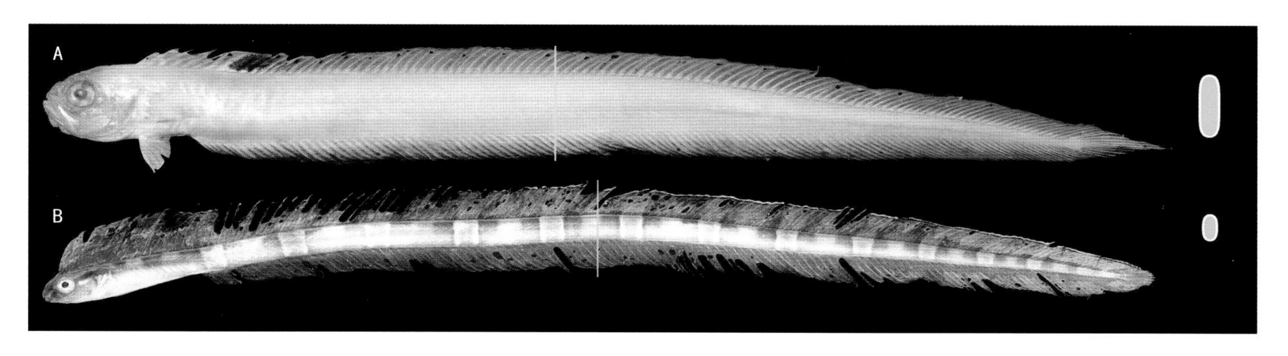

图 1-1-2　带型鱼类及其横断面（木村，原图）
竖线表示断面的位置
A. 背点棘赤刀鱼　B. 带鳚

1.1.3 平扁型

鱼体左右轴发达，背腹轴缩短呈扁平状态的体形即为平扁型（depressed form）（图1-1-3）。鳐和魟等所有鳐形目（Rajiformes）鱼类、鮟鱇目鮟鱇科（Lophiidae）鱼类是平扁型鱼类的代表种类。此外，鲉形目的鲬科、鲈形目的鯒科大部分鱼类也为平扁型，这些鱼类大部分营底栖生活。但鲼形目的日本蝠鲼（*Mobula japonica*）并不营底栖生活。平扁型鱼类平坦的腹部具有水底定位和维持身体平衡的作用。鳐形目和鮟鱇科的鱼类头部和躯干部是平扁型，尾部平扁程度降低，尾鳍基部呈现侧扁型。营底栖生活的鲇科、鲬科和鯒科鱼类头部为平扁型，随着身体向后延伸，平扁程度逐渐降低，到尾部成为侧扁型。

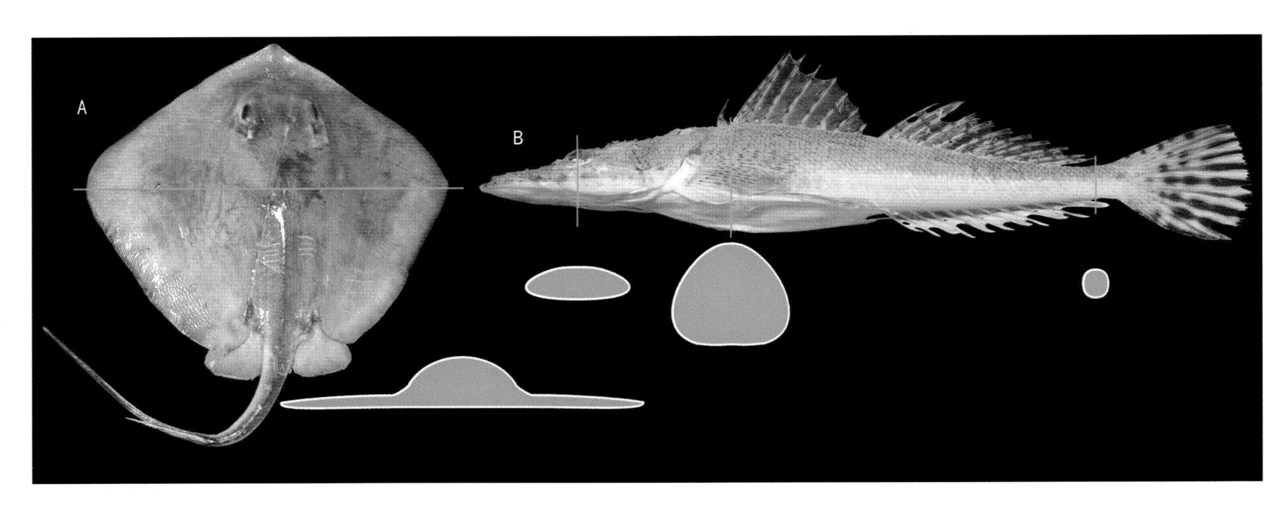

图 1-1-3 平扁型鱼类及其横断面（木村，原图）
竖线表示断面的位置
A. 赤魟 B. 日本瞳鲬

1.1.4 纺锤型

许多大洋性鱼类游泳速度极快，体形为潜水艇或鱼雷形状。体宽体高几乎等长，身体横断面几乎为圆形，且身体不延长的体形即为纺锤型（fusi form）（图1-1-4）。纺锤型鱼类游泳时受水流抵抗力极小，长时间高速游泳的洄游性鱼类多为此类体形，代表种类有鲈形目鲭科（Sombridae）的鲣（*Katsuwonus Pelamis*）和蓝鳍金枪鱼（*Thunnus thynnus*）。鼠鲨目的太平洋鼠鲨（*Lamna ditropis*）是一种持续游泳的鱼类，体形同样为纺锤型。典型的纺锤型鱼类具有细而强劲有力的尾柄，通常为竖扁型。

一般鱼类游泳时的推动力是由尾鳍左右摆动产生的。因此，竖扁的尾柄能够使尾鳍在游动过程中减小阻力。

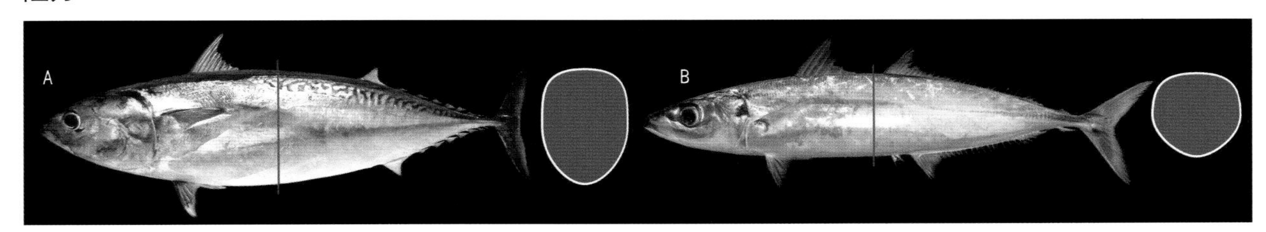

图 1-1-4 纺锤型鱼类及其横断面（木村，原图）
竖线表示断面的位置
A. 圆花鲣 B. 领圆鲹

1.1.5 鳗型

鱼体横断面为圆形，身体极为延长，类似圆筒形的体形即为鳗型（eel-like form）（图1-1-5）。常见的代表种类有鳗鲡目鳗鲡科（Anguillidae）、康吉鳗科（Congridae）、海鳝科（Muraenidae）鱼类、鲤形目的泥鳅（*Misgurnus anguillicaudatus*）和合鳃目的黄鳝（*Monopterus albus*）。体形为鳗型的鱼类大部分栖息于水底泥沙中，或在岩石裂缝和石砾间，游泳时如蛇形般左右摆动。

1.1.6 鲀型

身体近似圆球形的体形称为鲀型（puffer-like form）（图1-1-5）。鲀型体长、体高和体宽几乎等长，尾部多为侧扁型。常见的代表种类为鲀形目鲀科（Tetraodontidae）、杜父鱼亚目圆鳍鱼科（Cyclopteridae）鱼类。圆球形鱼体不适于游泳，但面对捕食者时易形成有效的防御。鲀科的大部分鱼类体高约等于体宽，鱼体横断面近似为四边形。此外，有些鱼类身体延长，不近似于球形，当它们察觉到危险时，会吞食大量的水（或空气）使腹部膨胀，身体呈球形。

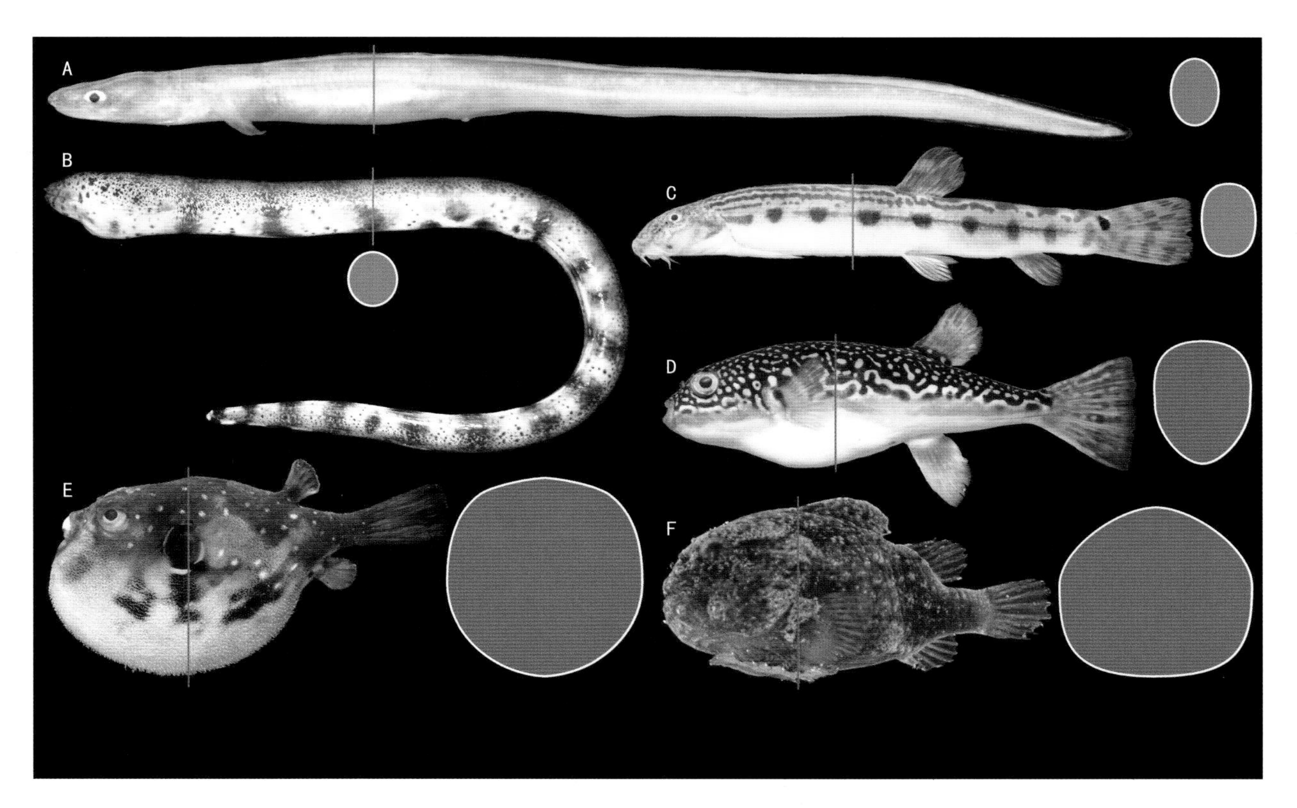

图 1-1-5　鳗型、鲀型鱼类及其横断面（木村，原图）

竖线表示断面的位置

A. 异颌颌吻糯鳗　B. 小裸胸鳝　C. 琵琶湖鳅　D. 菊黄多纪鲀　E. 纹腹叉鼻鲀　F. 圆鳍鱼

（木村清志）

1.2 鱼体各部分名称

1.2.1 鱼体分区

鱼体由头（head）、躯干（trunk）、尾（tail）和鳍（fin）四部分组成。具有鳃盖（operculum）的硬骨鱼类头部为鳃盖骨后缘之前的部分，没有鳃盖的板鳃类则为最后一对鳃裂（gill slit）之前的部分，一般头部后方到肛门（anus）或泄殖腔（cloaca）之间为躯干部。银汉鱼科（Atherinidae）和篮子鱼科（Siganidae）鱼类肛门位于腹鳍附近，躯干部通常以臀鳍基部起点为界。

鱼体躯干部后方的部分为尾部，硬骨鱼类尾部向后达到尾鳍基底（尾下骨后缘），软骨鱼类则达到尾鳍下叶起始部分（图1-2-1）。

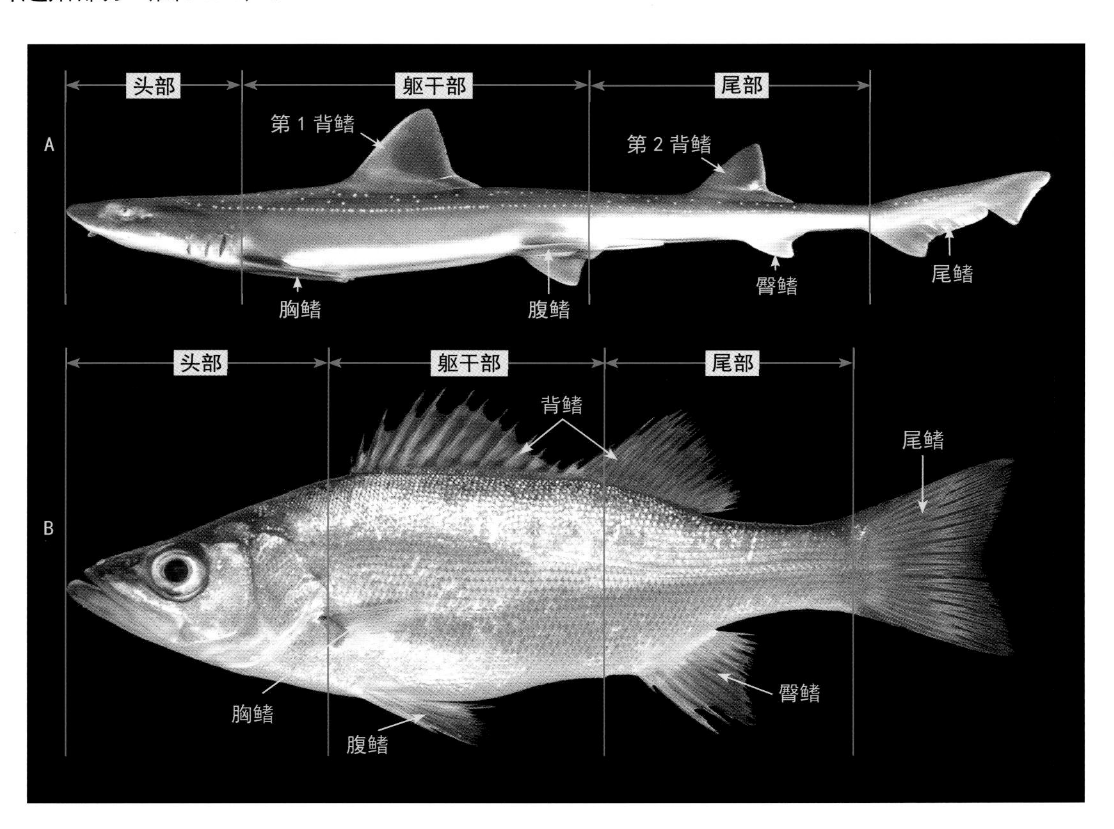

图 1-2-1　鱼体分区和鱼鳍（木村，原图）

A. 软骨鱼类（白斑星鲨）　B. 硬骨鱼类（宽体鲈）

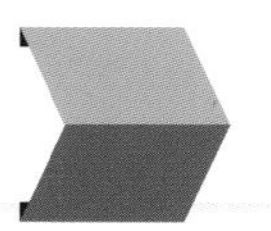

1.2.2 头部

头部除从外观能确认的上颌（upper jaw）、下颌（lower jaw）、鼻孔［（nostril前鼻孔：anterior nostril，后鼻孔：posterior nostril，前后鼻孔常分开）］、眼（eye）、头部感觉管（cephalic sensory canal）等结构外，还具有脑、内耳等，以及鳃、中枢神经和感觉器官、呼吸器官、摄食器官等进行生命活动不可或缺的重要器官。

头部可以分为以下几个部分。眼前缘到头部最前端为吻部（snout），眼的上方部分为眼上部（supraorbital region），眼的后方部分为眼后部（postorbital region），眼后下方到前鳃盖骨后缘为眼下部（suborbital region）或颊部（cheek），眼的后上方部分为侧头部（temporal region），侧头部下方，鳃盖部分为鳃盖部（opercular region）。头部背面，眼前缘向前为吻背面，两眼间为眼间隔（interorbital space），眼间隔向前（包含眼间隔）的部分为前头部（frontal region），眼间隔后方为后头部（occiput），后头部向后部分为颈部（nape），它们之间并没有严格的界限。头腹面部分，口前端为吻腹面，下颌的前端左右齿骨会合处为下颌联合（symphysis），缝合部后方尾舌骨附近为颐部（chin），颐部后方左右鳃条骨（branchiostegal ray）及鳃盖膜（opercular membrane）包围的部分为峡部（isthmus），峡部后方为喉部（jugular），这些部位之间亦没有明确的界限（图1-2-2）。

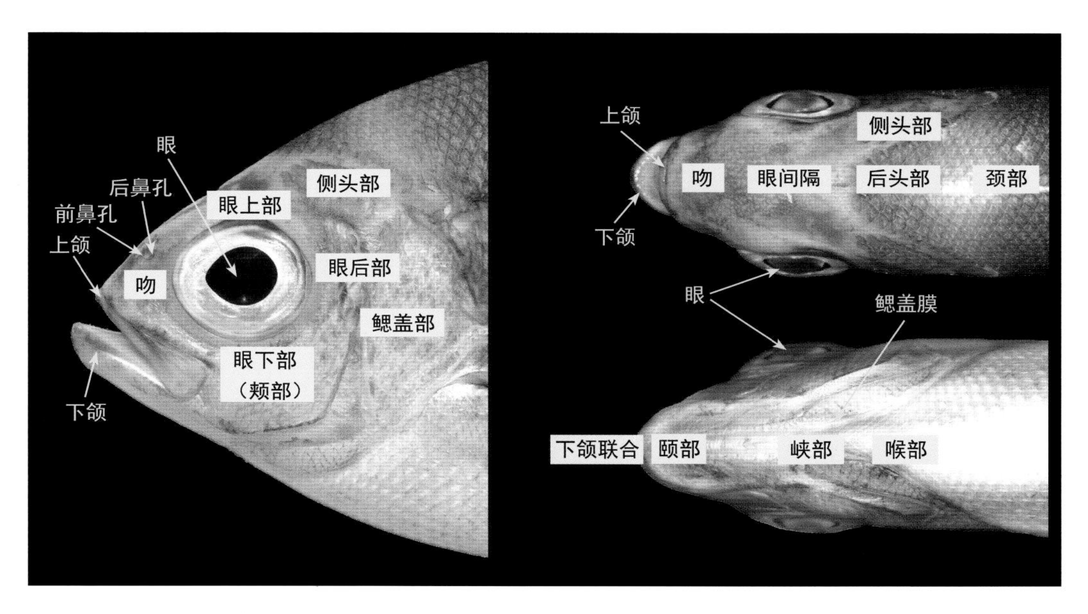

图 1-2-2 头部名称（木村，原图）
横带若梅鲷

1.2.3 躯干部和尾部

一般将躯干部和尾部合起来称作鱼体（body）（有时鱼体表示除鳍外的头、躯干和尾部）。鱼体侧中线附近称为体侧，上方称为背侧，下方称为腹侧（图1-2-3）。

胸鳍基部附近及其腹面为胸部（breast），躯干部的腹面为腹部（belly）。臀鳍基部后端和尾鳍基部（软骨鱼类为尾鳍下叶部）之间为尾柄（caudal）。鲣和金枪鱼等高速游泳鱼类尾柄侧中线上具有尾柄隆起嵴（caudal keel）（图1-2-4）。

图 1-2-3　躯干部及尾部名称（木村，原图）
横带若梅鲷

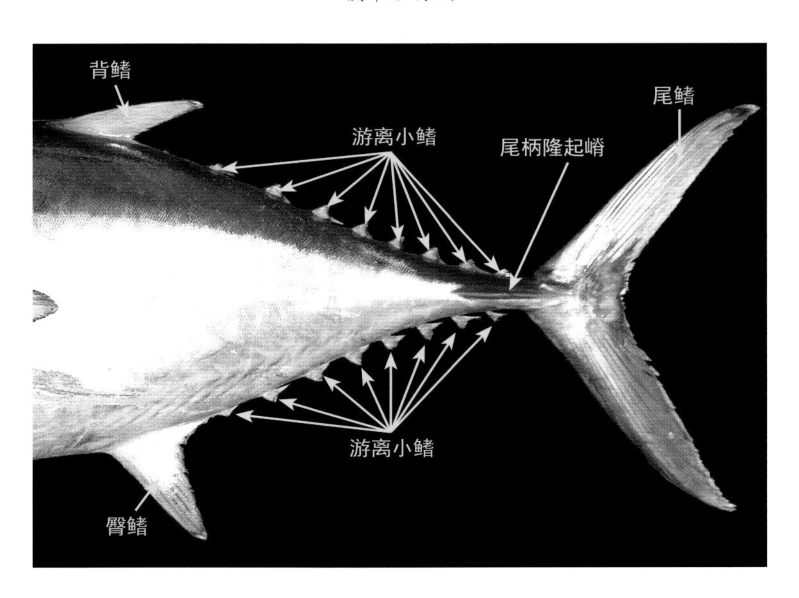

图 1-2-4　尾柄隆起嵴和游离小鳍（木村，原图）
黄鳍金枪鱼

1.2.4 侧线

很多硬骨鱼类体侧有侧线。侧线通常以1条居多，飞鱼科（Exocoetidae）鱼类侧线位于体腹侧面。此

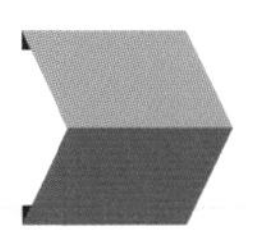

外，少数种类侧线数量多于1条，大眼双线鲭（*Grammatorcynus bilineatus*）和宽体舌鳎（*Cynoglossus robustus*）有2条侧线，短吻红舌鳎（*Cynoglossus joyneri*）有3条侧线，大泷六线鱼（*Hexagrammos otakii*）有5条侧线。

同时，红斑网鳚（*Dictyosoma rubrimaculatum*）等鱼类不仅头尾方向有侧线，背腹方向也有侧线，呈现网目状构造。飞鱼科（Exocoetidae）和鲽科（Pleuronectidae）等鱼类侧线在一定位置（如胸部）存在分支。李氏鲻（*Callionymus richardsonii*）和绯鲻（*Callionymus beniteguri*）等鲻科鲻属鱼类，左右侧线在尾柄处会相互连接。

鱼类侧线多沿躯干部前端延伸至尾鳍，但也存在其他情况，如后颌鱼科（Opistognathidae）和鲾科仰口鲾属（*Secutor*）鱼类侧线不达尾鳍基部，七夕鱼科尖头七夕鱼（*Plesiops oxycephalus*）侧线仅达躯干末端，准雀鲷科环眼准雀鲷（*Labracinus cyclophthalmus*）、双边鱼科断线双边鱼（*Ambassis interrupta*）和鹦嘴鱼科（Scaridae）鱼类的侧线于体中部后方中断（图1-2-5）。

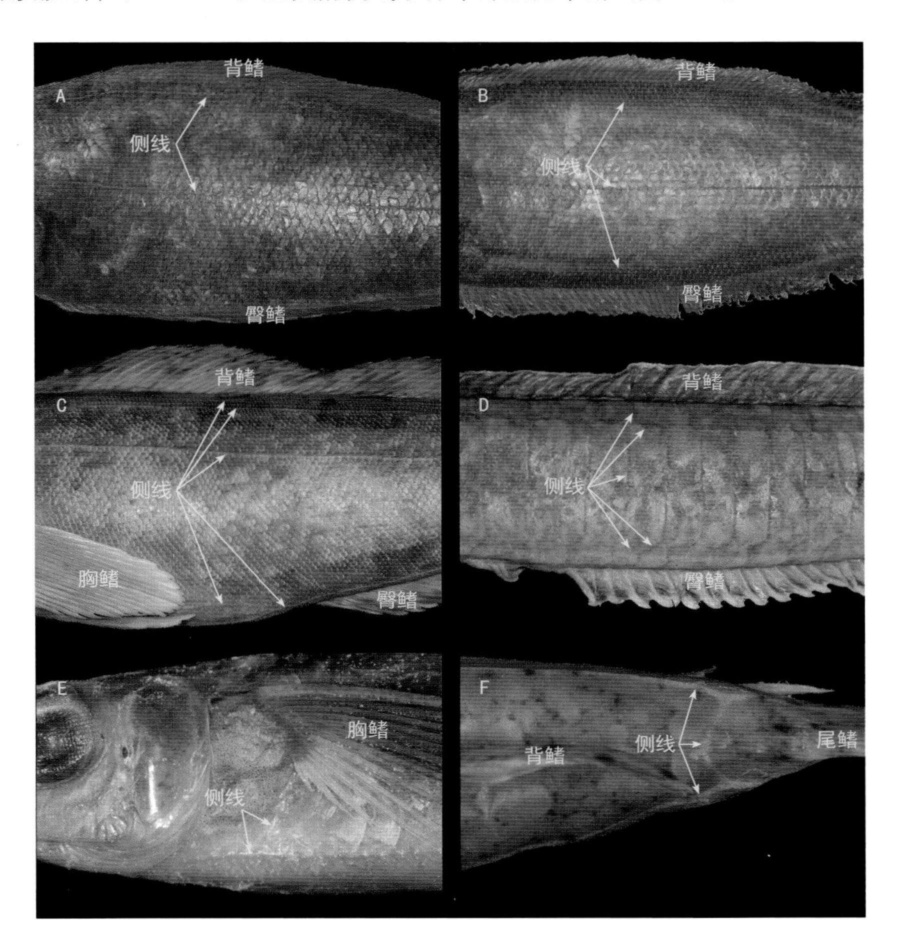

图 1-2-5　侧线（木村，原图）

A. 宽体舌鳎（固定标本，侧线 2 条）　B. 短吻红舌鳎（固定标本，侧线 3 条）

C. 大泷六线鱼（固定标本，侧线 5 条）　D. 黑体网鳚（固定标本，网目状侧线）　E. 长颌拟飞鱼（固定标本，侧线在胸部有分支）　F. 绯鲻（固定标本，左右侧线分支在尾柄处连接）

（木村清志）

1.3 鳍

1.3.1 鳍的名称

鱼类通常具有背鳍（dorsal fin）、臀鳍（anal fin）、尾鳍（caudal fin）、胸鳍（pectoral fin）和腹鳍（pelvic fin）。背鳍、臀鳍、尾鳍位于鱼体背中线或者腹中线及其延长线上，不是成对分布的，称为不对称鳍（unpaired fin）（国内称奇鳍）。而胸鳍和腹鳍分别相当于四足动物的上肢和下肢，左右各一个，成对分布，这些鳍称为对鳍（paired fin）（国内称偶鳍）。背鳍和臀鳍在某些种类中可能存在多个，从体前端开始，分别称为第一背鳍（臀鳍），第二背鳍（臀鳍）等。

鲇形目（Siluriformes）、脂鲤目（Characiformes）、仙女鱼目（Aulopiformes）、灯笼鱼目（Myctophiformes）的鱼类，背鳍后面通常有一个不具鳍条的脂鳍（adipose fin）（图1-3-1）。另外，秋刀鱼和鲹科（Carangidae）圆鲹属（*Decapterus*）、蛇鲭科（Gempylidae）的大部分鱼类和鲭科（Scombridae）鱼类，尾柄部具有由一个软条形成的游离小鳍（finlet）（国内称小鳍或离鳍）。鳐类的胸鳍、头和躯干愈合成扁平的体盘（disk）。另外，鲼科蝠鲼属鱼类头部具有游离的耳状鳍，称为头鳍（cephalic fin）。

软骨鱼类（板鳃类）的鳍由角质鳍条（ceratotrichia）构成，通常被皮肤覆盖。辐鳍鱼类（Actinopterygii）的鳍是由鳍条（fin ray）和鳍膜（fin membrane）构成的，并且鳍条分为棘（spine）和软条（soft ray）。软条分节，根据末端分支的不同可以进一步划分。分支的软条称为分支软条（branched soft ray），不分支的软条称为不分支软条（unbranched soft ray）。鲤科鱼类等背鳍前部的软条特化成棘，这样的软条称为棘状软条（spiny soft ray）（国内称为假棘）。鳍和鱼体接触的部分称为鳍基（fin base）。对于硬骨鱼类来说，尾鳍尾下骨、胸鳍辐状骨、腹鳍腰骨、鳍条的关节点称为鳍基。

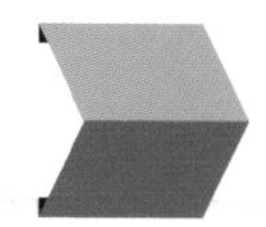

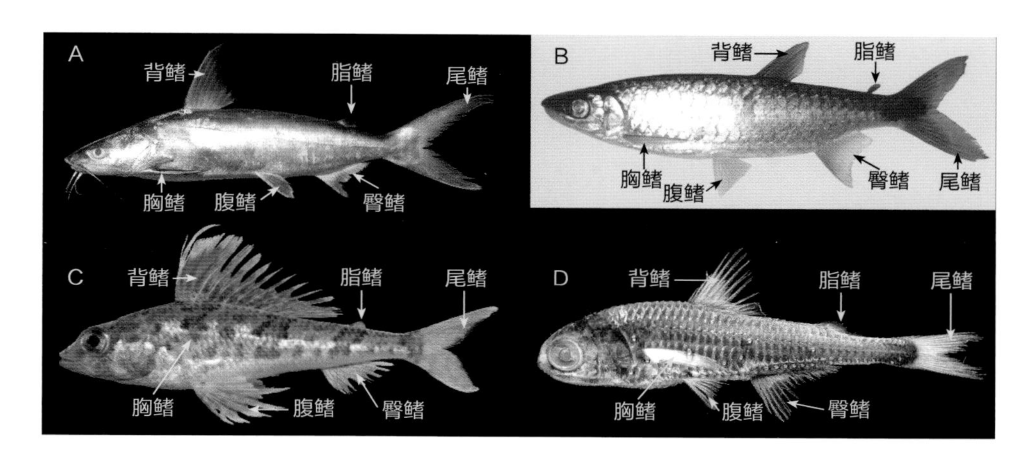

图 1-3-1 脂鳍（木村，原图）

A. 大头多齿海鲇（鲇形目） B. 红胸非洲脂鲤（脂鲤目） C. 仙女鱼（仙女鱼目）

D. 粗鳞灯笼鱼（灯笼鱼目）

1.3.2 鳍式

对于硬骨鱼类，很多情况下鳍条数是重要的分类依据。常以鳍式来表示鳍条的数量。各鳍依次记为D：背鳍，A：臀鳍，C：尾鳍，P1：胸鳍，V2：腹鳍。以罗马数字代表鳍棘，阿拉伯数字代表软条。也有用小写的罗马数字代表不分支软条的情况。同一尾鱼既有鳍棘又有软条，鳍棘数和软条数之间用逗号隔开。

另外，如果存在多个背鳍或者臀鳍，鳍条数间用+号连接，例如，“D XI+I, 20”表示第一背鳍有11个鳍棘，第二背鳍有一个鳍棘和20个软条（图1-3-2）。

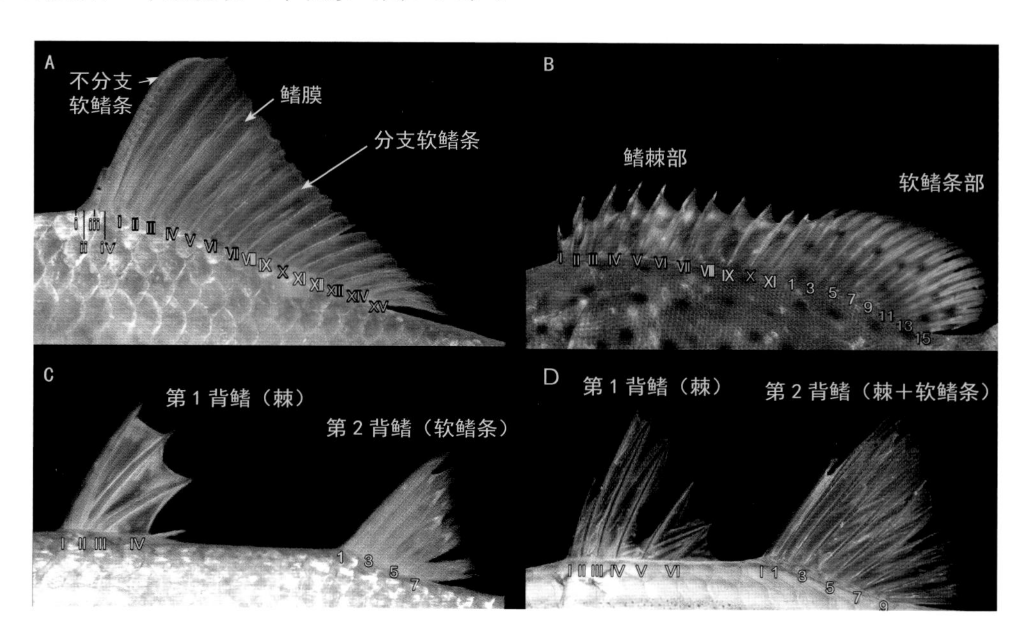

图 1-3-2 硬骨鱼类背鳍构造和鳍式（木村，原图）

A. 银鲫背鳍（D Ⅳ，15） B. 黑带石斑鱼背鳍（D Ⅺ，15） C. 前鳞龟鲮背鳍（D Ⅳ +7）

D. 巨牙天竺鲷背鳍（D Ⅵ +1，9）

1.3.3 尾鳍

尾鳍的构造和外形也是多种多样。尾鳍仅由脊柱支撑，脊柱支撑尾鳍的方式不同，大致分为歪型尾（heterocercal tail）、原型尾（diphicercal tail）、正型尾（homocercal tail）、桥型尾（gephyrocercal tail）。

鲨鱼等软骨鱼类和中华鲟类的尾鳍上下不对称，称为歪型尾，脊柱后方向上弯曲，延伸至尾鳍上叶后端。另外，北美洲东部分布的弓鳍鱼（*Amia calva*）的尾鳍从外观上看是上下对称的，但是结构上和歪型尾类似，称为拟歪型尾（abbreviated heterocecal tail）。

原型尾的脊柱一直延伸到鳍的后端，上叶和下叶对称，通常和背鳍、腹鳍相连，常见于盲鳗目（Myxiniformes）、七鳃鳗目（Petromyzontiformes）和肺鱼类等。

正型尾常见于真骨鱼类中的大部分硬骨鱼。上叶和下叶外表上很对称，尾椎骨末端上翘，同时生有上下不对称的尾下骨。正型尾是由歪型尾后端脊柱退化形成的，尾部后端的脉棘演化成尾下骨或准尾下骨，髓棘演化成尾上骨或尾神经骨，二者共同支撑尾鳍鳍条。

鳗鱼类的脊柱后端笔直延伸，尾鳍上下对称，称为叶型尾（leptocercal tail）。鳕科（Gadidae）的尾鳍为等型尾（isocercal tail），由脊柱后端不断延伸形成。叶型尾和等型尾是由正型尾变形而成。

桥型尾见于翻车鱼科（Molidae）的鱼类，胚胎发育初期具有真正的尾鳍，但发育至仔鱼后期尾柄部和尾鳍消失，体后端变成截形，背鳍和臀鳍延长形成桥型尾。

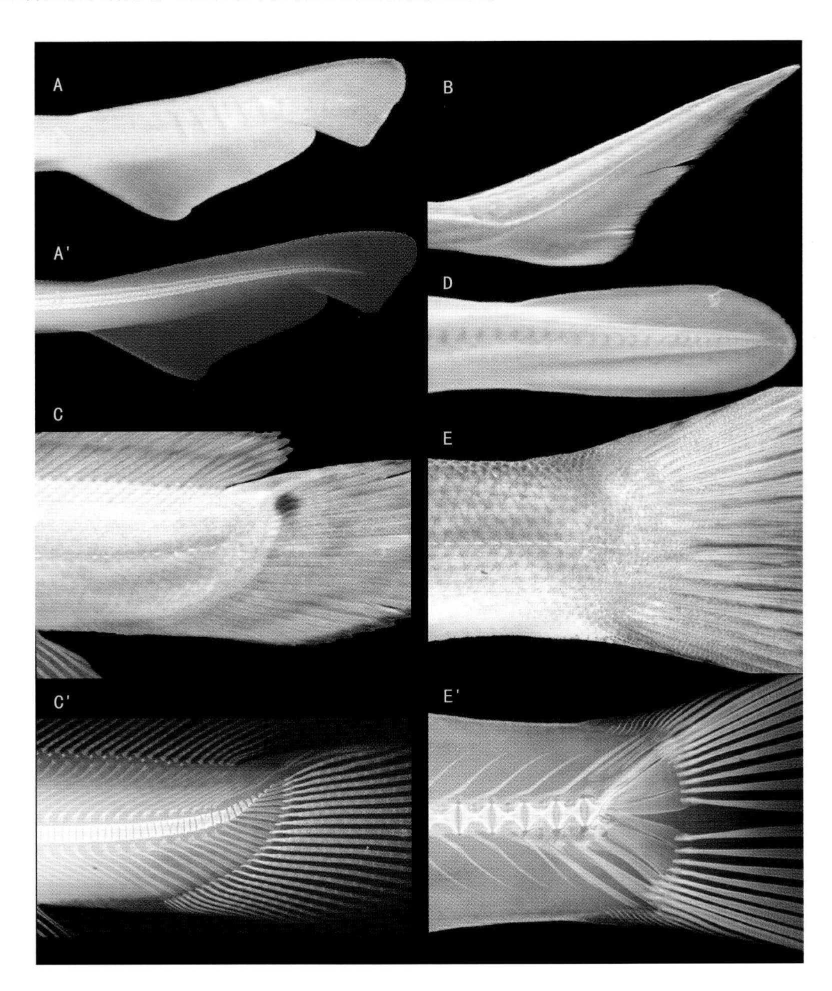

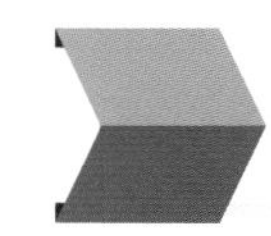

图 1-3-3　尾鳍的形态和构造（木村，原图）

A. 歪型尾（皱唇鲨）　B. 歪型尾（高首鲟）　C. 拟歪型尾（弓鳍鱼）　D. 原型尾（雷氏叉牙七鳃鳗）

E. 正型尾（宽体鲈）　F. 叶型尾（鳗鲡）　G. 等型尾（马氏小褐鳕）　H. 桥型尾（翻车鱼）

A'C'E'F'G' 为 X- 光断层摄影

（木村清志）

1.4 皮肤

表皮和真皮

鱼类的体表覆盖着皮肤（skin，外皮：integument）。皮肤由表皮（epidermis）和真皮（dermis）构成，表皮和真皮以基底膜（basal membrane）为界。真皮的内部是皮下组织和肌肉层。

鱼类表皮由10～30层上皮细胞构成（多层扁平上皮）。陆上四肢动物表皮多由角质化细胞组成，而鱼类最外层表皮由活细胞组成。上皮细胞大小差异明显，平均长度约为250μm。最外层的表皮细胞表面具有较多微小的隆起嵴（也称微绒毛，microvilli），形成指纹状的纹路（图1-4-1）。

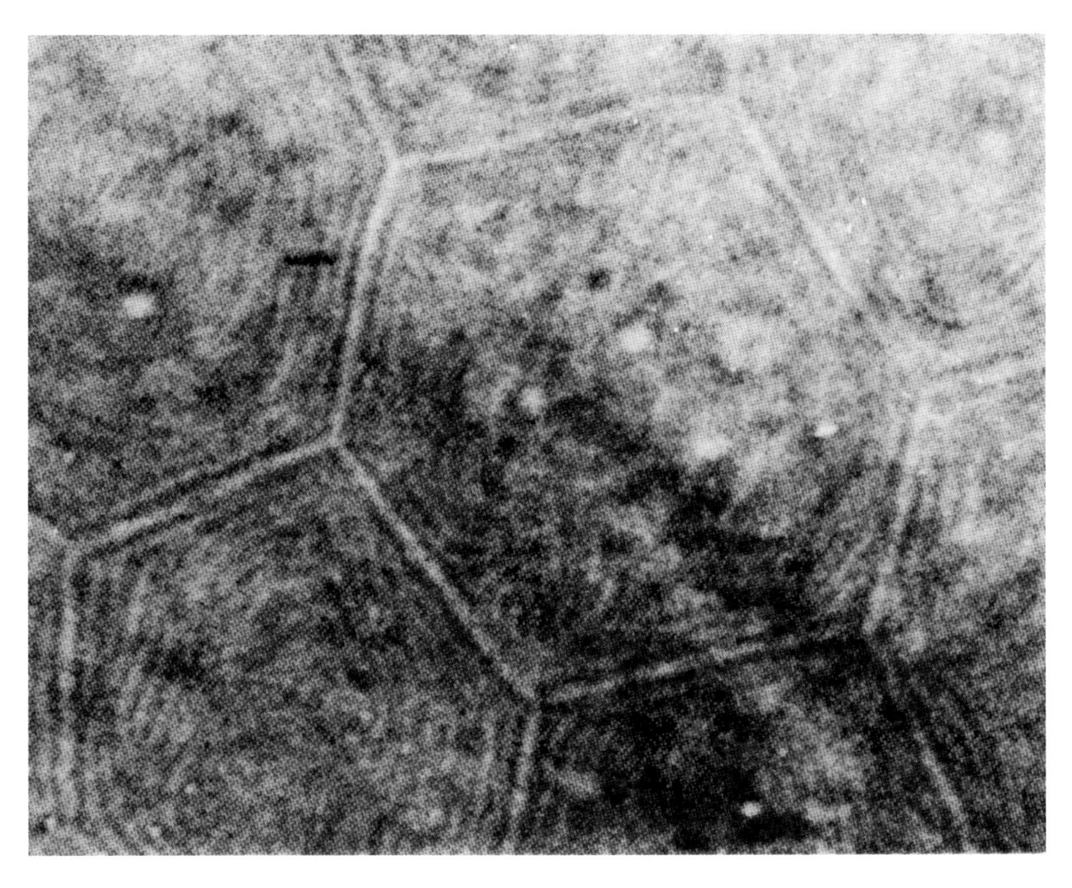

图 1-4-1　青鲱表皮的指纹状突起（山田，1966）

表皮无血管分布，但有味蕾（taste bud）、神经丘（neuromast）、色素细胞（chromatophore, pigment cell）分布。此外，表皮上覆盖有鳞且发达。无鳞或鳞退化的种类，表皮黏液细胞（mucous cell）发达。

黏液细胞的形状多种多样，有皿形、椭圆形和管形等形状。黏液富含糖蛋白，游泳时可以减小水的摩擦力，调节渗透压，控制水和电解质的渗透。此外，还可以缓和表皮的物理损伤。丽鱼科（Cichlidae）盘丽鱼属（*Symphysodon*）鱼类亲鱼体表黏液细胞的分泌物可作为仔鱼的饵料（图1-4-2）。盲鳗属（*Eptatretus*）鱼类体节具有大量的由腺黏液细胞（gland mucous cell）和线细胞（thread cell）组成的黏液腺（slime gland）（图1-4-3），当受到捕食者攻击时会分泌出长达数厘米的黏液线。分泌出的黏液线缠住捕食者，影响捕食者的鳃呼吸（Lim et al., 2006）。

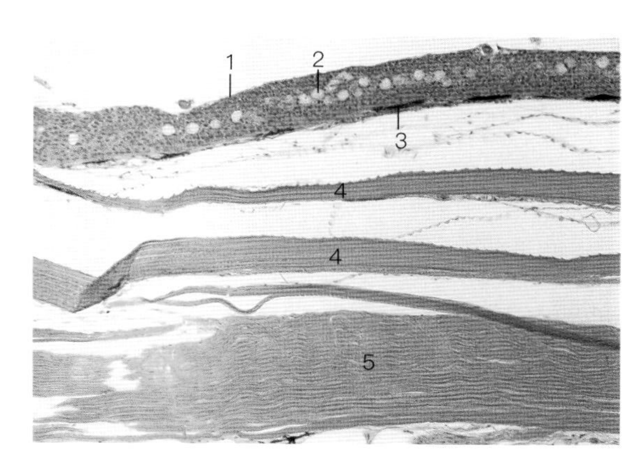

图 1-4-2　蓝盘丽鱼的皮肤组织（木村，1997）

1. 扁平上皮组织　2. 黏液细胞　3. 黑色素细胞　4. 鳞　5. 皮下组织

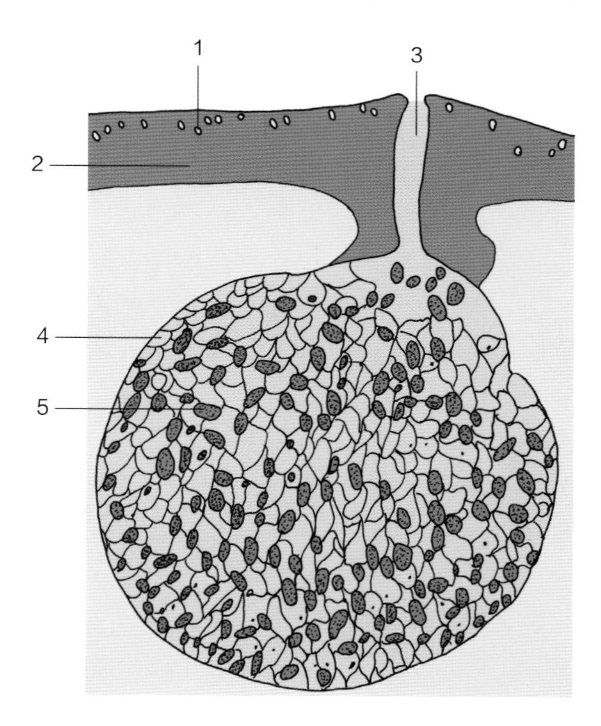

图 1-4-3　太平洋黏盲鳗（盲鳗科）的黏液腺（Downing et al., 1984）

1. 黏液细胞　2. 表皮　3. 黏液腺　4. 腺黏液细胞　5. 线细胞

大部分真骨鱼类表皮内存在棒状细胞（club cell）。棒状细胞的形状和功能存在较大差异。鲤形目（Cypriniformes）鱼类可以通过棒状细胞分泌警报信息素。鲇形目（Siluriformes）的日本鳗鲇（*Plotosus japonicus*）背鳍和胸鳍鳍棘基部的毒腺由棒状细胞构成。鳗鲡科（Anguillidae）鱼类棒状细胞非常发达，可蓄积凝集素使红细胞和细菌凝集在一起（图1-4-4）。

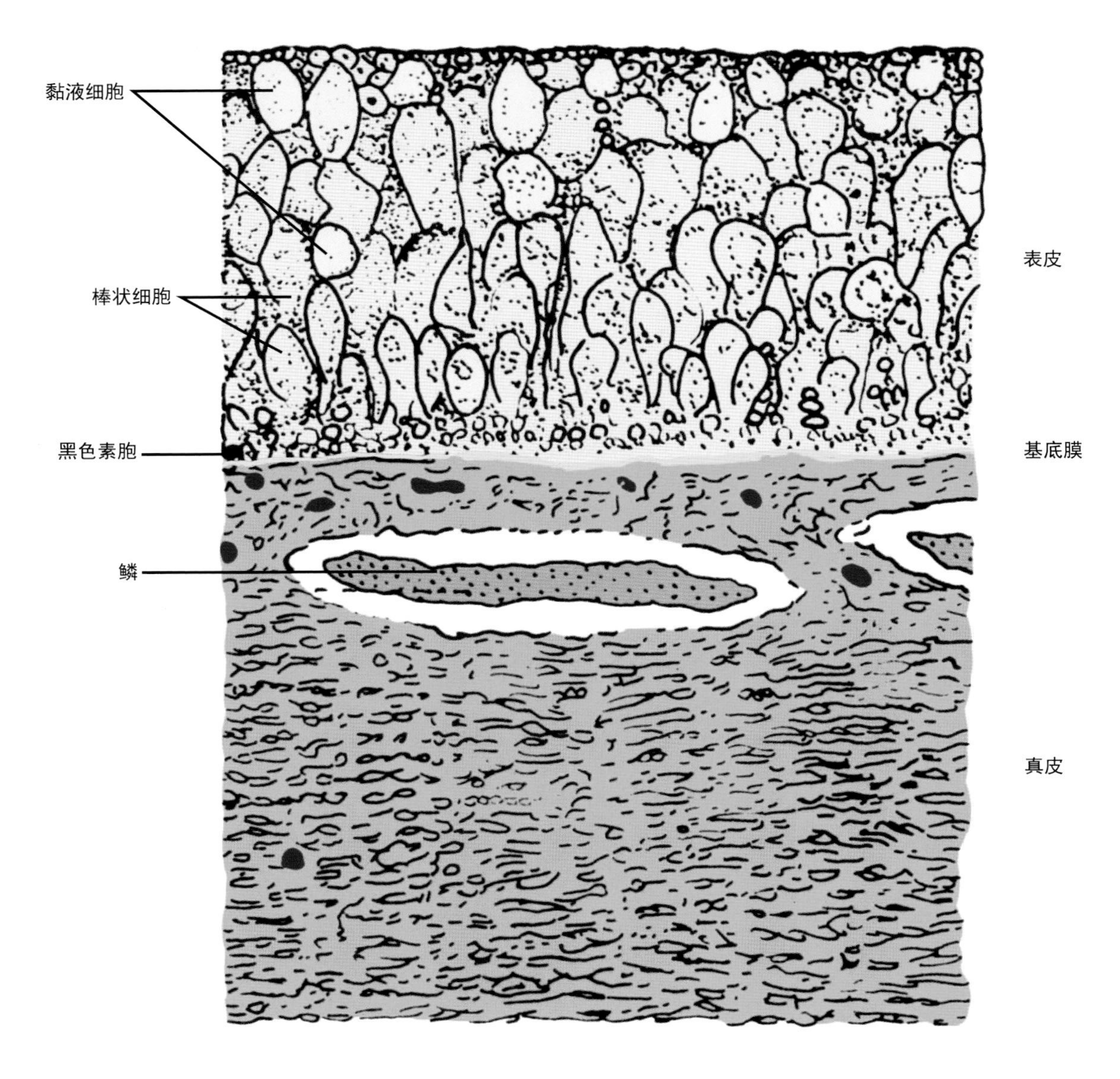

图 1-4-4　欧洲鳗鲡的皮肤构造（改自落合，1987）

表皮中存在的泌氯细胞可以将体内多余的钠离子和氯离子排出体外。深海鱼类表皮中存在许多发光器（luminescent organ）。鲤科（Cyprinidae）鱼类在繁殖期间表皮会出现角质蛋白的小突起，这些突起称为追星（pearl organ, nuptial tubercle）（图1-4-5）。

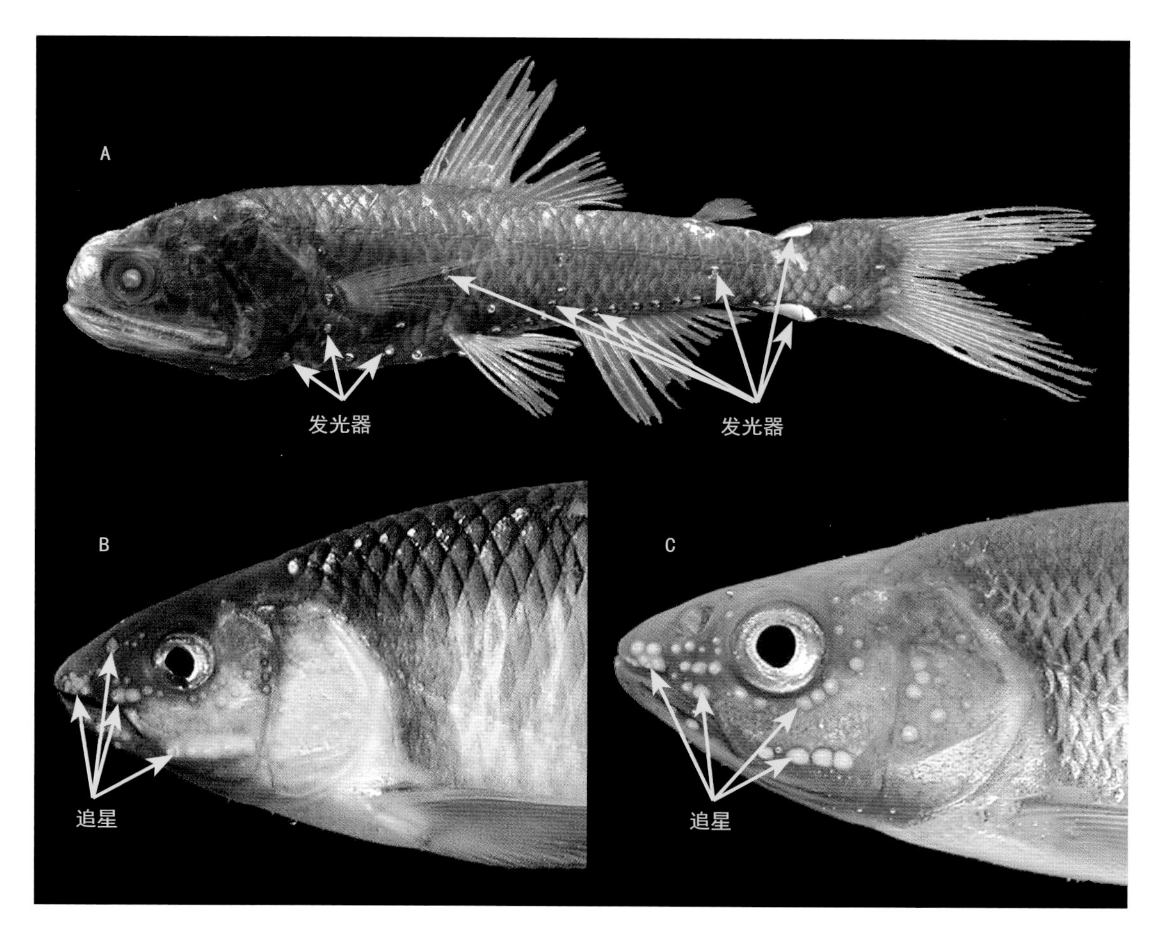

图 1-4-5　发光器及追星（木村，原图）

A. 发光炬灯鱼（灯笼鱼科）的发光器　B. 马口鱼的追星　C. 谈氏纵纹鱲的追星

真皮层较表皮层厚。盲鳗属（*Eptatretus*）和七鳃鳗属（*Lampetra*）鱼类真皮由均匀的纤维结缔组织构成。软骨鱼类和硬骨鱼类的真皮一般是由2层构成，靠近表皮的一层为疏松层（stratum spongiosum），其结缔组织排列疏松，不靠近表皮的一层为致密层（stratum compactum），其结缔组织排列紧密。疏松层分布有大量的血管、神经、色素细胞和鳞片。硬骨鱼类鳞片和色素细胞周围分布有肥大细胞（mast cell），对外伤等伤口做出反应并释放出组织胺，致密层血管较少，胶原纤维束紧密排列。

皮下组织是由网状疏松结缔组织构成，较为柔软。此外，皮下组织含有色素细胞和大量的脂肪细胞。

部分鱼类的皮肤可以分泌毒素。皮肤的毒素由特化的表皮细胞构成的毒腺（venom gland）分泌。鲈形目鮨科紫鲈（*Aulacocephalus temminckii*）、黄鲈属（*Diploprion*）和线纹鱼属（*Grammistes*）鱼类表皮中有和黏液细胞类似的大型细胞，真皮毒腺分泌的毒素可由此排出。鲽形目鳎科豹鳎属（*Pardachirus*）鱼类的背鳍、臀鳍和腹鳍各鳍条基部的皮肤内分布有毒腺。鲀科（Tetraodontidae）鱼类不仅内脏有剧毒，皮肤中也具有含河鲀毒素的细胞，当受到外部刺激时会释放毒素。

（木村清志）

1.5 鳞片

现生真骨鱼类大部分体表被有鳞片（scale），具有保护作用。鱼类的鳞片由真皮细胞形成，因为鳞片与牙齿和骨骼是同源的，因此也称为皮骨（dermal bone, dermal skeleton）。爬行类和哺乳类鳞片和表皮角质层较为发达，因此称为角鳞。鱼类的鳞片根据形态构造可分为盾鳞（placoid scale）、齿鳞（cosmoid scale）、硬鳞（ganoid scale）、圆鳞（cycloid scale）和栉鳞（ctenoid scale）（图1-5-1至图1-5-4）。

不同类群的鳞片形态和排列是不同的，这一特征可以用于物种分类和系统分析。此外，圆鳞和栉鳞的轮纹可以用于推断年龄。

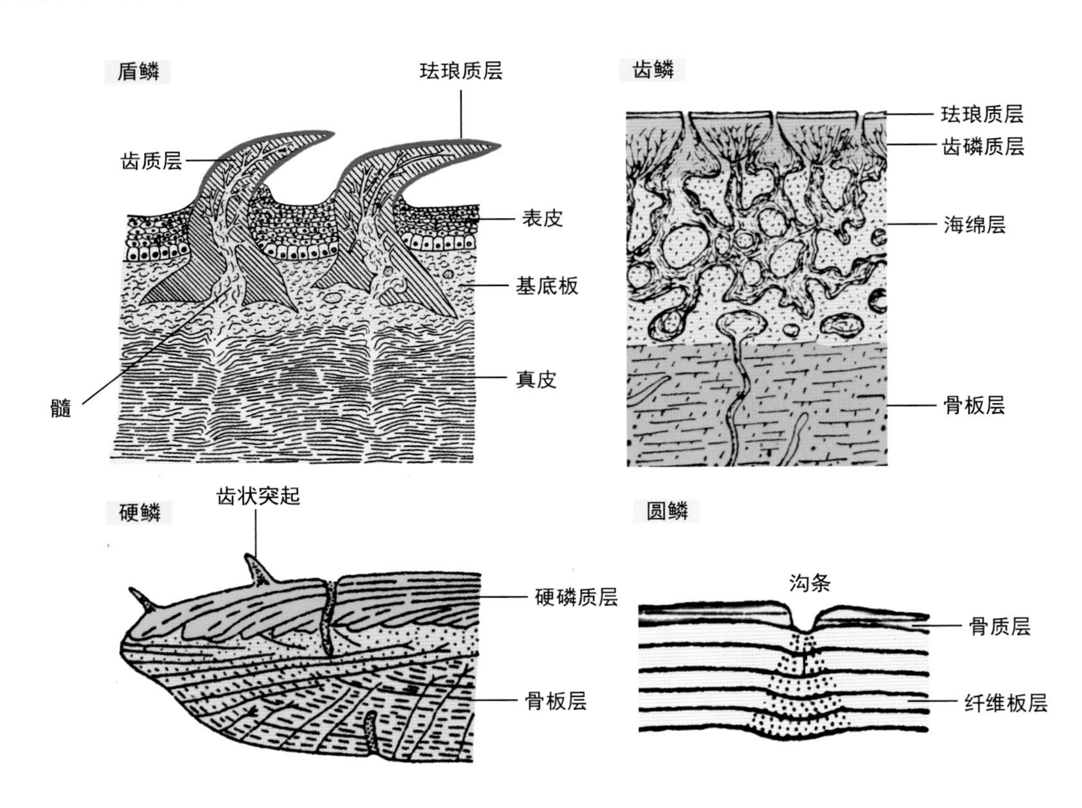

图 1-5-1　鳞片断面模式图

［盾鳞（改自岩井，1965），齿鳞、硬鳞（改自 Smith，1960），圆鳞（改自 Neave，1940）］

1.5.1 盾鳞

盾鳞是软骨鱼类特有的一种鳞片，一般呈棘状，埋在真皮中的基部称为基板（basal plate）（图1-5-2）。鳞棘和牙齿具有同样的构造，由外向内分别为釉质层（enamel layer）、齿质层（dentine）及有血管和神经分布的齿髓（pulp）。因此，盾鳞也被称为皮齿（dermal tooth）。鲨类盾鳞发达，密布于鲨鱼体表。鳐形目（Rajiformes）鱼类的盾鳞较为发达，分散在身体各部形成棘刺。魟科（Dasyatidae）鱼类的尾部长有大型的棘刺。银鲛目（Chimaeriformes）鱼类体表光滑无鳞，侧线管内残存有盾鳞的变形物。

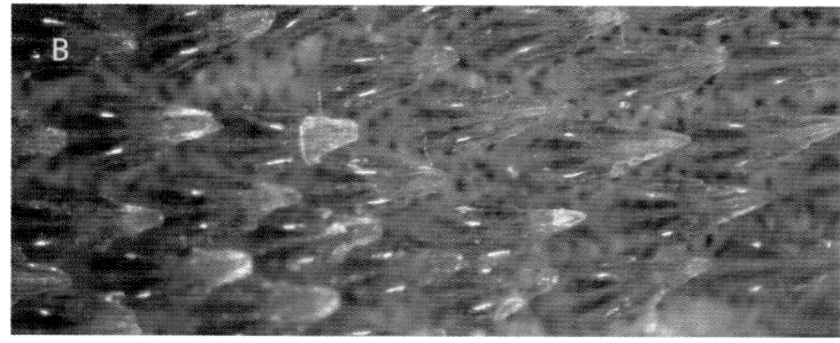

图 1-5-2　盾鳞（木村，原图）
A. 短尾乌鲛　B. 巨口鲨

1.5.2 齿鳞

齿鳞是一种非常厚且构造复杂的鳞片，多见于化石种类腔棘目（Coelacanthiformes）和肺鱼类。齿鳞由4层构成，从外到内依次为硬齿质（viterodentine）构成的釉质层、齿鳞质层（cosmine layer）、海绵层（spongy layer）和骨板层（lamellar bony layer，或称为内骨层，isopedine）。现生的腔棘目鱼类鳞片的外观与圆鳞较为相似，是由齿鳞变化而来。现生的肺鱼类鳞片有时呈现圆鳞的形状，也属于退化的齿鳞。

1.5.3 硬鳞

硬鳞是一种由硬鳞质层（ganoine layer）和骨板层构成的鳞片，多见于鲟形目鲟科（Acipenseridae）、多鳍鱼目(Polypteriformes)和雀鳝目（Lepisosteiformes）鱼类（图1-5-3）。齿鳞的齿鳞层退化，釉质层变为硬鳞质层，因此形成硬鳞。鲟科鱼类的硬鳞呈大块的菱形，沿体轴方向排有5列。多鳍鱼目和雀鳝目鱼类的硬鳞呈四角形，鳞片前缘的突起使前后硬鳞间的联结更加坚固。

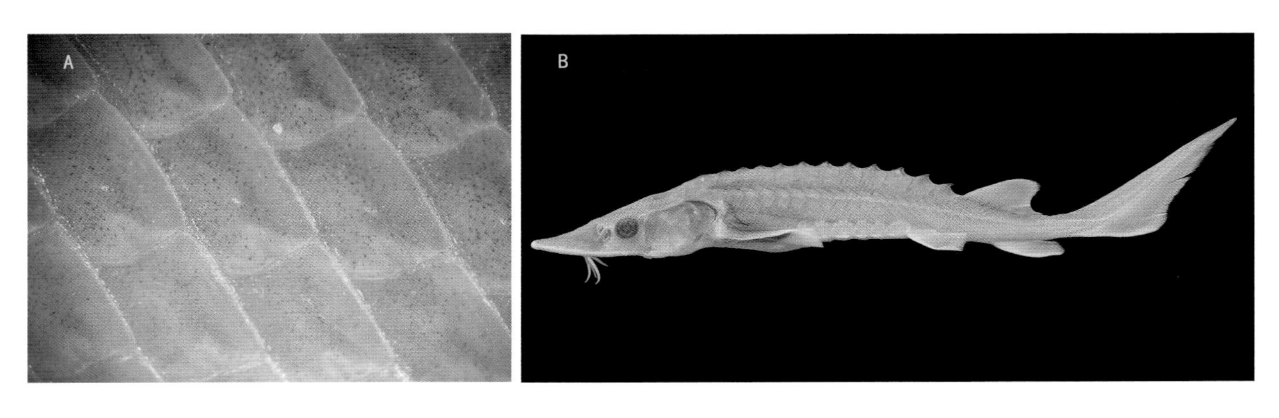

图 1-5-3 硬鳞（木村，原图）
A. 塞内加尔多鳍鱼（多鳍鱼科） B. 高首鲟（固定标本，鲟科）

1.5.4 圆鳞和栉鳞

圆鳞和栉鳞相对于盾鳞、齿鳞和硬鳞更薄且软，是现生真骨鱼类最为常见的两种鳞片（图1-5-4）。圆鳞和栉鳞在构造上相似，统称为骨鳞。圆鳞和栉鳞均由两层构成：上层硬的骨质层（bony layer）和下层纤维层（fibrillary layer），其中纤维层是由多层平行的纤维结构构成。圆鳞和栉鳞一般呈覆瓦状排列，前部埋入真皮内，后部露出，覆盖于后一鳞片之上。前部被前一列鳞片覆盖的部分称为基区或前区（embedded part），后部未被周围鳞片覆盖的部分称为顶区或后区（exposed part）。

圆鳞在鲱形目（Clupeiformes）和鲤形目（Cypriniformes）鱼类中最为常见，露出部边缘光滑整齐。栉鳞则在鲉形目（Scorpaeniformes）和鲈形目（Perciformes）鱼类中更为常见，露出部边缘生有小棘（cteni），手摸鱼体一般会感到非常粗糙。有些鱼类同时覆有圆鳞和栉鳞，鲽形目（Pleuronectiformes）通常有眼侧为栉鳞，无眼侧为圆鳞。另外，银汉鱼目的凡氏下银汉鱼(*Hypoatherina valenciennei*)等鱼类鳞片后缘有细小的刻痕，这是栉鳞而不是圆鳞。

圆鳞和栉鳞的表面通常具有从鳞焦向外的同心圆状的鳞嵴（ridge）。另外还有从鳞片中心向四周辐射排列的凹沟，称为鳞沟（groove）。鲱形目和银汉鱼目的鱼类，鳞嵴不呈环状，沿背腹方向排列，鳞沟呈放射状，沿背腹方向辐射。

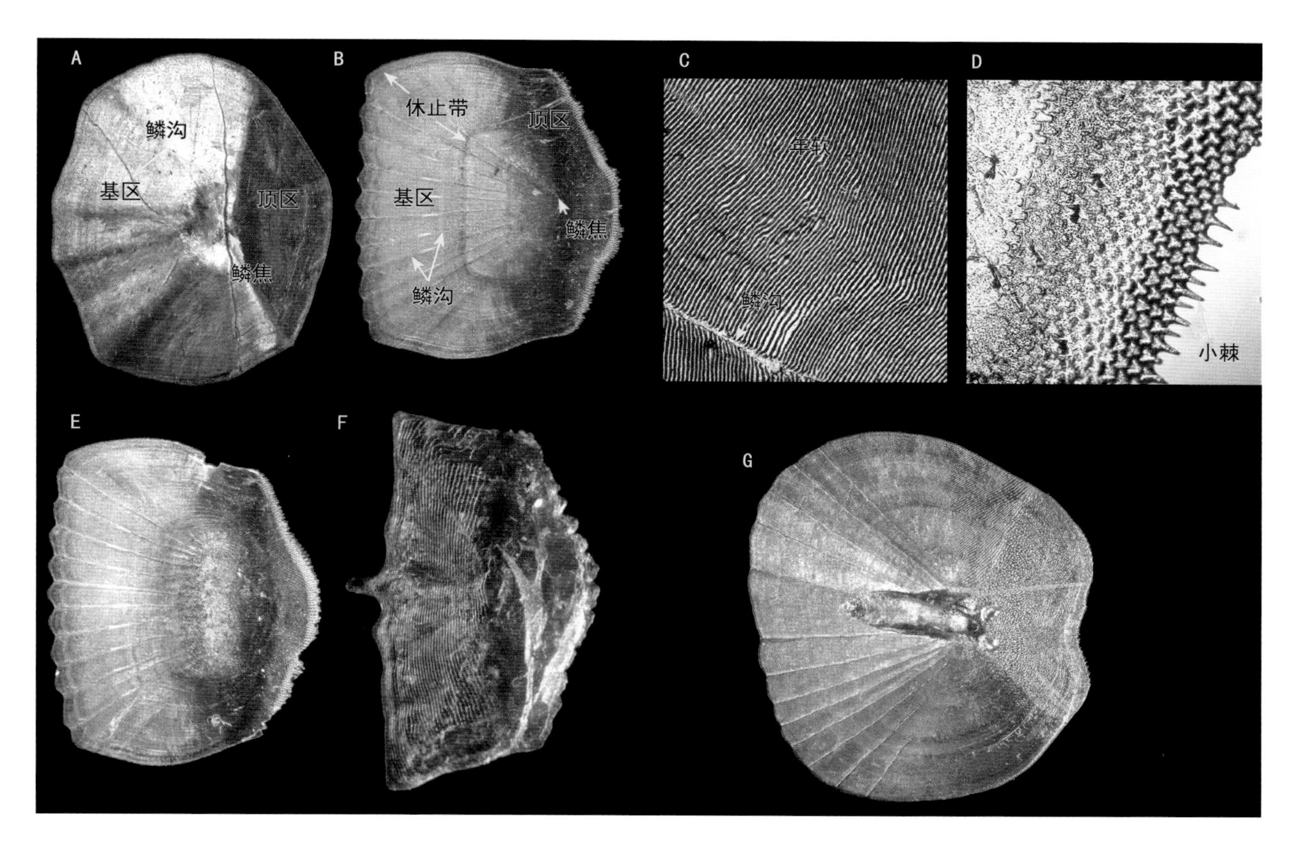

图 1-5-4 圆鳞和栉鳞（木村，原图）
A. 圆鳞（海鲦） B. 栉鳞（真鲷） C 和 D. 真鲷鳞片放大照片 E. 再生鳞（真鲷） F. 后侧有缺口的圆鳞（凡氏下银汉鱼） G. 侧线鳞（太平洋棘鲷）

1.5.5 鳞嵴

鳞嵴之间的间隔受鱼体生长发育的影响，一般生长速度较快时，间隔较大；生长速度较慢时，间隔较小。如果生长停止后再重新开始生长，鳞嵴会出现相切等一些特殊的排列方式。产卵期鳞嵴的间隔较小，且排列混乱。

鳞嵴的排列方式和鱼体的生长情况及生长阶段有关，可以作为测定鱼类年龄及生长的标志。通常鳞嵴间隔较小时称为休止带（resting zone），亦被称为年轮（year ring, annulus），多利用年轮测定年龄和生长情况。

圆鳞和栉鳞靠近鳞焦附近的鳞嵴较多。当鳞片剥落后在同一位置会再生出新的鳞片，由于生长速度较快，鳞片中心附近的构造和正常的鳞片有很大不同。

1.5.6 侧线鳞和棱鳞

侧线上的鳞即为侧线鳞（lateral-line scale），由于具有侧线孔和侧线管，外界的物理刺激更加容易传递。带有开孔的侧线鳞称为有孔侧线鳞（pored scale）。侧线鳞通常有一条黏液管（mucos tube）与侧线孔（pore）连通。侧线鳞数或有孔侧线鳞数是重要的分类依据。

鲹科（Carangidae）的一些鱼类侧线鳞带有棘刺，鲱形目一些鱼类在腹部鳞片上也带有尖锐的棘刺，这种鳞片称为棱鳞（scute）（图1-5-5）。海龙科（Syngnathidae）和箱鲀科(Ostraciidae)体表覆盖有坚硬的“装甲”，也是由鳞片特化形成的。

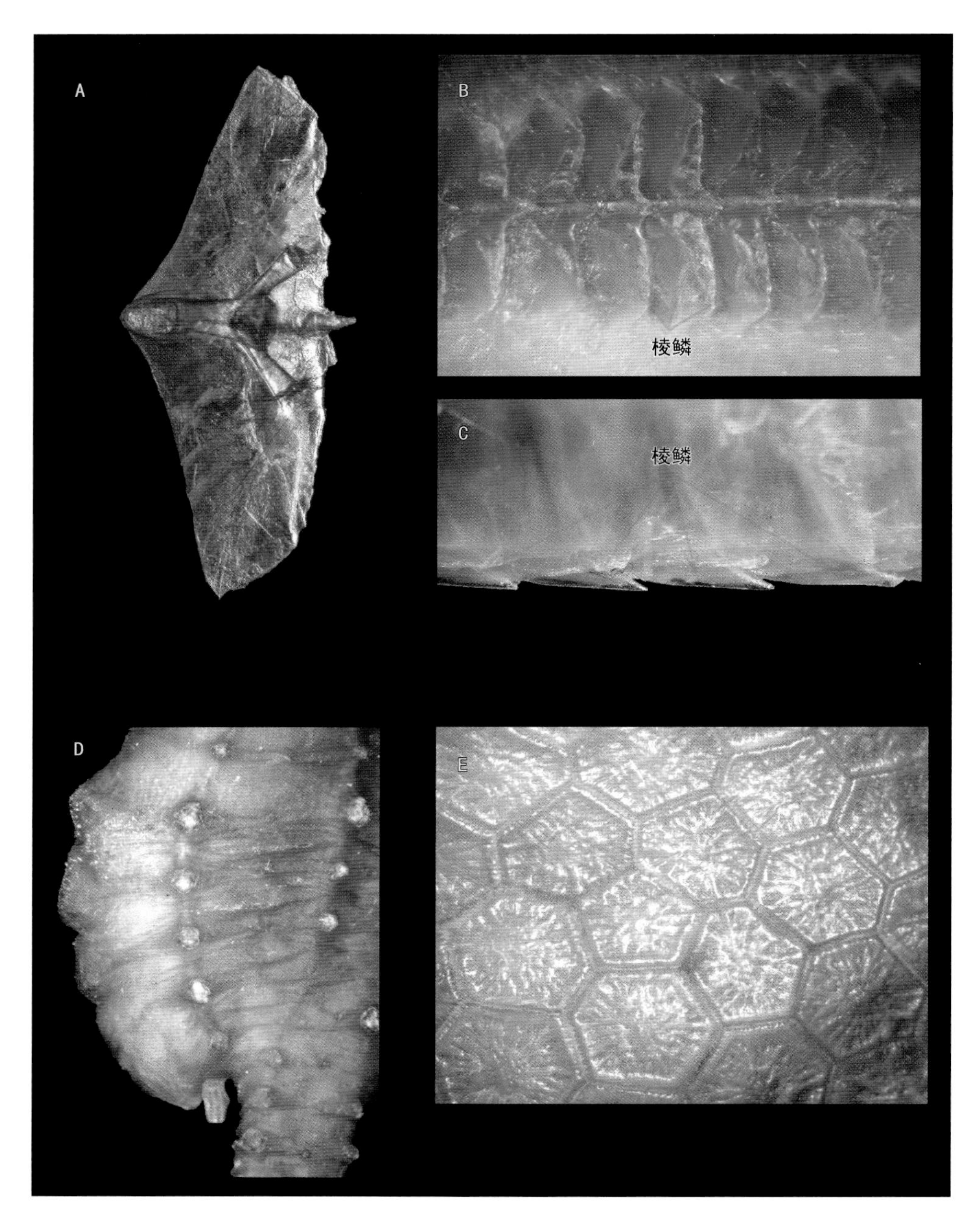

图 1-5-5　棱鳞和骨板（木村，原图）
A 和 B. 棱鳞（蓝圆鲹）　C. 棱鳞（青鳞小沙丁鱼）　D. 莫氏海马的体表　E. 箱鲀的鳞

（木村清志）

1.6 体色

1.6.1 色素细胞

鱼类的体色，随着色素细胞的种类和运动的变化而改变。色素细胞内有带颜色的颗粒，色素细胞包括黑色素细胞（melanophore）、黄色素细胞（xanthophore）、红色素细胞（erythrophore）、白色素细胞（leucophore）和虹彩细胞（iridophore）。色素细胞的形状多为树枝状（branched）、星状（stellate）和颗粒状（punctate）。色素细胞主要存在于真皮层中，表皮和皮下组织中也能够见到。

黑色素细胞内存在黑色或者褐色的色素颗粒，称为黑素体（melanosome）。红色素细胞内的红色色素颗粒称为红素体（erythrosome），黄色素细胞内的黄色色素颗粒称为黄素体（xanthosome），均起源于胡萝卜素。黄色素细胞和红色素细胞的出现和蝶啶（pteridine）有关。白色素细胞和虹彩细胞含有色素以外的物质，这些物质为薄片或者扁平状的晶体颗粒，由次黄嘌呤和鸟嘌呤构成。这些晶体具有较高折射率，对光的反射率很高。白色素细胞经常呈现为白色，是由于这些小型晶体在细胞内可移动。然而，虹彩细胞内的大型结晶成层分布，在细胞内不移动。虹彩细胞中的结晶层经过光的折射、反射和干涉，使鱼体呈现出银色或者青色的金属色泽。另外，依靠虹彩细胞和其他色素细胞的共同作用，也会使鱼体呈现金色和绿色等多种色彩。

图 1-6-1　真鲷真皮中的色素细胞（木村，原图）

1.6.2 体色和斑纹

鱼类体色或斑纹的多样性，是由色素细胞分布的情况决定的。海洋表层分布的鱼类，一般背部呈暗青色，腹部呈银白色。这样，从海面向水中看时或者从水中向海面看时，与海水或者天空的颜色是一致的，起到了保护色的作用。深海鱼类的体色多为黑色和红色，这也是出于对深海环境的适应而形成的保护色，因为在深海环境中光线几乎不能到达。在热带和温带海洋沿岸生活的鱼类，身体会出现各种各样的图案，代表性的有横条纹、斑点和虫噬斑。体色的变化能够使鱼类融入复杂的环境，使得鱼体轮廓模糊而不易被发现。

图 1-6-2　体色和斑纹（木村，原图）

A. 表层鱼（黑短鳍拟飞鱼）　B. 深海鱼（纤钻光鱼）　C. 纵条纹（四线列牙鯻）　D. 横条纹（横带厚唇鱼）　E. 斑点（宝石斑鱼）　F. 虫噬斑（蠕纹篮子鱼）

（木村清志）

1.7 软骨鱼类的骨骼系统

软骨鱼类的骨骼全部由软骨构成，多数板鳃类的椎体中心钙化。软骨鱼类中板鳃类（鲨鱼、鳐）和全头类（银鲛类）的骨骼结构差异很大，本书主要对板鳃类进行描述，并对全头类进行一定程度的补充。

1.7.1 脑颅

脑颅（neurocranium，或者叫软骨颅chondrocranium）为不具缝合线的光滑连续的软骨腔，表面具有神经孔和血管孔的开口（图1-7-1）。板鳃类的脑颅大致可分为七个部分，分别是吻部（rostrum）、鼻囊（nasal capsule）、颅盖（cranial roof）、眼眶（orbit）、基板（basal plate）、耳囊（otic capsule）和枕骨（occiput）。

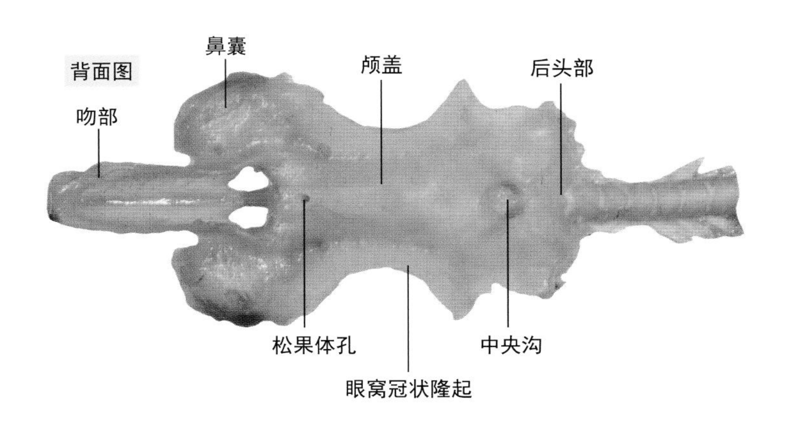

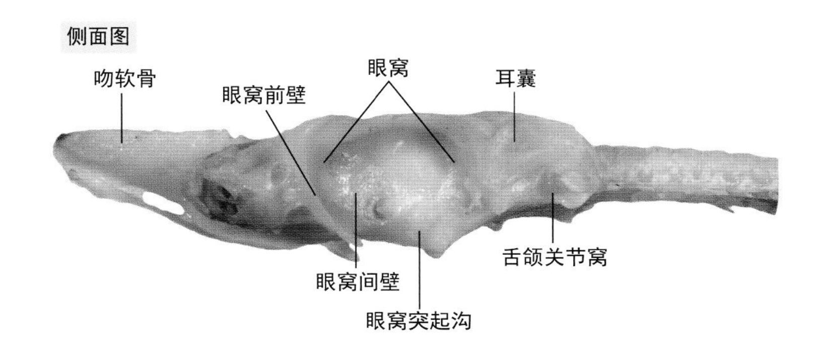

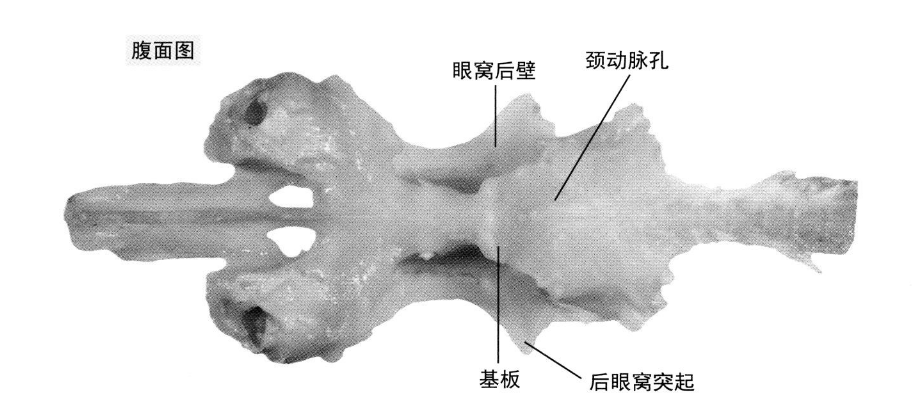

图 1-7-1　日本角鲨的脑颅（须田、仲谷，原图）

吻部位于脑颅中线上，鼻囊的前方，主要由吻软骨（rostral cartilage）构成。吻软骨的形状由于种类的不同会有很大的差异。角鲨类、日本扁鲨的吻软骨背面中央沟形状相对单一固定，鼠鲨、真鲨为三角状，虎鲨类没有吻软骨，鳐类吻软骨形状变化丰富。

鼻囊位于吻的后侧方，具有保护控制嗅觉的嗅神经和嗅球的作用。双髻鲨类的鼻囊和眼眶显著向外延伸。

颅盖位于吻部后方，为大脑提供保护。最前端是囟门（anterior fontanelle）的开口，囟门的后部是松果体孔（epiphysial foramen）。后部中央有一个小窝，形成顶骨窝（parietal fossa），顶骨窝的内部各有1对内淋巴孔（endolymphatic foramen）和外淋巴孔（perilymphatic fenestra）的开口。

眼眶位于鼻囊的后部，前方有眶前突（preorbital wall），背部眼眶有眶上嵴（supraorbital crest），后方有眶后突（postorbital wall），内侧包围有眶间壁（interorbital wall），左右有一对大的凹槽。眼眶的眶上嵴在分类中具有重要的作用，特别是在猫鲨科中，眼眶眶上嵴的有无已成为重要的分类依据。

眼眶内具眼球，眼球连着肌肉和神经，多数眶间骨具神经贯通的小孔。角鲨类的眶间骨存在眼眶突起沟（groove of orbital process），与眼眶突起相连接。眶后骨的后部向外扩，形成后眼眶突起（postorbital process）。

脑颅腹侧有基板保护大脑，左右有一对颈动脉孔（carotid foramen），大体在中央位置开口。巨口鲨类眼眶腹面突起形成眼眶床（suborbital shelf），而角鲨类缺少眼眶床。

耳囊位于后眼眶突起的后方，听觉由内耳（inner ear）和三个围绕内耳的半规管（semicircular）控制。耳囊侧面是舌颌关节窝（hyomandibular facet），与舌颌软骨相连。

枕部是颅骨的最后一部分，后部中央有一枕骨大孔（foramen magnum），与脊椎骨相连。此外，还包括舌咽神经孔（glossopharyngeal foramen）、迷走神经孔（vagus foramen）。

全头类的颅腔和板鳃类一样，也是由连续的软骨腔组成，但形状与板鳃类不同，大致呈侧扁形（图1-7-2）。前方为鼻囊，背侧正中线上是起支撑作用的吻棒状软骨（medial rostral rod），向前延伸。长吻银鲛科的吻棒状软骨明显较长，银鲛科的明显较短。

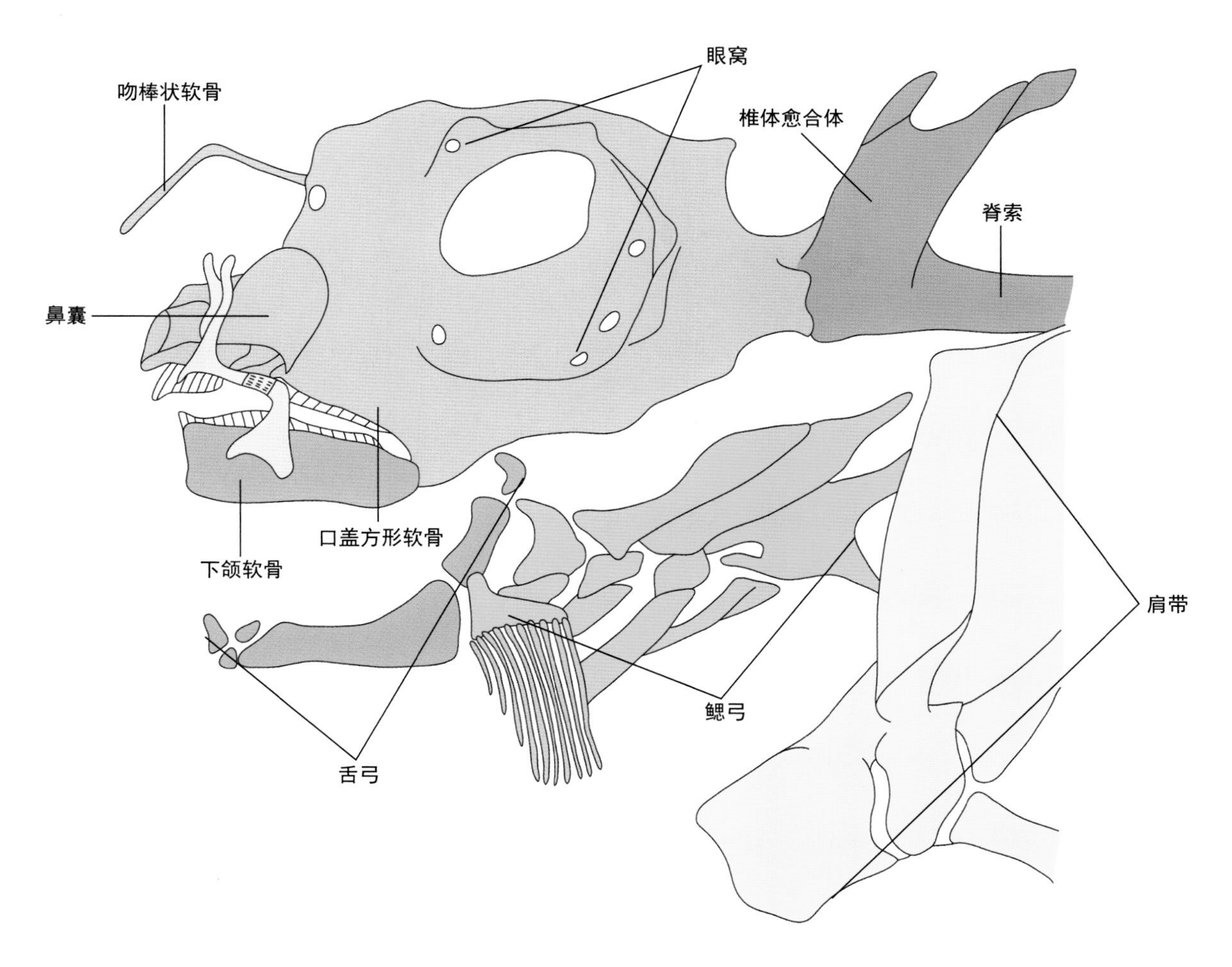

图 1-7-2 银鲛属新西兰兔银鲛（*Hydrolagus novaezealandiae*）头部周边的骨骼系统（改自 Didier, 1995）

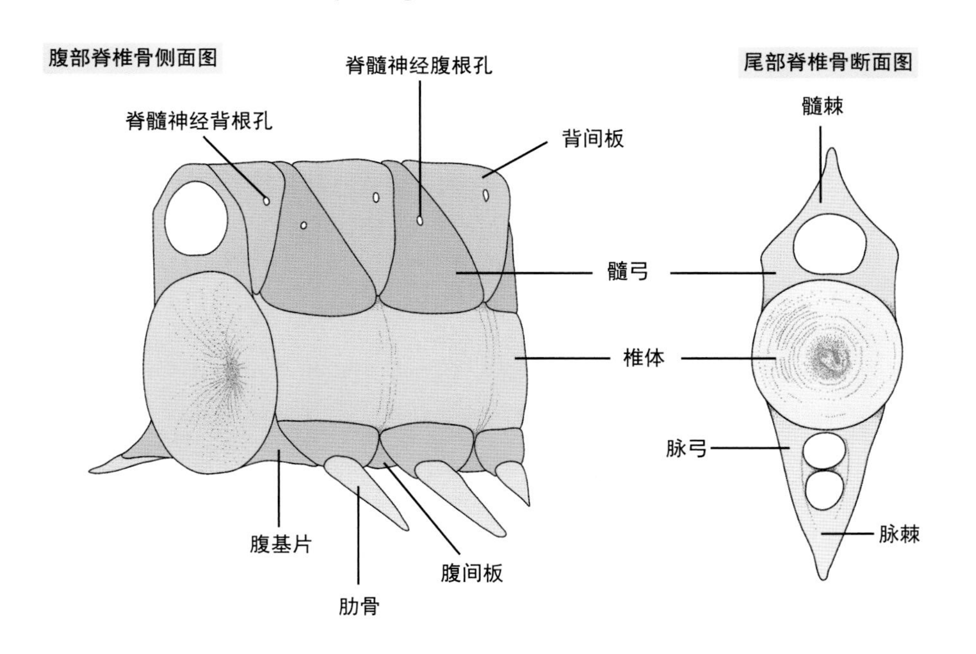

图 1-7-3 脊椎（改自 Ashley and Chiasson, 1988）

1.7.2 脊柱

脊柱是从脑颅最后端开始一直到尾鳍后端的中轴骨，由脊椎骨组成（图1-7-3）。脊椎骨主要由背侧的髓弓（neural arch）和中央的椎体（centrum）组成。

腹部的脊椎骨，椎体外侧连接着腹基片（basiventral）和肋骨（rib），尾椎骨则无上述结构，其腹侧为脉弓。髓弓的背侧有突起的髓棘（neurapophysis），对应的脉弓腹侧有突起的脉棘（hemapophysis）。

髓弓的内部是脊髓，脉弓的内部是尾动脉和尾静脉。多数鲨鱼具肋骨，许氏犁头鳐的肋骨通常很发达，鳐及鼠鲨类的一部分肋骨缩小或者消失。前后髓弓间有背间板（dorsal intercalary plate），脉弓间有腹间板（ventral intercalary plate）。背间板上有脊髓神经背根孔（dorsal root foramen），脉弓有脊髓神经腹根孔（ventral root foramen）。

脊椎骨以泄殖腔为界，在此处其大小急剧变化。前方较长的脊椎骨是单椎骨（monospondylous vertebra），后方较短的为双椎骨（diplospondylous vertebra）（图1-7-4）。另外，尾鳍下叶起始前的脊椎骨称为尾鳍前脊椎骨（precaudal vertebra）。

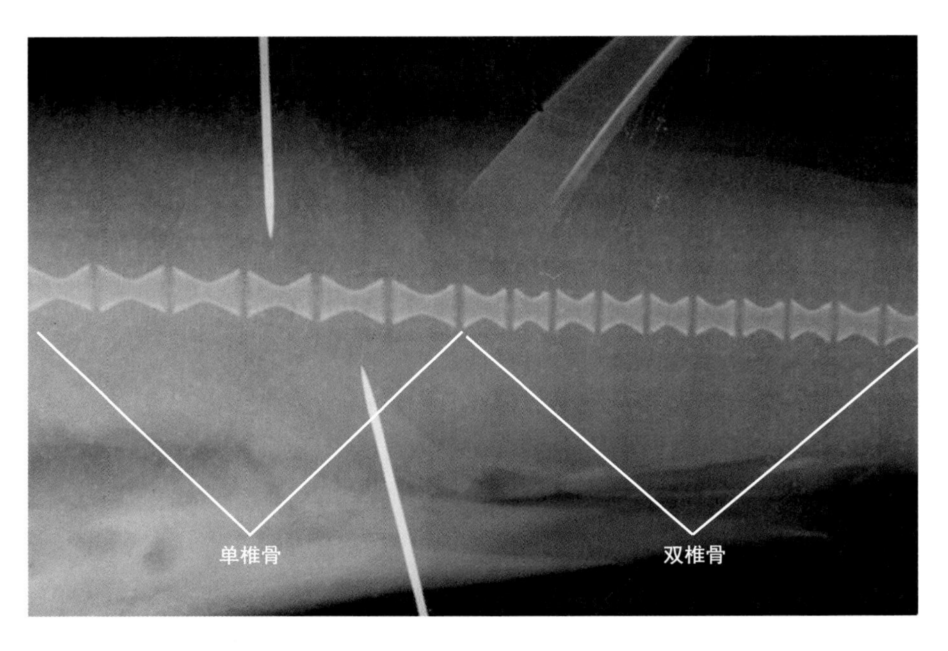

图 1-7-4　白边霞鲨的单椎骨和双椎骨 X 射线照片（须田、仲谷，原图）

椎体中心钙化区的形状因种类不同会有较大的差异。钙化的程度也多种多样，如灰六鳃鲨类或角鲨类等的钙化程度低，形成的椎体较脆弱；而真鲨类钙化程度较高，形成的椎体较硬。人们曾经将钙化的形状分成不同的类型，但是由于各类型的定义比较困难，故而现在一般较少使用。全头类的脊柱由脊索（notochord）构成。全头类和鳐类脊柱最前面的多个椎体愈合形成合弓（synarcual）。

1.7.3 颌弓

颌弓（mandibular arch）位于脑颅的腹侧，上颌由1对腭方软骨组成（palatoquadrate cartilage），

下颌由1对下颌软骨［mandubular cartilage，或称米克尔氏软骨（Meckel's cartilage）］组成［图1-7-5（B）］。六鳃鲨、角鲨类腭方软骨的前方背面为眶突（orbital process）。真鲨类也具有和角鲨类相似的突起，但机能与眶突不同。口角部存在游离的唇褶软骨（labial cartilage）。唇褶软骨的基本构成为：上颌的前上唇褶软骨（anterodorsal labial cartilage）、后上唇褶软骨（posterodorsal labial cartilage）以及下颌的下唇褶软骨（ventral labial cartilage）3个软骨。但部分种类无唇褶软骨。

全头类的颌弓、腭方软骨和脑颅愈合，下颌软骨独立存在（图 1-7-2）。全头类口角部唇褶软骨由相似的复杂软骨支撑，板鳃类的唇褶软骨形状差异很大。全头类中，其名称依种类不同而不同。

舌弓（hyoid arch）位于颌弓后方，由1对舌颌软骨（hyomandibular cartilage）与1对角舌软骨（ceratohyal cartilage）以及1个基舌软骨（basihyal cartilage）构成［图1-7-5（C）］。舌颌软骨和角舌软骨的外缘多数都附着有细长的鳃条软骨（branchial ray cartilage，也称gill ray cartilage）。鳃条软骨的最背侧和最腹侧具有游离的外鳃软骨（extrabranchial cartilage），有的种类缺其一或者全部没有。舌颌软骨和角舌软骨与两颌相连，与颌的伸缩和张合活动有关。全头类缺少舌颌软骨，上舌软骨（epihyal cartilage）、咽舌软骨（pharyngohyal cartilage）位于角舌软骨的背方。但舌弓不与颌弓关联，因此与颌的前突无关联（图1-7-2）。

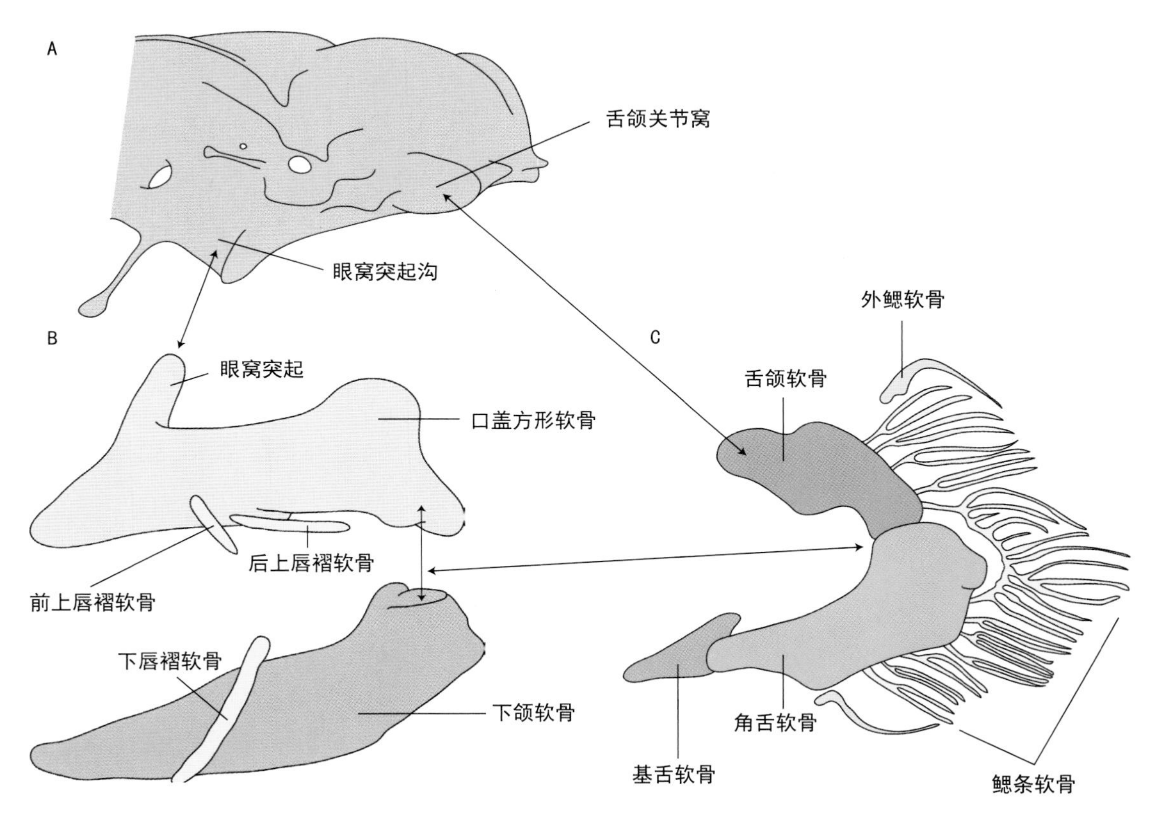

图 1-7-5　角鲨类的脑颅（部分）中颌弓和舌弓的关节（箭头）（改自 Shirai，1992）

A. 脑颅　B. 颌弓　C. 舌弓

1.7.4 颌的悬系方式

软骨鱼类颌的悬系方式有3种：上颌与脑颅愈合的全接型（holostyly）；上颌与脑颅有两处关节，后方由舌颌软骨悬系的两接型（amphistyly）；上颌与头盖骨之间无关节，后方由舌颌软骨悬系的舌接型（hyostyly）。但是，近年来针对这3种类型一直无更详细的文献报道，本书对颌的悬系方式进行了再定义：

全接型（holostyly）：上颌与脑颅愈合在一起，颌不突出［图1-7-6（A）］。只包括全头类。

两接型（amphistyly）：上颌与脑颅前后有2处关节，由最后方的舌颌软骨悬系［图1-7-6（B）和（C）］。上颌稍微突出。此类型包括鲨鱼的化石种和灰六鳃鲨。鲨鱼化石种上颌前方的关节部位在眼眶的前方［图1-7-6（B）］，灰六鳃鲨类在眼眶内侧。上颌后方的关节部位是脑颅的后眶突，此种关节样式称为后眼眶关节（postorbital articulation）。

眼窝接型（orbitostyly）：上颌的眶突与脑颅的眼眶突起沟相连，由上颌后方的舌颌软骨悬系。这种关节样式被称为眼眶内关节（orbital articulation）［图1-7-6（D）］。包括角鲨类。

舌接型（hyostyly）：上颌前方的眶前骨的腹面与鼻囊的腹面通过韧带相连，后方由舌颌软骨悬系［图1-7-6（E）］。包括虎鲨类、铰口鲨类、鼠鲨类和真鲨类。

真舌接型（euhyostyly）：主要由舌颌软骨背端接脑颅［图 1-7-6（F）］。包括鳐类。

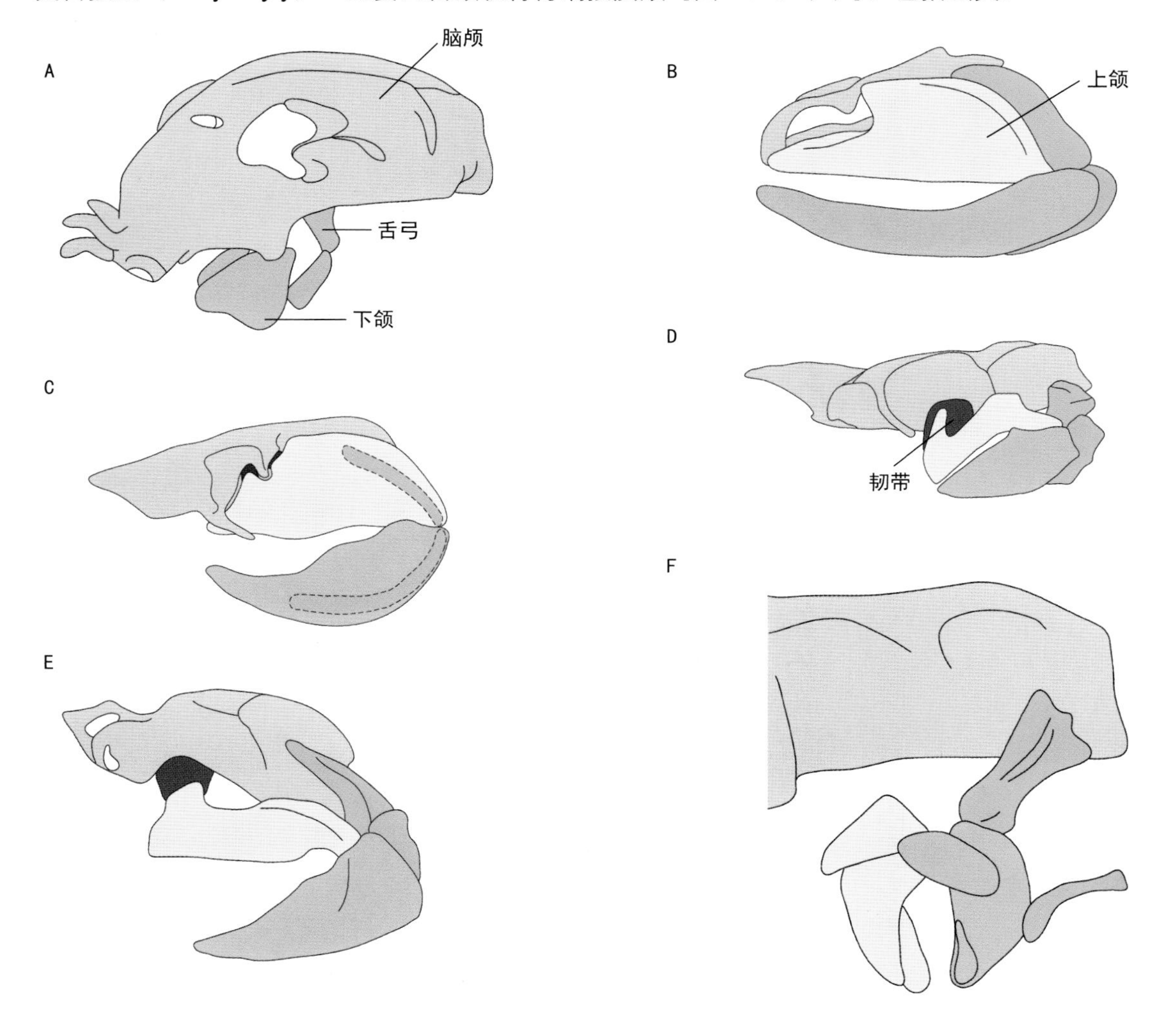

图 1-7-6　颌悬垂的类型（改自 Wilga，2005）

A. 全接型　B. 两接型（化石种）　C. 两接型（灰六鳃鲨）　D. 眼窝接型　E. 舌接型　F. 真舌接型

注：灰色代表脑颅，淡黄色代表上颌，青色代表下颌，绿色代表舌弓，黑色代表韧带

1.7.5 鳃弓

舌弓后方有5～7对鳃弓（branchial arch）（图1-7-7）。各鳃弓的背侧有咽鳃软骨（pharyngobranchial cartilage）、上鳃软骨（epibranchial cartilage）、角鳃软骨（ceratobranchial cartilage）、下鳃软骨（hypobranchial cartilage）4对软骨，腹中线上有不成对的基鳃软骨（brsibranchial cartilage）。基鳃软骨的数目依种类的不同而有差异。

多数板鳃类的第一鳃弓无下鳃软骨。除最后的鳃弓外，上鳃软骨、角鳃软骨的外侧附有细长的鳃条软骨。鳃条软骨的最背侧和最腹侧外鳃软骨游离分布，一部分种类的外鳃软骨缺少一侧，或者两侧都缺失。最后方的2个咽鳃软骨相互愈合，形成1个镐状鳃软骨（gill pickax）。灰六鳃鲨和虎鲨的镐状鳃软骨由前后的咽鳃软骨相连但未愈合。鳃弓腹面的最后方有基鳃软骨和呈五角形或六角形的心鳃软骨（cardiobranchial cartilage）。心鳃软骨由基鳃软骨和下鳃软骨后方几个部分愈合而成。

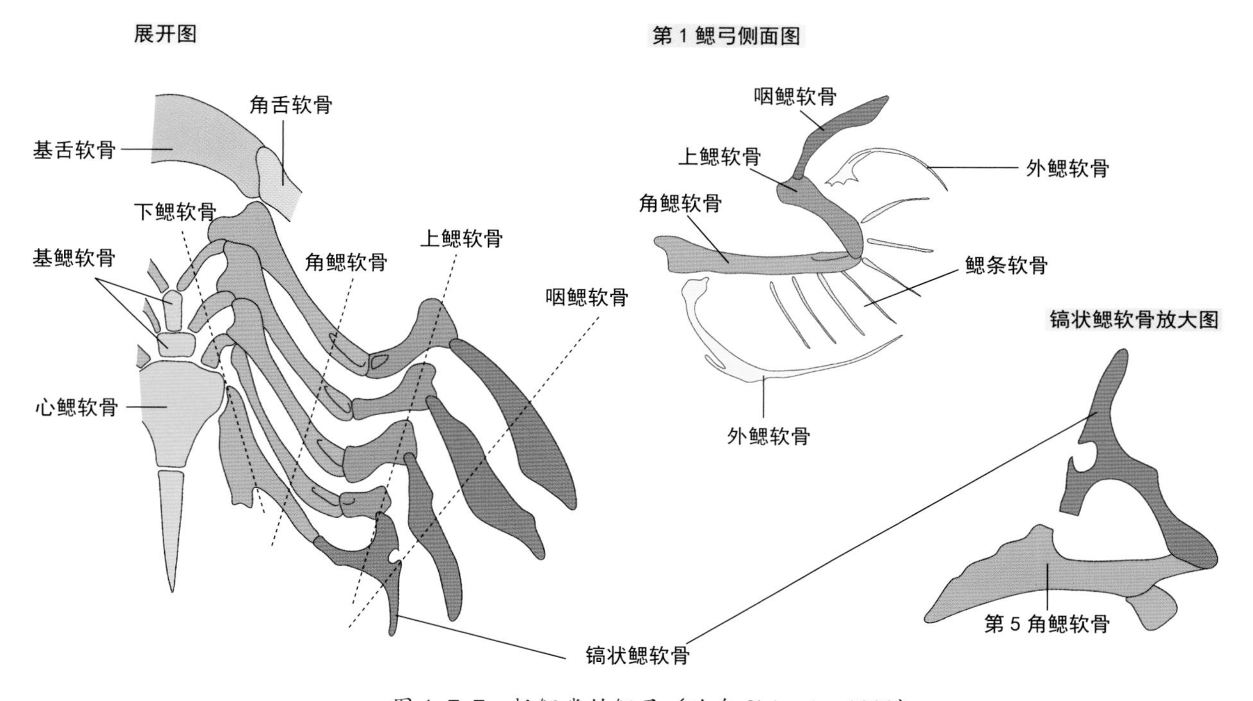

图 1-7-7　板鳃类的鳃弓（改自 Shirai，1992）

全头类鳃弓的基本构造与板鳃类相同（图1-7-8）。咽鳃软骨3对，最后方的咽鳃软骨比前两对大一些，由后方的咽鳃软骨和几个上鳃软骨愈合而成。此外，全头类第一鳃弓腹部侧面有鳃盖软骨（opercular cartilage），它的形状依种类的不同而不同。鳃弓在脑颅腹侧位置。

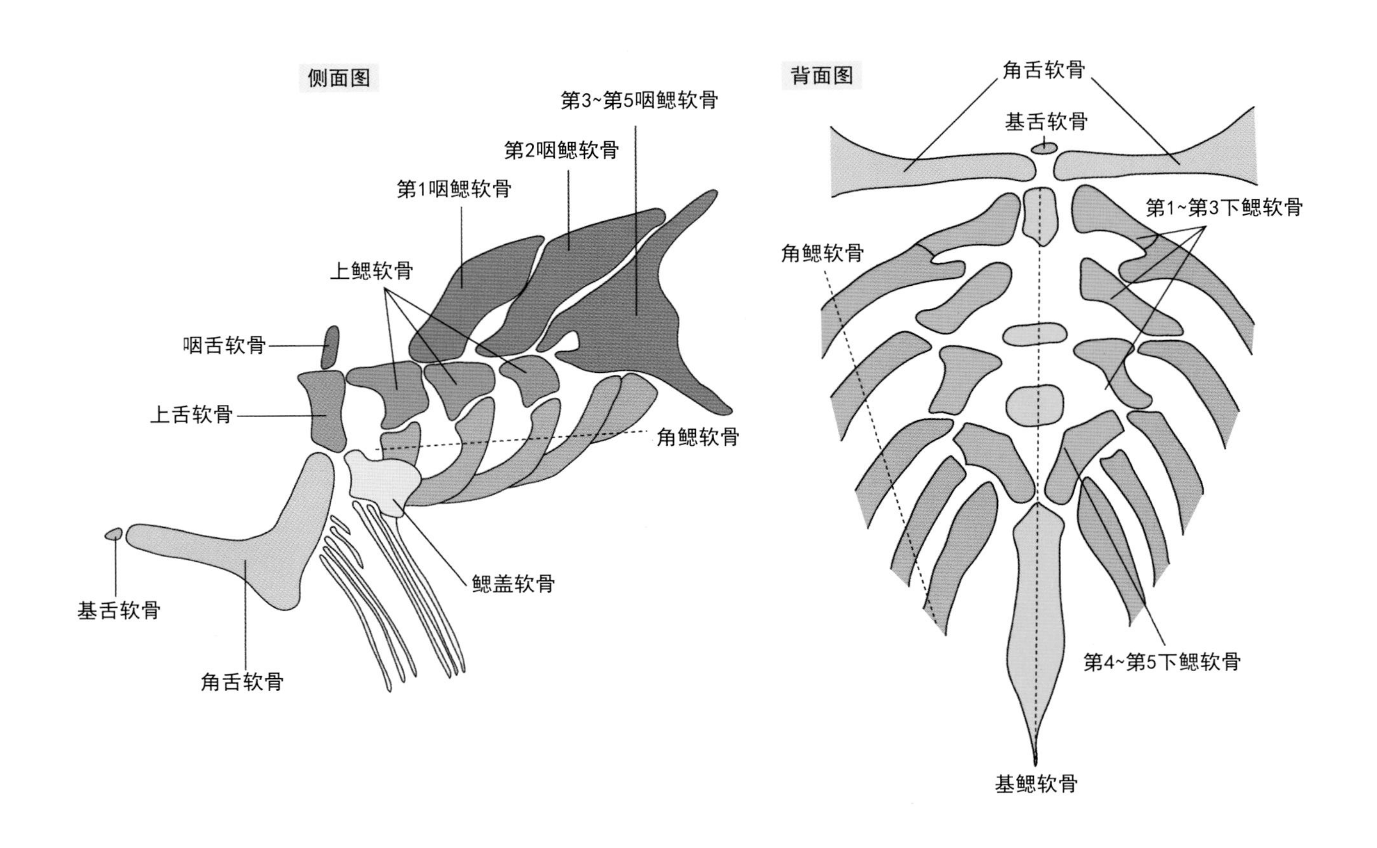

图 1-7-8 银鲛类米氏叶吻银鲛（*Callorhinchus milii*）的舌弓和鳃弓 （改自 Didier，1995）

1.7.6 肩带

鳃弓的后方是支持胸鳍的肩带（pectoral girdle，也称shoulder girdle），肩带的背方呈弓状（图1-7-9）。肩带由腹侧的乌喙软骨（coracoid cartilage）、背侧的肩胛软骨（scapular cartilage）及最上方突起的肩胛骨突起（scapular process）组成。

通常，肩带是腹中线上的左右乌喙软骨愈合形成的简单构造。灰六鳃鲨和棘鲨类的乌喙软骨成对存在，分为左右两个部分。

鳐类的肩带扁平，显著向外突出，左右肩胛骨突起的背侧相互愈合，连接到各自的椎体愈合体上。

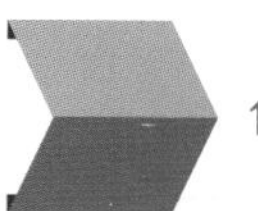

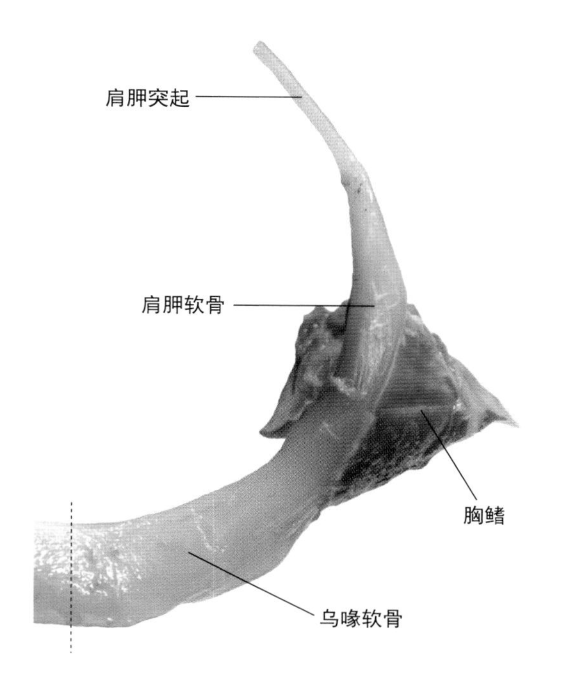

图 1-7-9　日本角鲨的肩带前视图（须田、仲谷，原图）
注：虚线代表中轴线

1.7.7 胸鳍

胸鳍的支鳍骨由鳍基软骨（basal cartilage，或称basipterygium）和辐状软骨（radial cartilage）构成。鳍基软骨由外侧方的前鳍基软骨（propterygium）、中鳍基软骨（mesopterygium）和后鳍基软骨（metapterygium）3块软骨构成，与肩带相连（图1-7-10）。辐状软骨依种类不同，其大小、长度也不同。

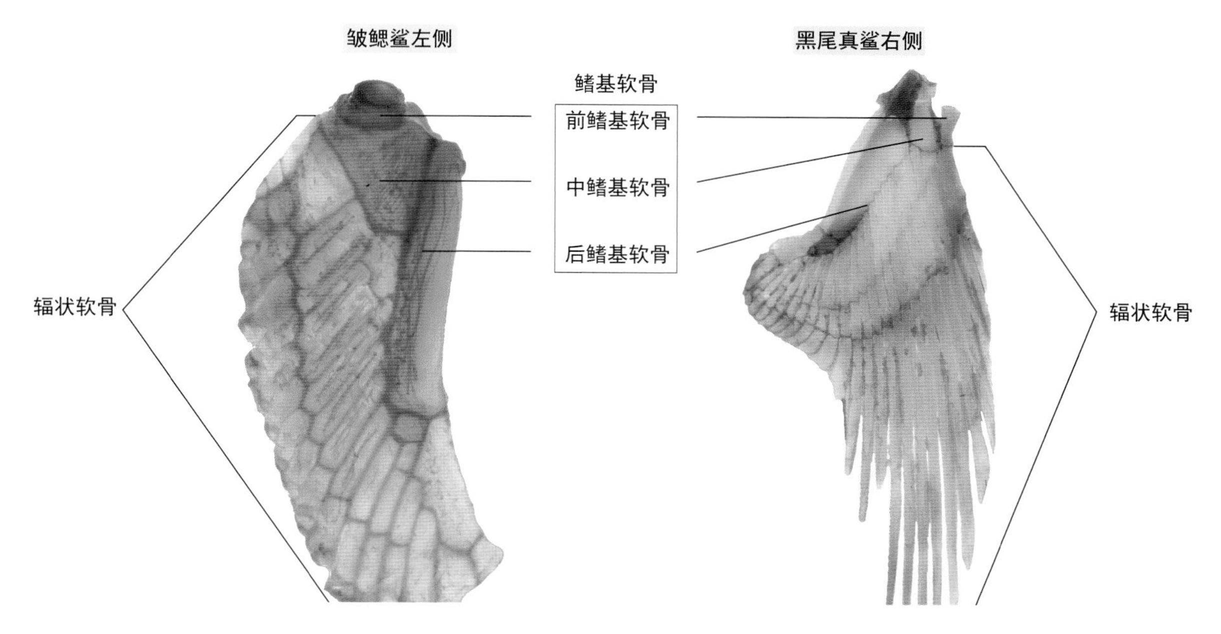

图 1-7-10　胸鳍骨骼（须田、仲谷，原图）

1.7.8 腰带

腰带（pelvic gildle）位于腹腔最后端腹侧，由1个板状的耻骨软骨（pubic bar，或称puboischiadic bar）组成，起到支撑腹鳍的作用（图1-7-11）。耻骨软骨两端有小的侧方突起（lateral prepubic process）。耻骨软骨的侧面有数个神经孔。部分种类的耻骨软骨向前方延伸，形成中央突起（medial prepubic process）。全头类左右腰带分离。

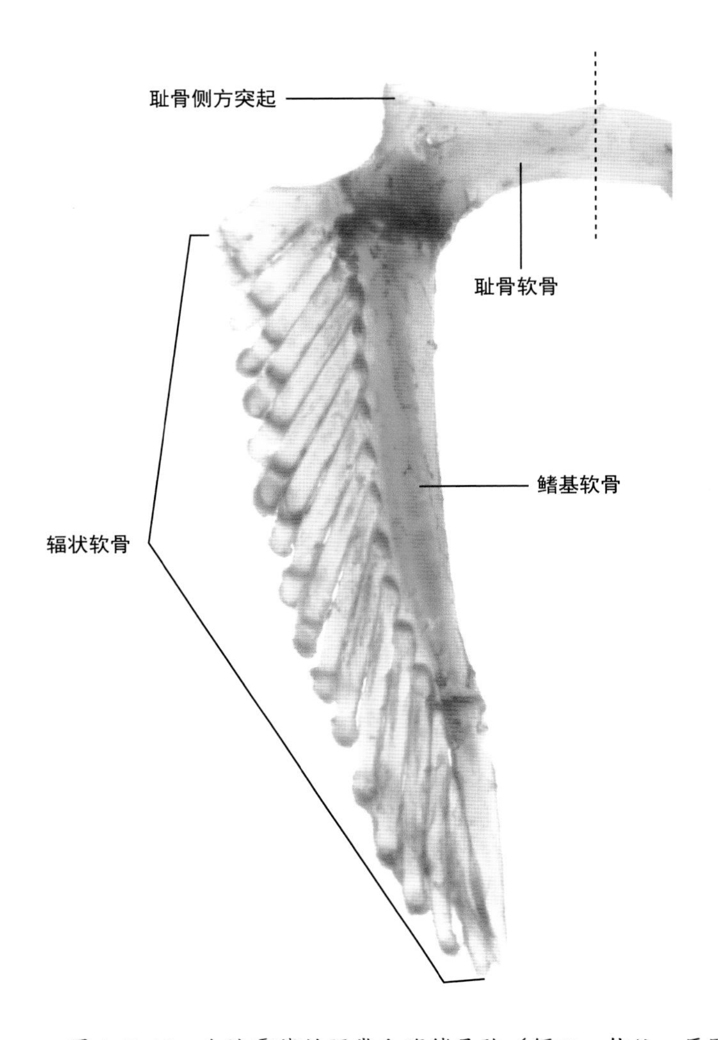

图 1-7-11　白边霞鲨的腰带和腹鳍骨骼（须田、仲谷，原图）
注：虚线代表腹中线的位置

1.7.9 腹鳍

腹鳍的支鳍骨由腹鳍鳍基软骨（basipterygium）和辐状软骨构成。雄性腹鳍鳍基软骨的最后端有一复杂的交接器（clasper）。软骨鱼类交接器的形态和结构依种类不同而有差异，其名称并不统一。

1.7.10 奇鳍（背鳍、臀鳍、尾鳍）

背鳍、臀鳍支鳍骨主要由辐状软骨构成（图1-7-12）。角鲨和虎鲨的背鳍、臀鳍基部具大的板状的鳍基软骨，但二者是否相同尚不明确。尾鳍骨骼由脊椎骨、髓弓背侧的上索软骨（epichordal ray）、脉弓腹侧的下索软骨（hypochordal ray）组成，主要支撑尾鳍上叶（图1-7-13）。

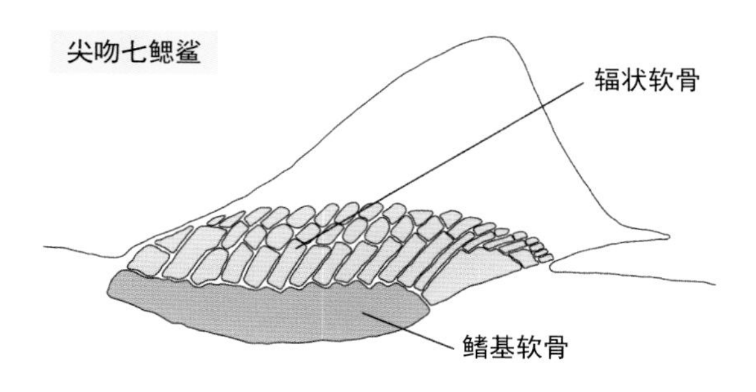

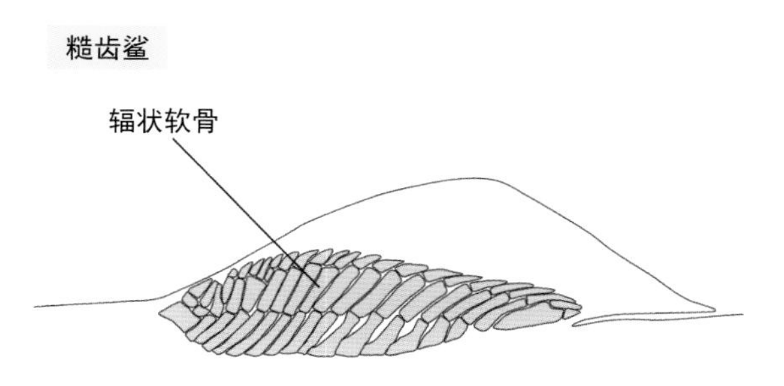

图 1-7-12　背鳍骨骼（须田、仲谷，原图）

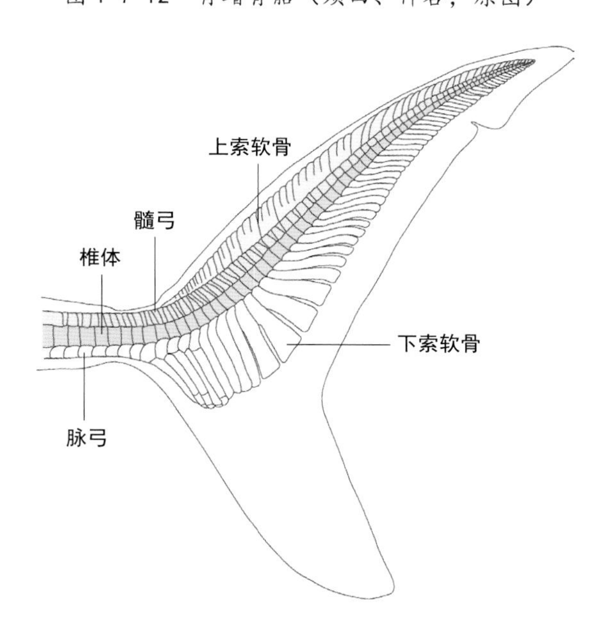

图 1-7-13　鼠鲨的尾鳍骨骼（改自 Cappetta，1987）

（须田健太、仲谷一宏）

1.8 硬骨鱼类的骨骼系统

硬骨鱼类骨骼系统分为外骨骼（exoskeleton）和内骨骼（endoskeleton）。外骨骼是存在于体表的部分，指鳞片或鳍条。内骨骼是位于体内的部分，是用来保护脑或脊髓等中枢神经和内脏等重要器官。内骨骼由许多骨骼组成，骨骼与肌肉互相关联以进行摄食和游泳等活动。本节论述硬骨鱼类的内骨骼。

内骨骼由脊索（notochord）、软骨（cartilage）和硬骨（bone）组成。硬骨根据其发生起源的不同分为：软骨二次骨化形成的软骨化骨（cartilage bone），结缔组织直接骨化形成的膜骨（membrane bone），以及由外皮直接形成的皮骨（dermal bone或dermal skeleton）。这些硬骨的区分在系统发育研究方面具有重要作用。

此外，鱼类内骨骼还可分为中轴骨骼（axial skeleton）和附肢骨骼（appendicular skeleton）两大部分，根据其存在部位进行如下区分。

内骨骼

中轴骨骼

- 头骨（skull）

  脑颅（neurocranium，保护头部中枢神经和感觉器官）

  咽颅（splanchnocranium，支持两颌、舌和鳃）
- 脊索（notochord，支持脊髓）
- 脊柱（vertebral column，包被脊髓和脊索，起保护作用）

附肢骨骼

- 肩带（shoulder girdle，支持胸鳍）
- 腰带（pelvic gridle，支持腹鳍）
- 支鳍骨（pterygiophore，支持各鳍条）

除以上内骨骼外，还有眶下骨（infraorbital或suborbital bone）、支持口腔和鳃盖的悬系骨（suspensorium）。各骨骼解剖结构的简单顺序见图1-8-1，以下展开描述。

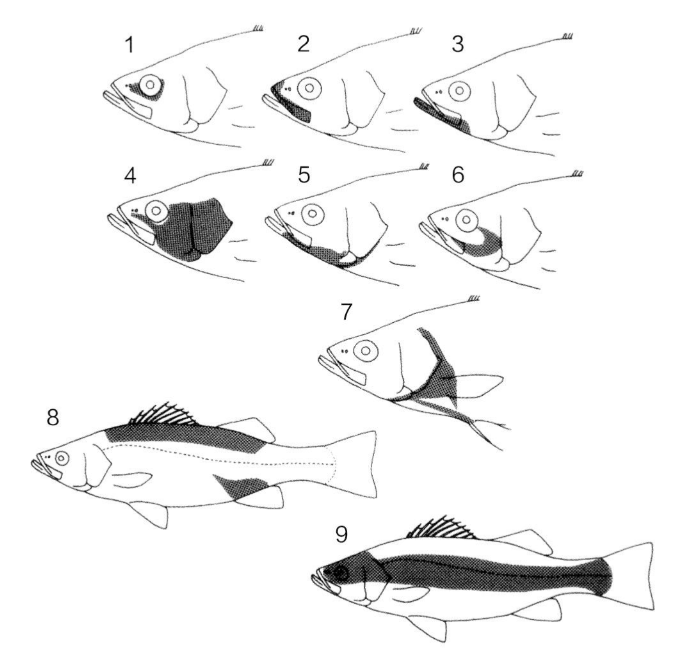

图 1-8-1 硬骨鱼类内骨骼解剖步骤（中坊，原图）

1. 眶下骨 2. 上颌 3. 下颌 4. 悬系骨 5. 舌弓 6. 鳃弓 7. 肩带和腰带 8. 背鳍和臀鳍的支鳍骨 9. 脑颅、脊柱和尾部骨骼

1.8.1 眶下骨

眶下骨是眼的下缘从前向后排列的5块左右的骨片［图1-8-2（A），图1-8-3］，最前面的一块也被称为泪骨（lachrymal）。鲉亚目（Scorpaenoidei）和杜父鱼亚目（Cottoidei）的鱼类第3眶下骨向后延伸至前鳃盖骨，延伸的部分称为眶下骨架（suborbital stay）。眶下骨的发达程度在不同种间有一定差别，有的鱼类仅有第1眶下骨。

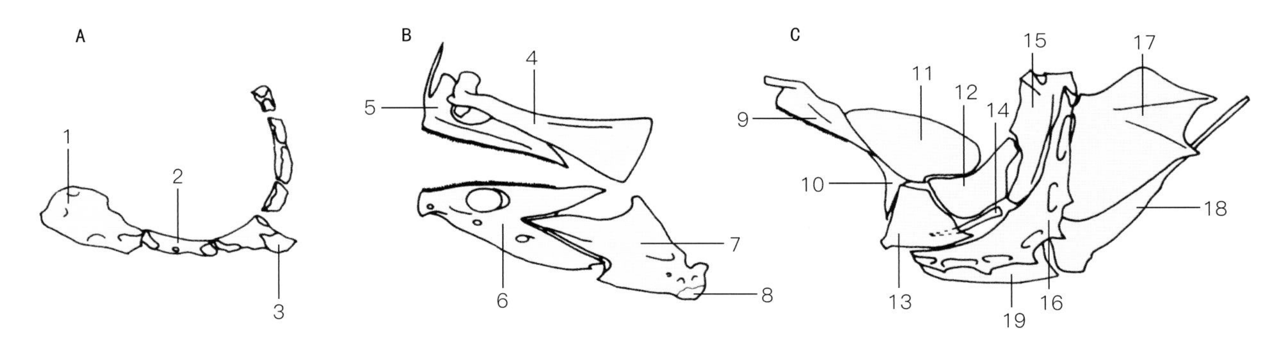

图 1-8-2 欧氏平鲉（鲉形目鲉亚目）的眶下骨、两颌及悬系骨（中坊，原图）

A. 眶下骨 B. 两颌 C. 悬系骨

1. 第1眶下骨（泪骨） 2. 第2眶下骨 3. 眶下骨架 4. 上颌骨 5. 前颌骨 6. 齿骨 7. 关节骨 8. 隅骨 9. 腭骨 10. 前翼骨 11. 中翼骨 12. 后翼骨 13. 方骨 14. 续骨 15. 舌颌骨 16. 前鳃盖骨 17. 主鳃盖骨 18. 下鳃盖骨 19. 间鳃盖骨

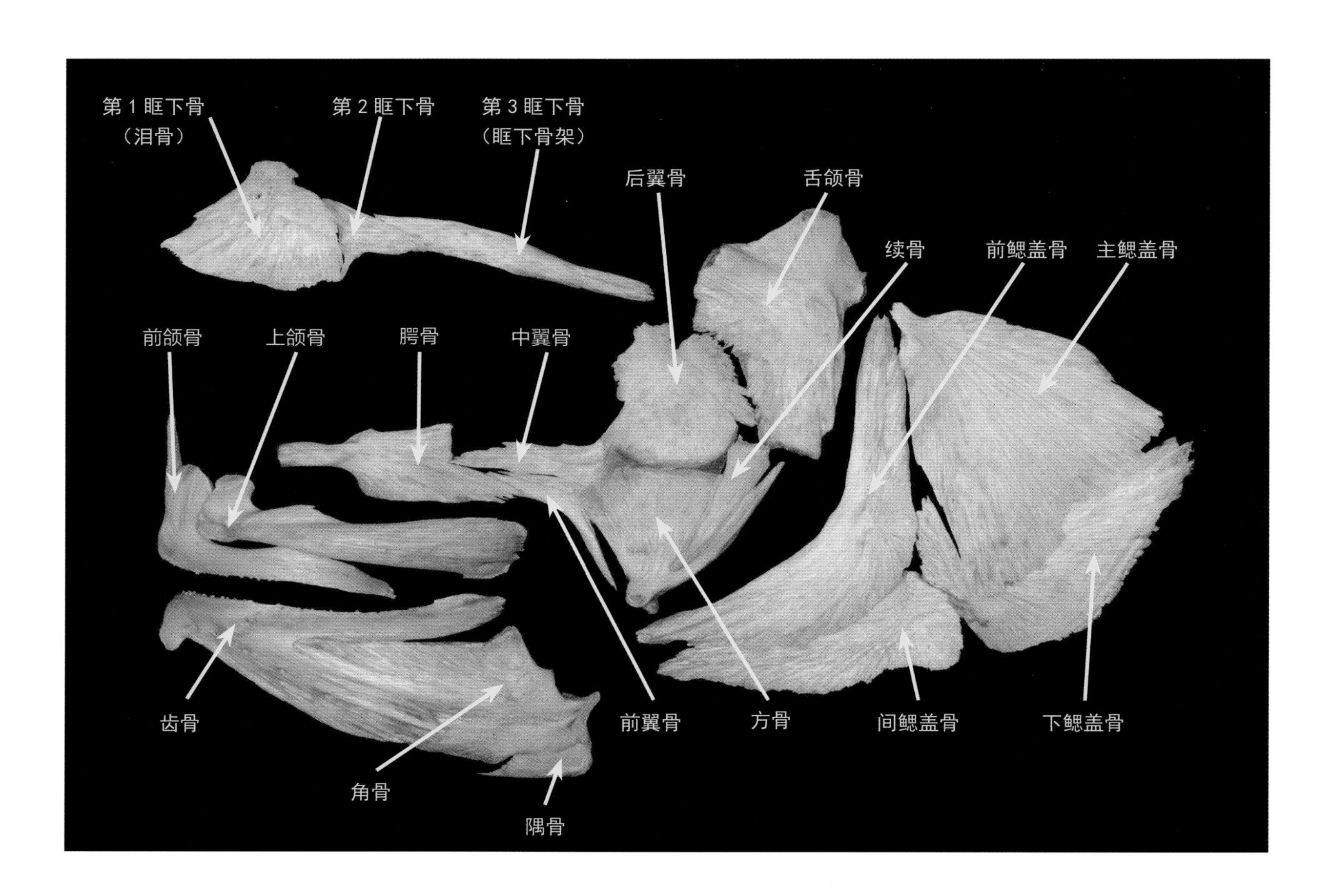

图 1-8-3 白斑裸盖鱼（鲉形目鲉亚目）的眶下骨、两颌及悬垂骨（木村，原图）

1.8.2 上颌（upper jaw）

上颌骨是咽颅的一部分，由前颌骨（premaxillary）和上颌骨（maxillary）组成［图1-8-2（B），图1-8-3］。鲱形目（Clupeiformes）或鲑形目（Salmoniformes）鱼类上颌边缘的大部分被上颌骨占据［图1-8-4（A）］。鲈形目（Perciformes）鱼类较为高等，上颌伸出机能发达，从而其前颌骨也发达，上颌几乎由前颌骨构成，上颌骨在前颌骨上方起支撑作用。前颌骨前端向上延伸出柄状突起，鲾科（Leiognathidae）鱼类上颌的柄状突起显著延长［图1-8-4（B）］。另外，有些种类上颌骨的后上方有1～2个辅上颌骨（supramaxillary）［图1-8-4（A）］。鲟科（Acipenseridae）鱼类有支撑上颌的腭方软骨（palatoquadrate cartilage），前颌骨和上颌骨的愈合体相连。

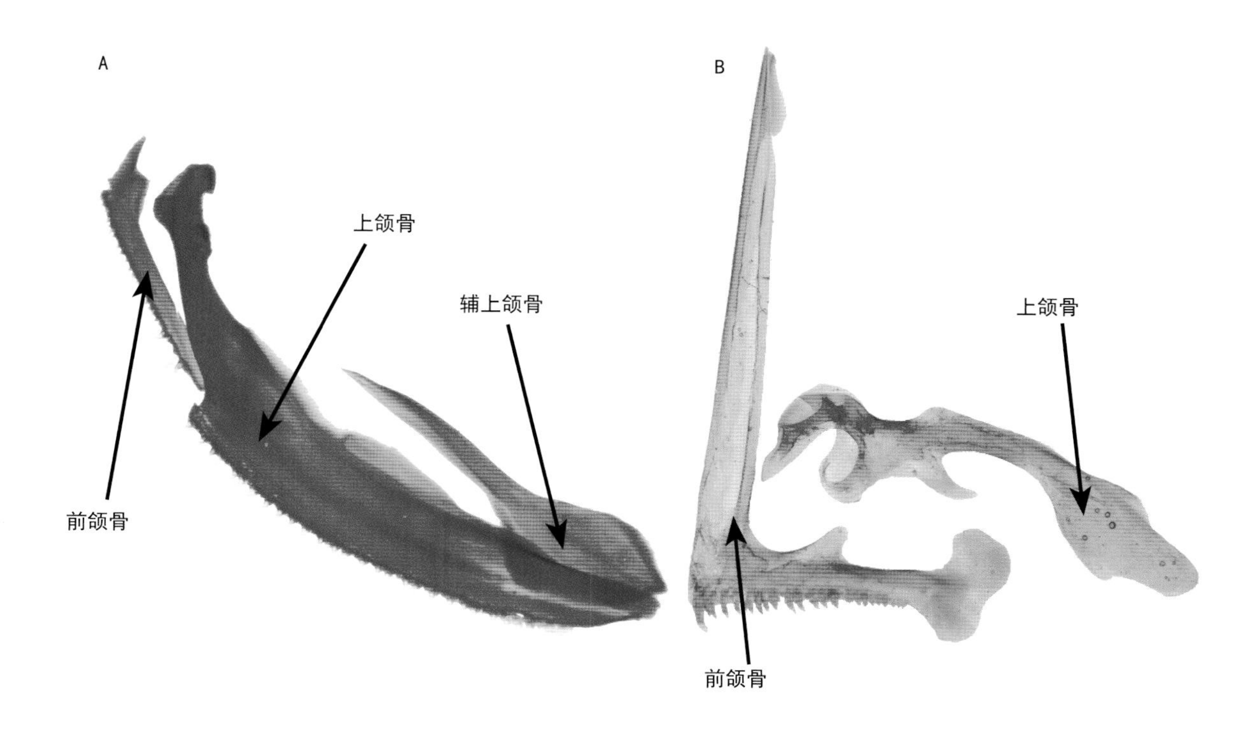

图 1-8-4　西太公鱼和裸牙鲻的上颌（木村，原图）
A. 鲑形目　B. 鲈形目

1.8.3 下颌（lower jaw）

下颌骨是咽颅的一部分，由齿骨（dentary）、关节骨（angular）和隅骨（retroarticular）组成。弓鳍鱼目（Amiiformes）和海鲢目（Elopiformes）鱼类存在关节骨（articular）的痕迹。鲟有下颌软骨（madibular cartilage），与齿骨相连［图1-8-2（B），图1-8-3］。

1.8.4 悬系骨

悬系骨［图1-8-2（C），图1-8-3］分为口腔部和鳃盖部。口腔部由腭骨（palatine）、方骨（quadrate）、后翼骨（metapterygoid）、中翼骨（endopterygoid）、前翼骨（ectopterygoid）、续骨（sympletic）和舌颌骨（hyomandibular）组成，支撑口腔的背面和侧面。鳃盖部由前鳃盖骨（preopercle）、主鳃盖骨（opercle）、下鳃盖骨（subopercle）和间鳃盖骨（interopercle）组成。中翼骨由皮膜与脑颅的副蝶骨相连，舌颌骨在脑颅翼耳骨的关节处呈悬系状连接。腭骨的前端与上颌骨相连接，方骨与下颌的关节骨相连接。

1.8.5 舌弓（hyoid arch）

舌弓属于咽颅的一部分［图1-8-5（A），图1-8-6］。基舌骨（basihyal）位于口腔底部前方正中线上，用来支撑舌，最后面是尾舌骨（urohyal）。基舌骨后面分别是1对下舌骨（hypohyal）、角舌骨

（ceratohyal）、上舌骨（ephihyal）和间舌骨（interhyal）。间舌骨与悬系骨的续骨连接。下舌骨又分为上位下舌骨和下位下舌骨。角舌骨和上舌骨的下缘有多条鳃条骨（brachiostegal ray），用以支撑鳃盖膜（opercular membrane），鳃条骨的数量常被用于物种分类。尾舌骨用来调节口腔体积的变化，在口张合时发挥重要作用。

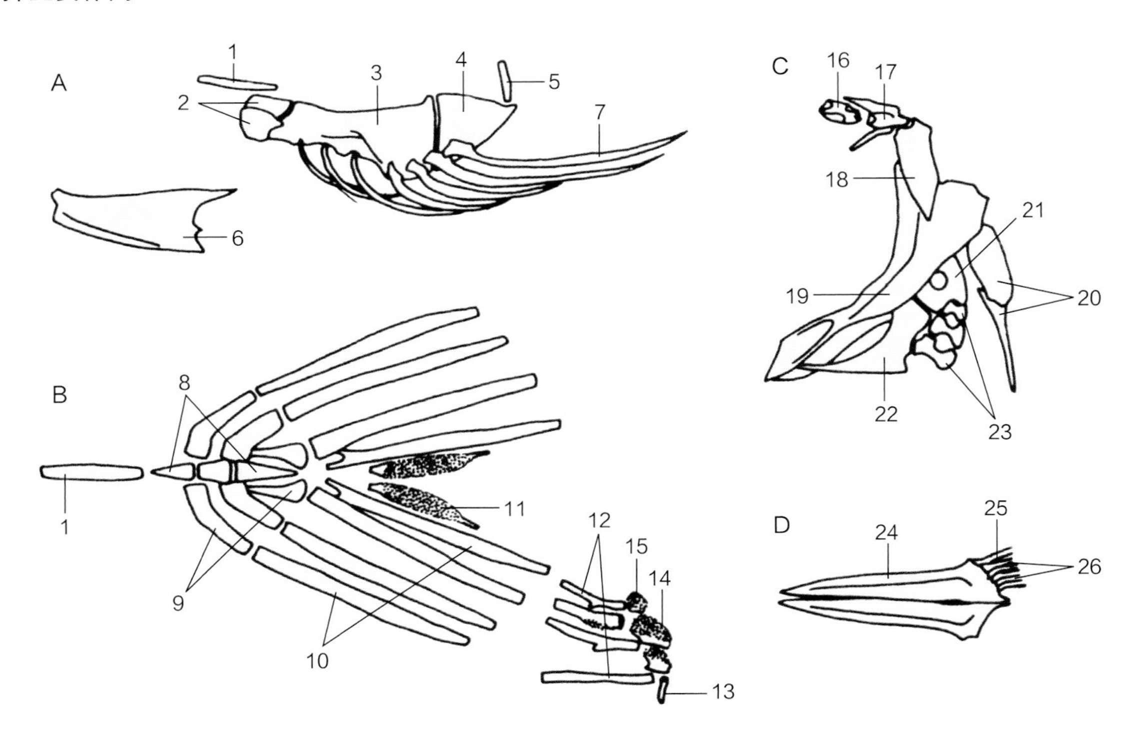

图 1-8-5 欧氏平鲉的舌弓、鳃弓、肩带和腰带（中坊，原图）

A. 舌弓 B. 鳃弓 C. 肩带 D. 腰带

1. 基舌骨 2. 下舌骨 3. 角舌骨 4. 上舌骨 5. 间舌骨 6. 尾舌骨 7. 鳃条骨 8. 基鳃骨 9. 下鳃骨 10. 角鳃骨 11. 下咽骨 12. 上鳃骨 13. 第一咽鳃骨 14. 第三咽鳃骨 15. 上咽骨 16. 鳞片骨 17. 后颞骨 18. 上匙骨 19. 匙骨 20. 后匙骨 21. 肩胛骨 22. 乌喙骨 23. 鳍条基骨 24. 腰带 25. 腹鳍棘 26. 腹鳍软条

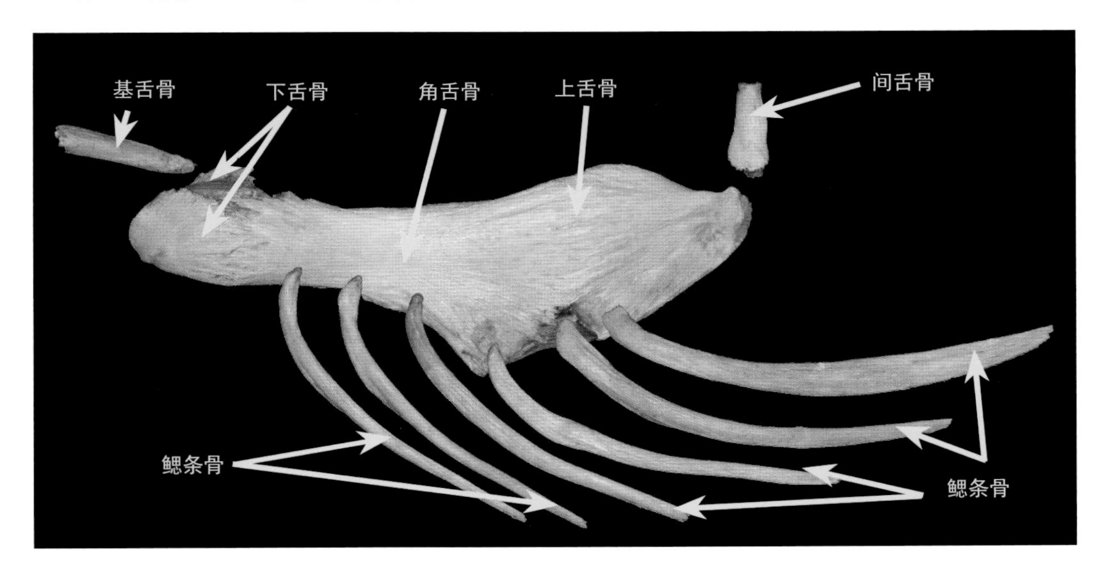

图 1-8-6 白斑裸盖鱼的舌弓（木村，原图）

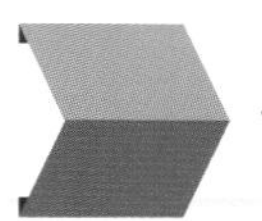

1.8.6 鳃弓（gill arch）

鳃弓［图1-8-5（B），图1-8-7］是咽颅的一部分，通常有5对。口腔正中线上的基舌骨后方通常有3块基鳃骨（basibranchial）。基鳃骨两侧是下鳃骨（hypobranchial）、角鳃骨（ceratobranchial）、上鳃骨（epibranchial）和咽鳃骨（pharyngobranchial），以基鳃骨为轴左右对称分布。角鳃骨和上鳃骨呈>形连接，该连接处的下方下鳃骨和角鳃骨组成鳃弓下枝（lower arch），上方上鳃骨和咽鳃骨组成鳃弓上枝（upper arch）。

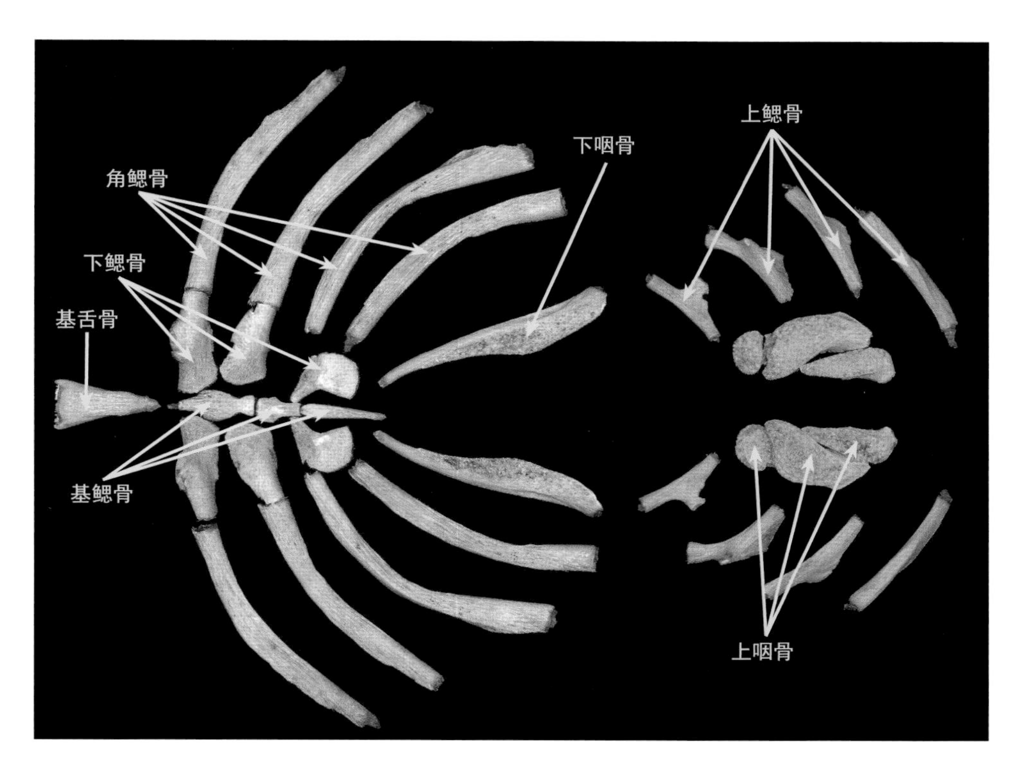

图 1-8-7　白斑裸盖鱼的鳃弓（木村，原图）

第4和第5鳃弓的咽鳃骨在很多情况下愈合成上咽骨（upper pharyngeal），第5鳃弓的下鳃骨和角鳃骨变形为下咽骨（lower pharyngeal）。咽骨上的齿通常叫作咽齿（pharyngeal tooth）（图1-8-8）。鳃弓通过第1鳃弓的咽鳃骨与脑颅相连接。

图 1-8-8　条石鲷的下咽齿（木村，原图）

1.8.7 肩带

肩带由后颞骨（posttemporal）、上匙骨（supracleithrum）、匙骨（cleithrum）、后匙骨（postcleithrum）、肩胛骨（scapula）、乌喙骨（coracoid）和鳍条基骨（actinost）组成［图1-8-5（C），图1-8-9］。后颞骨通过脑颅的上耳骨与翼耳骨的后端连接，胸鳍条由数条支鳍骨支撑。后匙骨位于胸鳍基部，通常有2块或3块。后颞骨前面有1～2块鳞片骨（supratemporal）。鲱形目、鲤形目和鲑形目鱼类的肩胛骨和乌喙骨之间有中乌喙骨（mesocoracoid，图1-8-10）。肉鳍鱼类（Sarcopterygii）、鲟形目和弓鳍鱼目鱼类匙骨下方有锁骨（clavicle）。

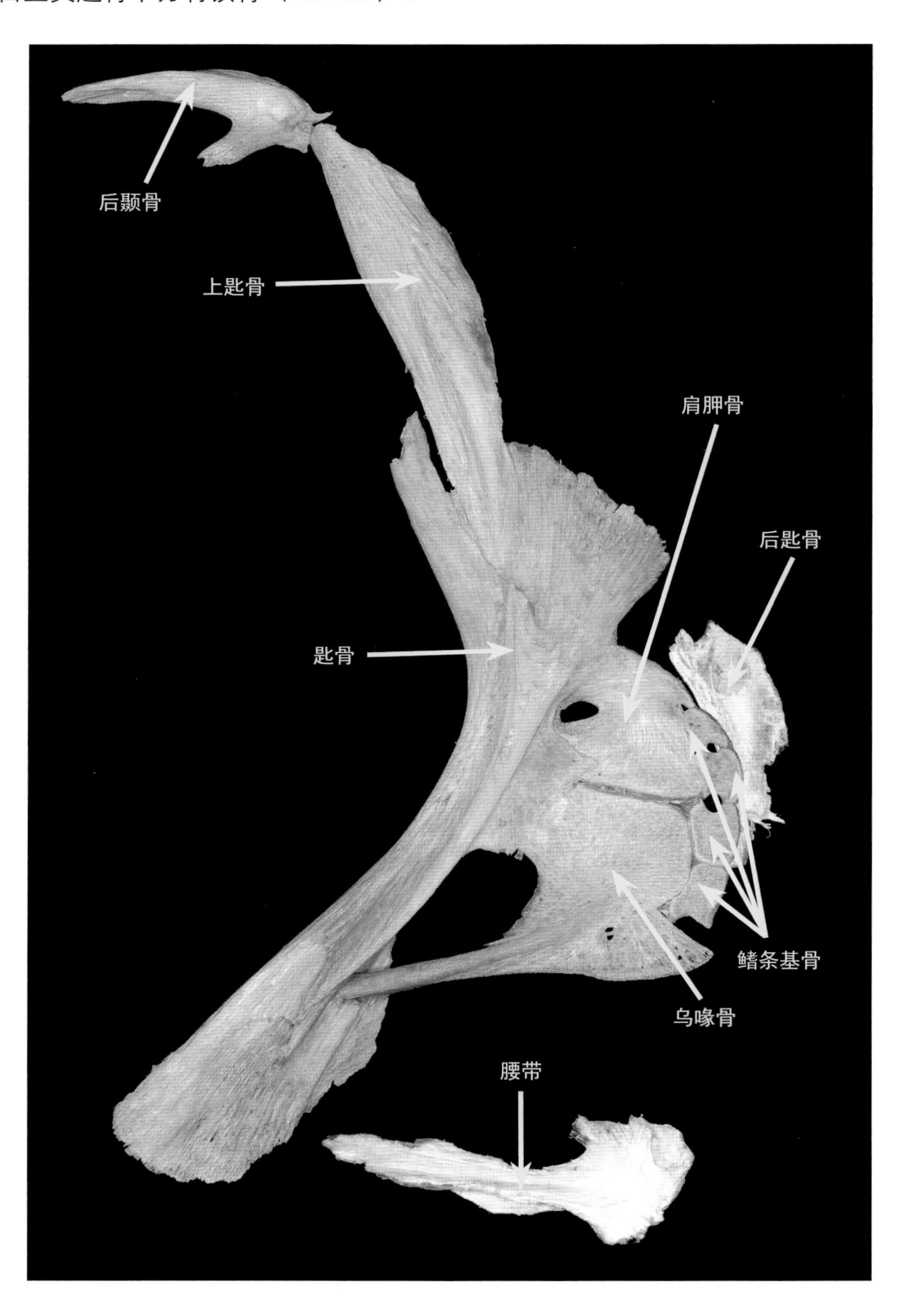

图 1-8-9　白斑裸盖鱼的肩带和腰带（木村，原图）

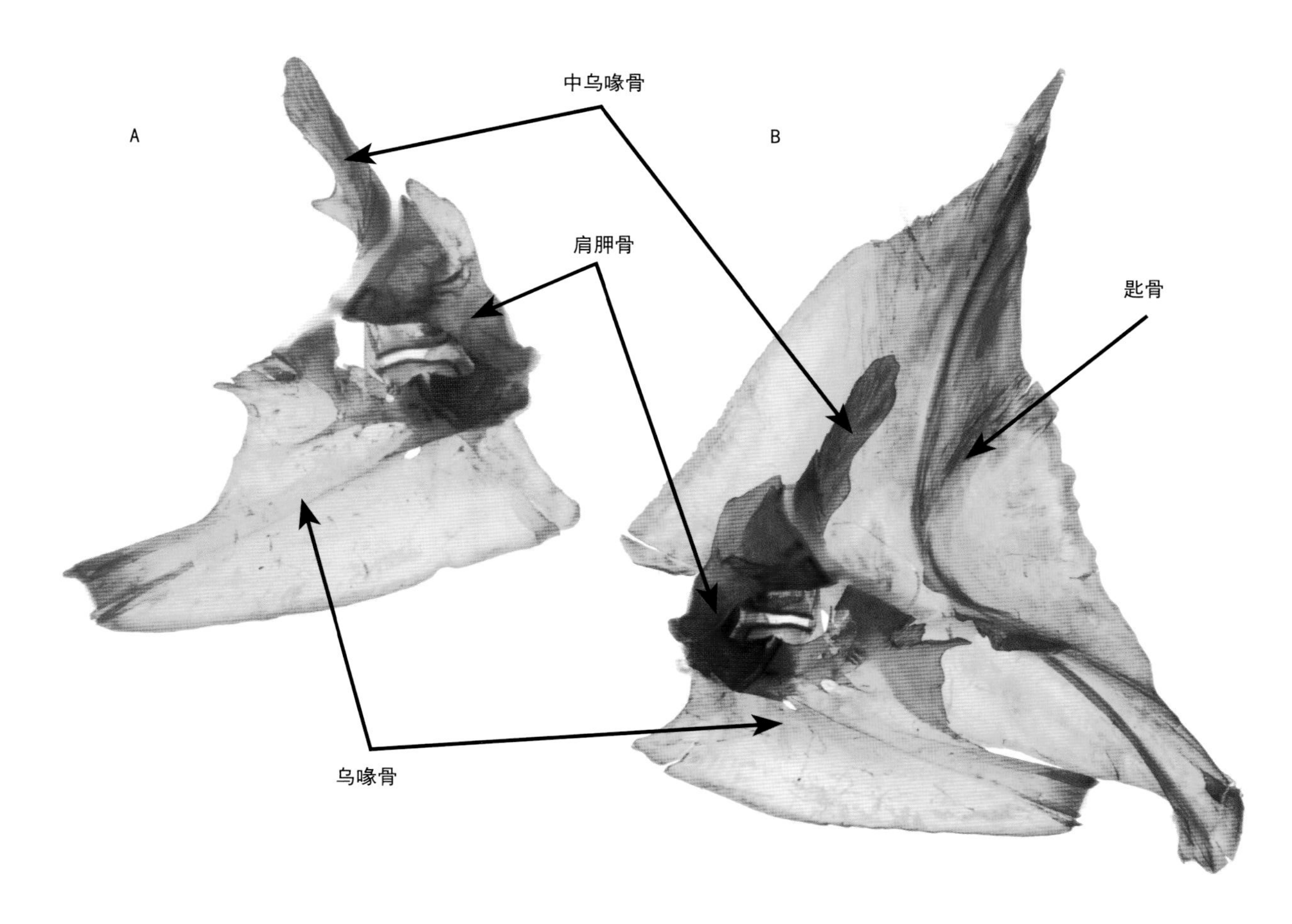

图 1-8-10　香鱼（鲑形目）的左侧肩带（木村，原图）
A. 外侧（匙骨除外）　B. 内侧

1.8.8 腰带

腰带呈三角状或棒状，起支撑腹鳍的作用，有时也称腰骨（pelvic bone）（图1-8-9）。腹鳍的位置在不同类群间存在差别，鲱形目、鲤形目和鲑形目鱼类的腰带埋藏在腹部肌肉中，前端未伸达匙骨。鳕形目和鲈形目鱼类腰带位于喉部或胸部，前端与匙骨相连。

1.8.9 支鳍骨

支鳍骨用于支撑背鳍或臀鳍鳍条，由位于脊柱附近的棘状近端支鳍骨（proximal pterygiophore）、外侧的中端支鳍骨（median pterygiophore）和远端支鳍骨（distal pterygiophore）组成［图1-8-11（C），图1-8-12］。中端支鳍骨和远端支鳍骨多愈合成一块骨骼。鲹科和鲭科鱼类的游离小鳍也由支鳍骨支撑（图1-8-13）。脂鲤目、鲇形目、鲑形目和灯笼鱼目鱼类的脂鳍由脂鳍软骨（adipose fin cartilage）支持，但这种软骨组织有时也看不到。背鳍前方无鳍条相伴的支鳍骨状的骨片被称为上髓棘（supraneural）。胸鳍鳍条由肩带的鳍条基骨支持，腹鳍鳍条由腰带直接支持。

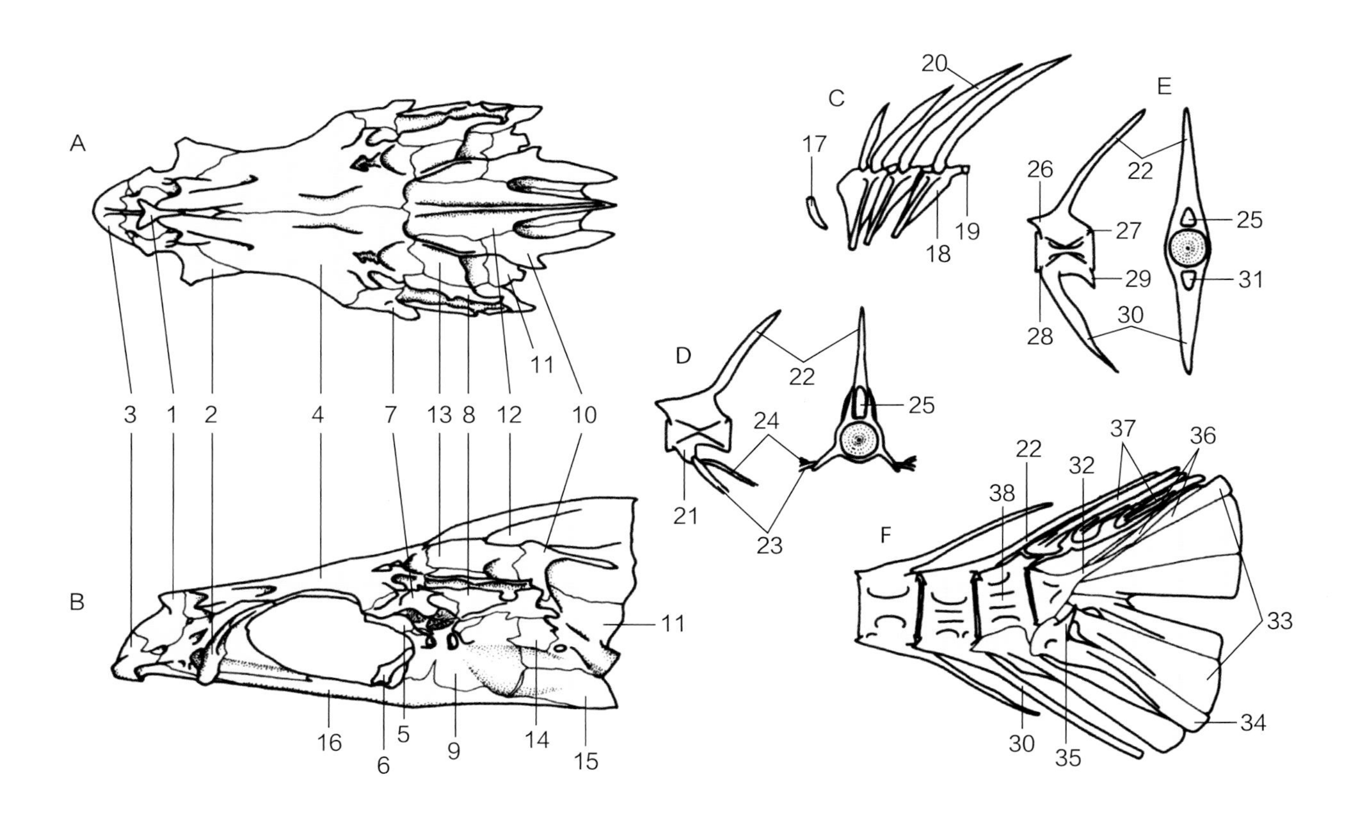

图 1-8-11 鱼类的脑颅、支鳍骨、躯椎骨、尾椎骨和尾骨（中坊，原图）

A. 花鲈脑颅背面 B. 花鲈脑颅侧面 C. 欧氏平鲉的支鳍骨 D. 欧氏平鲉躯椎骨侧面和前面 E. 欧氏平鲉的尾椎骨侧面和前面 F. 花鲈的尾骨

1. 中筛骨 2. 侧筛骨 3. 犁骨 4. 额骨 5. 翼蝶骨 6. 基蝶骨 7. 蝶耳骨 8. 翼耳骨 9. 前耳骨 10. 上耳骨 11. 侧枕骨 12. 上枕骨 13. 顶骨 14. 后耳骨 15. 基枕骨 16. 副蝶骨 17. 上髓棘 18. 近端支鳍骨 19. 远端支鳍骨 20. 背鳍棘 21. 椎体横突 22. 髓棘 23. 腹肋 24. 背肋 25. 髓管 26. 前神经关节突起 27. 后神经关节突起 28. 前血管关节突起 29. 后血管关节突起 30. 脉棘 31. 脉管 32. 尾部棒状骨 33. 尾下骨 34. 准尾下骨 35. 尾下骨侧突起 36. 尾髓骨 37. 尾上骨 38. 第二尾鳍椎前椎体

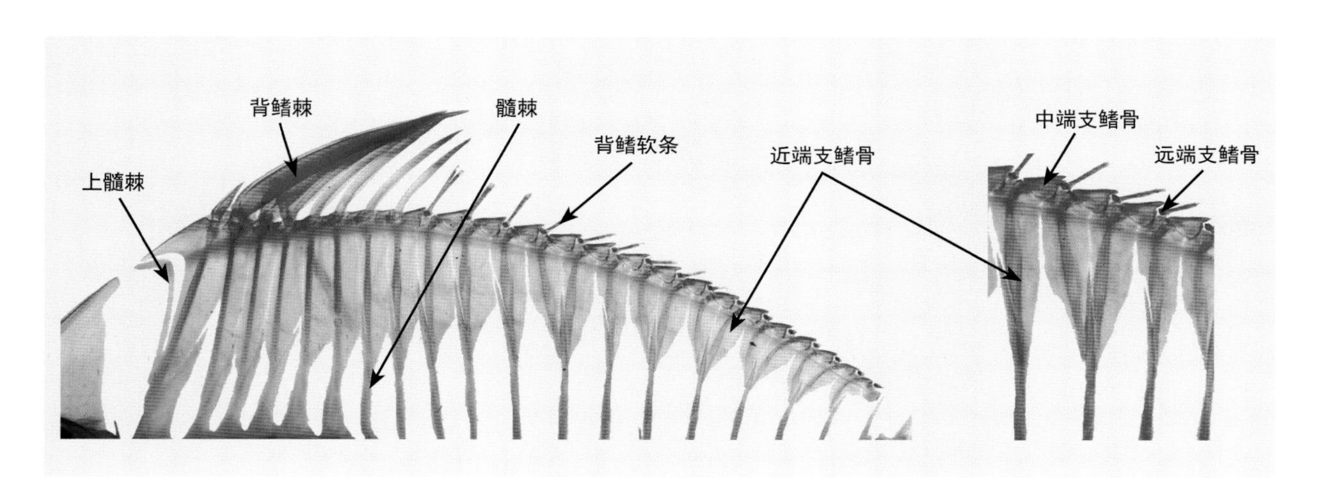

图 1-8-12 黑边鲾的背鳍支鳍骨（木村，原图）

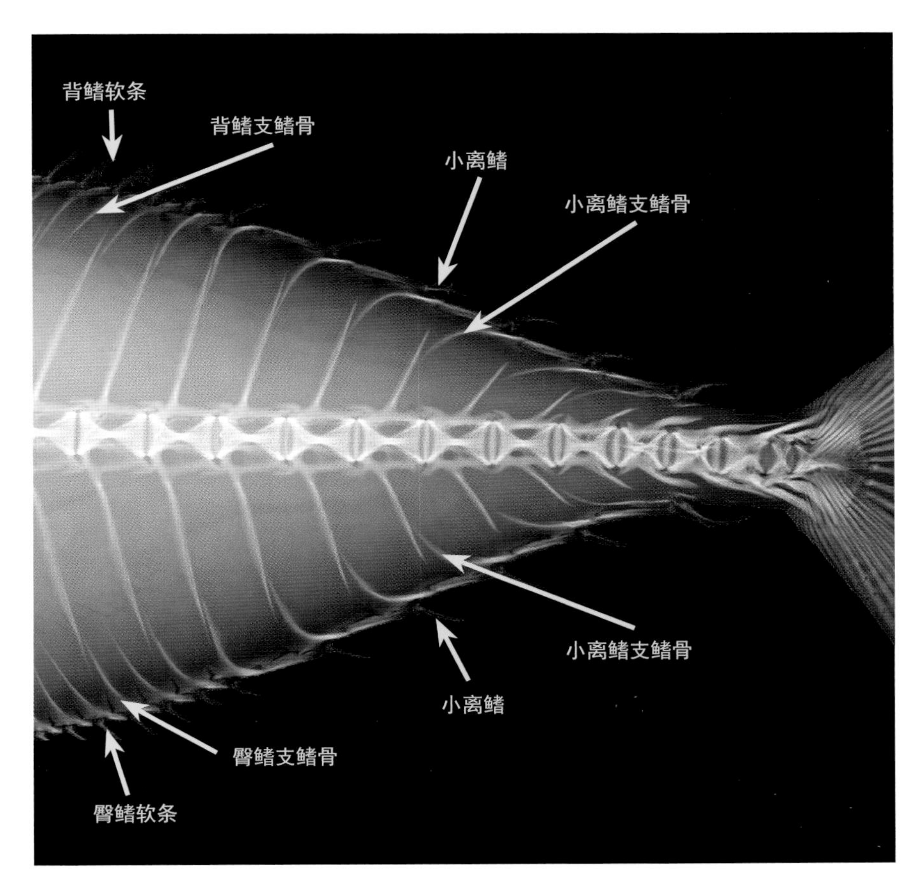

图 1-8-13 金带花鲭（鲭科）的小离鳍支鳍骨（木村，原图）

1.8.10 脑颅

脑颅容纳并保护脑、鼻、眼、内耳、中枢神经系统及其他重要的感觉器官［图1-8-11（A, B），图1-8-14］。脑颅由多块骨骼组成，中轴线上骨骼只有一块，左右分布的则成对存在。脑颅根据种类不同形态也不相同，部分骨骼相互愈合或退化消失，然而各骨骼的位置关联基本相同，根据分布位置可进行如下划分。

（1）鼻区 前筛骨（preethmoid）1块、中筛骨（ethmoid）1块、侧筛骨（paraethmoid）1对、犁骨（vomer）1块（鳗鲡目鱼类的中筛骨、犁骨和前颌骨愈合形成1个骨板）、鼻骨（nasal）1对（与头盖骨脱离）。其中前筛骨和上筛骨在鲱形目、鲤形目和鲑形目中存在，而在鲈形目中缺失。

（2）眼区 额骨（frontal）1对、眶蝶骨（orbitosphenoid）1对（鲱形目、鲤形目和金眼鲷目存在，鲈形目缺失）、翼蝶骨（pterosphenoid）1对、基蝶骨（basisphenoid）1块（鳕形目缺失）、巩膜骨（sclerotic）1对。

（3）耳区 蝶耳骨（sphenotic）1对、翼耳骨（pterotic）1对、前耳骨（prootic）1对、上耳骨（epiotic）1对、顶骨（parietal）1对、后耳骨（intercalar）1对。

（4）枕区 基枕骨（basioccipital）1块、外枕骨（exoccipital）1对、上枕骨（supraoccipital）1块。

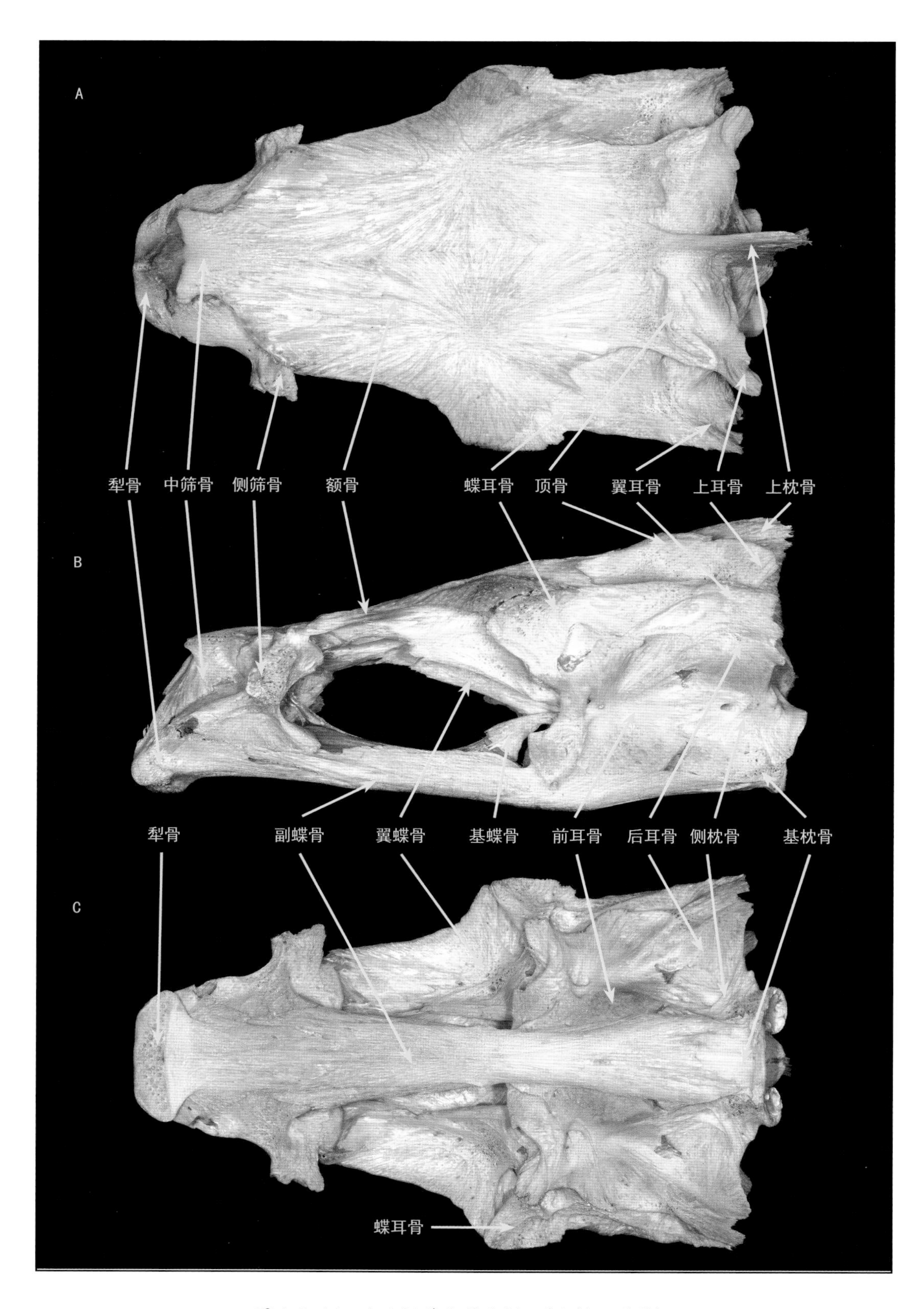

图 1-8-14　白斑裸盖鱼的脑颅（木村，原图）

A. 背面　B. 侧面　C. 腹面

1.8.11 脊柱

脊柱是从脑颅后端到尾端、排列于身体中轴线的一列脊椎骨（vertebra，复数为vertebrae）［图1-8-11（D，E），图1-8-15］。脊椎骨由椎体（centrum）及其附属的一些骨骼组成。椎体包被脊索，其前端及后端的背腹面均有关节突（zygapophysis），且椎体两两连接紧密。脊柱从脑颅开始，沿着背部韧带向尾部延伸，具有很好的柔韧性。

脊椎骨可分为躯椎骨（abdominal vertebra）和尾椎骨（caudal vertebra）。躯椎骨位于鱼体躯干部，左右有椎体横突（parapophysis）与肋骨（rib）相连接。尾椎骨位于鱼体尾部，通常有脉弓（hemal arch）和脉棘（hemal spine）。一般来说，最后一块躯椎骨和第一块尾椎骨的区别在于，前者只有椎体横突而没有脉弓，后者没有椎体横突而有脉弓。躯椎骨和尾椎骨各椎体背部均有髓弓（neural arch），其上端具髓棘（neural spine）。脊髓从髓弓通过，尾动脉和尾静脉从脉弓通过。

肋骨的外侧（体表侧）有上肋骨（epipleural）。鲱形目鱼类中，椎体侧面有上椎体骨（epicentral），髓棘的后侧面有上神经骨（epineural），体侧肌肉上部和下部平行排列有埋藏于肌肉中的肌骨（myorabdoi）。这些骨骼通称肌间骨（intermuscular bones）（图1-8-16）。

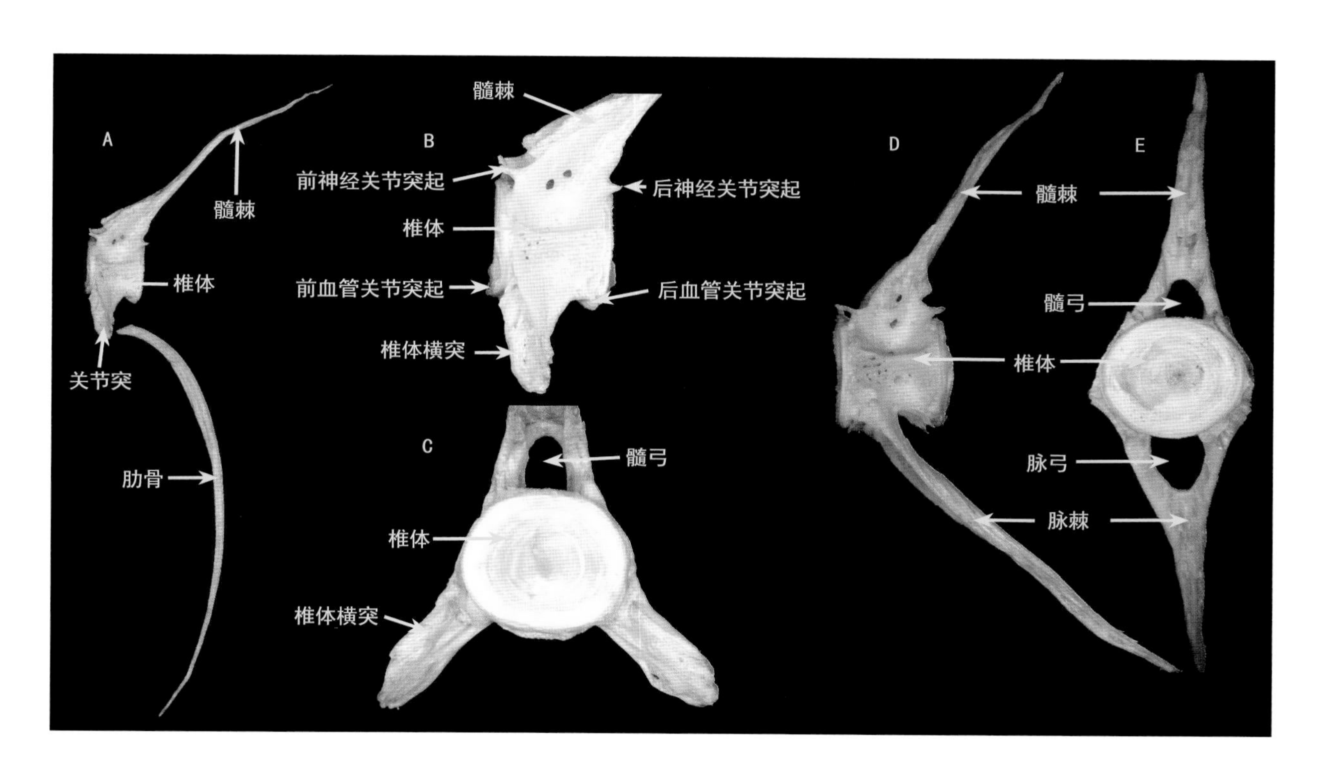

图 1-8-15　白斑裸盖鱼的脊椎骨（木村，原图）

A. 腹椎骨　B. 躯椎骨扩大侧面　C. 躯椎骨扩大前面　D. 尾椎骨侧面　E. 尾椎骨前面

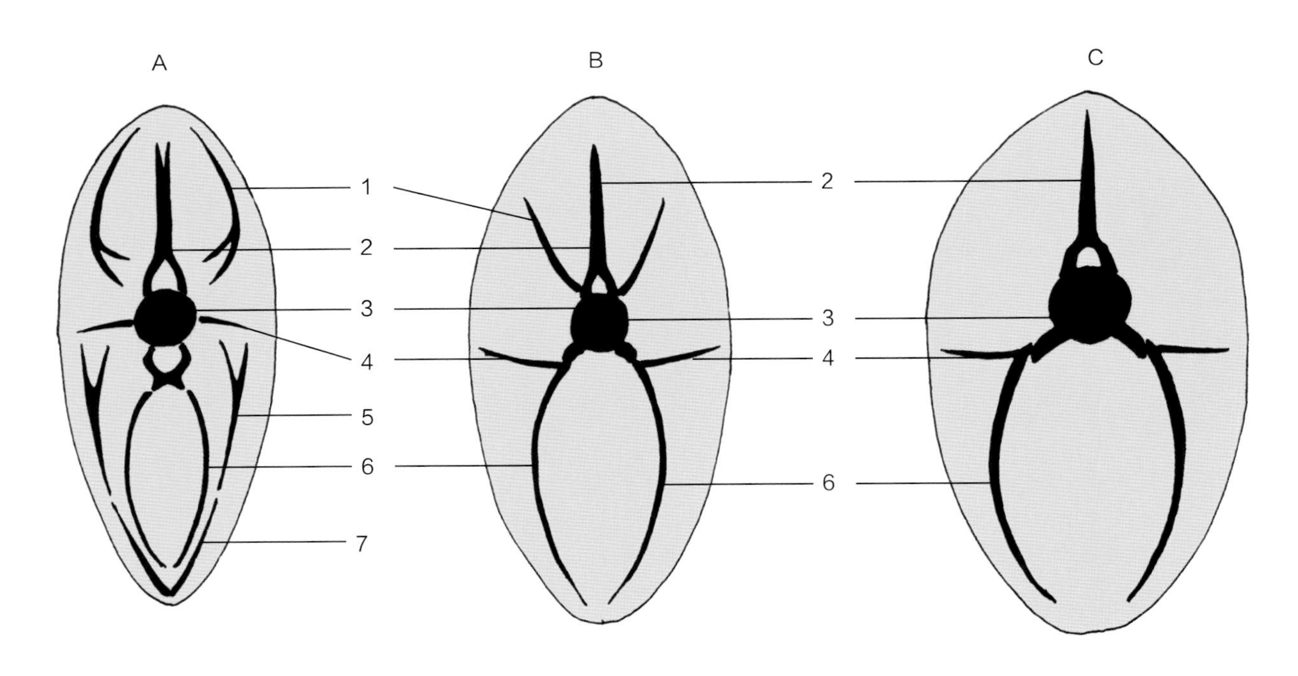

图 1-8-16　硬骨鱼类的肌间骨（改自谷口，1987）

A. 鲱形目　B. 鲑形目　C. 鲈形目

1. 髓弓小骨　2. 髓棘　3. 椎体　4. 椎体小骨　5. 脉弓小骨　6. 肋骨　7. 棱鳞

1.8.12 尾骨

大多数鱼类的最后几个脊椎骨变形，用于支撑尾鳍，这些骨骼统称尾骨（caudal skeleton）［图1-8-11（F），图1-8-17］。尾骨中心有三角形或棒状的尾椎骨（ural vertebra）。海鲢目、鲱形目和鲑形目鱼类的尾椎骨分为多块，多数硬骨鱼类具1块尾部棒状骨（urostyle），并与第1尾鳍椎前椎体（preural centrum）愈合。尾椎骨背侧有左右对称的尾髓骨（uroneural bone）。

此外，尾椎骨背侧前部有尾上骨（epural bone）。尾神经骨和尾上骨的数量在不同种间存在差异。尾椎骨的腹侧后部，脉棘形成扇状的尾下骨。第1尾鳍椎前椎体（多数硬骨鱼类在棒状骨前半部）的腹侧脉棘称为准尾下骨（parhypural）。

尾下骨和准尾下骨都支撑尾鳍软条，但准尾下骨的基部有尾下骨侧突，尾动脉和尾静脉由此通过，两者可以区分开来。尾下骨的数量存在种间差异。鲤形目鱼类的尾神经骨和尾椎骨结合为侧尾棒骨［pleurostyle，图1-8-18（B）］。鲀科鱼类的尾下骨下半部分与尾部棒状骨愈合［图1-8-18（C）］，单棘鲀科（Monacanthidae）鱼类的尾下骨和尾部棒状骨愈合［图1-8-18（D）］。

脊椎骨的数目原则上包含尾部棒状骨，大部分情况下，脊椎骨数以“躯椎骨数（简写为AV）+尾椎骨数（简写为CV）”的形式表示。

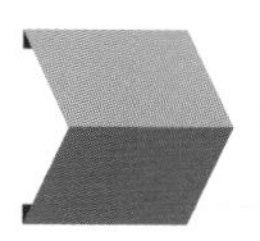

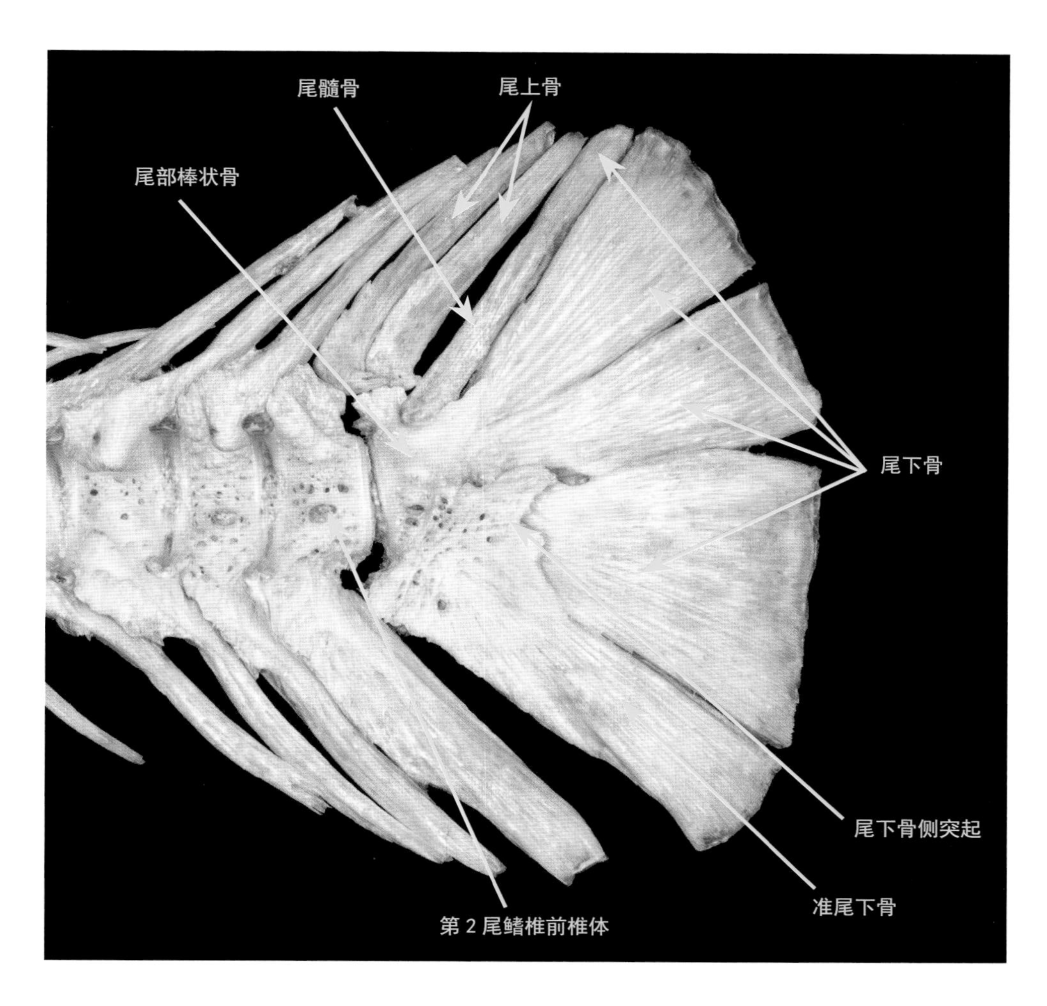

图 1-8-17　白斑裸盖鱼的尾骨（木村，原图）

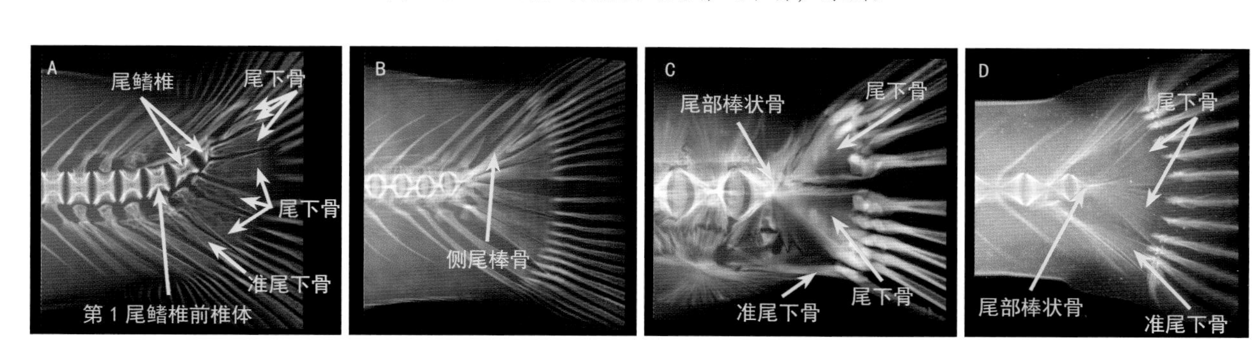

图 1-8-18　石川鳟、鲤、星点东方鲀及单角革鲀的尾骨（木村，原图）

A. 石川鳟（鲑形目）　B. 鲤（鲤形目）　C. 星点东方鲀（鲀形目鲀科）　D. 单角革鲀（鲀形目单棘鲀科）

（中坊彻次、木村清志）

1.9 肌肉系统

肌肉包含横纹肌（striated muscle）和平滑肌（smooth muscle）两类。横纹肌由骨骼肌（skeletal muscle）和心肌（cardiac muscle）构成。骨骼肌执行游泳、摄食以及呼吸等功能，心肌构成心脏壁，掌控心脏跳动。平滑肌构成内脏的肌肉系统，支配器官的运动。骨骼肌由肌纤维构成，肌纤维是由具有收缩性的纤维状细胞组成，肌细胞中包含有大量肌原纤维。肌原纤维在肌纤维中规则排列，肌纤维是肌肉收缩的基础。肌肉中的蛋白质有20%～35%的肌浆蛋白和白蛋白等，60%左右为肌原纤维包含的肌球蛋白、肌动蛋白及两者结合的肌动球蛋白。肌球蛋白、肌动蛋白及肌动球蛋白具有掌控肌肉收缩的机能。

鱼类头部（包含鳃盖部和鳃弓部）与摄食和呼吸有关的肌肉发达（图1-9-1）。尤其是颊部和鳃弓部的肌肉与摄食密切相关，摄食方式的不同导致肌肉的发达程度有很大的差异。自头部后方至尾柄分布着发达的体侧肌（lateral muscle），由体侧一系列按节排列的肌肉束组成，这些肌肉束称为肌节（myomer），肌节间被结缔组织的肌隔 (myoseptum)隔开。体侧肌被水平隔膜（horizontal sepqtum）分开，分为背侧肌（epaxialis）和腹侧肌（hypaxialis），两者之间有表层红肌（superficial red muscle或称lateralis superficialis）。大多数鱼类的腹侧肌又再次分为上、下两部分肌肉，分别称为上斜肌、下斜肌（obliquus superioris，obliquus inferioris）。

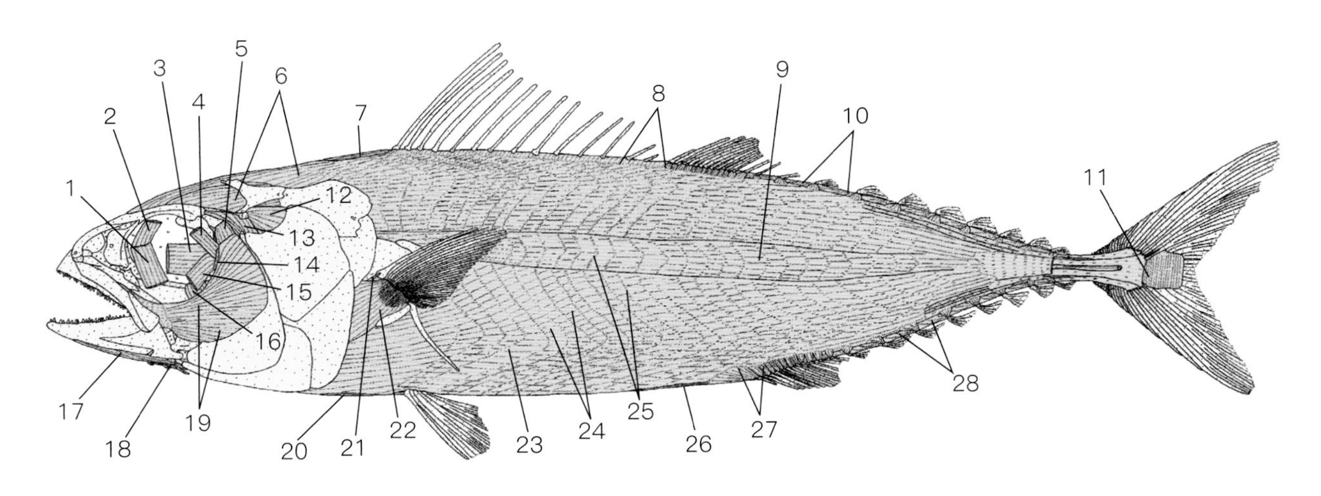

图 1-9-1　蓝鳍金枪鱼的肌肉组成 （中江，原图）

1. 下斜肌obliquus inferior　2. 上斜肌obliquus superior　3. 内侧直肌rectus internus　4. 上直肌rectus

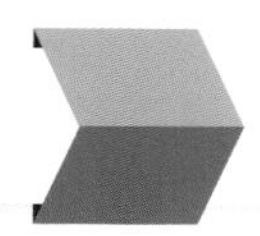

superior 5. 腭弓提肌levator arcus palatine 6. 背侧肌epaxialis 7. 背鳍牵引肌supracarinalis anterior 8. 背鳍倾肌inclinatores dorsales 9. 表层红肌lateraris superficialis 10. 背鳍竖肌erectores dorsales 11. 尾鳍条间肌interradials 12. 鳃盖提肌levator operculi 13. 鳃盖开肌dilatator opercula 14. 外直肌rectus externus 15. 下直肌rectus inferior 16. 腭弓收肌adductor arcus palatine 17. 舌骨伸出肌protractor hyoidei 18. 舌骨外展肌hyohyoidei abductors 19. 下颌收肌 adductor mandibulae 20. 腹鳍牵引肌infracarinalis anterior 21. 腹侧竖肌arrector ventralis 22. 浅层展肌abductor superficialis 23. 腹侧肌hypaxialis 24. 肌节myomer 25. 肌隔myoseptum 26. 腹鳍牵缩肌infracarinalis medius 27. 臀鳍倾肌inclinatores anales 28. 臀鳍竖肌erectores anales

硬骨鱼类背鳍和臀鳍、胸鳍和腹鳍相关联的肌肉构造相似，但尾鳍的肌肉组成最为复杂。负责控制背鳍和臀鳍鳍条起伏的为竖肌（erectores）和降肌（depressores），负责鳍条侧向转动的为倾肌（inclinatores）［图1-9-1，1-9-2（A）］。

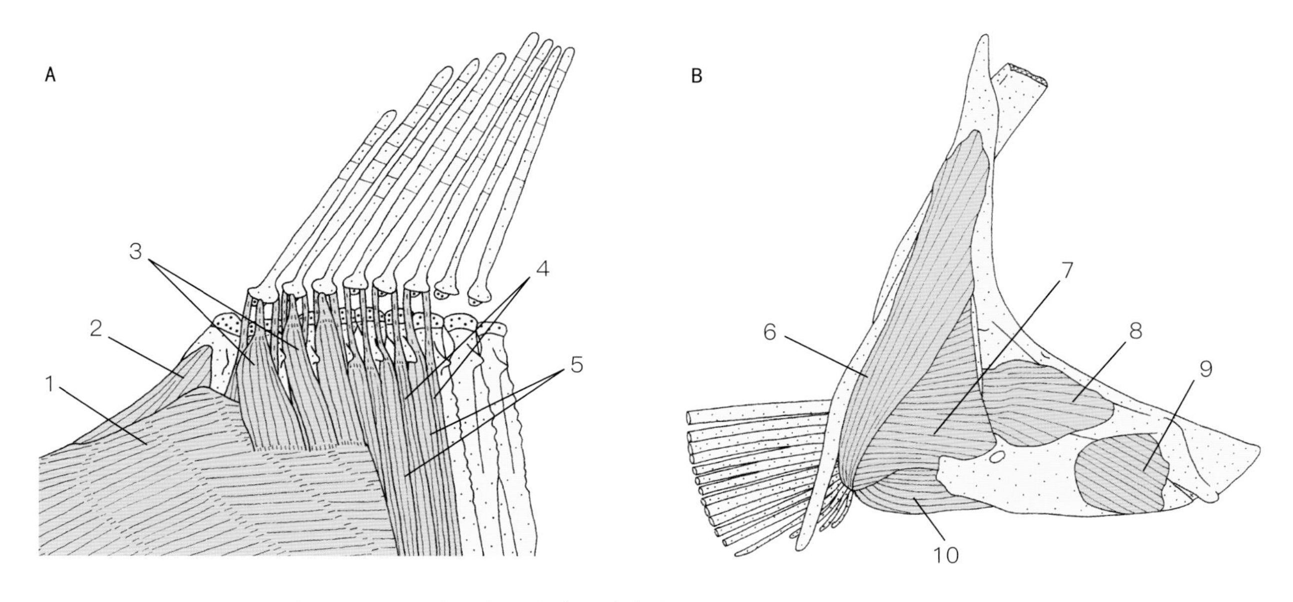

图 1-9-2 硬骨鱼类的背鳍和肩带内侧的肌肉组成 （中江，原图）

A. 丝背细鳞鲀（鳞鲀科）背鳍肌肉 B. 宽鳍鱲（鲤科）肩带内侧肌肉

1. 背侧肌epaxialis 2. 背鳍牵引肌supracarinalis anterior 3. 背鳍倾肌inclinatores dorsales 4. 背鳍降肌depressores dorsales 5. 背鳍竖肌erectores dorsales 6. 浅层收肌adductor superficialis 7. 深层收肌adductor profundus 8. 背侧竖肌arrector dorsalis 9. 腹侧竖肌 arrector ventralis 10. 浅层展肌abductor superficialis

依靠背鳍与臀鳍波动游泳的鲆鲽类及马面鲀属鱼类的背鳍斜肌非常发达，日本俗称“缘侧”（中文“裙边”）。胸鳍与腹鳍的肌肉由控制鳍向鱼体外侧摆动的外展肌和向内侧摆动的内展肌构成，内、外展肌又可分为浅层和深层肌肉，胸鳍和腹鳍的第一鳍条处有外展的腹侧竖肌和内展的背侧竖肌伸入。因此，胸鳍的肌肉由肩带浅层展肌（abductor superficialis）、肩带深层展肌（abductor profundus）、腹侧竖肌（arrector ventralis）、浅层收肌（adductor superficialis）、深层收肌（adductor profundus）和背侧竖肌（arrector dorsalis）构成［图1-9-1，1-9-2（B）］，腹鳍肌肉的组成亦如此。腹鳍各肌肉名称的表示方法是：在日文中由腹鳍开头（例如：腹鳍浅层展肌）；在英文中则是在末端加pelvicus（例如：abductor superficialis pelvicus）。由于游泳方式和尾鳍形状不同，尾鳍肌肉的种间差异较大，多数种类由10种以上的肌肉组成。

红肌

肌肉中含有细胞色素、血红素、肌红蛋白等，其中肌红蛋白含量决定肌肉的颜色。肌红蛋白可将血液中血红素携带的氧气储存到肌肉中，必要时进行释放。金枪鱼、鲣等洄游性鱼类富含肌红蛋白，肌肉呈红色（也称红肉鱼）。

与之相反，鲆蝶类、鳕鱼类等底栖鱼类游泳时间短，肌红蛋白含量少（也称白肉鱼）。多数洄游性鱼类深层红肌较浅层红肌发达，红肌内有丰富的血管、肌红蛋白和细胞色素，红肌可为鱼类长时间游泳提供动力，金枪鱼、鲣等长距离洄游的鱼类，红肌占体肌的20%以上，而白肉鱼的红肌较少，不足百分之几的鱼种居多（图1-9-3）。

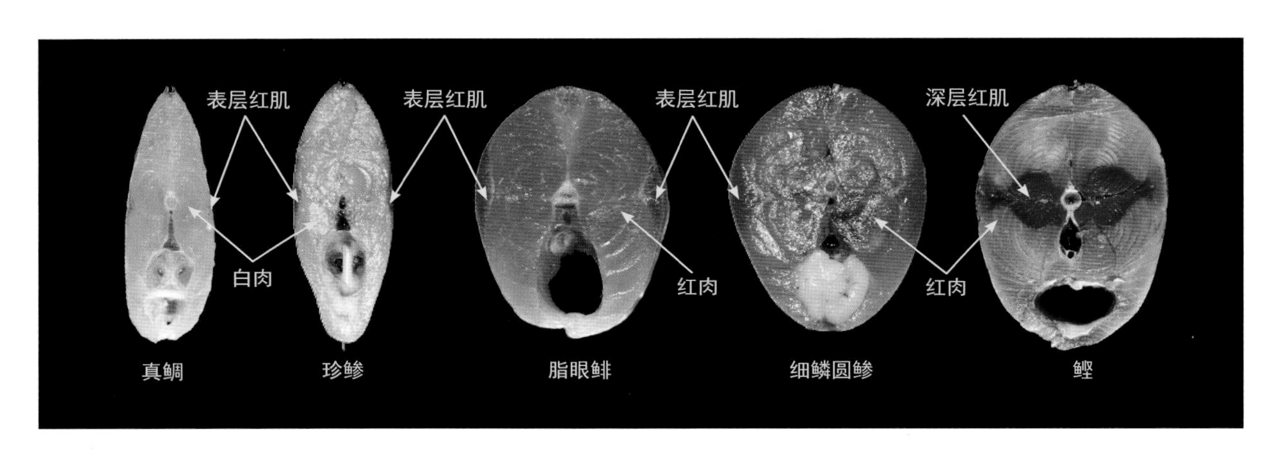

图 1-9-3　鱼体的体侧肌肉（木村，原图）

（中江雅典、佐佐木邦夫）

1.10 消化系统、鳔

广义上的消化系统（digestive system）是用来捕食饵料生物并进行消化吸收的器官，即：由进行捕捉、咀嚼和过滤饵料生物等物理性活动的摄食器官（feeding organ，feeding apparatus），进行化学消化吸收的消化管（digestive tract，alimentary canal），以及分泌消化液的消化腺（digestive gland）组成。摄食器官包括颌（jaw）、齿（tooth）、口（mouth）或口腔（oral cavity，buccal cavity）、咽齿（pharyngeal tooth）和鳃耙（gill raker）等。

消化管分为食道（esophagus）、胃（stomach）和肠（intestine）。消化腺包括肝脏（liver）和胰脏（pancreas），肝脏分泌消化液储存于胆囊（gall bladder）中。消化系统各器官的形态与鱼类的食性（feeding habit）密切相关，可以通过消化器官形态推断其食性。

1.10.1 口及颌

无颌类现存种类由盲鳗目和七鳃鳗目构成，口呈裂孔状（盲鳗目）[图1-10-1（A）] 或圆盘状（七鳃鳗目）[图1-10-1（B）]。而软骨鱼类和硬骨鱼类的口由上颌（upper jaw）和下颌（lower jaw）构成。口在头部前端，其位置可分为端位（terminal）、亚端位（subterminal）、下位（inferior）和上位（superior）（图1-10-2）。

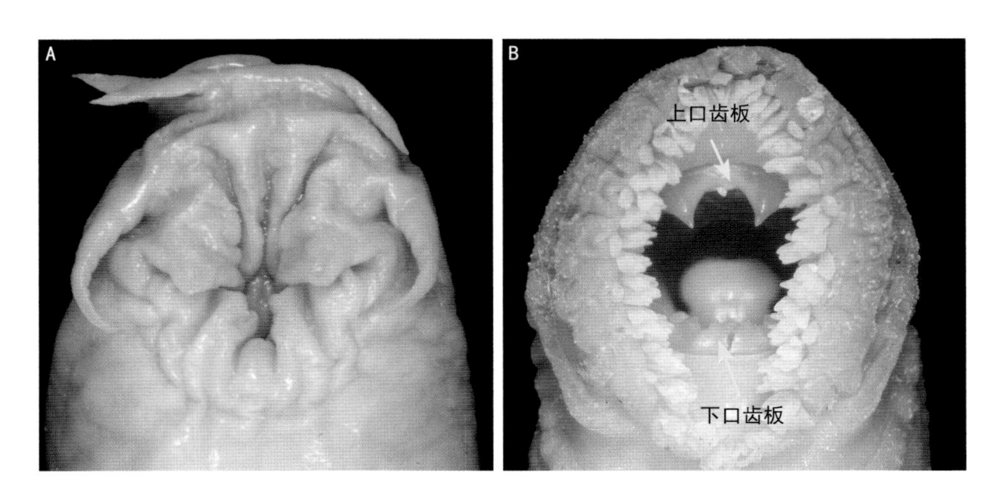

图 1-10-1　无颌类的口（木村，原图）

A. 布氏黏盲鳗　B. 雷氏七鳃鳗

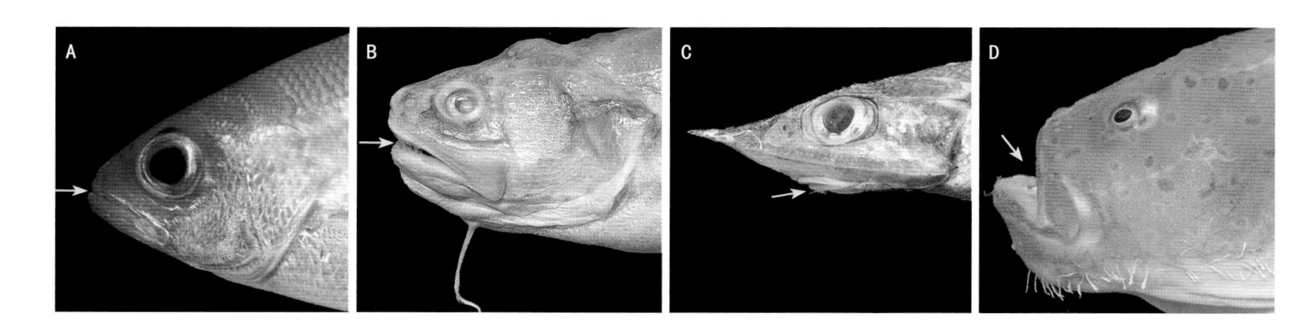

图 1-10-2　口的位置（木村，原图）

A. 端位（带纹笛鲷）　B. 亚端位（刺鲉鳚）　C. 下位（哈氏腔吻鳕）　D. 上位（单棘躄鱼）

口的大小、颌的相对长度是多种多样的，这与鱼类食性相关。一般吃小型饵料（如沙虫和浮游生物）的鱼类口较小［图1-10-3（A~C）］，以鱼类为食的种类具有口大的倾向［图1-10-3（D、E）］，但也有很多例外［图1-10-3（F、G）］。

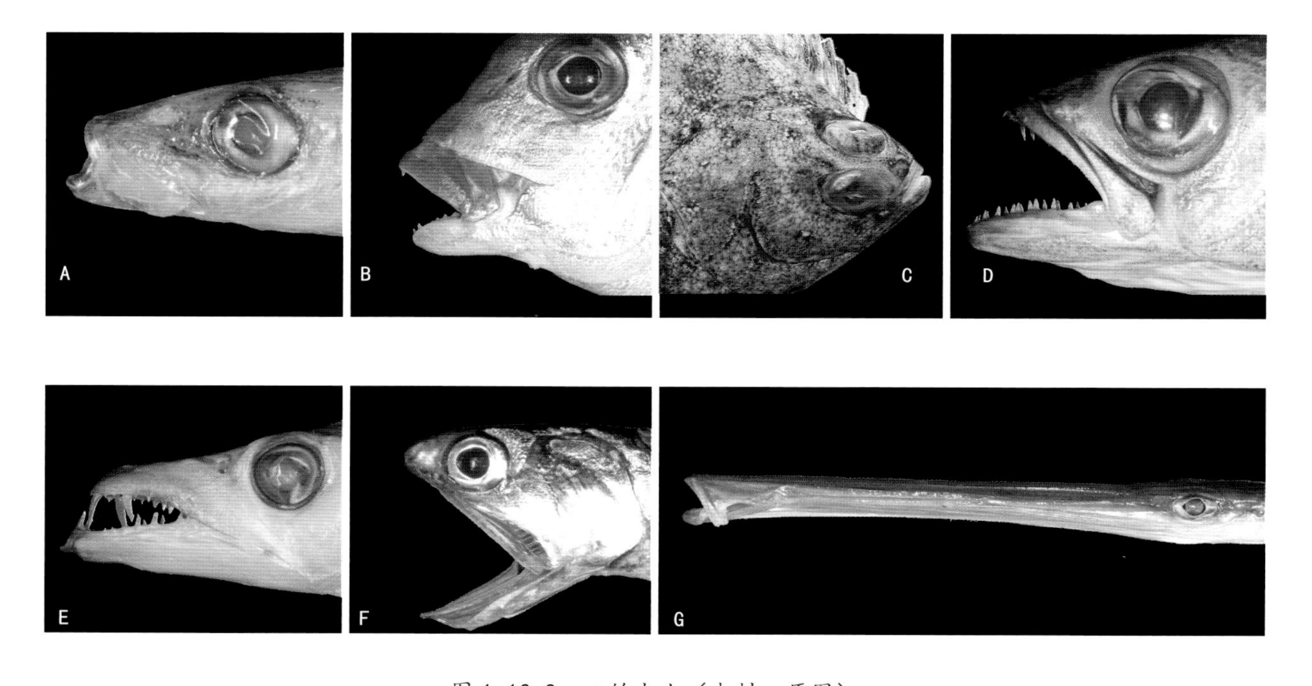

图 1-10-3　口的大小（木村，原图）

A. 日本银带鲱（浮游生物食性）　B. 真鲷（底栖生物食性）　C. 黄盖鲽（底栖生物食性）　D. 短鳍鲑（肉食性）
E. 带鱼（肉食性）　F. 日本鳀（浮游生物食性）　G. 鳞烟管鱼（肉食性）

软骨鱼类，有些种类如欧氏尖吻鲨，上颌在一定程度上伸出［图1-10-4（A）］，多数种类的上颌较大但不能伸出［图1-10-4（B）］。此外，无论是真骨鱼类还是硬骨鱼类，都具有可以向前伸出的上颌，通常认为这有利于饵料的摄食。特别是鲾科和银鲈科的鱼类，上颌可向前下方、前方、前上方伸出（图1-10-5）。虽然很多鱼两颌具有牙齿，但鲤科和海龙科鱼类两颌无齿。鲤科鱼类的马口鱼为肉食性，虽然没有颌齿，但上颌呈“𠆢”形弯曲，被认为与便于摄食饵料生物有关（图1-10-6）。

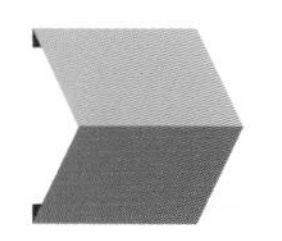

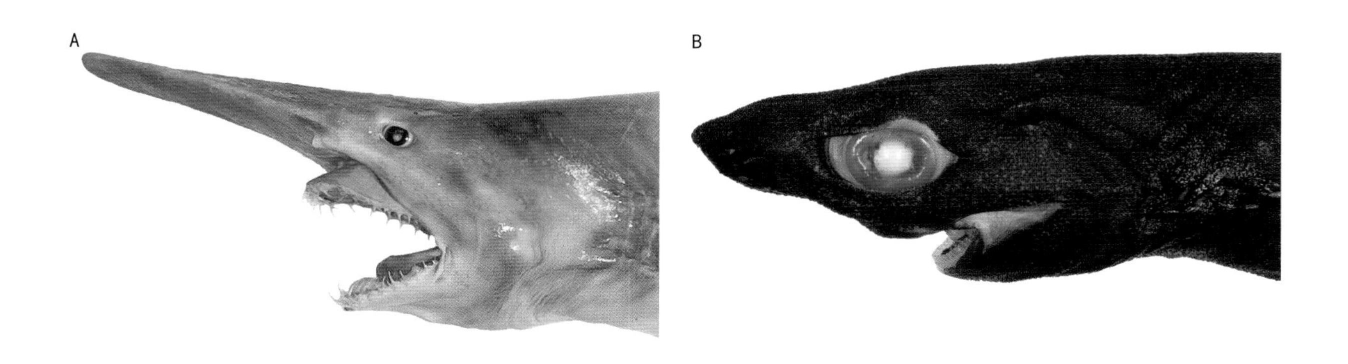

图 1-10-4　软骨鱼类的口（木村，原图）
A. 欧氏尖吻鲨　B. 额斑乌鲨

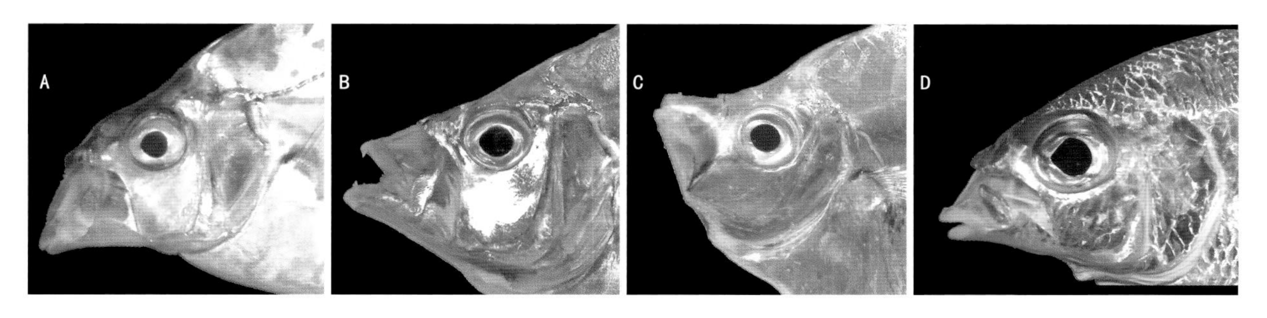

图 1-10-5　突出的口（木村，原图）
A. 颈斑鲾　B. 牙鲾　C. 仰口鲾　D. 长圆银鲈

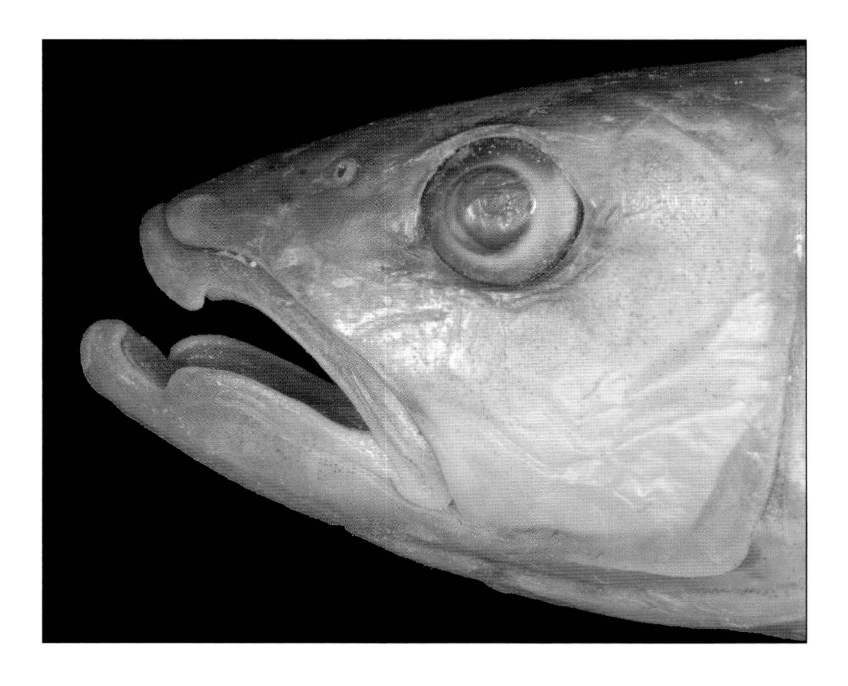

图 1-10-6　马口鱼的口（鲤科，固定标本）（木村，原图）

1.10.2 口腔和鳃腔

被捕获的猎物通过口腔、鳃腔（branchial cavity）内侧和咽头（pharynx）到达胃肠道内。口腔内面的黏膜有很多黏液细胞及味蕾分布。口腔顶部称上腭（palate），底部称下腭（oral floor）。

上腭由犁骨、副蝶骨、腭骨和中翼骨组成。分布于这些骨骼上的齿因鱼种不同而不同［图1-10-7（A, B）］。口腔底部有由基舌骨支持的不能活动的舌，有些种类的舌上也有齿［图1-10-7（C, D）］。此外，有些物种的基舌骨和基鳃骨上也有齿［图1-10-7（C）］。口腔前部、两颌内缘有膜状的口腔瓣（oral valve）［图1-10-7(B, D)］。口腔瓣能防止当口关闭时水的逆流，也能防止口腔内的食物和水流到外面。

许多真骨鱼类鳃腔的后方有咽齿。咽齿是第5鳃弓退化形成的咽骨上面的牙齿，其形式多样。鲻科、鹦嘴鱼科和丽鱼科鱼类的上咽齿、下咽齿均发达，也被称为咽头颌（pharyngeal jaw）［图1-10-8（A）］。鲤科鱼类不具颌齿，但下咽齿发达，与头盖骨下方的角质垫［chewing pad,图1-10-8（B）］组合，营咀嚼功能。

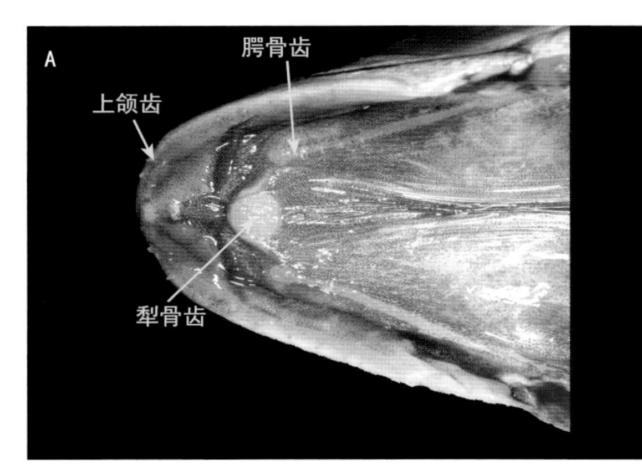

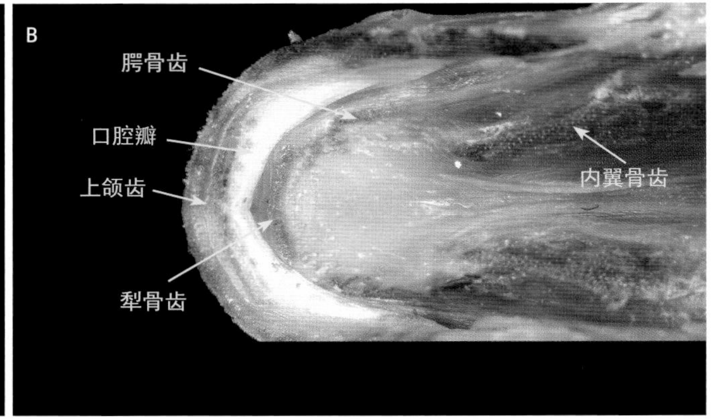

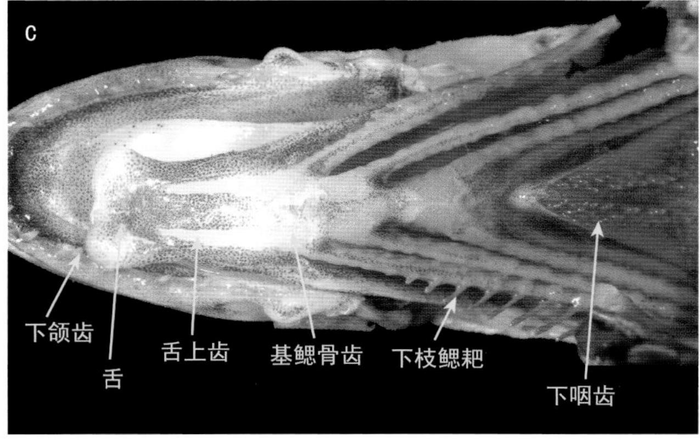

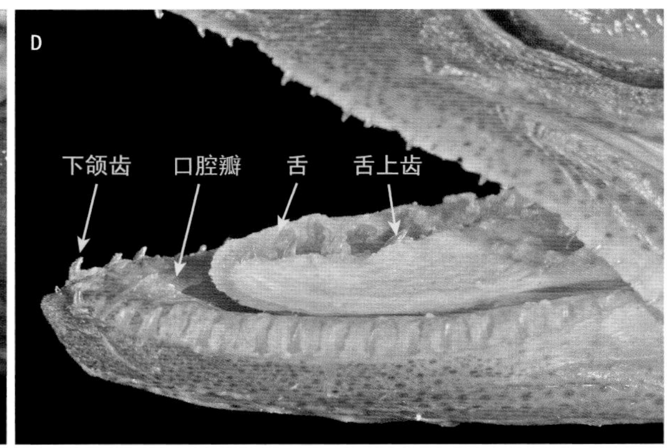

图 1-10-7　硬骨鱼类的口腔（木村，原图）

A. 短鳍鲑的口颌　B. 粗体银汉鱼的口颌（固定标本）　C. 短鳍鲑的口腔下部及鳃腔下部

D. 石川鳟的舌上齿（固定标本）

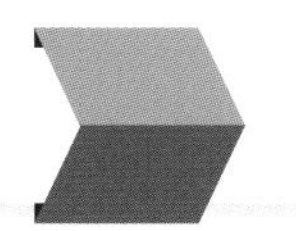

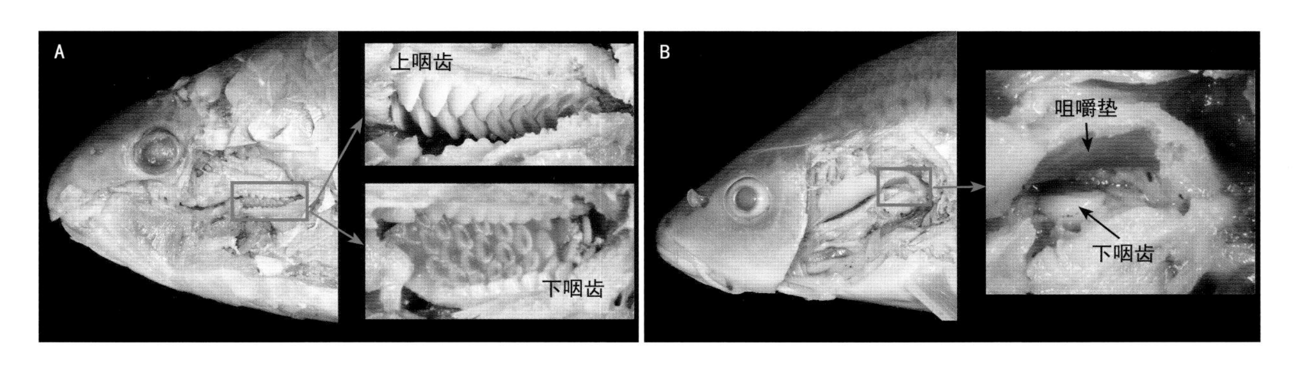

图 1-10-8　发达的咽齿（木村，原图）
A. 青点鹦嘴鱼（鹦嘴鱼科）的咽区（固定标本）　B. 鲤（鲤科）的咀嚼台和咽区（固定标本）

1.10.3 齿

无颌类的盲鳗目及七鳃鳗目的齿称为角质齿（hornny tooth），由角质和星形胶质细胞构成。而其他软骨鱼类和硬骨鱼类的齿从外到内分别为：釉质层（enamel layer)、齿质层(dentine)、牙髓（dental pulp)3层。釉质层是动物体中最坚硬的部分，鱼类牙齿表面全部或部分具有釉质层。牙髓是齿的中心部分，血管和神经分布其中。

齿的形状和排列方式与鱼类的摄食生态密切相关。软骨鱼类中，捕食鱼类等游泳生物的种类具有尖锐的牙齿，在某些情况下切缘大多具有细小的锯齿［图1-10-9（A~C）］。此外，以贝类等底栖生物为食的种类，有臼状齿和铺石状齿［图1-10-9（D，E）］。银鲛类的齿愈合，上颌2对，下颌1对形成齿板［图1-10-9（F）］。鲨类和鳐类最前列的正式齿后方存在数列牙齿，以传送带式的模式被推送至前端，成为正式齿。齿的更换速度快，平均1～2周更换一次。此外，如果正式齿脱落，仍以相同的方式进行齿的更换。

硬骨鱼类的齿也有各种各样的形态，多数情况下与其摄食习性有关。最常见的硬骨鱼类的牙齿是圆锥状齿，其尺寸和排列方式各不相同。

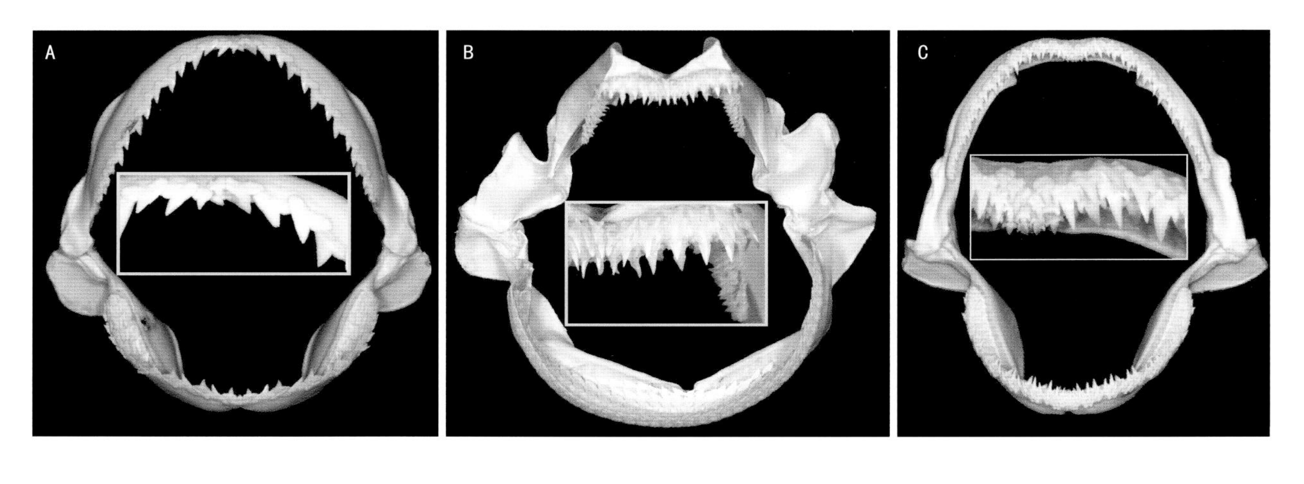

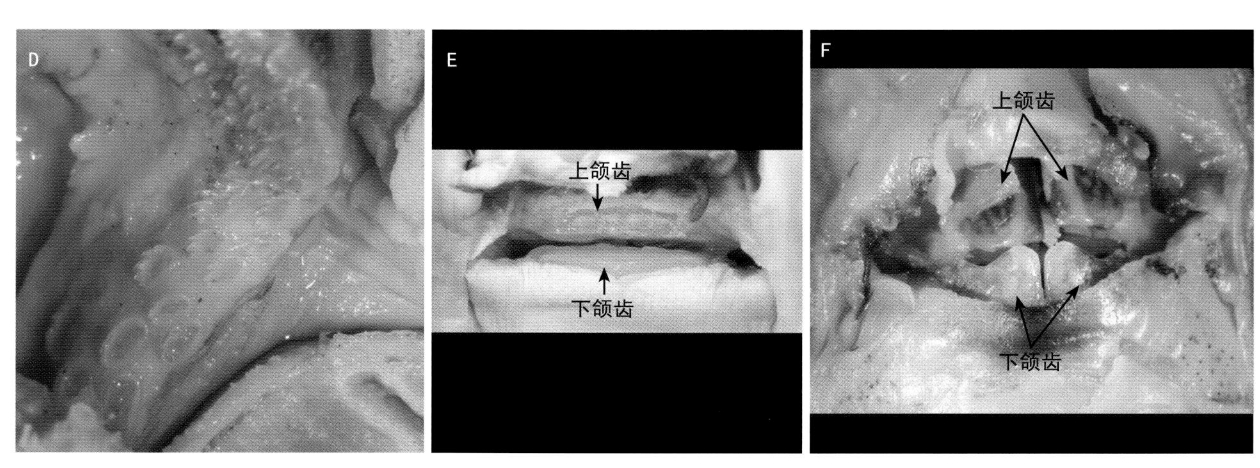

图 1-10-9　软骨鱼类的齿（木村，原图；A～C 由平贺英树氏制作）

A. 锤头双髻鲨　B. 欧氏荆鲨　C. 灰三齿鲨　D. 宽纹虎鲨的上颌齿　E. 鳐鲼　F. 银鲛

通常，在水中高速游泳的肉食性鱼类，如鲯鳅等的齿比较小，而伏击式捕食的鮟鱇类和海鳗类以及夜行性鱼类的牙齿相对较大［图1-10-10（A，B）］。锐利的长剑状或枪状的齿称为犬状齿（caninelike tooth）或钩状齿（fanglike tooth）［图1-10-10（C～F)］。在某些情况下，这些齿的前端有钩。

以贝类等有坚硬外壳的生物为食的鱼类，常有发达的短而平的牙齿，称臼齿。鲷科和裸颊鲷科鱼类的齿前端略尖，称臼齿状圆锥齿（molarlike conical tooth）［图1-10-10（G，H）］。条石鲷的臼齿愈合，上颌、下颌形成1对齿板［图1-10-10（I）］。

用于切咬饵料生物的齿形成便于切割的边缘，称为门状齿（incisorlike tooth）。小鳞黑鲀形成小型板状齿并有切缘形成［图1-10-10（J）］；鲀科及鹦嘴鱼属的齿，愈合成大型的门状齿［图1-10-10（K）］。此外，鹦嘴鱼的齿愈合不完全，呈瓦片状排列［图1-10-10（L）］。

长颌鳍鲹的幼鱼具有犬状齿，能剥去被捕食鱼的鳞片，方便进食［图1-10-10（M）］。香鱼以附着藻类为食，两颌有发达的梳状齿（comblike teeth）［图1-10-10（N）］。

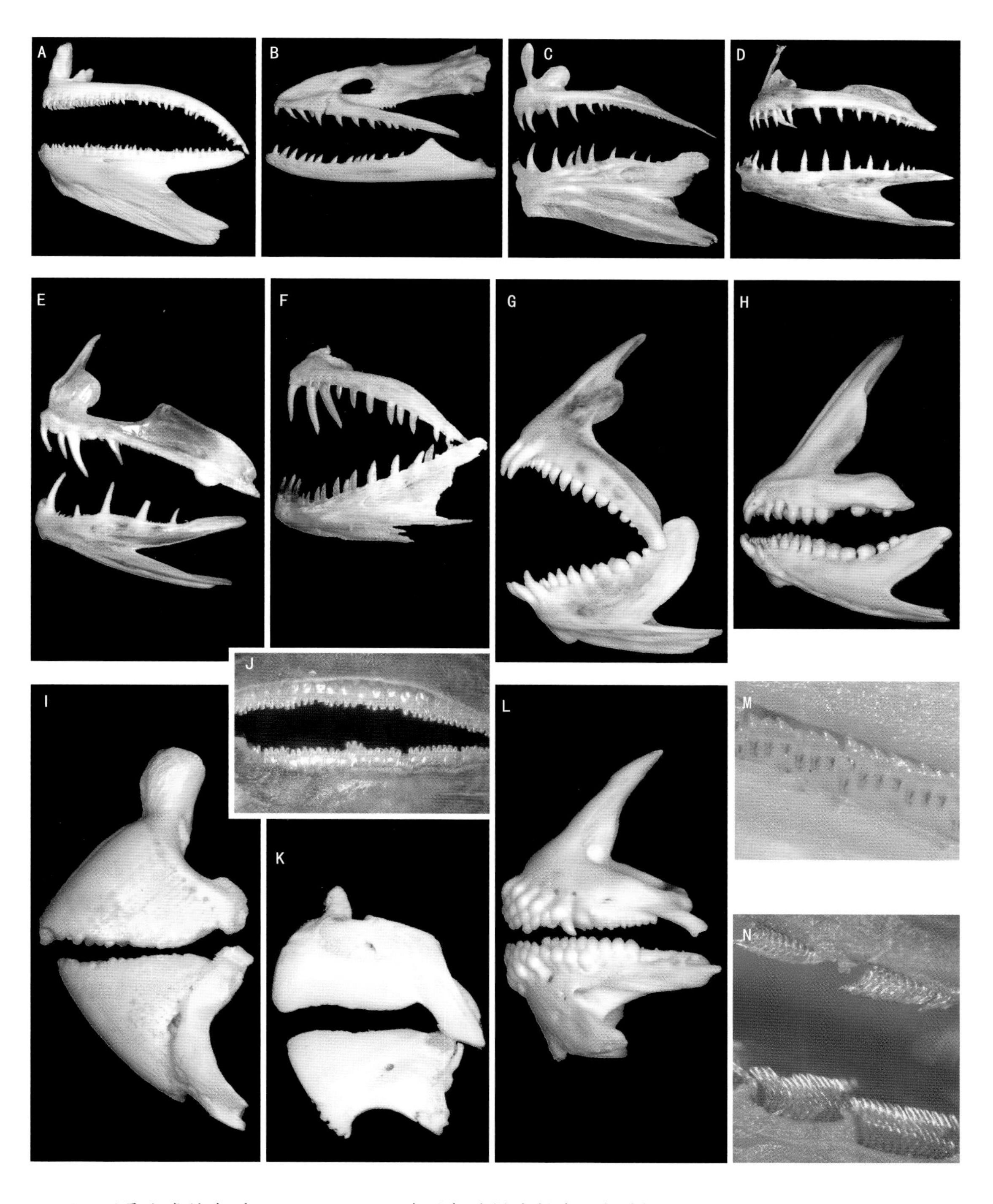

图 1-10-10　硬骨鱼类的齿（A，B，E～I，L 由平贺英树氏制作，木村摄影，C，D，J，K，M，N 为木村原图）
A. 圆锥齿（鲯鳅）　B. 圆锥齿（蠕纹裸胸鳝）　C. 犬状齿（褐牙鲆）　D. 犬状齿（短鳍蜥）　E. 犬状齿（巨牙天竺鲷）　F. 犬状齿（纺锤蛇鲭）　G. 臼齿和臼齿状圆锥齿（真鲷）　H. 臼齿和臼齿状圆锥齿（星斑裸颊鲷）　I. 愈合的臼齿（条石鲷）　J. 门状齿（小鳞黑鲍）　K. 门状齿（豹纹东方鲀）　L. 门状齿（日本绚鹦嘴鱼）　M. 门状齿（长颌鳍鲹）　N. 梳状齿（香鱼）

1.10.4 鳃耙

鳃耙是沿鳃弓前缘排列的2列突起小棘，通常第1鳃弓外侧的鳃耙最为发达（图1-10-11）。鳃耙是鱼类的滤食器官，除保护鳃丝外，也有将饵料高效送往食道的作用。通常情况下，鳃耙的形状和数量与食性有很大关系，但也有例外。

鳃耙数量可用于分类学研究，咽鳃骨、上鳃骨的鳃耙数称上鳃耙数，角鳃骨和下鳃骨的鳃耙数称下鳃耙数。上鳃骨和角鳃骨连接处的鳃耙另计或包含在下鳃耙数内。

梳状鳃耙较为常见，通常呈细长状，鳃耙上微小的突起称为2级鳃耙（图1-10-12）。以浮游生物为食的种类鳃耙多且细长，远东拟沙丁鱼（*Sardinops melanostictus*）和鲻（*Mugil cephalus*）鳃耙约为140枚［图1-10-11（A、B）］，白鲫（*Carassius cuvieri*）约有100枚。肉食性的底栖鱼类鳃耙一般短且疏，鳃耙数约为50枚［图1-10-11（C～H）］。有些鱼类由于栖息环境不同，鳃耙呈棒状［图1-10-11（F）］、齿状［图1-10-11（G）］或瘤状［图1-10-11（F）］。肉食性的海鳗（*Muraenesox cinereus*）和大鳞魣（*Sphyraena barracuda*）无鳃耙。吸食饵料的海龙科（Syngnathidae）和烟管鱼科（Fistulariidae）鱼类亦无鳃耙。

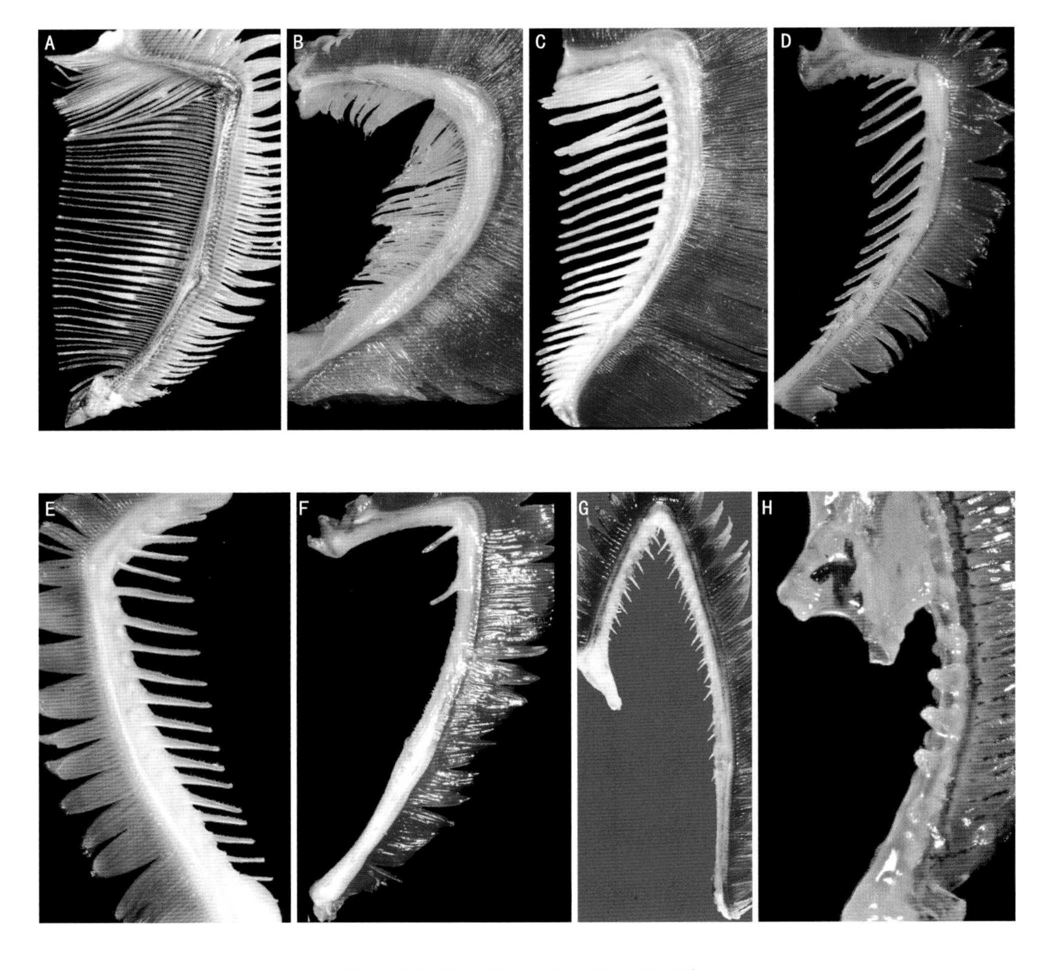

图 1-10-11　鳃耙（木村，原图）

A. 远东拟沙丁鱼　B. 鲻　C. 史氏红谐鱼　D. 短鳍鲑　E. 褐牙鲆　F. 油魣　G. 带鱼　H. 大泷六线鱼

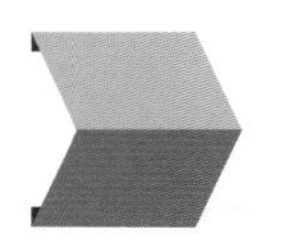

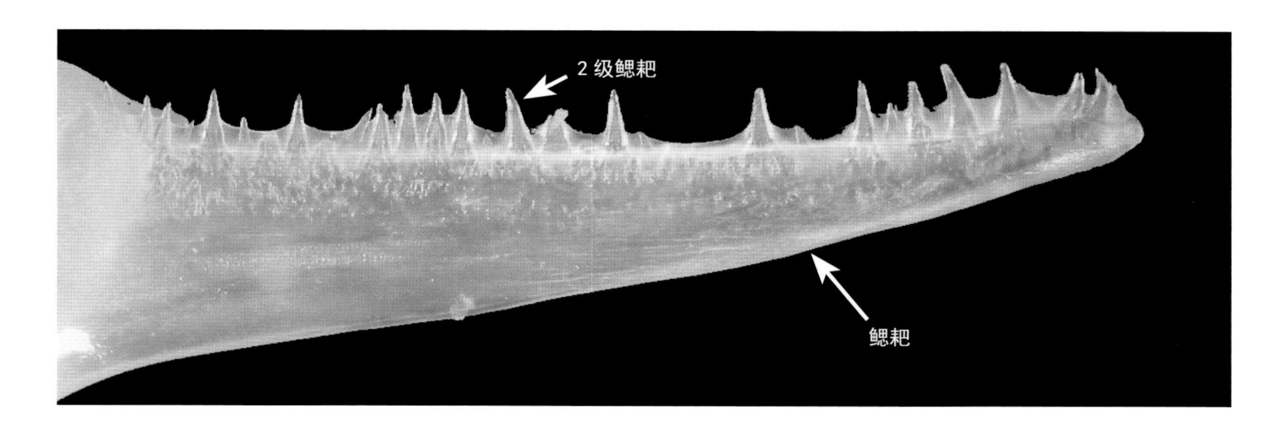

图 1-10-12　褐牙鲆的 2 级鳃耙（木村，原图）

1.10.5 食道

消化管的最前部，位于咽腔和胃之间较短的消化道，内侧有丰富的黏膜包被。

1.10.6 胃

胃是储存和消化食物的器官，胃壁与其他消化管壁相比更厚，具有极强的伸缩性。胃由与食道相连的贲门部（cardiac portion）、储存食物的盲囊部（blind sac）、与肠相连的幽门部（pyloric portion）3部分组成，按照胃的发达程度可分为5种类型。

（1）I形　各组成部分均不发达，呈直线状。如银鱼科（Salangidae）或烟管鱼科鱼类等［图1-10-13（A）］。

（2）U形　盲囊部不明显，胃呈稍缓的U形弯曲，如软骨鱼类、斑鰶（*Konosirus punctatus*）、虹鳟（*Oncorhynchus mykiss*）等［图1-10-13（B）］。

（3）V形　贲门部和幽门部呈V形，盲囊部不甚发达，如鲑形目和真鲷（*Pagrus major*）等鱼类的胃［图1-10-13（C）］。

（4）Y形　盲囊部发达，伸向后方。如远东拟沙丁鱼（*Sardinops melanostictus*）、日本鳀（*Engraulis japonicus*）、鳗鲡等鱼类的胃［图1-10-13（D）］。

（5）卜形　盲囊部显著发达，幽门部位于盲囊部的侧面。如狗母鱼、日本鲟、鲣等鱼类的胃［图1-10-13（E）］。

胃内部黏膜发达，贲门部黏膜特别厚，胃腺（gastric gland）发达。胃腺分泌胃蛋白酶和盐酸。鲤科、颌针鱼科、秋刀鱼科、飞鱼科、隆头鱼科的鱼类没有胃。斑鰶和鲻的幽门部肌肉层显著发达，类似鸟类的砂囊（gizzard）［图1-10-13（B，F）］。

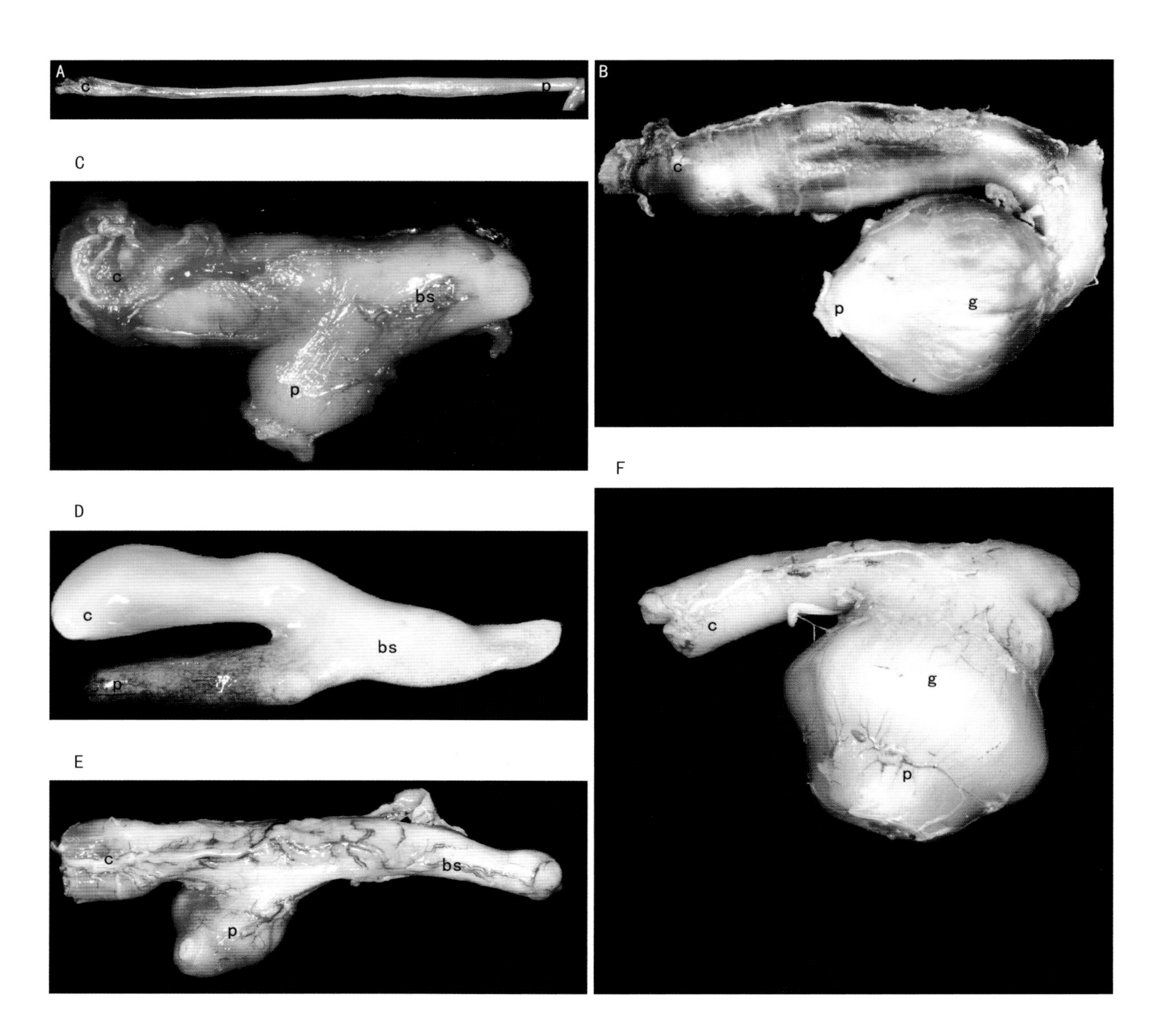

图 1-10-13　胃（木村，原图）

A. I 形（无鳞烟管鱼）　B. U 形（斑鰶，固定标本）　C. V 形（真鲷）　D. Y 形（日本鳀）　E. “卜”形（史氏红谐鱼）　F. 发达的砂囊（鲻）

bs：盲囊部　c：贲门部　g：砂囊　p：幽门部

1.10.7 幽门盲囊

多数硬骨鱼类和部分软骨鱼类胃的幽门部和肠前端交界处有盲囊附着，称为幽门盲囊（pyloric caecum），又称幽门垂。幽门盲囊的形状和数量因种类不同而不同，可以作为分类的依据。幽门盲囊的形状多样，鲻等常见鱼类的幽门盲囊为短小的指状［图1-10-14（A，B）］，日本鳀为细长形［图1-10-14（C）］，鲣类有众多的微小幽门盲囊聚集在一起形成幽门盲囊块。幽门盲囊的构造和肠相同，具有食物消化和吸收的功能。

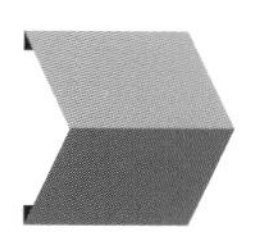

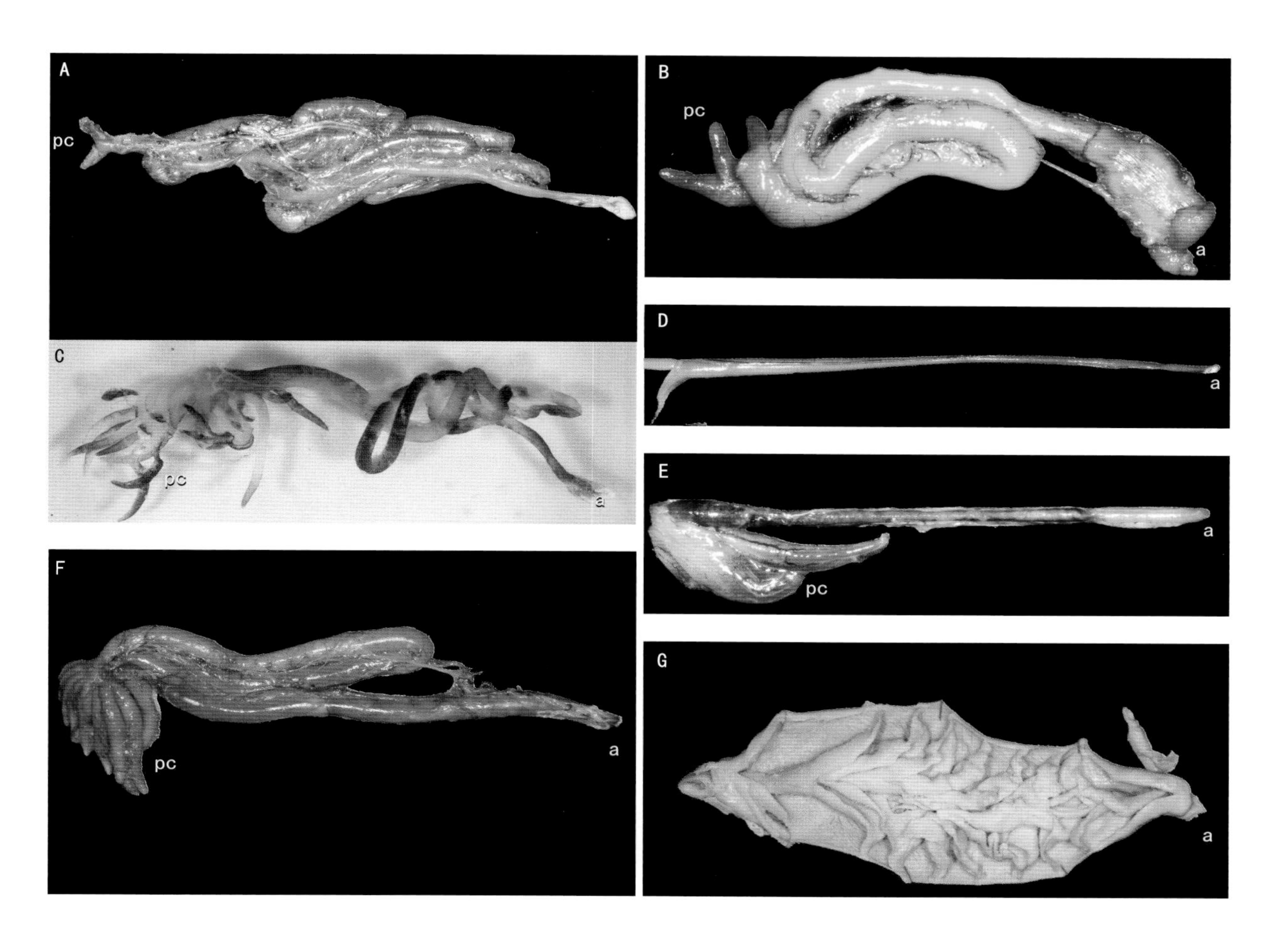

图 1-10-14　幽门盲囊和肠（木村，原图）
A. 鲻　B. 真鲷　C. 日本鳀　D. 无鳞烟管鱼　E. 油魣　F. 史氏红谐鱼　G. 皱纹鲨（固定标本）
a. 肛门　pc. 幽门盲囊

1.10.8 肠

肠是胃的幽门部（没有胃的鱼为食道后端）连接肛门或泄殖腔的管道，负责食物的消化和吸收。肠壁较胃壁薄。肠黏膜褶皱状结构发达，因而吸收面积大大增加。肠内分泌含有多种消化酶的肠液。

鱼类的肠有时可分十二指肠（duodenum）、中肠（midgut）和直肠（rectum），各段分化程度低，不易划分界线。但是，鱼类直肠前端有明显的下凹，较容易区分。软骨鱼类的直肠有具泌盐功能的直肠腺（rectal gland）。

肠的长度与食性有关，一般肉食性的种类长度较短，植食性的种类较长。最简单的肠道通常是从幽门部开始呈直线状与肛门连通，烟管鱼科和魣科鱼类的肠为直线型［图1-10-14（D，E）］。其次为许多肉食性鱼类中常见的N形肠道，在腹腔内有2次盘曲［图1-10-14（F）］。肠道越长，在腹腔内的盘曲越多，也就越复杂［图1-10-14（A，C）］。软骨鱼类、鲟形目鱼类和肺鱼类的肠管较短，但内壁有螺旋瓣，可显著增加吸收面积［图1-10-14（G）］。

1.10.9 肝脏

肝脏能够分泌胆汁，积累、合成和分解营养成分，降解废物，排毒解毒，对维持正常生命活动具有重要作用。肝脏通常为肉色或茶褐色，位于腹腔前部，胃的附近，肠道沿其后方延伸。鱼类肝脏多分为左右两叶（图1-10-15），大头鳕和蓝鳍金枪鱼等鱼类为3叶，香鱼和鲀亚目等鱼类为单叶。

金枪鱼属（*Thunnus*）鱼类的肝脏形态可用于分类，鲤形目鱼类的肝脏无确定形态。肝脏的大小根据种类的不同而不同，硬骨鱼类的肝重多为体重的10%以下。软骨鱼类的肝脏要大得多，肝重通常为体重的10%以上，某些深海鲨鱼可达体重的30%。同时，肝脏的相对大小在同种内雌雄个体间及不同季节也会有所不同。

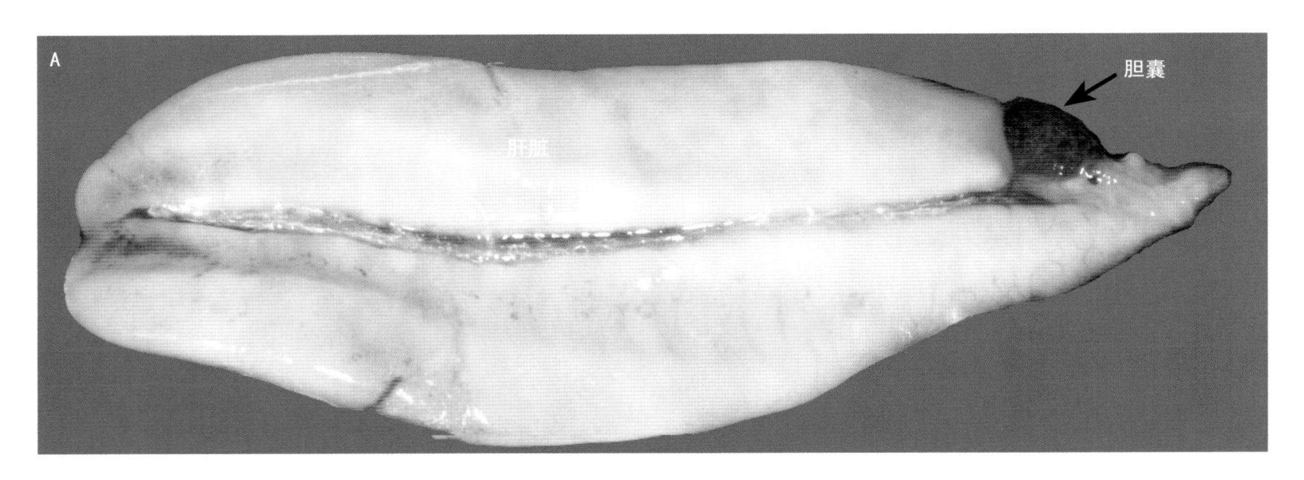

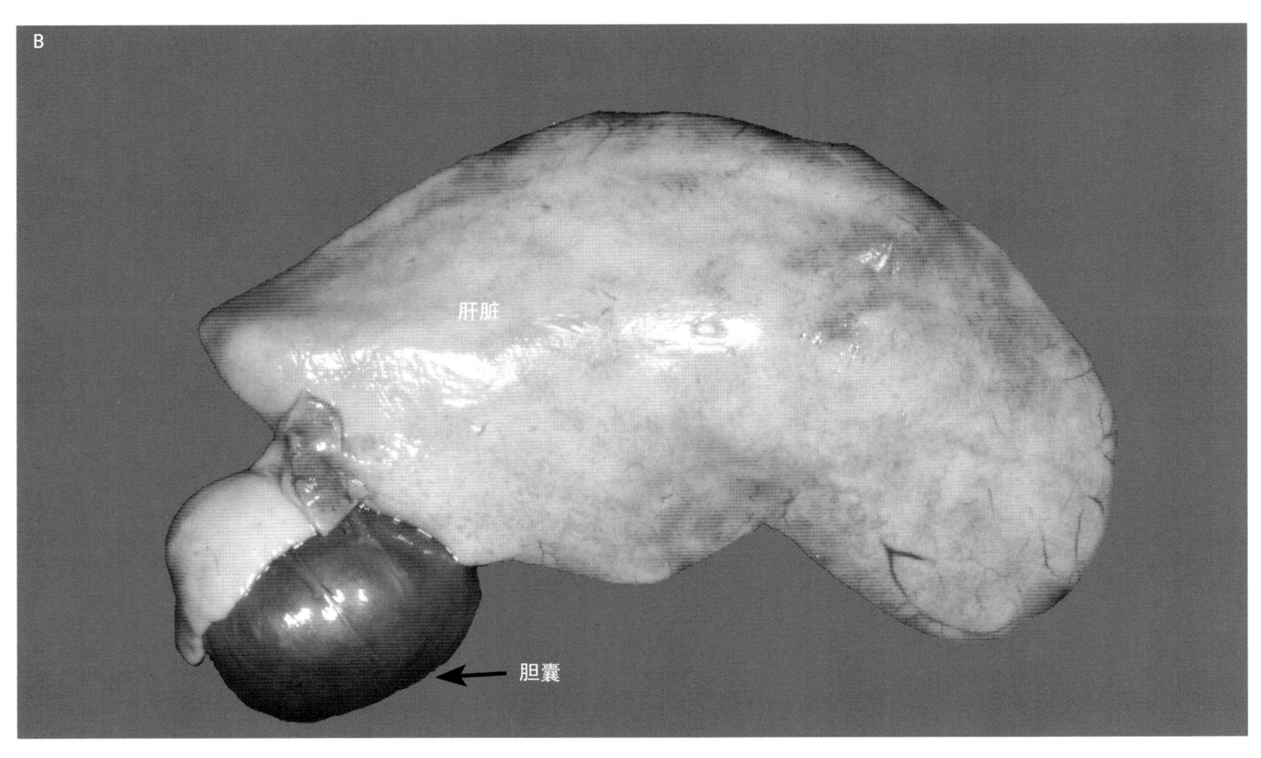

图 1-10-15 肝脏和胆囊（木村，原图）
A. 无鳞烟管鱼 B. 褐牙鲆

1.10.10 胆囊

肝脏分泌的胆汁（bile）经胆细管（bile canaliculus）流入胆囊储存。胆囊颜色为黄绿色或墨绿色，形状多为球形、椭圆形或细长的袋状（图1-10-15）。多数硬骨鱼类的胆囊位于肝脏和肠之间，软骨鱼类的胆囊多埋于肝组织中。胆汁在胆囊内浓缩，食物进入消化道后，胆汁通过输胆管（bile duct）运至肠道前端。

1.10.11 胰脏

胰脏分泌胰蛋白酶、胰脂肪酶、胰淀粉酶，能消化分解蛋白质、脂肪和糖类；也分泌调节血糖代谢的胰岛素和胰高血糖素，是重要的器官。胰腺里面有被称为胰岛（insula pancreatica）或蓝氏岛（islet of Langerhans）的分泌细胞群。

软骨鱼类的胰脏坚实，通常为单叶或两叶，无颌类则在肠黏膜中以细胞群的形式存在。硬骨鱼类中，除鳗鲡和鲇均具有独立的胰脏外，其他鱼类的胰脏组织在肠的周围、肠间膜、幽门盲囊的间隙分散存在，肉眼难以观察。

此外，鲤、日本下鱵、平鲉、真鲷、花鳍副海猪鱼、褐牙鲆等硬骨鱼类，胰脏组织在肝脏内形成肝胰脏（hepatopancreas）。

1.10.12 鳔

鳔（swim bladder, gas bladder, air bladder）是硬骨鱼类特有的器官，为消化管的一部分膨出，起源于用以呼吸空气的呼吸囊。此外，据考证，在氧气浓度含量显著较低的古淡水水域，鳔是维持生命的必要器官。在肺鱼类和多鳍鱼类中，鳔也起到肺的功能。但是大部分的现生鱼种中，鳔已失去了作为呼吸器官的作用，主要是起到浮力调节和听觉辅助的作用。

鳔为白色、银白色或透明的袋状器官，位于腹腔的背面，肾脏与消化管或者生殖腺之间。鳔一般为卵圆形或细长的椭圆形。鲤科等鱼类的鳔分为前后两室［图1-10-16（A）］。此外，有些鱼类鳔的前端［梭鱼等，图1-10-16（B）］和后端［多鳞鱚等，图1-10-16（C）］分为两个叉。石首鱼科［图1-10-16（D）］、鱚科［图1-10-16（C）］、鲅科［图1-10-16（E）］等一些种类，鳔的前方侧面有复杂的树枝状盲管（appendage），其形态是该科分类中的重要特征。

鳔壁厚度依种不同，可分为内外两层，内膜为上皮细胞和肌肉，外膜为黏膜下组织和骨胶原纤维。

鳔由消化管的膨胀部分形成，胚胎期所有种类的鱼鳔都与消化管连通。这里的连通管道为鳔管（pneumatic duct）。鲱形目、鲤形目、鲇形目、鲑形目等鱼类的成鱼也保留有鳔管，这种鳔称为管鳔类鳔（physostomous swimbladder）。真骨鱼类以外，如鲟形目鱼类和弓鳍鱼类等，其鳔管开口于消化管的背面；而像肺鱼类和多鳍鱼类，其具有呼吸功能的鳔管则开口于消化管的腹面；鳕形目、鲈形目的鳔管在仔鱼期就已消失，鳔与消化管不再连通，这类鱼鳔称为闭鳔类鳔（physoclistous swimbladder）。鰕虎鱼科、鲆科等鱼类，仔鱼期还具有鳔的功能，成鱼时鳔消失。

鳔的浮力调节作用主要是通过改变内部气体量的多少来实现。管鳔类鱼类从水面摄取空气，通过消化道和鳔管将空气送入鳔内，反之使气体从鳔内排出。管鳔类鳔与闭鳔类鳔可能以类似的方法使鳔内气体送入和排出。

闭鳔类鳔的壁具有许多发达的由动脉和静脉集合形成的腺体——气腺（gas gland），鳔内气体由此产生。鳔内气体的释放主要通过鳔壁的卵圆窗（oval body）进行。卵圆窗密布毛细血管，从鳔内吸收气体。通常由括约肌将鳔内上皮和血管阻隔开，气体放出时又相互连通，残余气体从血液中释放。

鳔呈圆筒形，通过共鸣给水中的声音增幅，对鱼类的听觉起辅助作用。鲤形目、鲇形目等鱼类，其鳔前部有通过韧带连接的4个小骨，并有向前方头盖骨伸出的细管，将震动传至内耳，这被称作韦伯氏器（Weberian apparatus）。此外，鲱形目多种鱼类鳔的最前端通过细管与内耳相连，可提高听力。金鳞鱼科鱼类的前端角状的附属突起通过头盖骨与耳囊相连，亦提高了听觉的灵敏度。

鳔连接着发音肌（sonic muscle, drumming muscle），通过鳔壁或者鳔内隔壁的震动发声。鳕科鱼类、金鳞鱼科鱼类、褐菖鲉、绿鳍鱼以及石首鱼科鱼类均可发声。鱼类发声有恐吓作用，此外，石首鱼科鱼类的发声通常与生殖行为有关。

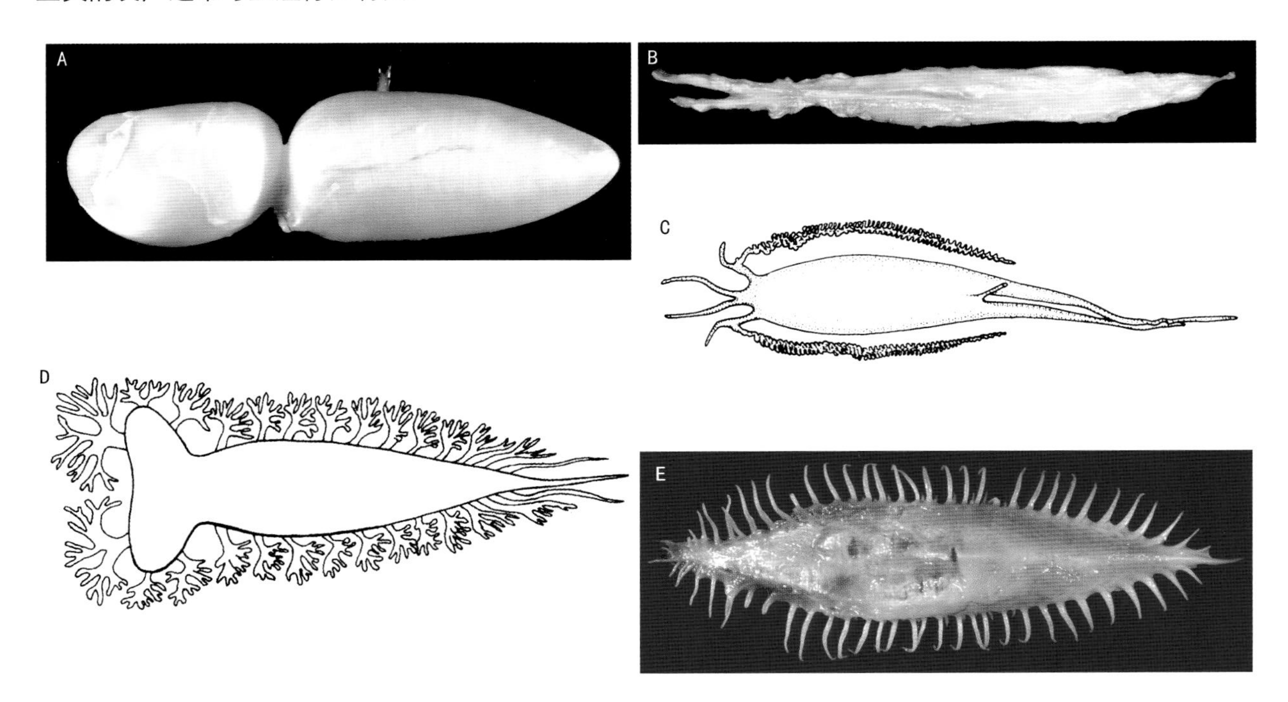

图 1-10-16　鳔

A. 鲫（淀，原图）　B. 油魣（木村，原图）　C. 多鳞鱚（Mckay，1992）　D. 团头叫姑鱼（Sasaki，2001）　E. 印度马鲅（Motomura，原图）

（木村清志）

1.11 神经系统

1.11.1 中枢神经系统

鱼类的脑（brain）（图1-11-1）从前往后分为端脑（telencephalon）、间脑（diencephalon）、中脑（mesencephalon）、小脑（cerebellum）和延髓（或称延脑，medulla oblongata）。各部分相对大小在不同种类间存在差异。

端脑的前端是与嗅觉相关的嗅球（olfactory bulb），由此嗅囊（olfactory rosette）与嗅神经（olfactory nerve）相连向前方延伸。但是，鲤形目和鲇形目鱼类的嗅球位于嗅囊正下方，由嗅束（olfactory track）连接嗅球和端脑。间脑包含控制鱼体成熟和产卵的下丘脑（hypothalamus）及位于中枢部能分泌激素的脑垂体（hypophysis）等结构。硬骨鱼类间脑背侧大部分和中脑上部覆有发达的视叶（视顶盖）（optic tectum）。视叶是视觉中枢。小脑是视叶后部的膨大部分，由小脑体（corpus cerebelli）和小脑瓣（valvula cerebelli）组成（有时小脑也包括内耳侧线区）。小脑体前部腹侧隆起称为小脑鬐（eminentia granularis），是侧线神经和内耳神经的反射中枢。小脑瓣位于小脑体的前方、纵走堤（torus longitudinalis）的下方，外面观察不到。小脑体有控制鱼体运动和保持平衡的作用。延脑分为内耳侧线区（area octavolateralis）、面叶（facial lobe）和迷走叶（vagal lobe）等，后方与脊髓相连。

鱼类脑的形状与种的生态习性和所处的栖息环境有很大关系，结构多变。例如，主要依靠嗅觉摄食的夜间活动的鱼类，其嗅球较大，结构也比较复杂；利用视觉摄食的鱼类视叶较大，而夜间活动的种类视叶较小；游泳敏捷的种类小脑体较大，游泳缓慢的种类则较小。

脊髓由中心管（central canal）外包围的灰质（gray matter）和灰质外包围的白质（white matter）组成（图1-11-2）。灰质为神经元的聚合体，白质是神经纤维的通道。灰质的背侧称为背角（dorsal horn），腹侧称为腹角（ventral horn）；背角连接感觉神经，腹角连接运动神经。

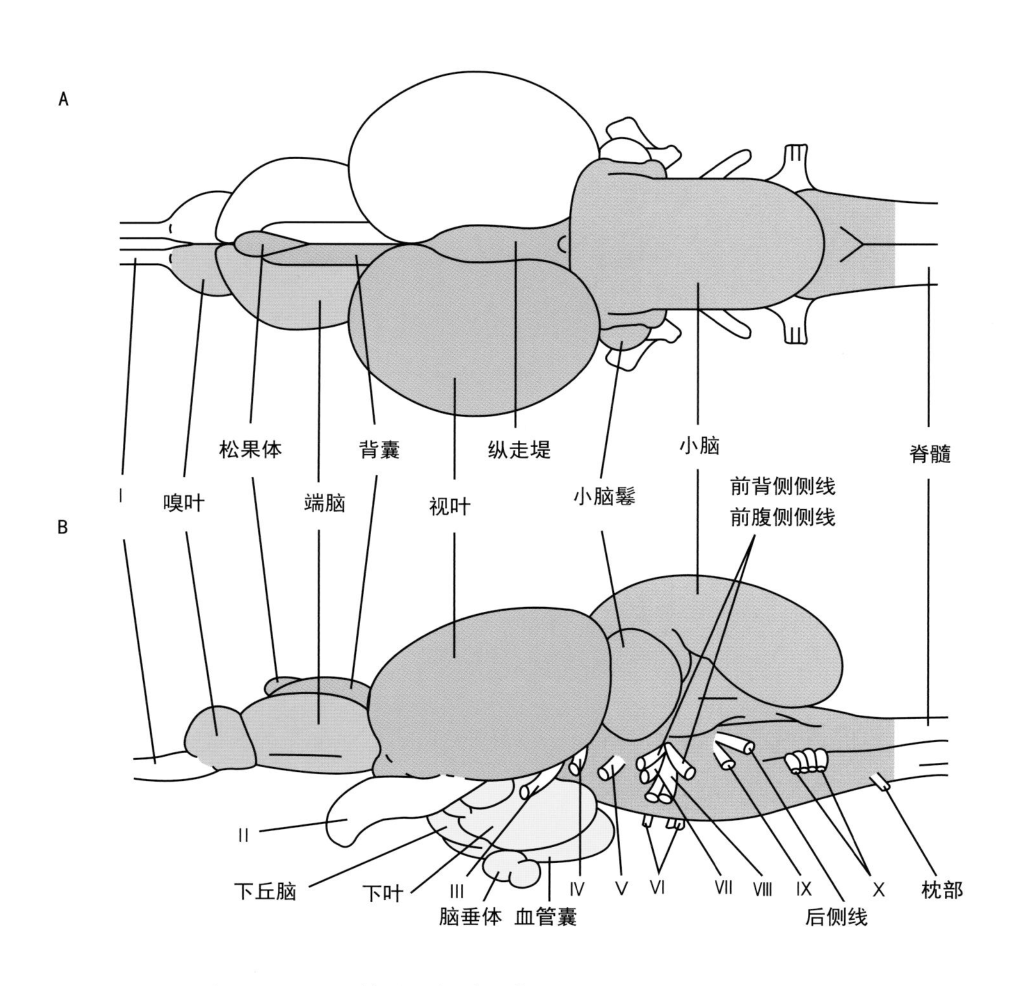

图 1-11-1 虹鳟的脑部（改自 Meek 和 Nieuwenhuys，1998）

A. 背面 B. 侧面

注：罗马数字所代表的脑神经参见表 1-11-1

表1-11-1 脑神经

名称	Name	感觉	运动	支配部位
端神经	terminal	+	−	嗅囊
嗅神经（Ⅰ）	olfactory	+	−	嗅上皮
视神经（Ⅱ）	optic	+	−	视网膜
动眼神经（Ⅲ）	oculomotor	−	+	上斜肌及外直肌以外的动眼肌
滑车神经（Ⅳ）	trochlear	−	+	上斜肌
深眼神经	profundal	+	−	吻
三叉神经（Ⅴ）	trigeminal	+	+	闭颌肌和鳃盖部肌肉的一部分、吻、口腔等
外展神经（Ⅵ）	abducens	−	+	外直肌
面神经（Ⅶ）	facial	+	+	鳃盖部和颊部的肌肉、味蕾等
听神经（Ⅷ）	octaval (or vestivulocochlear)	+	−	内耳
侧线神经	lateral line	+	−	侧线器官（神经丘）
舌咽神经（Ⅸ）	glossopharyngeal	+	+	第1鳃弓和咽部的肌肉、味蕾等
迷走神经（Ⅹ）	vagal	+	+	鳃弓部的肌肉、咽部、内脏、味蕾等
枕部神经	occipital (or spino-occipital)	+	+	舌弓后方的肩带（包括肌肉）

注："+"表示参与；"−"表示不参与支配。

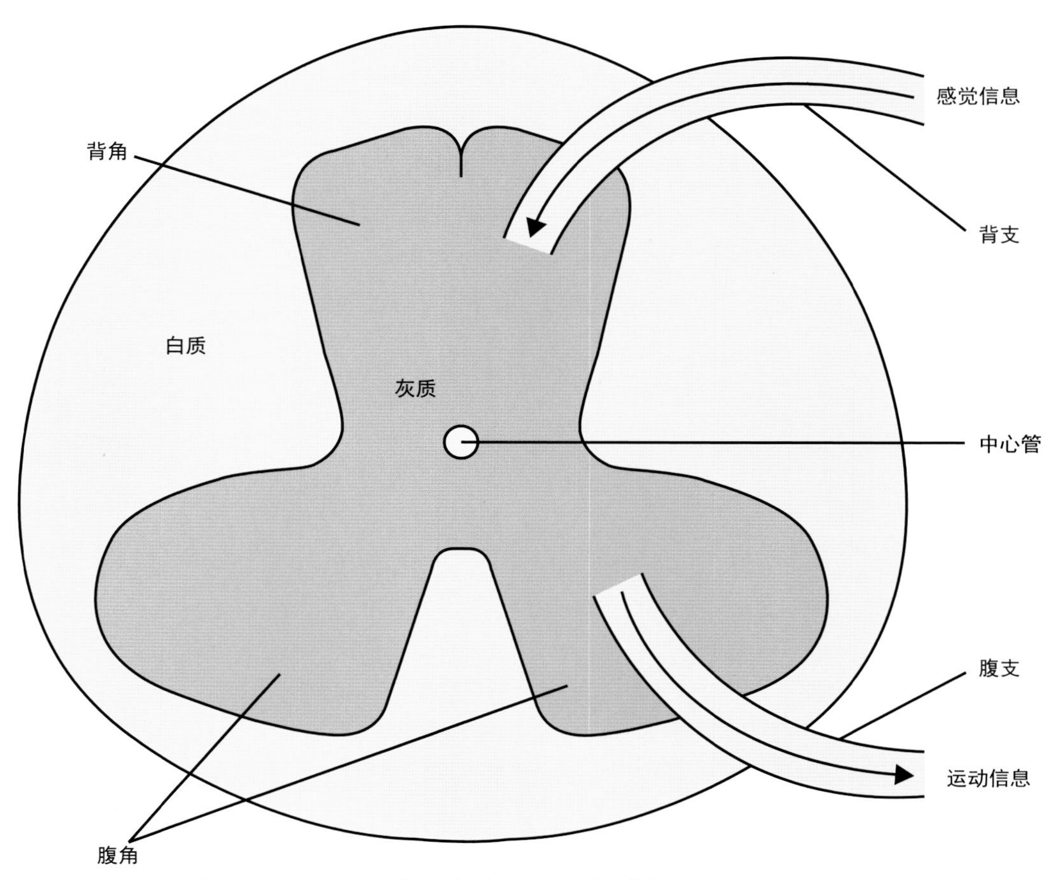

图 1-11-2　硬骨鱼类的脊髓横断面（改自植松，2002）

1.11.2 末梢神经系统

鱼类脑神经与爬行类、哺乳类相同，均由13对神经构成（表1-11-1），但构成要素略有不同（例如，鱼类有侧线神经，而爬行类和哺乳类没有）。另外，有些鱼类的脑神经不包括视神经、嗅神经及后头神经。端神经与端脑和嗅囊（olfactory sac，包被嗅房的膜）相连接，其功能尚不明确。

嗅神经由端脑前端的嗅球发出，进入嗅上皮（嗅囊）。视神经从视叶前方下部发出，动眼神经从视叶的腹面发出，前者进入视网膜，后者进入除上斜肌和外直肌外的动眼肌（图1-9-1）。

滑车神经从小脑下方发出，进入上斜肌。哺乳类的眼神经（ophthalmic-nerve）是三叉神经的一部分，但鱼类的眼神经作为独立的脑神经存在。三叉神经、外展神经、面神经、听神经、侧线神经、舌咽神经和迷走神经各神经均从延髓发出通往身体各部位。

侧线神经（lateral line nerves）被当作1对脑神经（表1-11-1中也被当作1对），鲨鱼类具有6对（分为前背侧侧线神经，前腹侧侧线神经，耳侧线神经，中央侧线神经，头上侧侧线神经和后侧线神经），且独立存在于脑神经中。多鳍鱼类的耳侧线神经（otic lateral line nerve）与前背侧侧线神经（anterodorsal lateral line nerve）融合，形成5对侧线神经。除此之外，鲤科鱼类头上侧侧线神经（supratemporal lateral line nerve）和后侧线神经（posterior lateral line nerve）融合，形成4对侧线神经。鳕科和狼鲈科鱼类中央侧线神经（mid lateral line nerve）或消失，或与后侧线神经（posterior lateral line nerve）融合，形成3对侧线神经（前背侧侧线神经，前腹侧侧线神经，后侧线神经）。

脊髓神经由通过背支（dorsal root）的感觉神经纤维和通过腹支（ventral root）的运动神经纤维合并而成，通向身体各部位。皮肤感觉等感觉刺激通过背支进入脊髓背角；运动神经冲动由脊髓腹角发出，通过腹支传达到身体各部肌肉。

传统的鱼类自主神经系统分为头部自主神经系统（cranial autonomic nervous system）和脊髓自主神经系统（spinal autonomic nervous system）。近年来的研究表明，爬行类和哺乳类都具有类似的交感神经（sympathetic nervous system）和副交感神经（parasympathetic system）。副交感神经和交感神经通过颉颃作用调整和控制心脏、血管、肾脏、生殖腺等器官的正常运行。

（中江雅典、佐佐木邦夫）

1.12 循环系统、内脏

1.12.1 心脏

心脏位于鳃后部的围心腔（pericardial cavity）内，分为心耳（atrium）、心室（ventricle）、动脉圆锥（conus arteriosus）和静脉窦（sinus venosus）4部分（图1-12-1～图1-12-5）。

体内循环的静脉血经围心腔后端的静脉窦流回心脏。静脉窦的前端与心房相通，中间的窦耳瓣（S-A valve）可以防止血液回流。心耳与心室相通，中间有耳室瓣（A-V valve）。

心耳和心室形成无花果形。心室的前端有动脉圆锥，与腹主动脉（ventral aorta）相连。大多数硬骨鱼类的动脉圆锥内有许多瓣状结构，而软骨鱼类和一部分较为原始的硬骨鱼类的动脉圆锥为发达的漏斗状。此外，许多硬骨鱼类动脉圆锥退化，而动脉球（bulbus arteriosus）发达。动脉球虽无有节律的搏动，但具有强大的弹性，可以保证腹侧主动脉血液的流动。

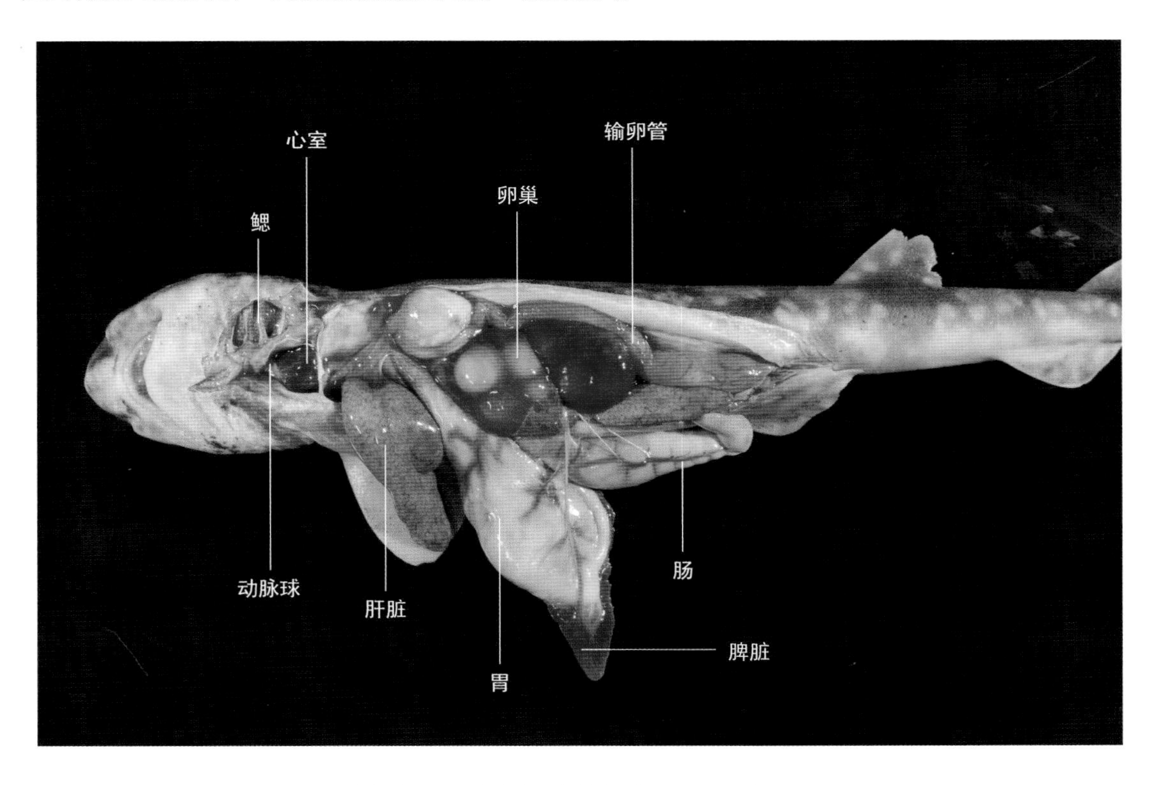

图 1-12-1　虎纹猫鲨的内脏（河合，原图）

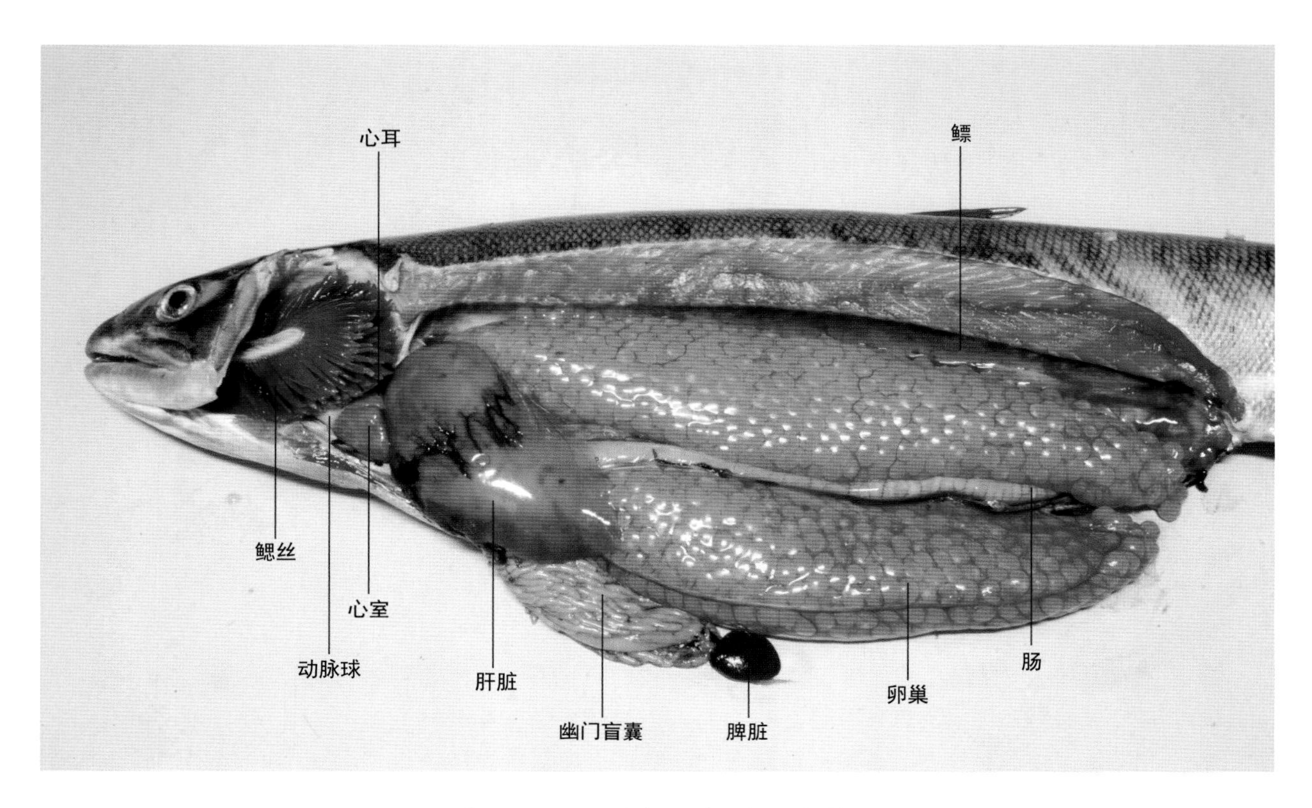

图 1-12-2 鲑的内脏（河合，原图）

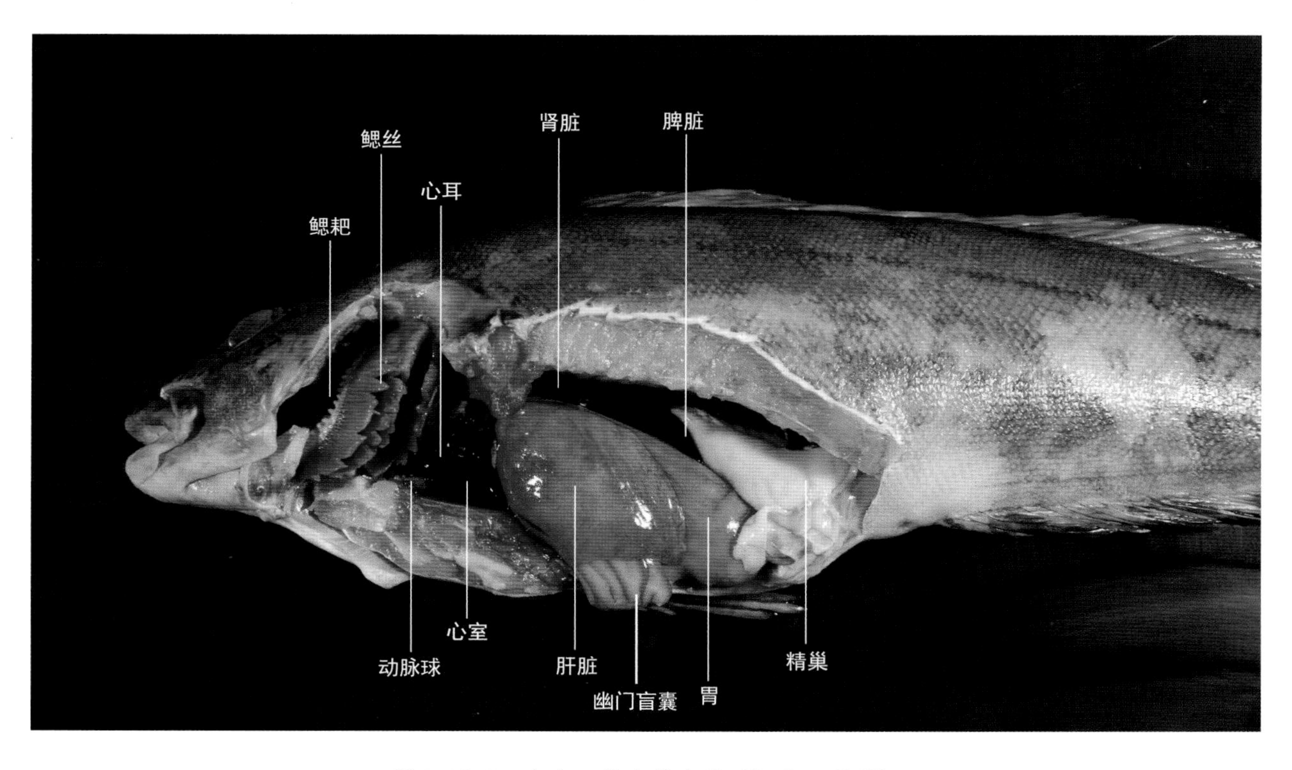

图 1-12-3 大泷六线鱼的内脏（河合，原图）

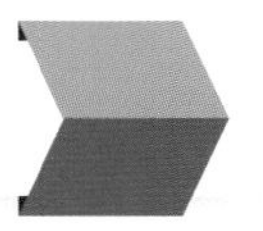

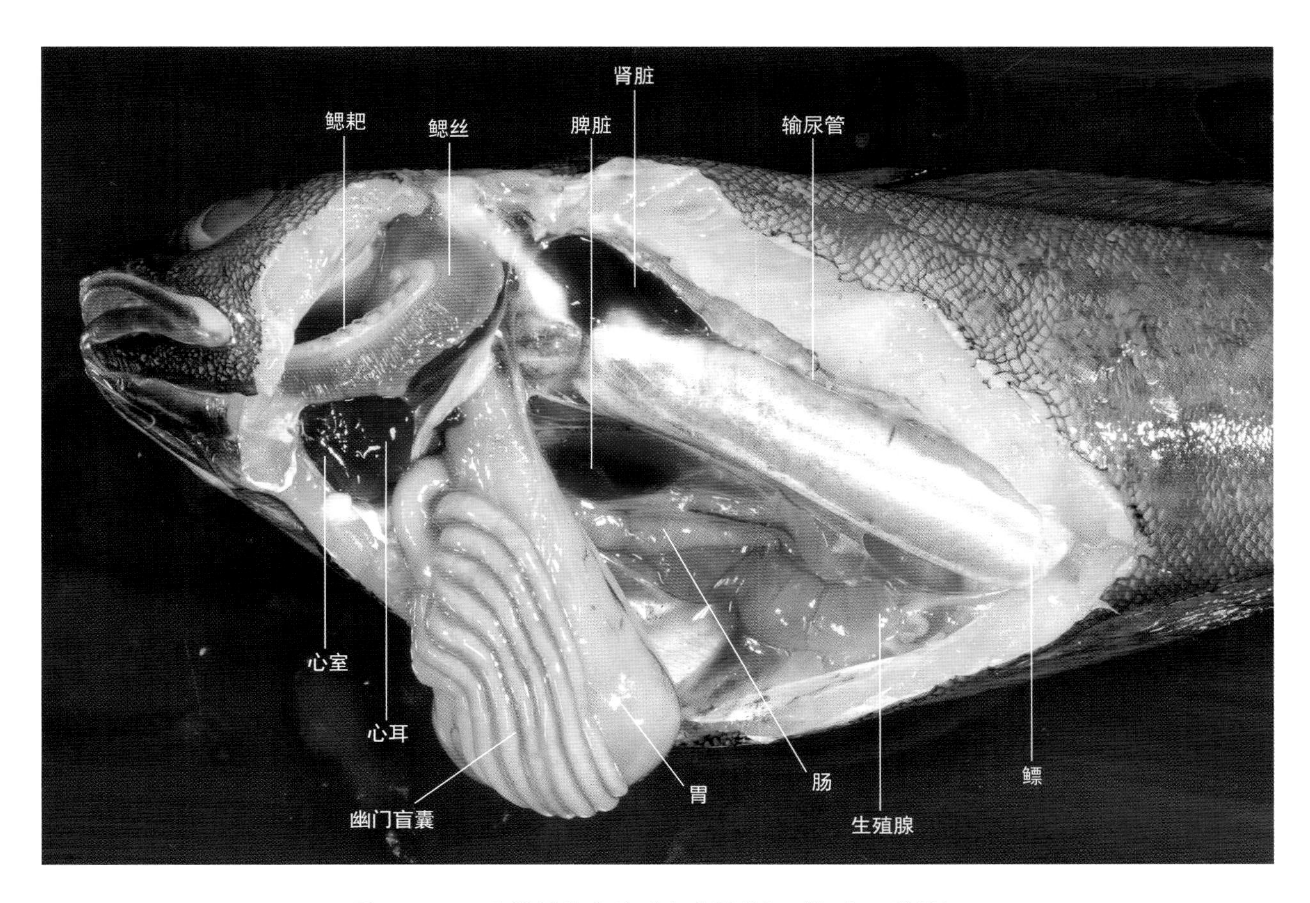

图 1-12-4　小褐鳕的内脏（去除肝脏）（河合，原图）

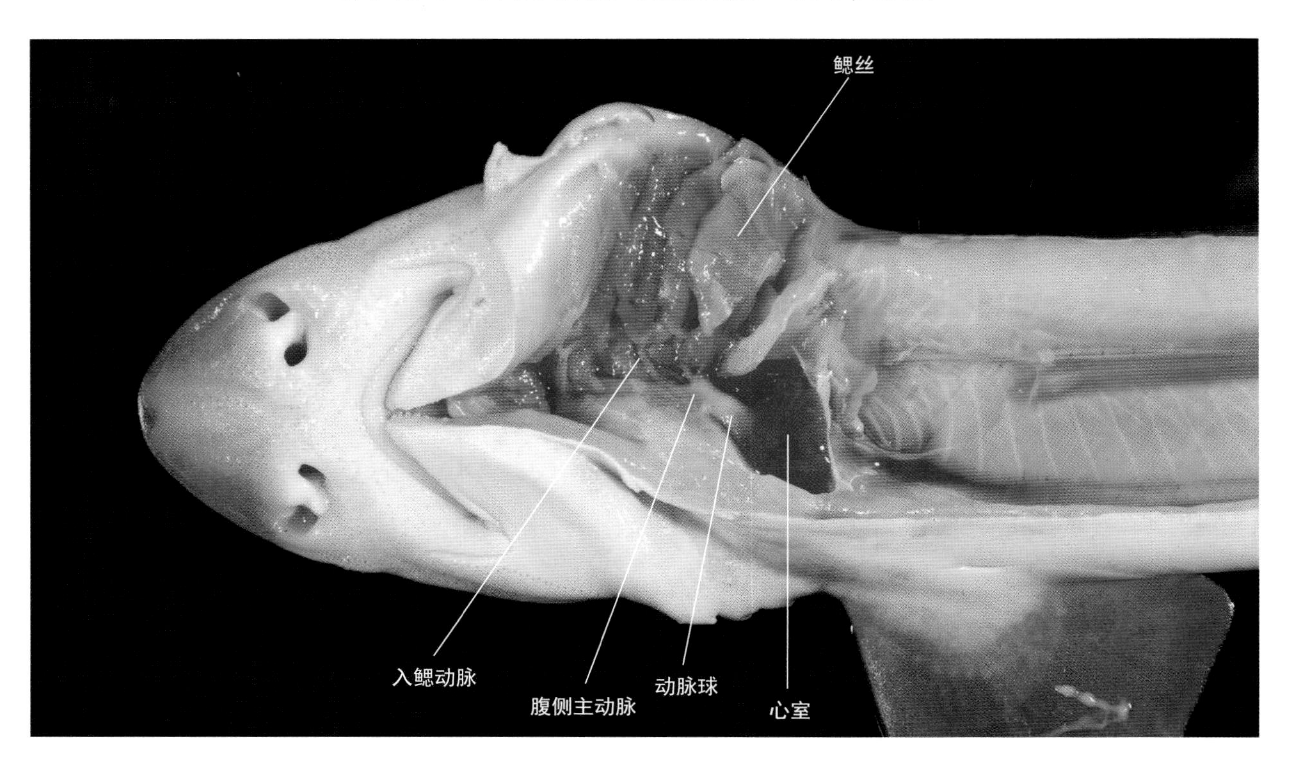

图 1-12-5　白斑星鲨的心脏和鳃（河合，原图）

1.12.2 鳃

大部分鱼类靠鳃呼吸适应水中生活。鳃一般由4～5对鳃弓（gill arch）构成。鳃弓的内侧向前突起为鳃耙（gill raker）。鳃耙的数量和形状在不同种类间存在显著差异。浮游生物食性的鱼类鳃耙较长且呈板状，数量较多。其他一些鱼类鳃耙短且呈瘤状，数量较少。第1鳃弓外鳃耙数量和形状是分类的重要依据（图1-12-5，图1-12-7）。

鳃弓上有两列紧密相接的丝状结构，称为鳃丝（gill filament）或鳃叶（gill lamella）。各鳃丝两侧有并排排列的叶状鳃小片（secondary gill lamella）。鳃小片瓣较薄，红细胞通过其网状毛细血管时可进行气体交换。入鳃动脉的静脉血进入小入鳃动脉，在鳃小片处进行气体交换后，血液进入小出鳃动脉，由鳃弓的出鳃动脉输送至全身各处。鳃小片的血流方向与水流方向相反，以提高气体交换的效率（图1-12-7）。

软骨鱼类有5～7对鳃弓，除最后1对鳃弓外，其他均有2列鳃片，鳃片之间的鳃间隔（interbranchial septum）伸长到达体表，具有鳃孔5～7对。银鲛目鱼类的鳃间隔有退化的趋势，鳃腔覆盖有鳃盖状的薄膜和1对鳃孔。

多数硬骨鱼类有5对鳃弓，前4对鳃弓有鳃片。鳃间隔退化，鳃腔外侧有鳃盖包被（图1-12-6）。

肺鱼类和多鳍鱼类孵化前后到幼年期，有些种类甚至一生用外鳃呼吸。外鳃鳃孔上方有羽毛状或树枝状突起。通过肌肉运动收缩来吸收水中的氧气，由于水中氧气较少，因此这些鱼类中轴无骨骼而肌肉发达。

软骨鱼类的喷水孔及真骨鱼类的伪鳃（pseudobranch）都有鳃丝状构造。动脉血通过伪鳃，但静脉血不通过。伪鳃的机能可能与血液中的氧气和二氧化碳的分压感受器及眼压的调节等有关。鳃丝的有无和数量可用于分类学研究（图1-12-6）。

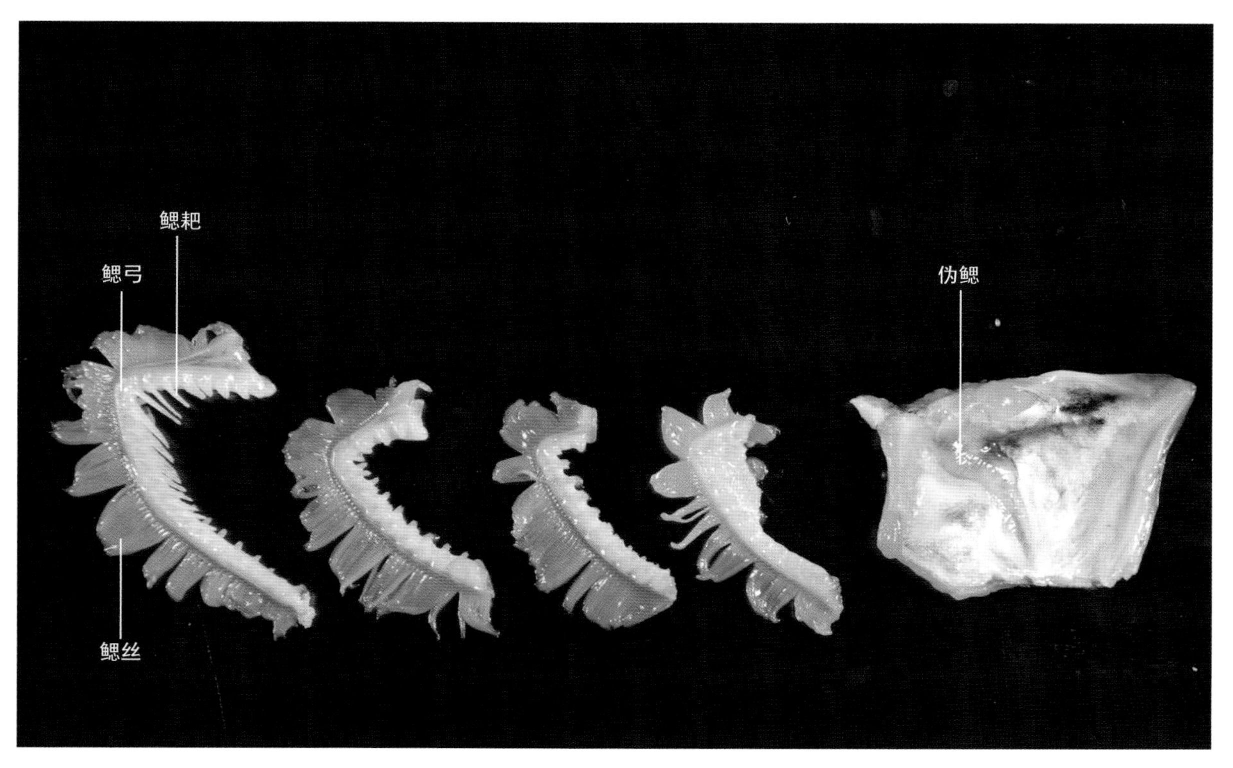

图 1-12-6　许氏平鲉的鳃和伪鳃（河合，原图）

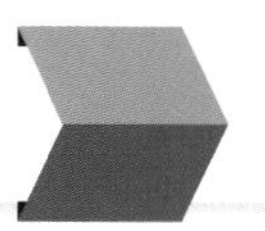

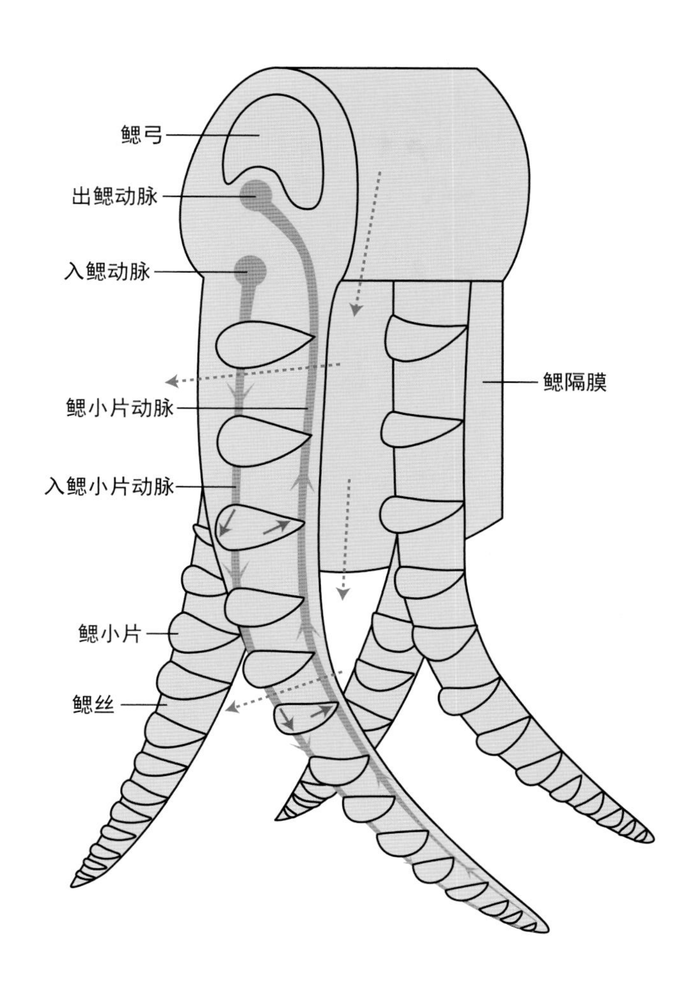

图 1-12-7　鳃的构造模式图（缩略自 Datta Munshi and Singh，1968）

注：实线箭头（红色）表示血流，虚线箭头（蓝色）表示水流

1.12.3 脾脏

软骨鱼类的脾脏（spleen）呈红色三角形叶状，而硬骨鱼类的呈椭圆状。脾脏位于胃后部，由韧带附着于消化管上。脾脏是造血和凝血的器官，内部有许多血管和毛细血管分支（图1-12-1～图1-12-4）。

1.12.4 肾脏

肾脏（kidney）左右对称，沿腹腔背壁的脊柱腹缘纵向分布。肾脏的形状有叶状、Y形，具有维持体内渗透压、排出体内废物和多余盐分的作用。发生的初期前肾（pronephros）出现，前肾萎缩后形成中肾（mesonephros）。成鱼的肾脏由两部分组成，前部为头肾（head kidney），中后部为中肾（body kidney）（图1-12-3～图1-12-4）。

头肾是前肾退化的产物，不具排出废物和盐分的作用，能分泌皮质醇（cortisol）、皮质脂酮（corticosterone）和皮质酮（cortisone）等多种激素。

中肾由许多肾单位和充满淋巴组织的间质组成，肾单位包括肾小体（renal corpuscle）和肾小管（renal

tubule）。肾小体由许多毛细血管组成的血管球（glomerulus）和鲍氏囊（Bouman's capsule）组成。血管球的毛细血管能将除蛋白质以外的其余成分和水分过滤到肾小管中。肾小管细长，能够将葡萄糖等对身体有用的成分再吸收，并将无用的成分和水分导入输尿管（ureter）中，以尿液的形式排出体外。

1.12.5 膀胱

膀胱（uninary bladder）位于输尿管最末端，为暂时储存尿液的囊状器官。

1.12.6 生殖腺

生殖腺通常位于体腔背部中线两侧，左右各1个。雄性生殖腺为精巢（testis），产生精子（spermatozoon，复数spermatozoa）；雌性生殖腺为卵巢（ovary），产生卵子（egg或ovum，复数ova）。生殖腺由体腔背侧形成的生殖嵴发育而来（图1-12-1～图1-12-4）。

软骨鱼类中，生殖嵴由间肾组织生成的髓质和体腔上皮形成的皮质构成，硬骨鱼类生殖嵴均由体腔上皮形成。生殖嵴后分化为精巢或卵巢。软骨鱼类精巢或卵巢在胚胎期分化，硬骨鱼类在仔稚鱼期开始分化。

未成熟鱼生殖腺较小，在产卵期肥大，尤其是卵巢显著增大。成熟度用生殖腺指数（生殖腺指数=生殖腺重量×100÷体重）表示。

（1）精巢　精巢由精巢系膜（mesorchium）悬系于腹腔背壁。软骨鱼类的精巢排列有许多精细管，管中产生精子。硬骨鱼类的精巢分为两类：一类由大量精小叶组成，另一类由大量精细管组成。精细管或精小叶内存有许多生殖细胞和支持细胞（sertoli cell）。支持细胞为生殖细胞提供营养，分泌雄性激素（睾酮素除外）。

精子形成（spermatogenesis，图1-12-8）过程在精小叶或精细管内进行，支持细胞为已产生的精原细胞（spermatogonium）提供营养以促进其增殖。脑垂体分泌激素刺激生殖腺，间质细胞促进雄性激素的分泌，进而促进精子形成。增殖期精原细胞反复进行细胞分裂，数量急剧增加。增殖后经历休止期，精原细胞染色体进行一次复制成为初级精母细胞（primary spermatocyte），之后完成1次减数分裂，形成2个次级精母细胞（secondary spermatocyte）。次级精母细胞经过1次减数分裂后形成精细胞（spermatid）。精细胞逐渐成熟，形成以细胞核为中心的头部和鞭状尾部。

软骨鱼类的雄性生殖管（gonoduct）由输精小管（vasa efferentia）和输精管（vas deferens）组成。输精管由中肾管演变而来，用于输送尿液和精子。精细管排出的精子通过输精小管输送到输精管中，通过其后端的泄殖腔排出体外。硬骨鱼类的精巢悬系于腹腔背壁，输精管连接精巢和生殖孔开口。有些种类生殖孔开口与输尿管开口并为一个，为尿殖孔（urinogenital pore）。

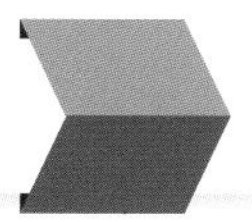

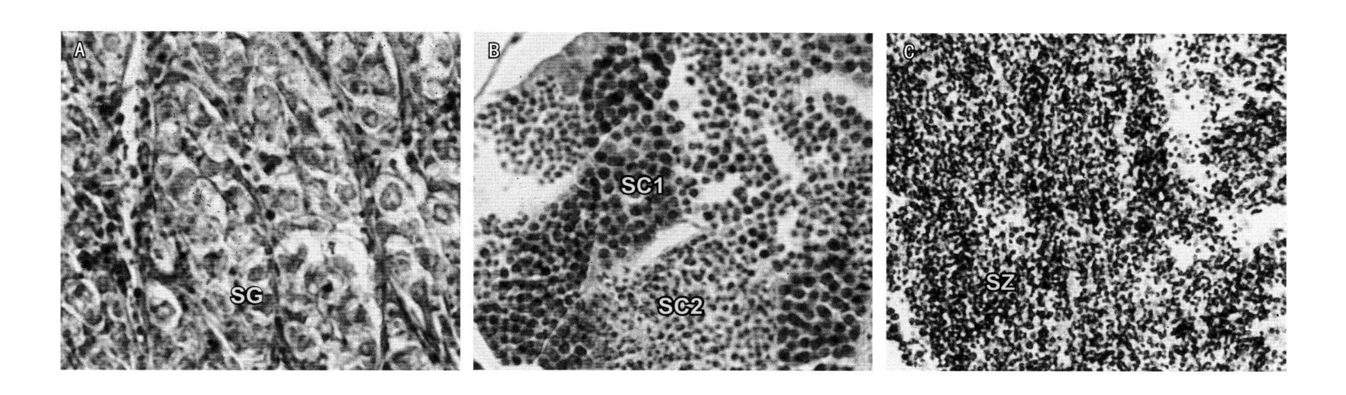

图 1-12-8 三线矶鲈的精子形成过程（木村，原图）
A. 精子形成准备期 B. 精子形成期 C. 精子放出期
SC1：初级精母细胞 SC2：次级精母细胞 SG：精原细胞 SZ：精子

（2）卵巢　卵巢是卵巢膜（ovarian menbrane）包被的囊状器官，由卵巢系膜悬系于腹腔背壁。卵巢可分为两类：一类卵巢形状为囊状，成熟卵细胞由卵巢腔经输卵管排出的为封闭卵巢，也称被卵巢（cystovarium）；另一类卵巢形态不为囊状，没有输卵管连接，成熟卵细胞直接由体腔排出的为游离卵巢，也称裸卵巢（gymnovarium）。软骨鱼类多为游离卵巢。硬骨鱼类中，鳗鲡目和鲑形目为游离卵巢，其他多为封闭卵巢。

卵巢内排列有多个产卵板，产卵板上有滤胞组织包被的卵细胞。滤泡组织外侧为荚膜细胞，内侧为颗粒膜细胞，在卵细胞成熟和排卵期间发挥重要作用。鱼类的卵细胞含有大量的卵黄。垂体分泌的促性腺激素促进滤泡组织分泌雌激素，雌激素有助于卵黄的积累。雌激素对肝脏起作用，促进卵黄前驱物质和卵黄蛋白原（vitellogenin）的合成。卵黄蛋白原通过血液由卵巢运送给生长期的卵母细胞，而卵母细胞吸收卵黄蛋白原，使卵成熟并积累卵黄。

卵形成期（oogenesis，图1-12-9）是卵的增殖期，增殖期和生长期以及成熟期差别很大。增殖期的卵原细胞（oogonium）通过不断的有丝分裂进行增殖。有丝分裂停止后，经休止期进入生长期，此时期为初级卵母细胞（oocyte）。

生长期卵母细胞的形态分以下几个变化阶段：①核仁染色质期（chromatin nucleolus stage）：较大的细胞核内存在少数染色质；②核仁侧排前期（early perinucleoulus stage）：核仁的数量增多并排列到核膜内侧；③核仁侧排后期（late perinucleoulus stage）：细胞质增多，由嗜碱性向嗜酸性转变；④卵黄泡期（yolk vesicle stage）：卵母细胞增大，以蛋白质和多糖类为主要成分的卵黄泡（yolk vesicle）在细胞质的边缘出现，其不断增大并向内侧移动；⑤卵黄形成前期（early yolk stage）：卵黄泡间出现以脂蛋白和脂质组成的卵黄颗粒（yolk globule），并向细胞质内侧移动；⑥卵黄形成中期（middle yolk stage）：卵黄颗粒迅速向细胞质中心移动，卵黄泡排列在细胞质周围，细胞核恢复卵形；⑦卵黄形成后期（late yolk stage）：卵黄颗粒持续变大，数量增加，占细胞质大半，卵黄泡在细胞质周边排列1～2列，细胞核近球形；⑧细胞核迁移期（migratory nucleus stage）：细胞核向动物极一侧移动。生长期的卵母细胞的卵黄膜（vitelline membrane）外侧有卵膜（chorion）包被。卵膜有无数的突起与卵母细胞的滤泡组织连通。鱼卵卵膜为厚且硬的蛋白质膜，能够保护卵母细胞的生长。

细胞核移动到动物极后，细胞核轮廓开始模糊，卵母细胞经过2次减数分裂，形成成熟的卵细胞

（ripe egg）。成熟的卵细胞大且呈半透明状。卵细胞成熟的最终阶段，垂体分泌大量促性腺激素，作用于滤泡组织，使其产生并分泌卵母细胞成熟诱导激素，促使卵细胞成熟。卵细胞成熟后滤泡组织的颗粒膜细胞变松软，卵细胞吸水（hydration）膨胀，滤泡胀破后完成排卵（ovulation）。

软骨鱼类成熟卵细胞排入体腔，经输卵管腹腔口进入输卵管。硬骨鱼类游离卵巢成熟卵细胞排入体腔，鲑形目鱼类有沟状的输卵管，鳗鲡目鱼类直接从生殖孔排卵。硬骨鱼类封闭卵巢的卵细胞由卵巢腔排出，经输卵管产卵。

卵巢内的卵可能同步发育成熟，但也具有其他情况，通常分为以下3种类型：①完全同步发育型（total synchronism）：鲑鱼类一生只产卵1次，产卵完成后死亡，卵巢中卵同时发育成熟；②部分同步发育型（group synchronism）：太平洋鲱和虹鳟等1年产卵1次，一生可多次产卵的鱼类，产卵期卵巢内混有成熟的卵母细胞和未成熟的卵母细胞；③不同步发育型（metachrone）：1个繁殖期内多次分批产卵的鱼类，卵巢内混有不同成熟阶段的卵母细胞（图1-12-10）。根据卵巢中卵母细胞卵径大小，可将3种类型分为单峰型、双峰型和多峰型。

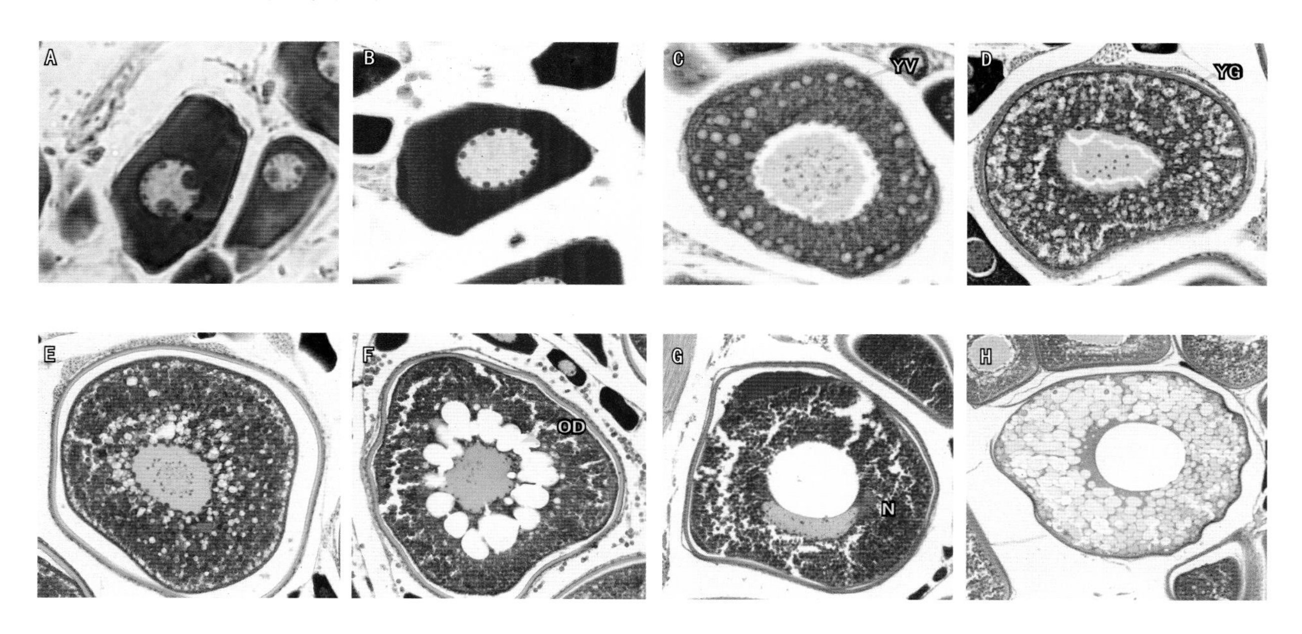

图 1-12-9　三线矶鲈卵的形成过程（木村，原图）

A. 核仁侧排前期　B. 核仁侧排后期　C. 卵黄泡期　D. 卵黄形成早期　E. 卵黄形成中期

F. 卵黄形成后期　G. 细胞核迁移期　H. 前成熟期

N：核　OD：油球　YG：卵黄颗粒　YV：卵黄泡

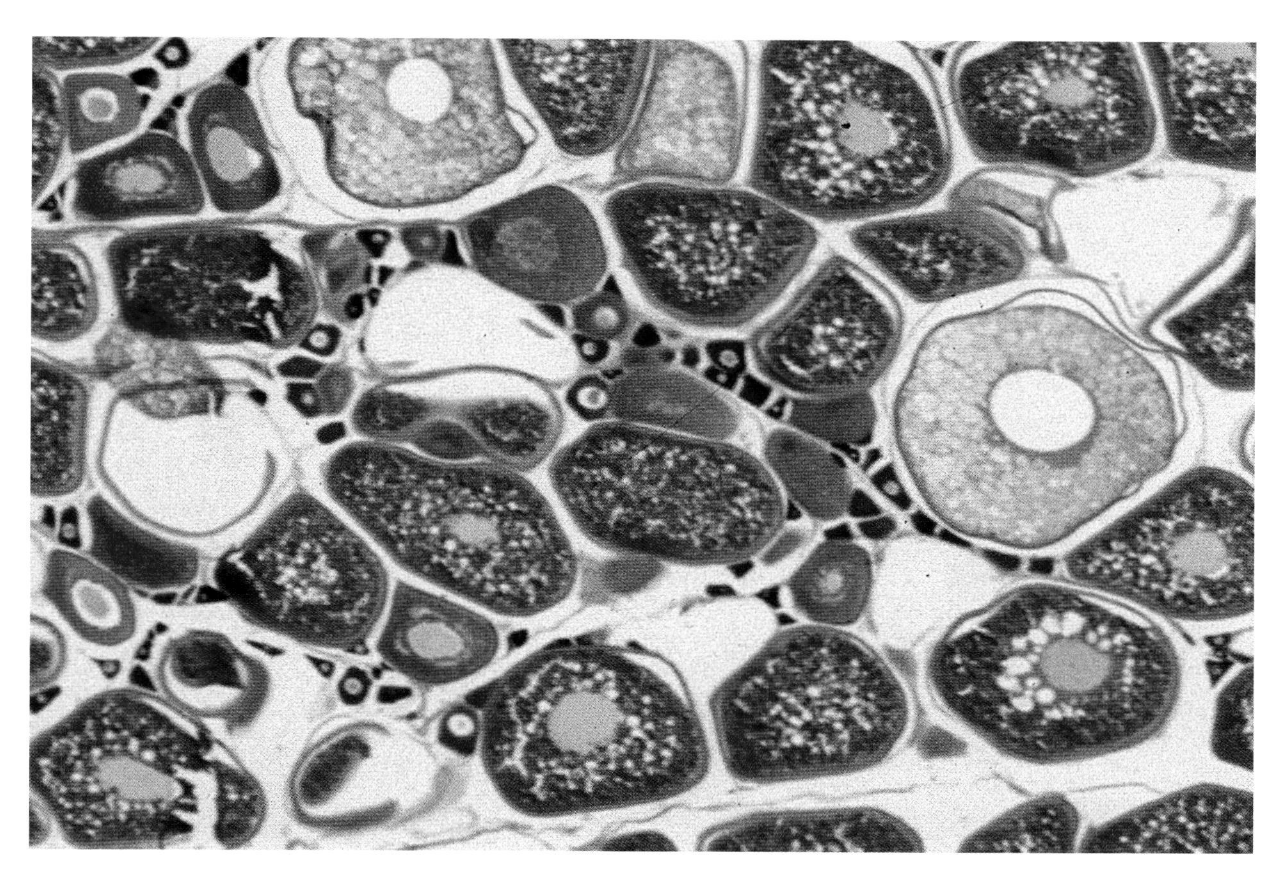

图 1-12-10　成熟期的三线矶鲈的卵巢，混有不同成熟阶段的卵母细胞（木村，原图）

（河合俊郎）

1.13 感觉器官

在水中生活的鱼类，要承受很多来自水中的刺激。因此，鱼类的感觉器官与生活在陆地上的爬行类或哺乳动物等感觉器官相比，其构造和机能表现出明显的特异性。

1.13.1 鼻

陆生生物的鼻能够感受到挥发性的化学物质，鱼类的鼻则是感觉水溶性化学物质。即使对同一种水溶性氨基酸进行感受，鱼类的嗅觉和味觉也分别具有不同的接收器和中枢神经反射区。嗅觉与摄食和洄游行为、繁殖行为、规避捕食者等行为相关，夜行性鱼类或深海鱼类及鲑鳟类等具有回归出生地习性的鱼类嗅觉特别发达。

鱼类的鼻孔（nasal cavity）位于吻的两侧，鼻孔（nostril）与外界相通。通常每一侧均具前后二个鼻孔，水从前鼻孔进入从后鼻孔流出。鼻孔内的嗅板（olfactory lamella）形成多褶状结构的嗅囊（olfactory rosette）（图1-13-1）。

嗅房被膜状的嗅囊包被。嗅板的数量和排列模式也因种类不同而有明显差异，可能与其生态习性不同有关。嗅板上有嗅细胞（olfactory cell）、支持细胞（supporting cell）和基底细胞（basal cell），形成嗅上皮。纤毛细胞（ciliated cell）、微绒毛细胞（microvillar cell）及隐窝细胞（crypt cell）均被称为嗅细胞，它们都对氨基酸有反应，但其各自的功能尚不明确。

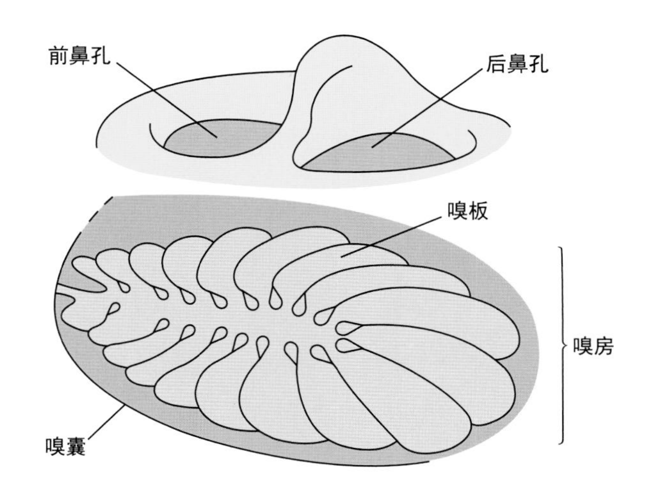

图 1-13-1　硬骨鱼类的鼻模式图（中江，原图）

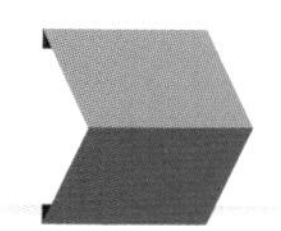

1.13.2 味蕾

味觉也是鱼类感受水溶性化学物质的重要感觉之一。味觉的感觉器称为味蕾（taste bud），包括明细胞（light cell，也称作t细胞）、暗细胞（dark cell,也称作f细胞）、基底细胞（basal cell）等。味蕾分布在口唇、口腔、口须、鳃弓、鳃耙、体表（尤其是头部）、鳍等部位，其分布依种类不同而异。味蕾对氨基酸的感受性优越，比人类的味觉器官明显灵敏许多。

1.13.3 眼

鱼眼（eye）作为视觉器官要适应水中生活，与陆地生物如人眼的聚焦调节方式不同。鱼类角膜不具成像机能，是通过晶状体前后移动来聚焦的。因此，鱼眼的远近调节能力较强，可以看到一定距离的物体。对明暗和色彩的感觉能力敏锐，依靠视觉信息生活的鱼类也很多。

硬骨鱼类的眼睛由角膜（cornea）、虹膜（iris）、晶状体（lens）、晶状体缩肌（retractor lentis）、玻璃体（vitreous body）、视网膜（retina）、脉络膜（choroid）、巩膜（sclera）等构成。

角膜透明，具有透光性和保护眼睛的机能。晶状体呈球形，由悬韧带（suspensory ligament）连接；下部附着有晶状体缩肌，其收缩带动晶状体的移动，来调节远近。虹膜是晶状体周围覆盖的膜，虹膜中央的圆形开口称为瞳孔（pupil）。多数硬骨鱼类的明暗调节是通过瞳孔的大小变化完成的，大部分软骨鱼类也有虹膜收缩机能，其大小也会变化。视网膜在玻璃体后面深处位置，是最重要的感光部位。

视网膜是由视细胞（visual cell）、水平细胞（horizontal cell）、两极细胞（bipolar cell）、视神经节细胞（ganglion cell）等细胞形成的多层结构。视细胞包含锥细胞（cone）和杆细胞（rod），前者与色觉和视精度相关，后者和暗处视觉相关。视网膜背面具血管密布的脉络膜，为视网膜提供营养。眼睛的周围有巩膜包被，以保护眼球。

鱼类生活于水中，眼睛不会干燥，因而没有眼睑和泪腺。皱唇鲨及真鲨等有瞬褶（nictiating membrance），异物接近眼睛时会闭合，具有保护眼睛的功能。太平洋鲱、鲻、鲐等眼睛上有被称为脂眼睑（adipose eyelid）的半透明的膜覆盖。

深海鱼的眼睛具有一种被称为明毯（tapetum lucidum）的反射板，是在光线较弱时增加光接受率的器官，光接受细胞通过反射光线提高视网膜的光接受效率。明毯根据存在位置不同而分为两部分，在视网膜色素上皮细胞层的称为视网膜明毯（choroidal tapetum），在脉络膜上的称为脉络膜明毯（retinal tapetum）。视网膜明毯由于反射物质的差异分为鸟嘌呤型（guanine type）、尿酸型（uric acid type）、脂质型（lipid type）、蝶啶型（pteridine type）、类黑素型（melanoid type）和虾青素型（astaxanthin type）6种。脉络膜明毯已知的只有鸟嘌呤型。明毯从软骨鱼类到鲤、金眼鲷、日本尖吻鲈、大眼鲷等硬骨鱼类的大多数类群中均有发现。

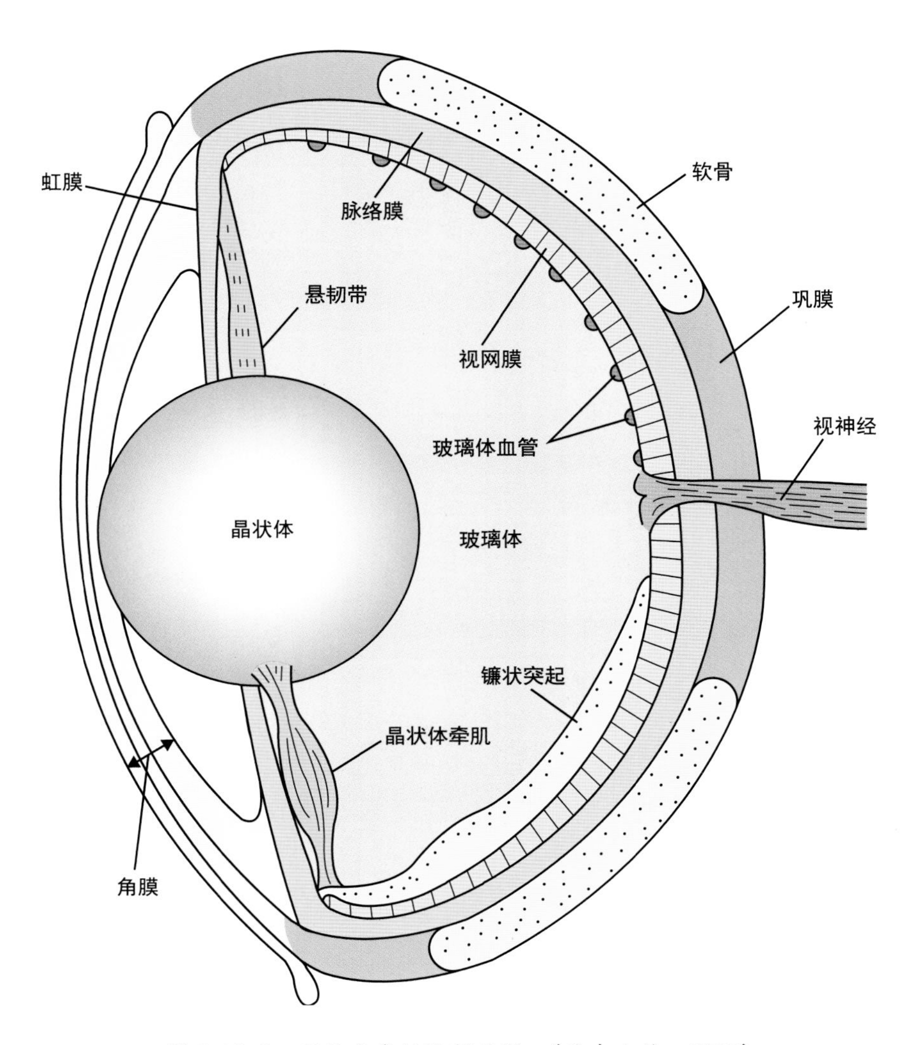

图 1-13-2　硬骨鱼类的眼断面图（改自小林，1987）

注：镰状突起发达的种类无玻璃体血管，玻璃体血管发达的种类（鲤科等）无镰状突起。本图两者均表示

1.13.4 松果体

眼和松果体（pineal body，图1-11-1）均有感光效应。松果体能够识别光线的强度，分泌褪黑激素，改变体色，也与生殖腺的生理机能相关。近几年也有研究表明其与生物钟有关联。香鱼和虹鳟的头部背面皮肤的颜色浅，透过这块皮肤可以看到脑的一部分呈现橙色，该处被称为松果体窗（pineal window），被认为与松果体的感光效率有关。

1.13.5 耳

鱼类没有外耳和中耳，内耳（inner ear）是听觉和平衡感觉器官。内耳在头骨内，几乎不与外界相连接。肺鱼、鲟类及软骨鱼类的内耳通过开口于头部背面的1根细淋巴管与外部相连。

硬骨鱼的内耳有3个半规管（前、后、水平半规管）、椭圆囊（或者通囊：utriculus）、球囊（小

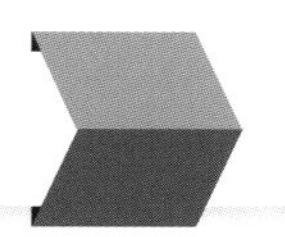

囊：sacculus）、瓶状囊（lagena）等（图1-13-3，图1-13-4）。每个半规管的一端都有球形膨大，被称作壶腹（膨大部：ampulla）。硬骨鱼类的椭圆囊、球囊、瓶状囊里有碳酸钙质的耳石（otolith），还有被称为听斑（macula）的感觉上皮，统称为膜迷路。椭圆囊、球囊、瓶状囊中的耳石分别称为微耳石（lapillus）、矢耳石（sagitta）、星耳石（asteriscus）。矢耳石最大，可用于年龄鉴定或分类学研究。软骨鱼类以包含胶质块的耳砂（otoconia）代替耳石，半规管和膜迷路中充满淋巴液。

研究证实，球囊和瓶状囊是鱼类主要的听觉器官，有些种类也与椭圆囊相关。所有种类的球囊均与听觉相关，有的种类除了瓶状囊和椭圆囊还具有其他辅助听觉器官。例如，鲱形目鱼类的内耳与听胞器（otic bulla）相邻，与椭圆囊一起作为听觉器官发挥作用。鲤科鱼类等骨鳔鱼类，通过韦伯氏器（图1-13-4）将鳔的震动传递到球囊，以提高听觉。一些没有韦伯氏器鱼类的鳔也有共振器的作用，因而听觉也很发达。但无鳔类的鲭科的鲔，与鲤科、鲷科等有鳔鱼类相比，听觉要差很多。

内耳最初的机能是保持平衡，3个半规管和3个耳石器与平衡感有关。每个半规管相连接的部分具有带毛细胞的感觉上皮，这些感觉上皮上有感觉器顶（有感觉毛的胶质状器官：cupula）。半规管分为前垂直、后垂直和水平方向延伸3种，鱼类开始向任意方向转动时，半规管内的淋巴液就向其反方向流动，刺激感觉器顶。该刺激通过神经传达到大脑，鱼体进而可以感觉到运动、平衡。各膜迷路内的听斑与耳石相连接，运动产生的耳石震动刺激毛细胞。

通常金枪鱼类等大洋性鱼类的矢耳石小，莒鲉属等沿岸底栖鱼类的耳石大。耳石特别大的类群（石首鱼科鱼类等）通常被称为“石持”。

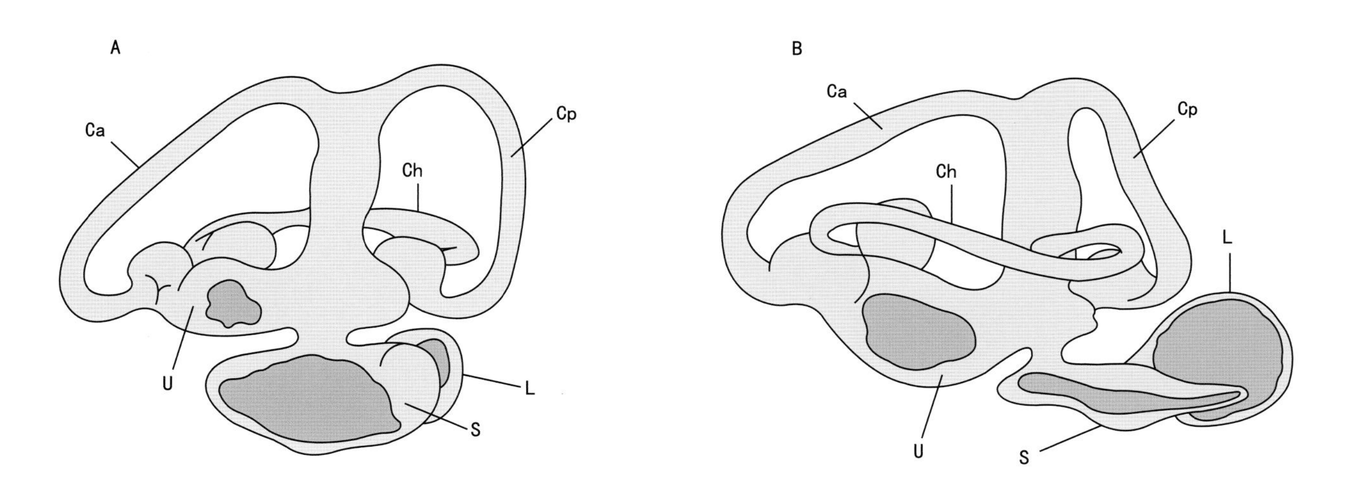

图 1-13-3　硬骨鱼类的内耳（改自 von Frisch，1936）

A. 鳟（鲑科）的右内耳内侧　B. 鲤科鱼类阿尔塔鲹 *Phoxinus laevis* 的左侧内耳的外侧

Ca. 前半规管　Ch. 水平半规管　Cp. 后半规管　L. 瓶状囊　S. 球囊　U. 椭圆囊

注：各半规管的一端膨大成囊，橘色部分是耳石所在处。

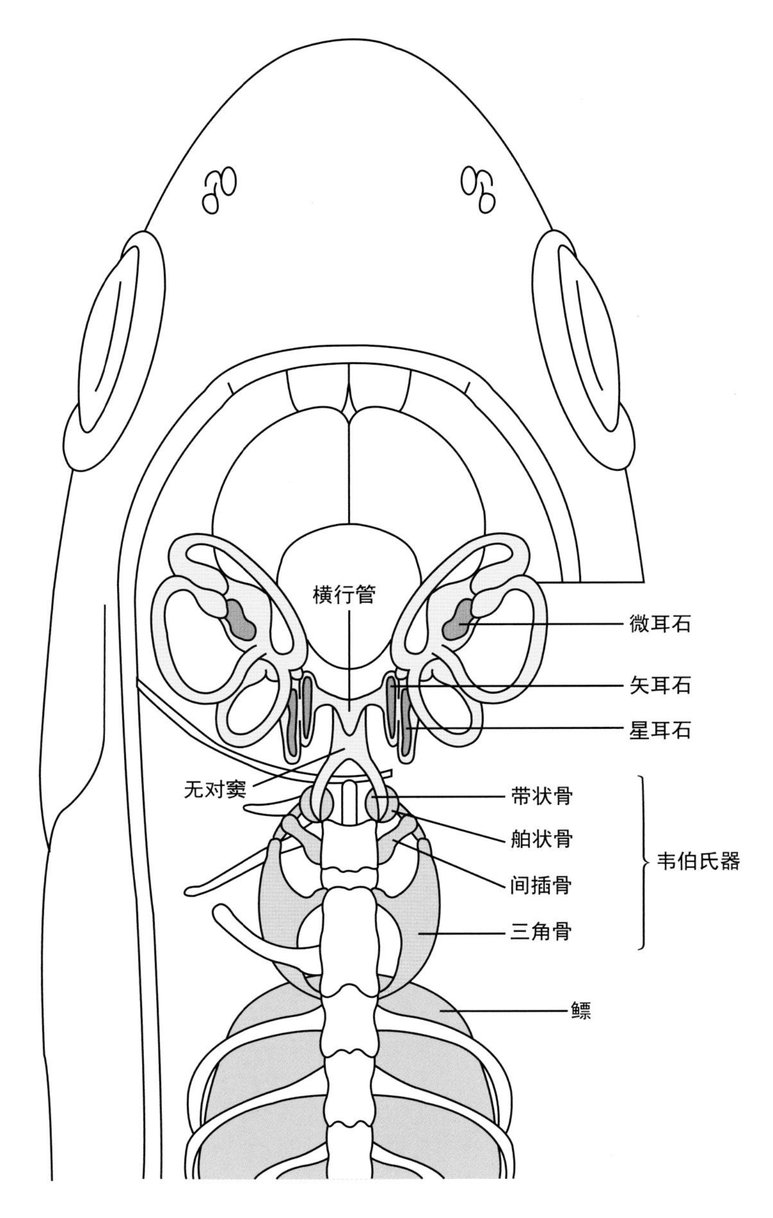

图 1-13-4　连接骨鳔类内耳和鳔的韦伯氏器（改自 von Frisch，1936）

1.13.6 侧线系统

侧线系统（lateral line system）是鱼类和两栖类（幼体及水栖的成体）所特有的器官，能够感知周围水的流动。大多数的侧线通常由埋在体侧皮下的具有管状结构的侧线鳞（lateral-line scale）构成。但是，真正的侧线系统包括头部的头部侧线系统（cephalic lateral-line system）和体侧的躯干侧线系统（trunk lateral-line system）。

头部侧线系统是7根侧线的统称，由眶上管（supraorbital canal）、眶下管（infraorbital line）、前鳃盖下颌管（preopercular canal）、舌颌管（mandibular canal）、耳管（otic canal）、眶后管（postotic canal）及横枕管（suprutemporal canal）构成。多数种类头部的侧线都有7根，也因种类不同而有增减。

多数种类躯干侧线只有1根，大泷六线鱼等种类可有多根。构成各侧线的管状构造称为侧线管，依照部位不同也称为眶上管、眶下管等（图1-13-5）。

侧线的实质感觉器是神经丘（nearomast），由支持细胞、感觉细胞（或者毛细胞，hair cell）、感觉毛（或者纤毛，sensory hair）及感觉器顶等构成（图1-13-6）。每个感觉细胞具有1根长的动毛（kinocilium）和30～40根短的不动毛（stereocilia），动毛埋在感觉器顶的中央。水流流经时使动毛弯曲，导致感觉细胞兴奋。感觉细胞的刺激由侧线神经传入大脑和延脑。侧线管内具有神经丘，称为管器神经丘（canal neuromast）。表皮上具有多种神经丘结构，包括陷器（pit organ）、游离神经丘 (free neuromast)及表面神经丘（superficial neuromast）等。为方便使用，统称表面神经丘。从发生学角度，管器神经丘是表面神经丘埋入管器内形成的，通常比表面神经丘更大。

侧线的发达程度或分布状况在一定程度上能够反映物种的生态习性。此外，侧线也可以用作分类鉴定的依据。一般生活在急流中的种类或高速游动的种类，其侧线管细，表面神经丘数少。而静水水域栖息或低速游泳的种类，其侧线管粗，表面神经丘数多。实验表明，管器神经丘对20～40Hz频率的声波敏感度高，表面神经丘对20Hz以下的低频率声波敏感度高。

飞鱼和颌针鱼等表层鱼类的躯干侧线在腹侧，具潜沙习性的日本騰则在背侧，这些形态特征都是对生态习性的反映。关于鰕虎鱼科鱼类头部的侧线系统研究很多，可以作为分类学鉴定的依据。

1.13.7 电感受器官

通常，软骨鱼类的罗伦氏器、鳗鲇科的壶腹状感受器、鲇类的小孔器、弱电鱼（长颌鱼科等）皮肤中的结节状电感受器等均为电感受器官。这些均是侧线系统分化出的感受器官，也被称为特殊类型的侧线器官。罗伦氏器多分布于鲨类的吻部腹面或鳐类体盘腹面，能够感知饵料生物发出的生物电流。弱电鱼可使用发电器和受容器进行电信号交流。

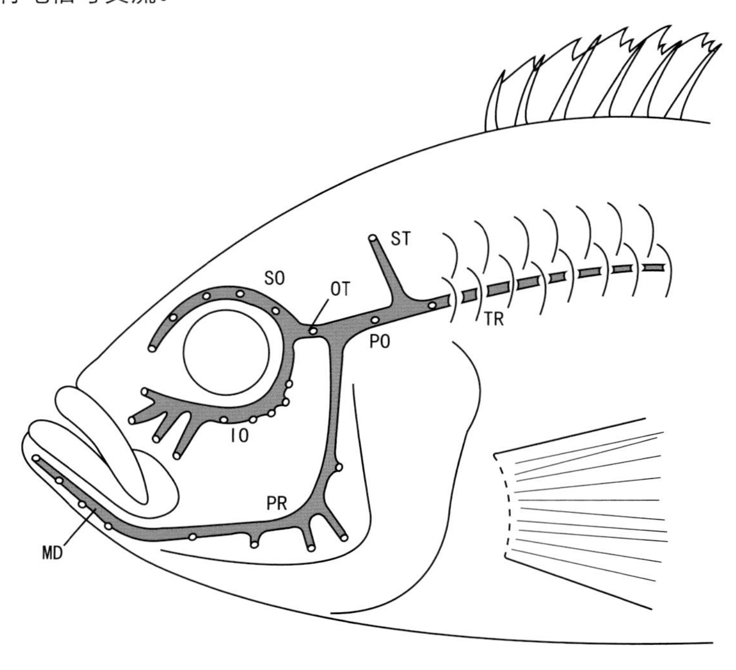

图 1-13-5　真骨鱼类的侧线管模式图（改自 Webb，1989）
IO. 眶下管　MD. 舌颌管　OT. 耳管　PO. 眶后管　PR. 前鳃盖下颌管　SO. 眶上管　ST. 横枕管　TR. 侧线管

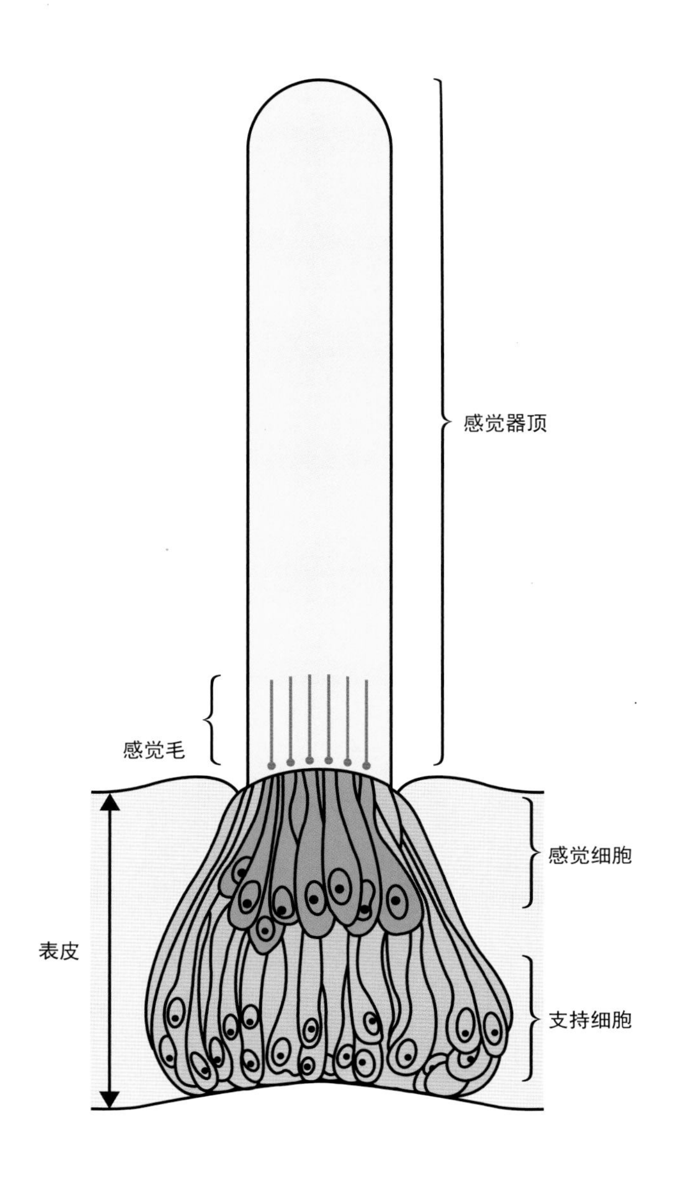

图 1-13-6　鲤科鱼类真鲹的表面神经丘（改自 Dijkgraaf，1963）

（中江雅典、佐佐木邦夫）

参考文献

Ashley, L.M. and R.B.Chiasson. 1988. Laboratory anatomy of the shark. Fifth edition. McGraw-Hill College. New York, pp. 84.

Cappetta, H. 1987. Handbook of Paleoichthyology. Volume 3B: Chondrichthyes II: Mesozoic and Cenozoic Elasmobranchii. Gustav Fischer Verlag. Stuttgart, pp. 193.

Datta Munshi, J. S. and B. N. Singh. 1968. On the micro-circulatory system of the gills of certain freshwater teleostean fishes. Journal of Zoology, 154:365—376.

Didier, D. 1995. Phylogenetic systematics of extant chimaeroid fishes （Holocephali, Chimaeroidei）. American Museum Novitates,3119:1—86.

Dijkgraaf, S. 1963. The functioning and significance of the lateral-line organs. Biological Reviews, 38：51—105.

Downing, S. W., R. H. Spitzer, E. A. Koch, and W. L. Salo. 1984. The hagfish slime gland thread cell. I. A unique cellular system for the study of intermediate filaments and intermediate filament-microtublule interactions. Journal of Cell Biology, 98: 653—669.

Gregory, W., K. 1933. Fish skulls: a study of the evolution of natural mechanisms. American Philosophical Society, Philadelphia, pp. 481.

堀田秀之 .1961. 日本産硬骨魚類の中軸骨格の比較研究 . 農林水産技術会議事務局 , 東京 ,pp. 155+10, pls. 70.

岩井　保 .1965. 形態 . 松原喜代松 • 落合　明 • 岩井　保 ,pp.26—120. 魚類学（上）. 水産学全集 9, 恒星社恒星閣，東京 .

木村清志 .1997. ブルーデイスカス . 落合　明 • 鈴木克美（編）， pp.82—85+148—151. 観賞魚解剖図鑑 1. 緑書房 , 東京 .

Lim, J., D.S.Fudge, N. Levy, and J. M. Gosline. 2006. Hagfish slime ecomechanids: testing the gill-clogging hypothesis. Journal of Experimental Biology, 209:702—710.

McKay, R.J.1992. FAO Species Catalogue. Vol.14. Sillaginid Fishes of the World (Family Sillaginidae). An annotated and illustrated catalogue of the sillago, smelt or Indo-Pacific whiting species. FAO, Rome, pp. vi+87.

Meek, J. and R. Nieuwenhuys. 1998. Holostean and teleosts. Pages 759—937 in R. Nieuwenhuys, H. J. Ten Donkelaar, and C. Nicholson, eds. The central nervous system of vertebrates. Volume 2. Springer-verlag, New York.

Neave, F. 1940. On the histology and regeneration of the teleost scale. Quarterly Journal of Microscopical Science, S2-81: 541-568.

落合　明 .1987. 皮膚系 . 落 合　明 (編), pp. 9—21. 魚類解剖学 . 水産養殖学講座 1 , 緑書房 , 東京 .

落合　明(編).1987, 魚類解剖図鑑.緑書房,東京,pp. 250.
落合　明(編).1991. 魚類解剖図鑑第Ⅱ集.緑書房,東京,pp.36.
落合　明(編).1987. 魚類解剖大図鑑.緑書房,東京,pp.167+266.
落合　明•鈴木克美(編).1997. 観賞魚解剖図鑑 1【熱帯魚•日本産淡水魚•外来魚•金魚•錦鯉】.緑書房,東京,pp.160.
Sasaki, K. 2001. Schianenidae. Croakers （drums）. Pages 3117—3174 in K. E. Carpenter and V. H. Niem eds., FAO Species identification guide for fishery purposes, the living marine resources of the western central Pacific. Volume 5. FAO, Rome.
Shirai, S. 1992. Squalean phylogeny; A new framework of "squaloid" sharks and related taxa. Hokkaido University Press, Sapporo, pp. iv+151, pis. 1—58.
Smith, H. M. 1960. Evolution of chordate structure: An introduction to comparative anatomy. Holt Rinehart and Winston Inc., New York, 529 pp.
Suyehiro, Y. 1942. A study on the digestive system and feeding habits of fish. Japanese Journal of Zoology, 10(1):1—303.
高橋善弥.1962. 瀬戸内海とその隣接海域産硬骨魚類の脊梁構造による種の查定のための研究.内海区水産研究所研究報告,16: 1—197.
田村　保.1970. 視覚.川本信之(編), pp. 423—451. 魚類生理.恒星社厚生閣，東京.
富永盛治朗.1967. 五百種魚体解剖図説.角川書店，東京,pp. 274+312+432.
植松一眞.2002. 神経系.会田勝美(編), pp. 28—44. 魚類生理学の基礎.恒星社厚生閣，東京.
von Frisch, K. 1936. Über den Gehörsinn der Fische. Biological Reviews, 11:210—246.
Webb, J. F. 1989. Gross morphology and evolution of the mechanoreceptive lateral-line system in teleost fishes. Brain, Behavior and Evolution, 33:34—53.
Wilga, C. D. 2005. Morphology and evolution of the jaw suspension in lamniform sharks. Journal of Morphology, 265: 102—119.
山田寿郎.1966. 硬骨魚数種の表皮扁平上皮細胞に見られる指紋様構造.動物学雑誌,75:140—144.

2 鱼种解说

本章介绍了不同种类鱼的解剖构造，分别为白斑星鲨、白斑角鲨、赤魟、鳗鲡、太平洋鲱、斑鰶、草鱼、泥鳅、鲇、亚洲公鱼、香鱼、马苏大马哈鱼、大头鳕、黄鮟鱇、鲻、秋刀鱼、褐菖鲉、鲬、大泷六线鱼、五条鰤、日本乌鲂、真鲷、白姑鱼、尼罗罗非鱼、黄鳍刺鰕虎鱼、褐篮子鱼、带鱼、褐牙鲆、高眼鲽、焦氏舌鳎、绿鳍马面鲀和红鳍东方鲀。

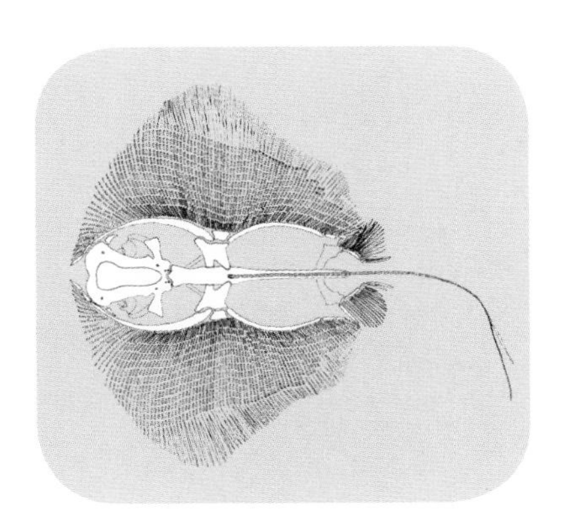

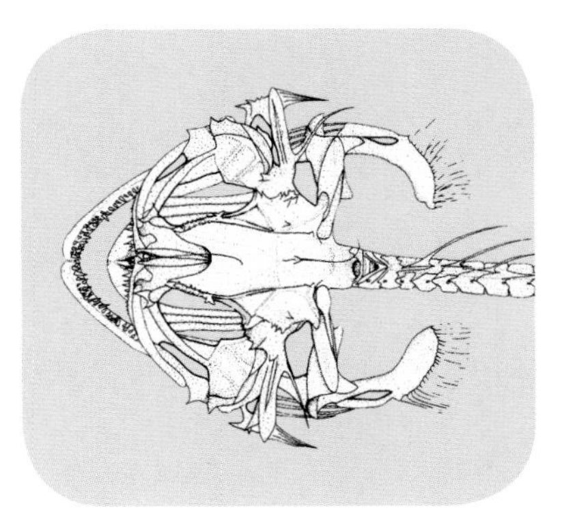

2.1　白斑星鲨

***Mustelus manazo* Bleeker**

白斑星鲨为真鲨目、皱唇鲨科、星鲨属鱼类，其解剖图和骨骼图分别见图2-1-1和图2-1-2。

壁囊器
肾脏
第 1 背鳍
第 2 背鳍
尾鳍
喷水孔
卵壳腺
鳃孔
卵巢
输卵管（子宫）
直肠腺
眼
尾鳍缺刻
鼻孔
口裂
心脏
腹鳍
臀鳍
泄殖腔
直肠
肝脏（左断面）
胆囊
脾脏
胃
肠
胰脏
肝脏（右）
胸鳍

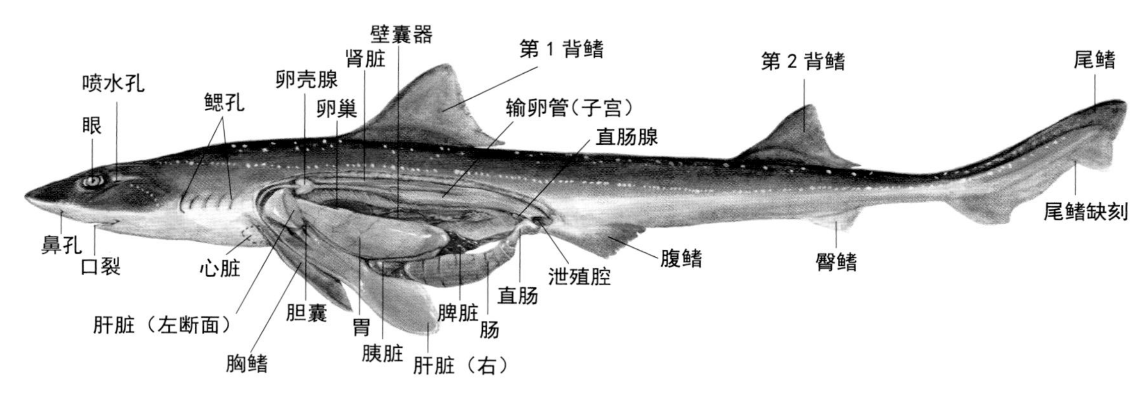

图 2-1-1　解剖图

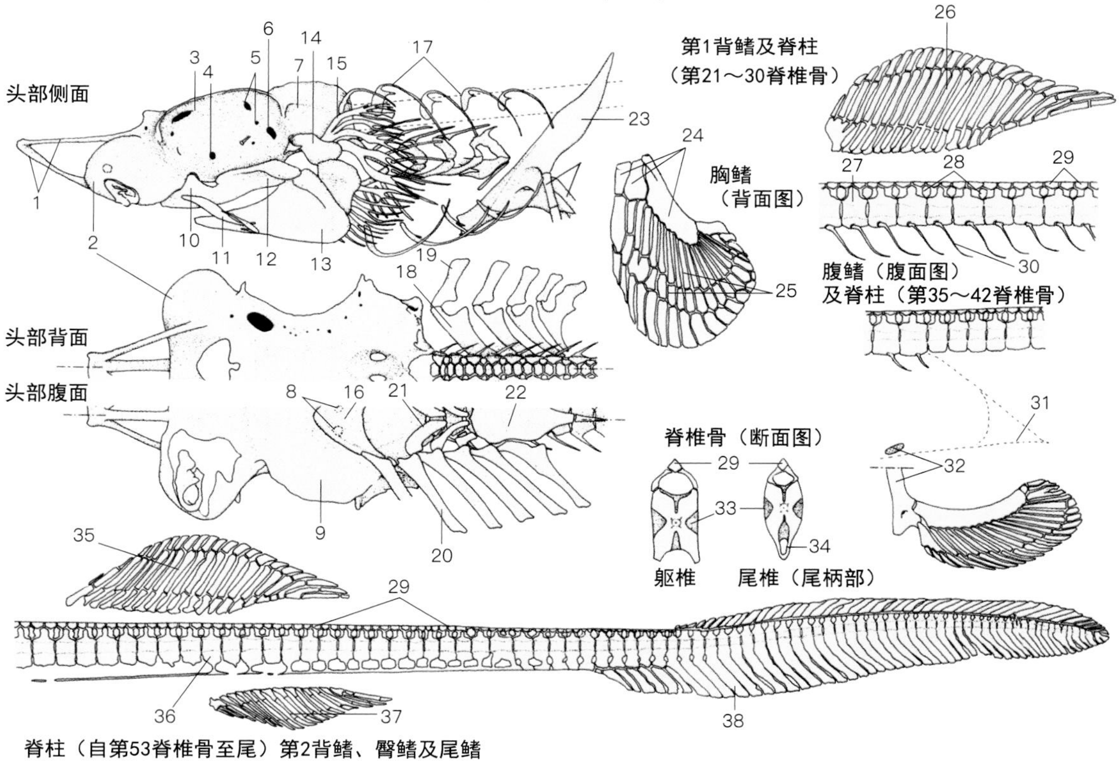

头部侧面
第1背鳍及脊柱
（第21～30脊椎骨）
胸鳍
（背面图）
腹鳍（腹面图）
及脊柱（第35～42脊椎骨）
头部背面
头部腹面
脊椎骨（断面图）
躯椎
尾椎（尾柄部）
脊柱（自第53脊椎骨至尾）第2背鳍、臀鳍及尾鳍

图 2-1-2　骨骼图

1. 吻软骨 2. 鼻囊 3. 眼窝 4. 视神经孔 5. 第Ⅴ、Ⅶ神经孔（眼枝） 6. 第Ⅴ、Ⅶ神经孔（除去眼枝） 7. 耳囊 8. 颈动脉孔 9. 眶下骨架 10. 关节突（腭方软骨） 11. 口唇软骨 12. 腭方软骨 13. 下颌软骨 14. 舌颌软骨 15. 鳃条软骨（舌弓） 16. 基舌软骨 17. 外鳃软骨 18. 咽鳃软骨 19. 上鳃软骨 20. 角鳃软骨 21. 下鳃软骨 22. 基鳃软骨 23. 肩带（肩胛骨-乌喙软骨） 24．鳍基软骨（胸鳍） 25. 辐状软骨 26. 第1背鳍 27. 椎体 28. 背间插片 29. 髓弓上的小软骨片 30. 肋骨 31. 泄殖腔（位置） 32. 腰带 33. 钙化部分 34. 脉管 35. 第2背鳍 36. 脉管起始端（第62脊椎骨） 37. 臀鳍 38. 脉棘（尾鳍）

2.1.1 外部特征（图 2-1-3 ～图 2-1-6）

流线形体形。吻端部稍尖。眼细长，有瞬褶。喷水孔开于眼后方。口裂下位。外鳃孔5对，其中第4、第5间隔位于胸鳍基底上。

第1背鳍比第2背鳍大，胸鳍和腹鳍约在体腹面中间位置。臀鳍较小，起始于第2背鳍基底下方。尾鳍前无凹陷。尾鳍缺刻明显。体背侧为淡灰褐色，侧线上方体背部散布白色斑点（衰老期鱼体缺少斑点）。

2.1.2 分布、栖息

见于北海道以南的日本各地、朝鲜半岛以及中国东南沿海。多分布在大陆架边缘，水深小于200m的水域，多栖息于沙泥质海底。

2.1.3 成熟、产卵

夏季完成受精，第二年春季产仔鱼（卵胎生）。初产仔鱼全长约为30cm。雄性性成熟时全长约60cm，雌性性成熟时全长62～64cm。

2.1.4 发育、生长

雄性满1龄全长50cm，5龄可达70cm。雌性生长快于雄性，3龄全长可达70cm，5龄全长为85cm。

2.1.5 食性

以甲壳类为主要饵料，尤以虾蟹类较多，也捕食鱼类和头足类等。

2.1.6 解剖特征（图 2-1-7 ～图 2-1-11）

【脑】

端脑近乎圆形，其后方有个十字形的沟。嗅束短，间脑小，视叶发达，呈椭圆形。小脑呈菱形，其背部有几个不规则的横沟。

【鳃】

除4个全鳃外，在舌弓后方还有1个半鳃。第5对鳃弓无鳃片，也无鳃耙。

【口】

口裂深度弯曲，与鼻孔完全分离。口角处有发达的唇褶，上颌的唇褶远长于下颌的唇褶。齿具有圆形的冠部，像鹅卵石一样排列。口腔、咽头、鳃弓内侧覆盖瓦状排列的小齿（盾鳞）。

【消化道】

食道短，伸长到腹腔的前端，位于胃的前部。胃的前半部（贲门部）延伸至接近腹腔的后端，后半部（幽门部）反转向前，整体呈J形。肠道的长度与胃贲门部的长度近似。肠的内表面有螺旋瓣（具肉眼可辨认的横纹），盘绕6～7回。直肠短，具有直肠腺。

脾脏长且大，呈紫红色，位于幽门部和贲门部附近，为一细长的造血器官。胰脏（2叶）是淡黄白色扁平的独立器官，附着于胃的幽门部到肠道起始的区域。

【肝脏、胆囊】

肝脏左右2叶大小近似，包裹在消化道的腹侧面。胆囊绿色，位于肝脏左叶前半部内面，包围在肝组织中。胆管开口于肠道前段（第2螺旋瓣处）。

【泄殖腔】

泄殖腔位于腹鳍基底正后方。消化道开口于泄殖腔的最前部。雌性的泌尿乳突位于泄殖腔背部，输卵管开口于其侧面。雄性具尿殖乳突，输精管也开口于泄殖腔。雌雄泄殖腔的后缘有一对腹孔。

【生殖器官】

卵巢仅右侧发达。壁囊器（epigonal organ）左右一对，与右侧的卵巢相连接。卵壳腺小，位于腹腔前部，呈乳白色心形。卵壳腺后方延伸的输卵管壁变厚，形成胎体成长的子宫。

精巢左右均发达。壁囊器在精巢背面，后端有类似雌性的锯齿状边缘。输精管在靠近精巢的前端具有多个弯曲，逐渐向尿殖乳突方向直线延伸。

【体侧肌】

背腹肌肉由水平隔膜隔开。各肌节由3个前向锥和2个后向锥组成。水平隔膜的上下表面有发达的表层红肌，深层红肌很少，甚至没有。

【骨骼】

吻软骨由吻部3根细长的软骨组成。这3根软骨中，有2根起始于鼻囊背侧前缘的左右两边，另外1根起始于头盖基部的前端。与筛骨（吻软骨和鼻囊）和眼窝相比，耳囊部分更短。眶下骨架发达。第Ⅴ、Ⅶ脑神经的眼枝与其他脑神经的主枝从同一神经孔穿过头盖骨。第Ⅶ脑神经分支的舌颌神经没有单独的神经孔。颈动脉孔1对，开孔于口盖部。

腭方软骨的前端有一个短的突起，在视神经孔前方与头盖骨相连。唇软骨3块。舌弓腹侧无外鳃软骨。基咽鳃骨突起发达。基鳃软骨只有第2鳃弓呈独立的小片状。

胸鳍的鳍基软骨有3块，下方由3列辐状软骨支撑。背鳍和臀鳍只由辐状软骨支撑，与椎骨完全分离。椎体截面星形钙化部分较小。钙化部分位于椎体的背腹面和左右两侧呈楔形。除尾鳍末端，脊椎背缘的小软骨一字排开。在臀鳍开始或靠后的尾椎上有完整的脉弓。尾鳍的脉棘长于尾柄部。脊椎骨（尾鳍前）约90个。

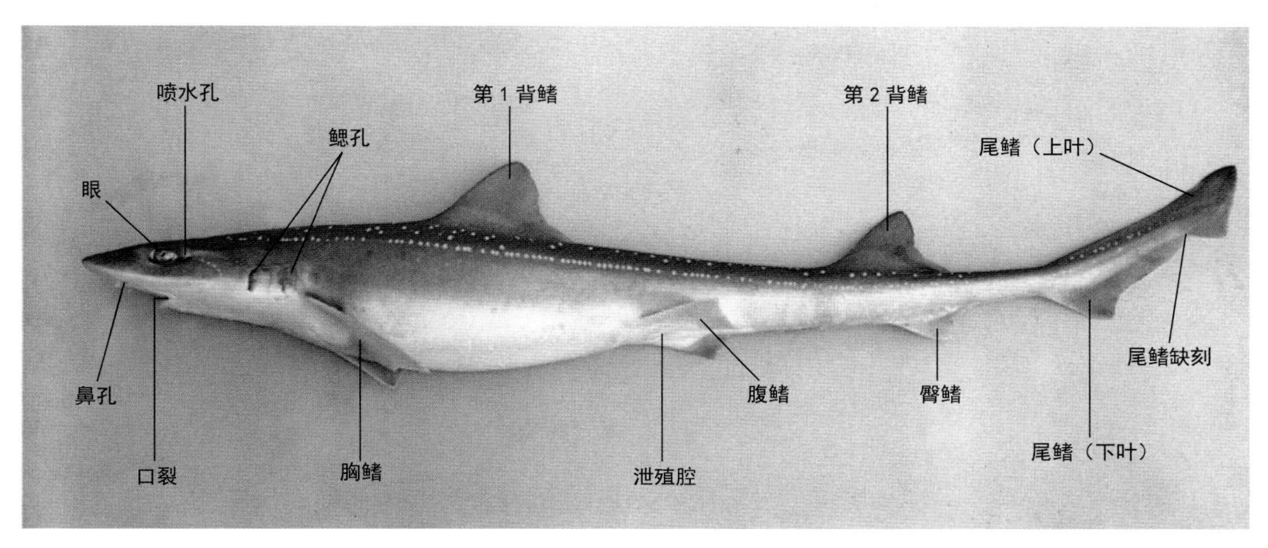

图 2-1-3　形态特征

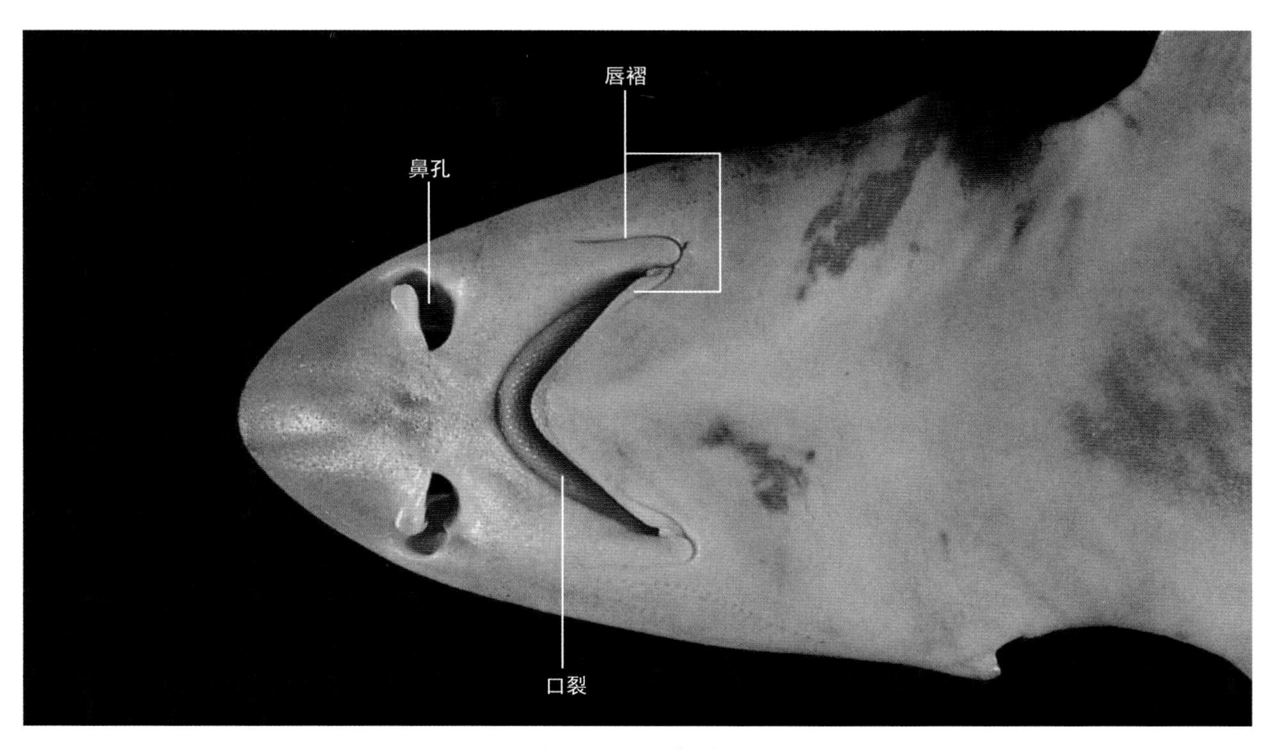

图 2-1-4　头部腹面

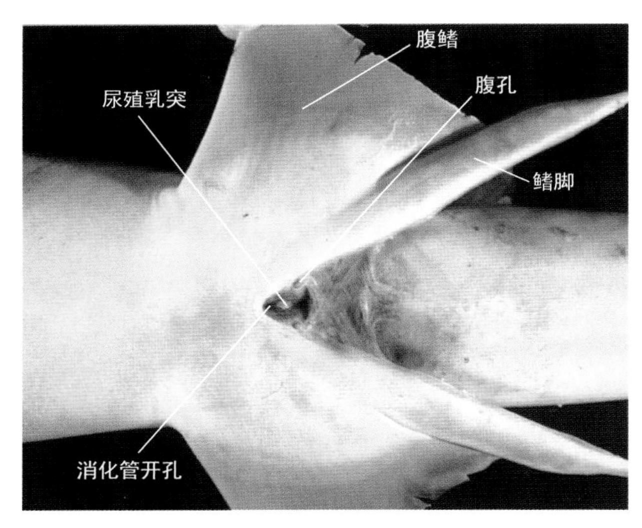

图 2-1-5 腹鳍腹面（雄）

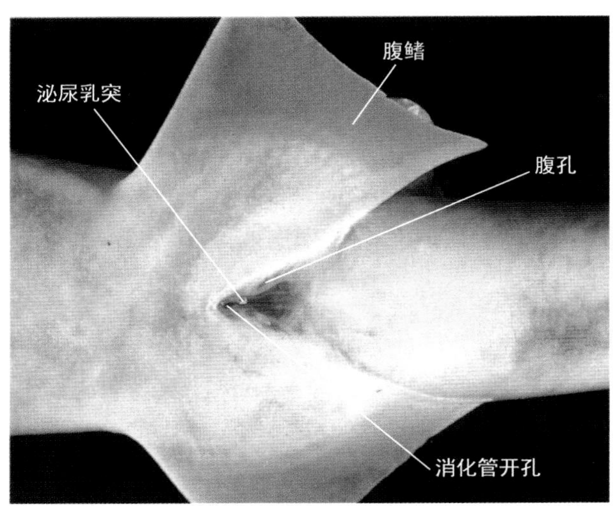

图 2-1-6 腹鳍腹面（雌）

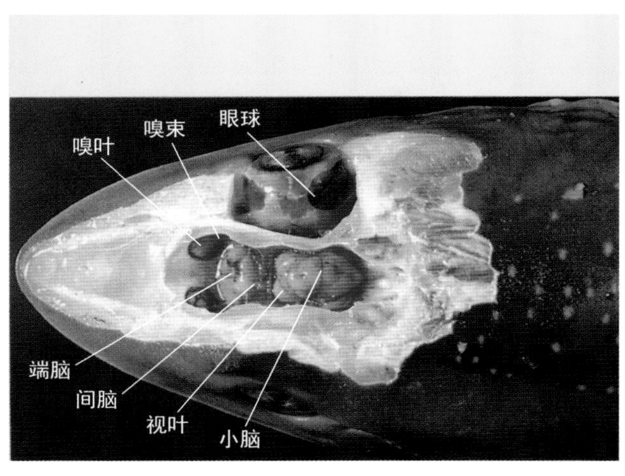

图 2-1-7 脑背面

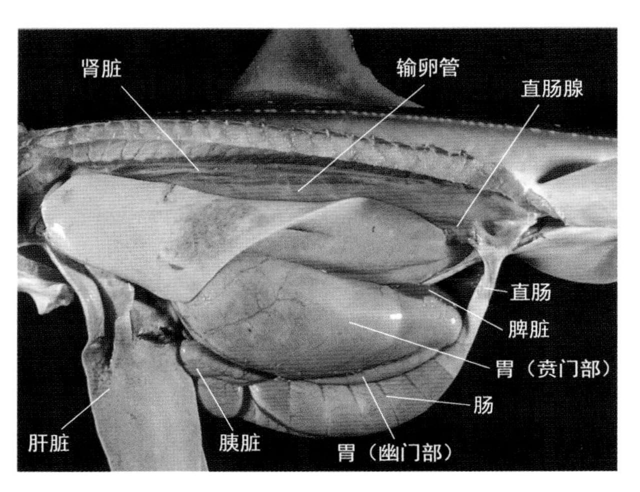

图 2-1-8 内　脏

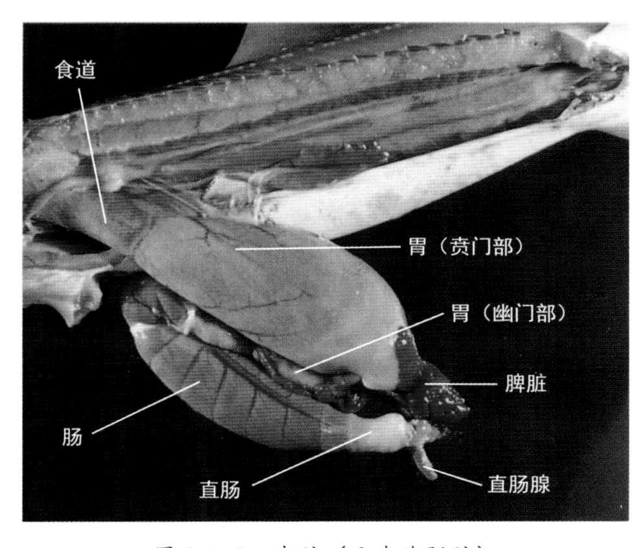

图 2-1-9 内脏（已去除肝脏）

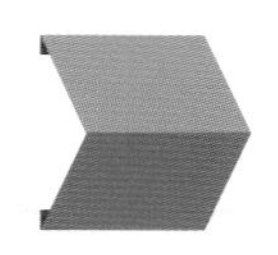

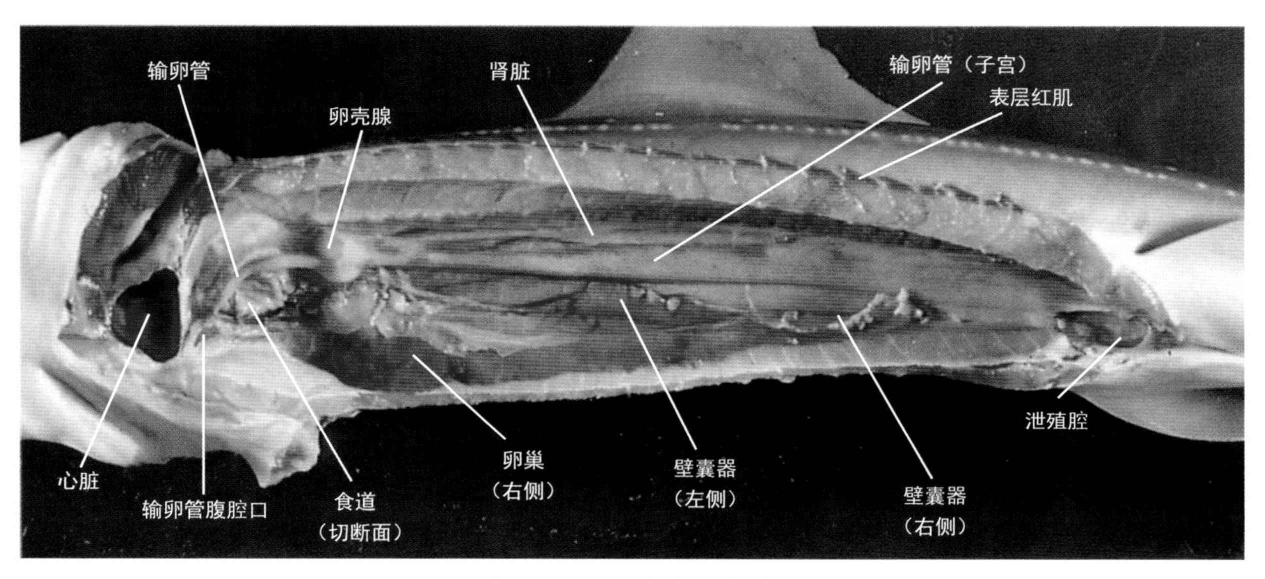

图 2-1-10　生殖器官（雌）

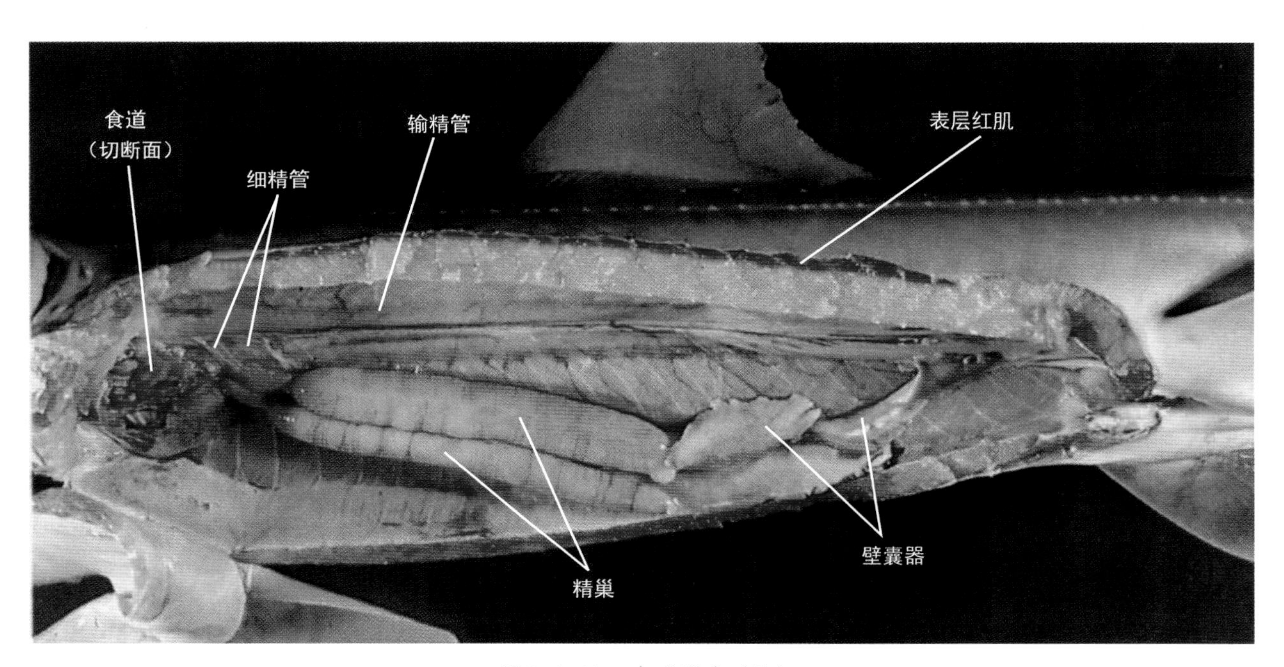

图 2-1-11　生殖器官（雄）

（白井滋）

2.2 白斑角鲨

***Squalus acanthias* Linnaeus**

白斑角鲨为角鲨目、角鲨科、角鲨属鱼类，其解剖图和骨骼图分别见图2-2-1和图2-2-2。

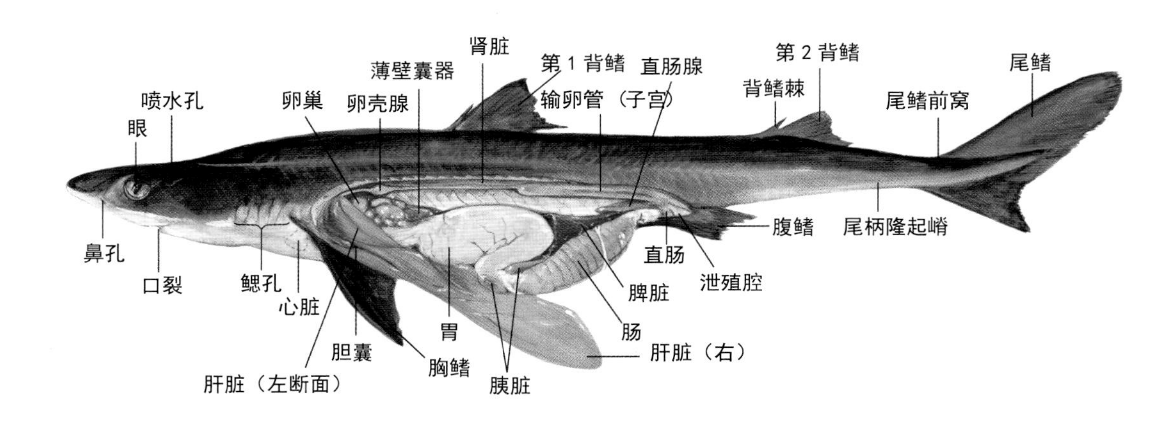

图 2-2-1 解剖图

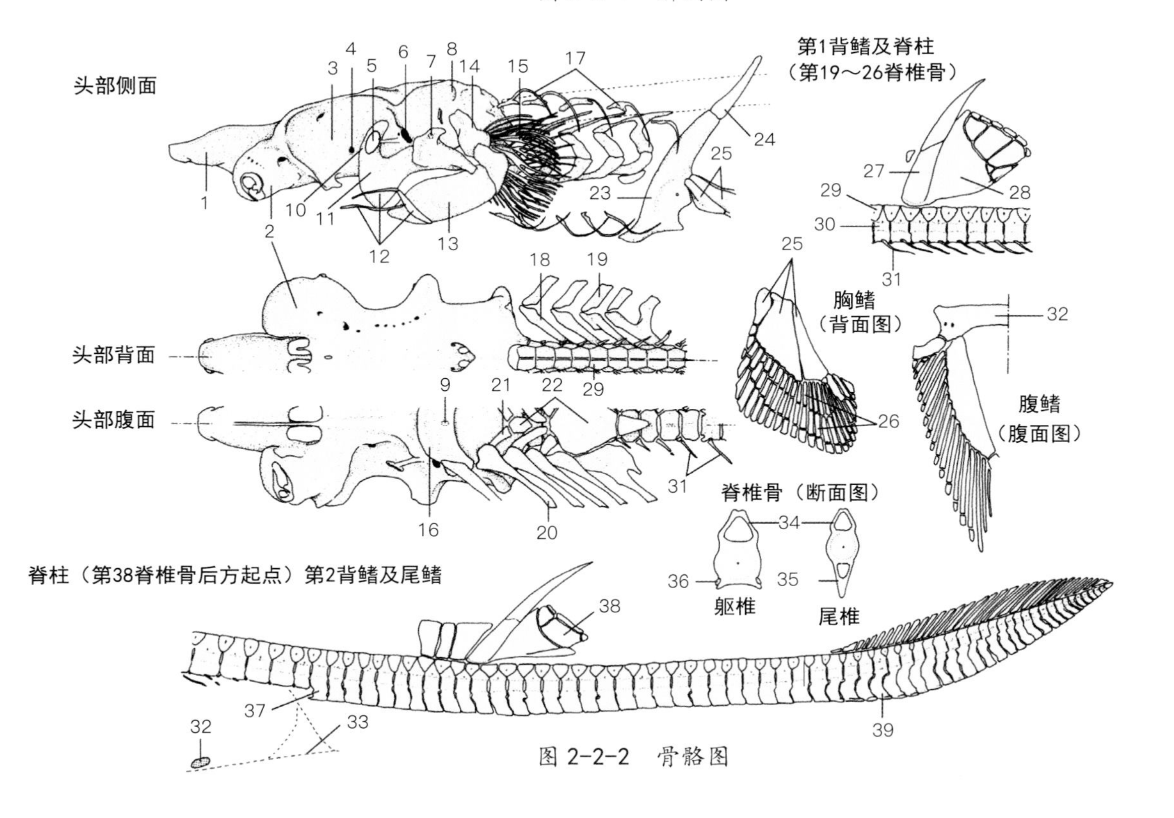

图 2-2-2 骨骼图

1. 吻软骨　2. 鼻囊　3. 眼窝　4. 视神经孔　5. 眼柄　6. 第Ⅴ、Ⅶ神经孔（除去舌颌枝）　7. 舌颌孔　8. 耳囊　9. 颈动脉孔　10. 关节突（腭方软骨）　11. 腭方软骨　12. 口唇软骨　13. 下颌软骨　14. 舌颌软骨　15. 鳃条软骨（舌弓）　16. 基舌软骨　17. 外鳃软骨　18. 咽鳃软骨　19. 上鳃软骨　20. 角鳃软骨　21. 下鳃软骨　22. 基鳃软骨　23. 肩带（肩胛骨－乌喙软骨）　24. 上肩胛软骨　25. 鳍基软骨（胸鳍）　26. 辐状软骨　27. 背鳍棘（第1背鳍）　28. 鳍基软骨（背鳍）　29. 背间插片　30. 椎体　31. 肋骨　32. 腰带　33. 泄殖腔（位置图）　34. 髓管　35. 脉管　36. 腹间插片　37. 脉管起始端（第43脊椎骨）　38. 第2背鳍　39. 脉棘（尾鳍）

2.2.1 外部特征（图 2-2-3 ～图 2-2-7）

流线形体型。背鳍前缘有1根棘。无臀鳍和瞬膜。喷水孔具有瓣，位于眼的后上方。前方的鼻瓣，两叶不分离。口裂下位，距鼻孔较远。外鳃孔开口于胸鳍起始部之前。背鳍棘较长，不具横沟。第一背鳍棘位于胸鳍内角后方。尾柄背部有尾鳍前窝，尾柄后半部到尾鳍下叶起始处具尾柄隆起嵴。尾鳍无缺刻。鱼体背侧面为暗灰褐色，具有白色斑点（衰老期鱼体白色斑点消失）。

2.2.2 分布、栖息

广泛分布于全世界的热带到寒带海域。太平洋一侧的千叶县以北、日本海的全部海域、黄海和东海海域。大陆架水域均有分布。季节性出现于水深20m以内的浅滩。此外，随昼夜变化做深浅移动。

2.2.3 成熟、产卵

雌性全长达90cm左右、雄性全长达70cm左右时性成熟。卵胎生，日本海域每年2—5月胚胎发育成20～30cm的仔鱼时由成鱼产出。妊娠期为20～22个月，一次可产多胎。

2.2.4 发育、生长

在海水中经数年生长，雄性全长可达1m，雌性全长1.3m左右。

2.2.5 食性

以鱼类、头足类为主，也捕食甲壳类、多毛类等。

2.2.6 解剖特征（图 2-2-8 ～图 2-2-13）

【脑】

端脑长形，嗅束细长。间脑小。视叶发达呈圆形。小脑在视叶上方膨大，其背面具较深的纵沟。

【鳃】

除4个全鳃外，在舌弓后方还有1个半鳃。支持第 1 ～ 4 鳃弓的鳃间隔前后均有鳃片分布。主鳃弓前面可见5～10枚软骨性鳃耙。舌弓无鳃耙。

【口】

口裂不弯曲。上颌唇褶长。颌齿薄，呈小板状，沿口裂排成1列。颌及咽喉背面分布稀疏的盾鳞状口腔内齿。

【消化道】

食道短，内层具有多个圆锥状突起，很容易与胃区分。胃大，不伸达腹腔后端。幽门部细且短。肠很长，螺旋瓣回转14～15回。直肠腺呈暗红褐色。

脾脏附着在胃的弯曲部后缘，其后端伸达直肠。胰脏（2叶，淡黄白色）附着于脾脏内侧到肠的起始端之间。

【肝脏、胆囊】

肝脏分左右2叶，伸达腹腔的后端，包被在消化管的前半部。其前端部合二为一。右叶前半部的腹面有呈三角形的小叶，其边缘有带状胆囊（暗绿黄色）。胆管开口于肠的起始部。

【泄殖腔】

泄殖腔位于腰带的正后方。消化道开口于泄殖腔的最前部。雌性泄殖腔开口部背面具有泌尿乳突（1对），其侧面输卵管开口于此处。雄性具尿殖乳突，输精管开口于此。雌雄泄殖腔的后缘均有1对腹孔。

【生殖器官】

左右卵巢均发达。具壁囊器。卵巢的前部被肝脏组织环绕，输卵管腹腔口开口于食道腹面，左右有1对输卵管向后方延伸。卵壳腺膨胀不明显。

左右精巢均发达，与壁囊器一同呈粗短的圆柱状。精巢前端附着在肝脏上。输精管在中肾管中开始多弯曲，向后方则渐变直。输精管在泄殖腔尿殖乳突的侧面开口，与输卵管同样通过泌尿乳突与体外相通。

【体侧肌】

背腹肌肉由水平隔膜隔开。各肌节表面水平隔膜的上方呈红褐色的部分为表层红肌，无深层的红肌。

【骨骼】

头盖骨宽且扁平。吻软骨显著突出，形成深窝。深窝后缘有1对小突起。耳囊稍长，眼窝前壁与鼻囊分离，没有眶下骨架。从头盖骨发出第Ⅶ脑神经的舌腭枝独立开孔（舌颌孔），第Ⅴ、Ⅶ脑神经的眼枝和其他脑神经的主枝共用一神经孔。颈动脉孔靠近口盖部前缘不成对。

腭方软骨的关节突位于视神经孔后方，与头盖骨相连，沿眼窝内面伸长。口唇软骨3根。外鳃软骨位于舌弓和第1～4鳃弓的背腹面。无基鳃软骨突起，基鳃软骨第2鳃弓处有独立小片。

胸鳍鳍基软骨3块，由3列辐状软骨支持。肩带的背侧有独立的软骨（上肩胛软骨）。背鳍鳍基软骨为

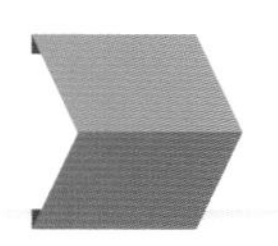

三角形板状软骨片，其前端是支撑背鳍棘的短突起。背鳍固定于突起的下面和脊椎骨的背面。第2背鳍棘的正前方有3～4枚板状软骨。臀鳍及尾柄部的水平隆起嵴没有骨骼支撑。椎体是环状的钙质沉积，脊椎骨表面的钙化程度弱。髓管上无小软骨片排列。尾椎上有完整的脉管。尾柄部脉棘发达，尾鳍的脉棘几乎等长。脊椎骨（尾鳍前）68～85个。

图 2-2-3　形态特征

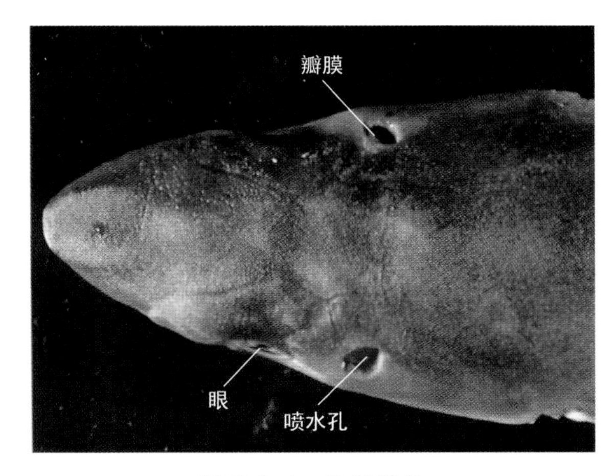

图 2-2-4　头部背面

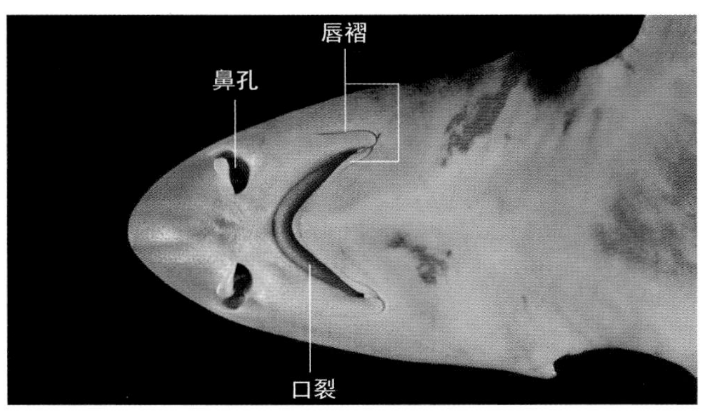

图 2-2-5　头部腹面

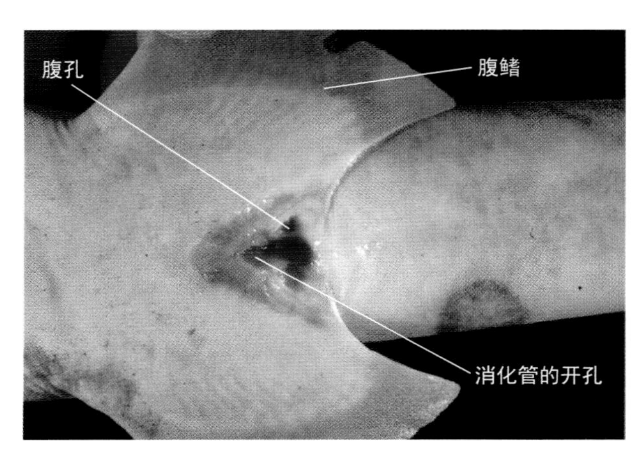

图 2-2-6　腹鳍腹面（雌）

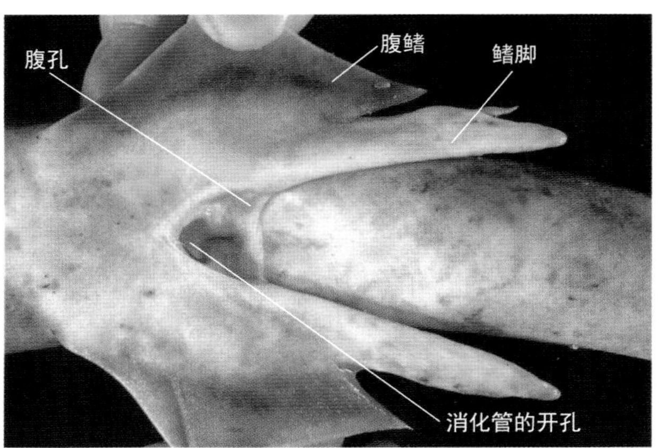

图 2-2-7　腹鳍腹面（雄）

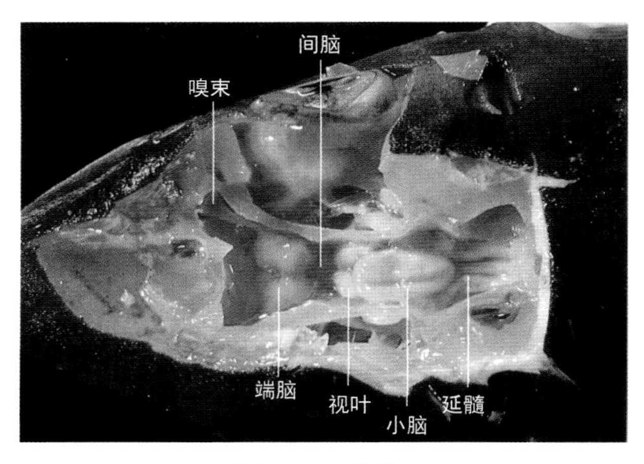

图 2-2-8　脑背面

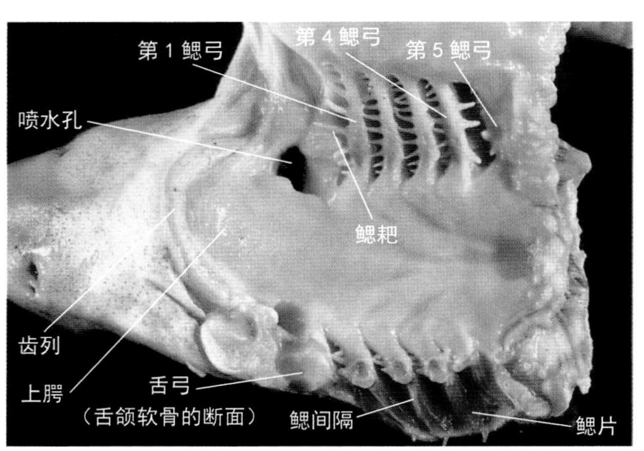

图 2-2-9　口腔及咽喉部背侧

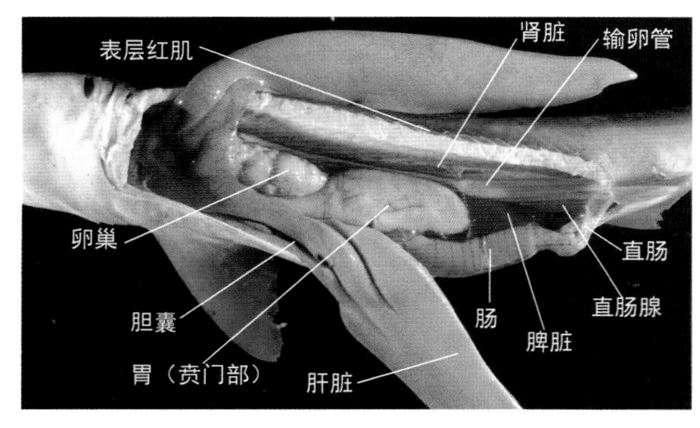

图 2-2-10　内　脏

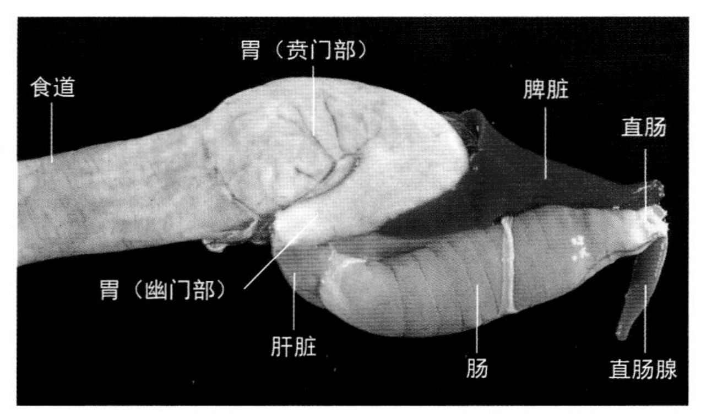

图 2-2-11　消化道

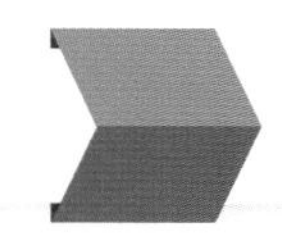

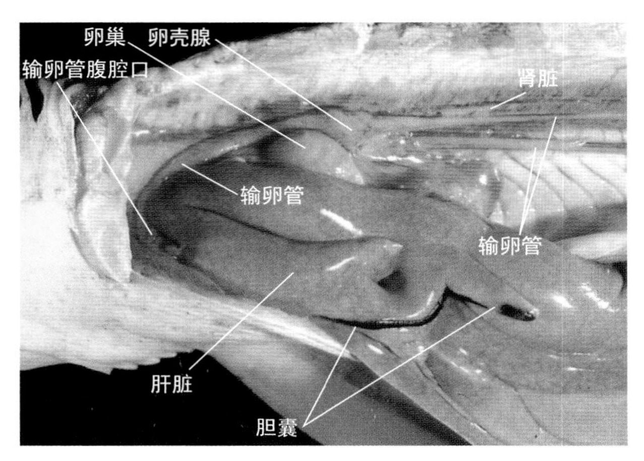

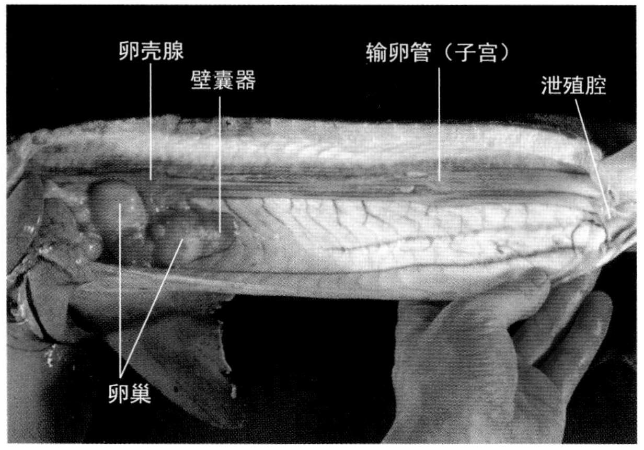

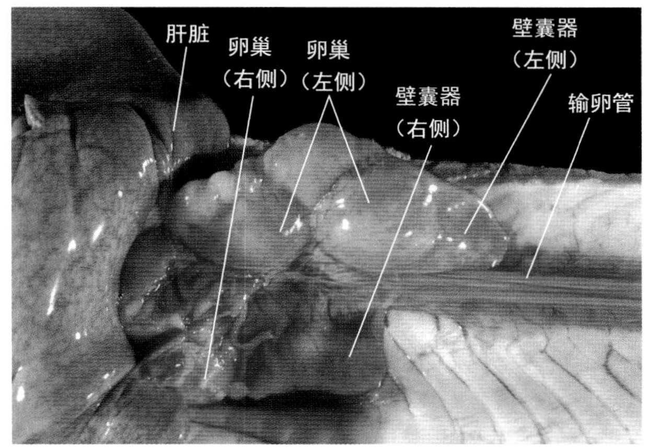

图 2-2-12　生殖器官（雌）

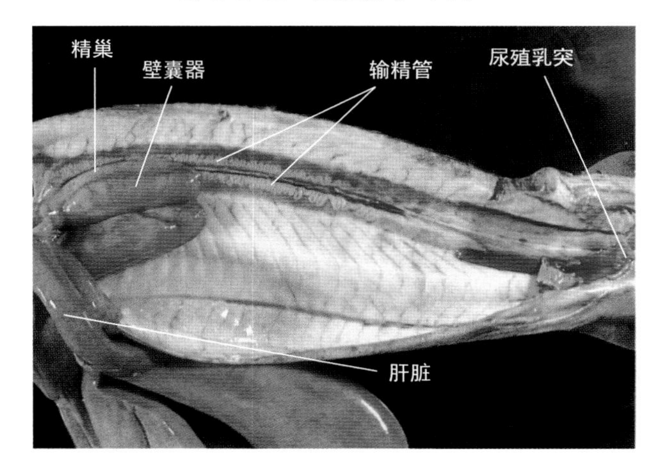

图 2-2-13　生殖器官（雄）

（白井滋）

2.3 赤魟

Dasyatis akajei （**Müller & Henle**）

赤魟为燕魟目、魟科、魟属鱼类，其解剖图和骨骼图分别见图2-3-1和图2-3-2。

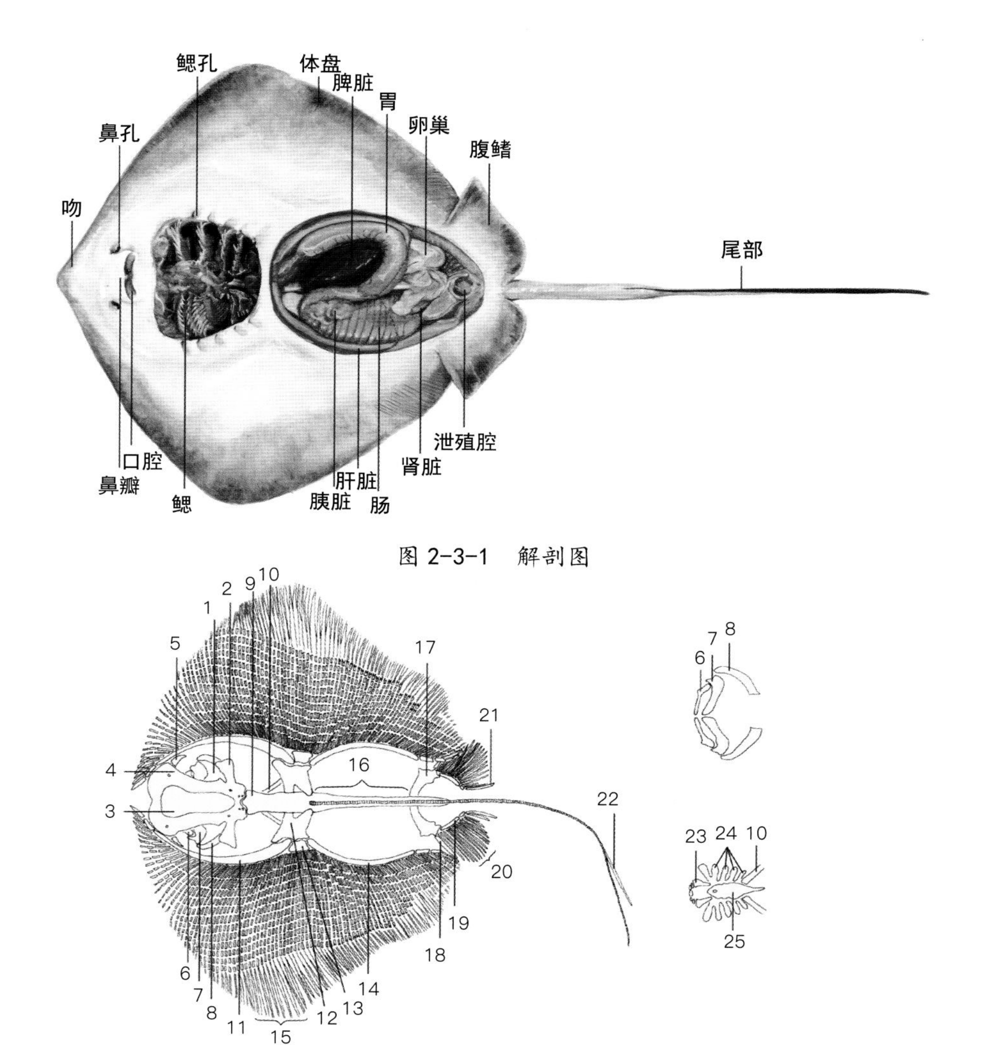

图 2-3-1　解剖图

图 2-3-2　骨骼图

1. 眼窝　2. 眶后突起　3. 颌门　4. 头盖骨　5. 眶前软骨　6. 腭方软骨　7. 下颌软骨　8. 舌颌软骨　9. 愈合椎骨
10. 角鳃软骨　11. 前鳍基软骨　12. 肩带　13. 中鳍基软骨　14. 后鳍基软骨　15. 胸鳍辐状软骨　16. 脊椎骨
17. 腰带　18. 腹鳍前鳍基软骨　19. 腹鳍后鳍基软骨　20. 腹鳍辐状软骨　21. 鳍脚　22. 毒针　23. 基舌软骨
24. 第1至第4角鳃软骨　25. 基鳃软骨

2.3.1 外部特征（图 2-3-3，图 2-3-4）

体盘菱形，体盘前缘几乎呈直线状。尾基部棒状，后方鞭状。尾根处有尾刺，被刺后会产生剧痛。体盘背面茶褐色，眼和喷水孔具有黄色的边缘。腹面白色，近边缘呈黄色，有黄色的斑点散布。雌性体盘最宽约70cm，雄性体盘最宽约50cm。

2.3.2 分布、栖息

从北海道到中国渤海、黄海、东海、台湾海域均有分布。主要栖息于有泥沙注入的海湾沿岸带，也可以进入河流生存。

2.3.3 成熟、产卵

在东京湾，雄性体盘宽达35cm时鳍脚开始延长，进入成熟期。与此同时牙齿开始尖锐化。大多数雄性在体盘宽为40cm时性成熟。雌性体盘宽为50cm时开始性成熟，大多数在60cm时性成熟。性腺从夏季到冬季发达，春季有萎缩的趋势。只有左侧子宫有生殖功能，卵巢也只有左侧的发达。胚胎在子宫内过冬，亲鱼于夏季前后产约10尾稚鱼。夏季可在海湾的鱼群中观察到刚出生不久的稚鱼。

胚胎在子宫内首先吸收腹部卵黄囊中的营养物质，不久鳃部生出丝状突起，可吸收子宫纤维状突起分泌的宫乳，胚胎成长快速。据说这种发育方式可与胎盘相类似，能大幅提高胚胎生长的效率。根据性腺发育的年变化规律，每年产仔一次，体盘宽在50～70cm的赤魟持续几年内均可繁殖。卵巢的成熟类型为部分同步成熟型。

2.3.4 发育、生长

刚出生的稚鱼体盘宽约20cm，雄性每年长2～4cm，约10年长到45cm，此后生长将逐步停滞。雌性一年长3～5cm，约10年可达60cm，此后生长也逐渐停滞。雌性体盘宽的最大值、生长率、寿命值均高于雄性。虽然肥满度在冬季略有增加，但未观察到显著的季节性变化。

2.3.5 食性

东京湾的赤魟以甲壳类作为主要生物饵料，常捕食口虾蛄、虾类等。蟹类、沙虫类也是其喜好的饵料。赤魟也以沙丁鱼、饰鳍斜棘鲔、康吉鳗、鲽类等鱼类为食，同时也摄食少量的双壳类、腹足类等。随生长发育，其食性无明显变化。

2.3.6 资源、利用

利用底拖网、刺网捕捞赤魟。赤魟在夏季味道尤为鲜美，是制作法国料理和鱼汤的上等食材，也是鱼糜制品的好原料。此外，赤魟是水族馆中广受欢迎的鱼种，也可用于家庭养殖观赏。赤魟的毒针可用作装饰品。

2.3.7 解剖特征（图 2-3-5 ～图 2-3-14）

【体盘】

体盘菱形，体盘最大宽度在体盘的前半部。前缘几乎呈直线状。体盘长是体盘宽的1.1倍。

【吻】

吻呈三角形，稍突起。头盖骨的长约为眼间隔宽的2倍。

【眼、喷水孔】

成鱼的喷水孔发达，比眼大。

【口】

口弧形，幼鱼牙齿薄弱。雌性成鱼的牙齿像瓦片一样交互排列。雄性成鱼牙齿尖锐，等间距排列，这是由于雄性在交配期间要咬住雌性。口内底部有3～7个乳头状突起。

【鼻孔】

鼻孔和口之间有沟相连。口的前端与鼻孔相连处有鼻瓣。鼻孔间宽度小于鼻孔前长度。

【鳃孔】

鳃孔长和眼径基本相等。鳃孔之间的间距在后方逐渐变窄。

【尾部】

尾根部呈棒状，后部呈鞭状。尾长是体盘长的1.5～2倍，尾鞭状部分常容易脱落。

【毒针】

毒针1～2枚，靠近尾的末端。侧面锯齿状，刺入的同时分泌神经毒素，毒性强大，可致死。

【隆起线、皮褶】

尾背面毒针的后方有短的隆起线。毒针基底部后方腹面有黑色的皮褶，但不到达尾末端。

【鳍脚】

鳍脚后端稍尖。鳍脚到肛门后方的长度为体盘宽的20%以下。

【鳞片】

体背面均匀覆盖盾鳞。成鱼体盘中线上有一列结刺，尾部毒针前端有几个结刺较大。

【腹面感觉孔】

腹面感觉孔不明显。

【肝脏、胆囊】

肝脏呈褐色，有3叶。在右叶与中间叶之间有绿色的胆囊。成鱼的肝脏肥大，覆盖整个腹腔。

【消化道】

胃U形，肠圆形。胃的末端和肠起始部位的弯曲处有淡红色的胰脏。肠的内部有螺旋瓣。螺旋瓣盘绕17～22回。直肠的中间部分有直肠腺。直肠腺是泌盐器官。

【脾脏】

沿着胃的弯曲部分，有一个红褐色椭圆形的脾脏。

【生殖器官】

胃背面有三角形的子宫。子宫内表面有纤维状突起，分泌宫乳。

【肾脏】

子宫后方的背面有1对红褐色的器官即为肾脏。肾脏为椭圆形，表面有大量褶皱。

【骨骼】

胸鳍辐状软骨有106～112条。头盖骨上不具有吻软骨，前端微凹。颌门一个。前鳍基软骨向前突出超过头骨。肩带呈杯形，腹侧的朝向中央，背侧的呈棒状向两侧突起。基舌软骨分为数节，基鳃软骨为长椭圆形。腰带的中央向前方微微拱起。腹鳍后鳍基软骨与鳍脚之间的关节有2个。

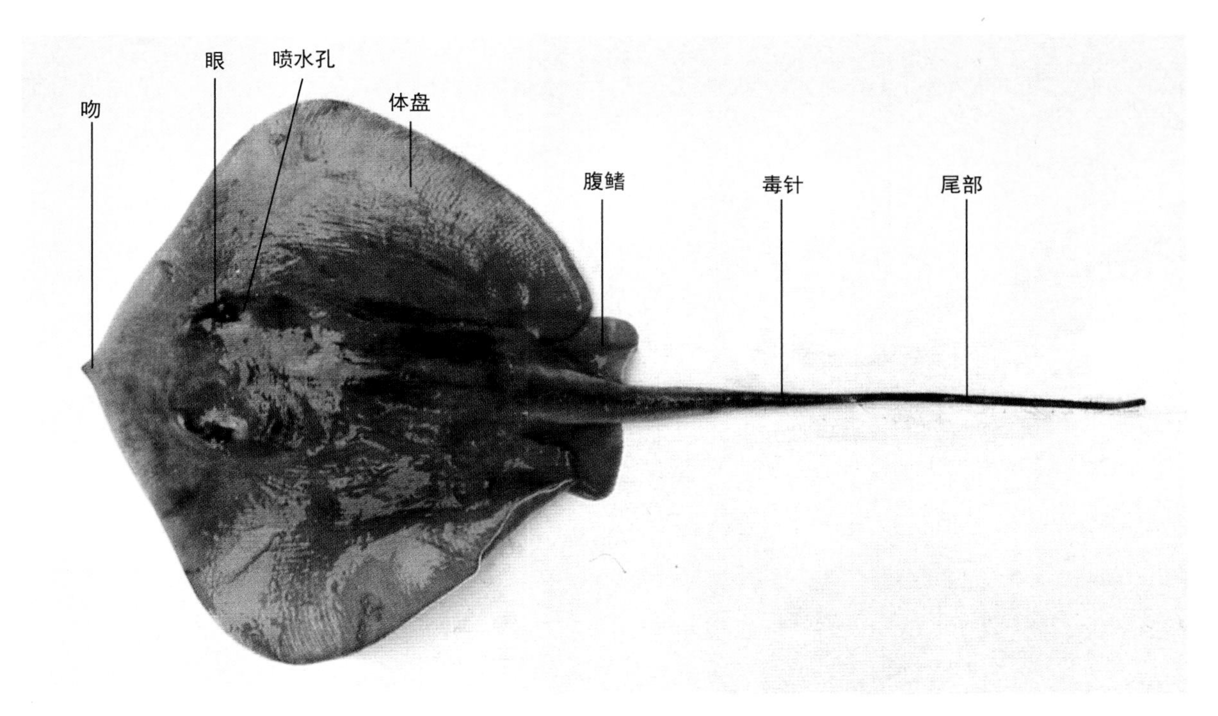

图 2-3-3　形态特征（背面）

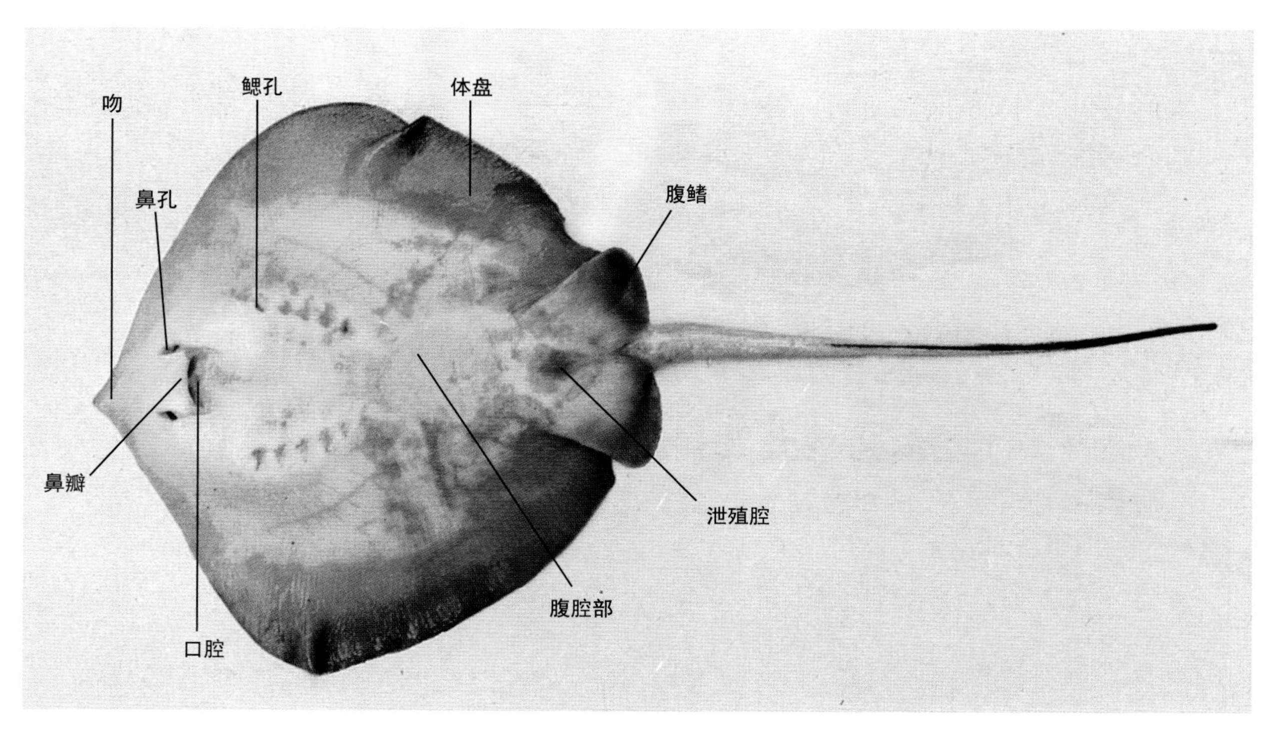

图 2-3-4　形态特征（腹面）

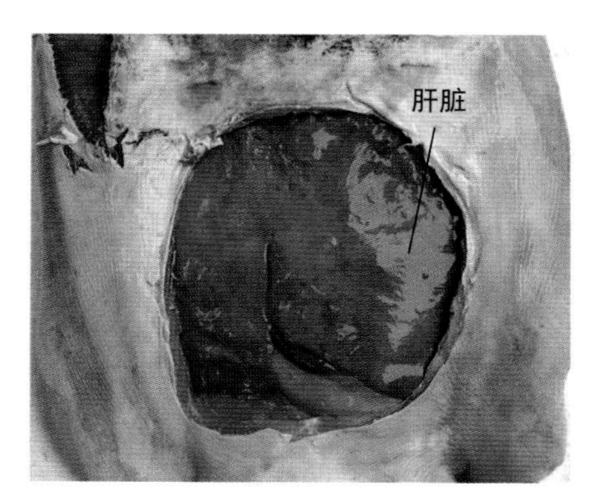

图 2-3-5　肝　脏

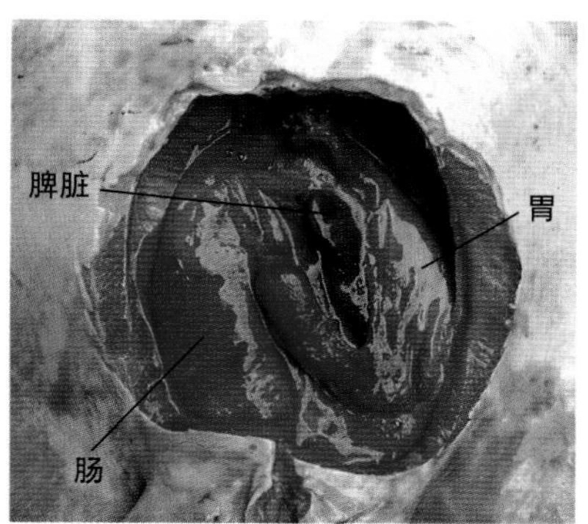

图 2-3-6　消化器官

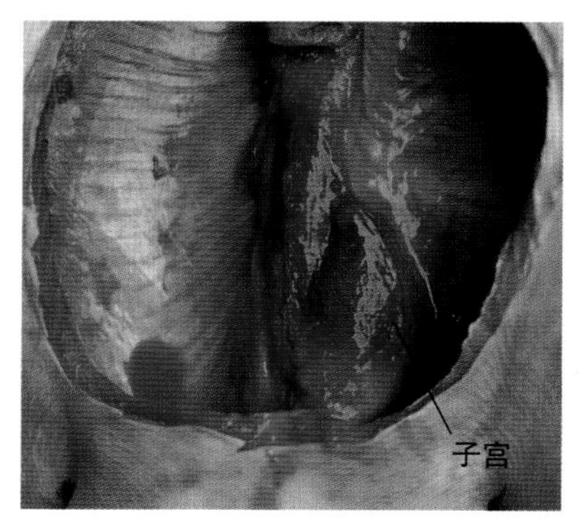

图 2-3-7　腹腔（已去除消化器官）

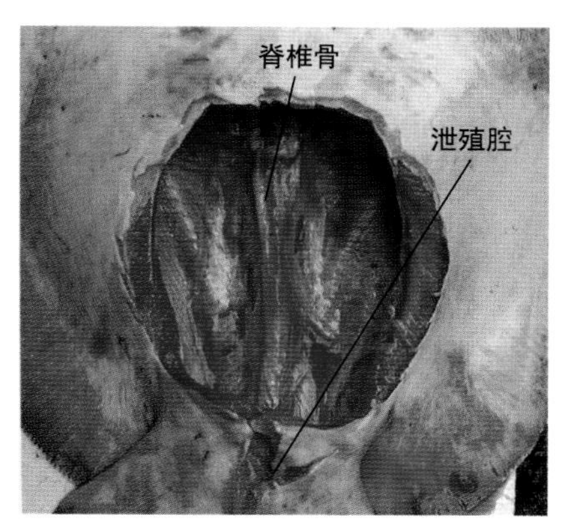

图 2-3-8　腹腔（背面）

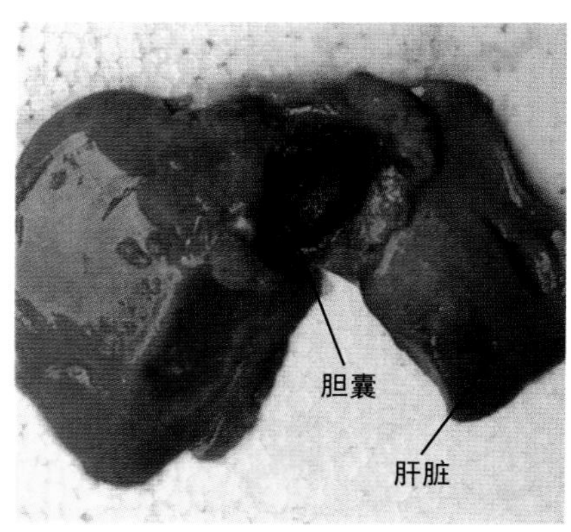

图 2-3-9　肝脏及胆囊（背面）

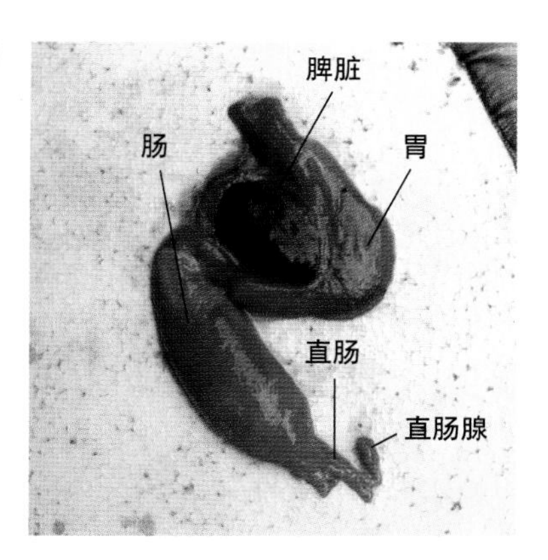

图 2-3-10　消化器官

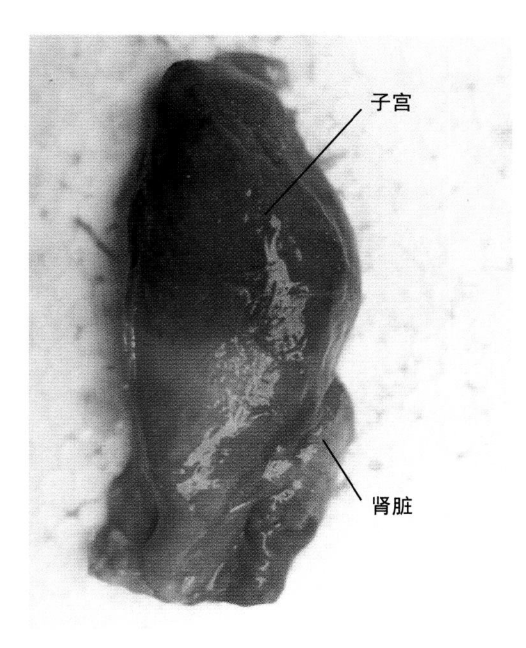

图 2-3-11 子宫及肾脏

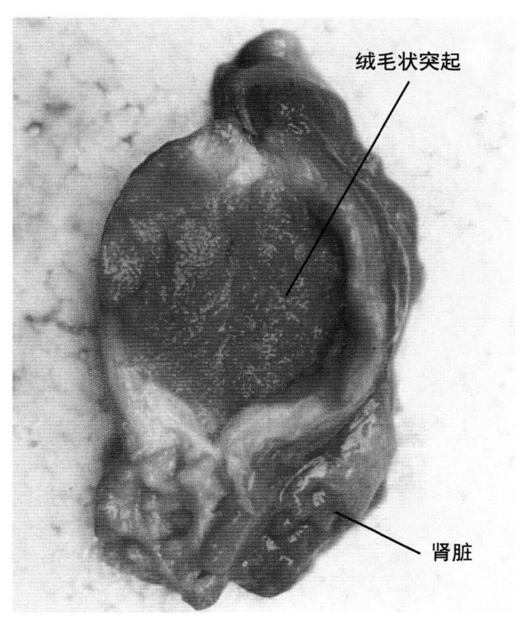

图 2-3-12 子宫内面

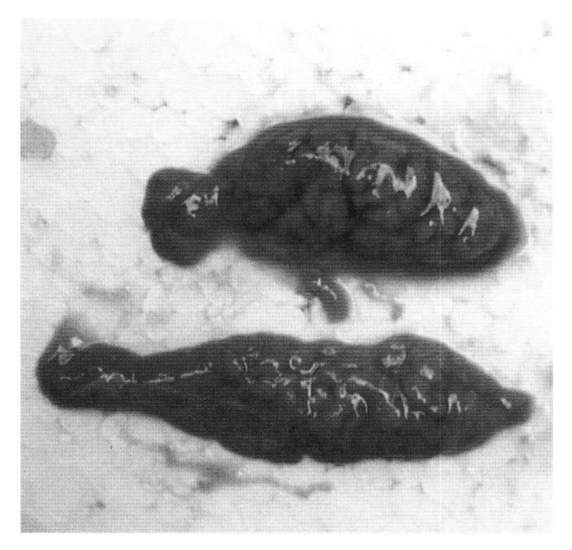
图 2-3-13 左、右肾脏

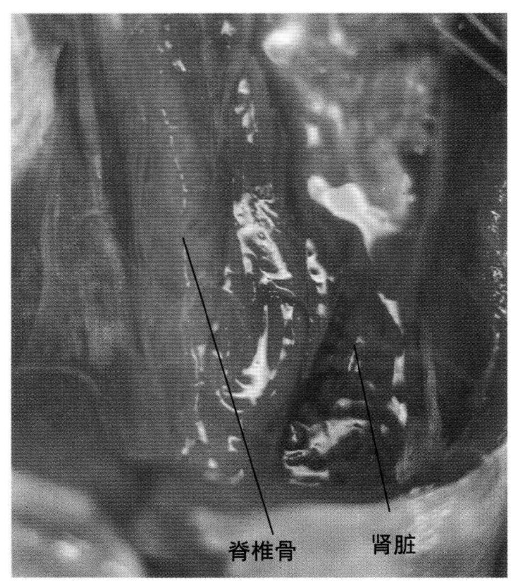

图 2-3-14 肾 脏

（石原元）

2.4 鳗鲡

Anguilla japonica **Temminck & Schlegel**

鳗鲡为鳗鲡目、鳗鲡科、鳗鲡属鱼类，其解剖图和骨骼图分别见图2-4-1和图2-4-2。

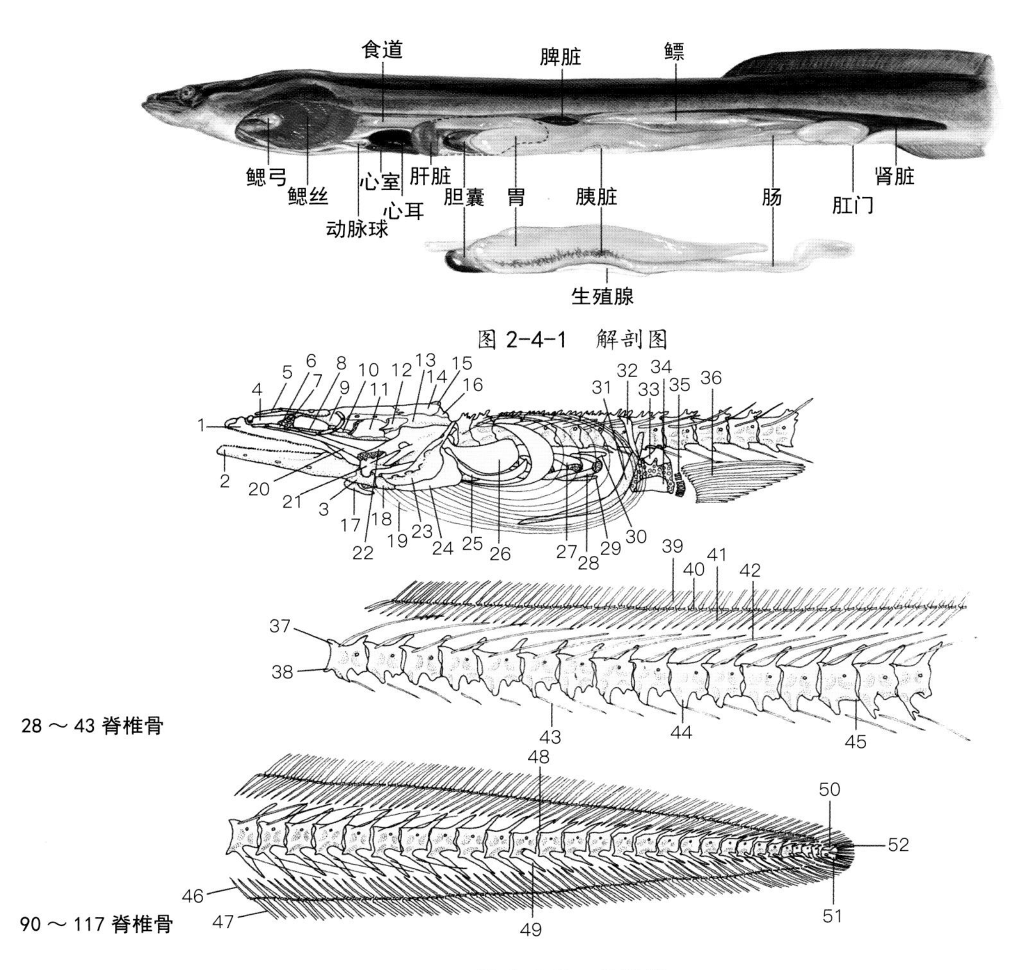

图 2-4-1 解剖图

图 2-4-2 骨骼图

1. 上颌骨 2. 齿骨 3. 关节骨 4. 前颌骨－中筛骨－犁骨 5. 鼻骨 6. 眶下骨 7. 筛骨侧突起（软骨） 8. 副蝶骨 9. 额骨 10. 眶蝶骨 11. 翼蝶骨 12. 蝶耳骨 13. 翼耳骨 14. 顶骨 15. 上枕骨 16. 上耳骨 17. 尾舌骨 18. 角舌骨 19. 鳃条骨 20. 翼状骨 21. 方骨 22. 舌颌骨 23. 前鳃盖骨 24. 间鳃盖骨 25. 下鳃盖骨 26. 主鳃盖骨 27. 上鳃骨 28. 角鳃骨 29. 下咽骨 30. 上咽骨 31. 匙骨 32. 上匙骨 33. 肩胛骨 34. 乌喙骨 35. 辐状骨 36. 胸鳍条 37. 前背关节突 38. 前腹关节突 39. 背鳍条 40. 间支鳍骨 41. 背鳍近端支鳍骨 42. 髓弓小骨 43. 肋骨 44. 椎体横突 45. 后腹关节突 46. 臀鳍近端支鳍骨 47. 臀鳍条 48. 髓棘 49. 脉棘 50. 尾部棒状骨 51. 尾下骨 52. 尾鳍条

2.4.1 外部特征（图 2-4-3 ～图 2-4-5）

体细长，背鳍起点至肛门的距离约为体长的9%。体色变化丰富，有蓝绿色条带的称之为青鳗；茶褐色或者淡黑色的称之为褐鳗；具不规则黑斑的称之为黑鳗。

全长最长记录，雌性为129.7cm，雄性为65cm。一般雌性全长约为80cm，雄性约为60cm。

2.4.2 分布、栖息

广泛分布于除北海道东部地区的日本各地，朝鲜、中国沿岸等注入太平洋的大小河川湖泊中。栖息水温10～27℃，适盐范围广，从淡水到海水均有分布。

2.4.3 成熟、产卵

最小性成熟体长尚不明确，雌性全长70cm、雄性全长约50cm时性成熟，估计此时已有数年的寿命。性比在不同环境条件下显著不同。全长70～90cm雌鱼的绝对怀卵量为116万～302万粒。最近研究确定其产卵海域在马里亚纳群岛以西海域海底山脉附近。产卵水温为18.5～24.5℃，22～24.5℃为最适水温。成熟卵直径约为1mm，为分离的浮性卵。

2.4.4 发育、生长

受精卵在23℃孵化，45h后破膜。初孵仔鱼全长2.9mm，卵黄大而细长，油球在其前端。孵化5d后卵黄大部分被吸收。孵化10d之后油球消失，17d后长到10mm。

仔鱼（幼体）经过北赤道流和黑潮的作用将其带到日本附近的河口。生长至47.3～58.7mm的幼体呈柳叶状（称之为柳叶鳗），之后变态为幼鳗。幼鳗平均全长为58mm。自然环境中的1龄鳗鲡全长约22cm，3龄约30cm，5～6龄可达50cm以上。在淡水中生活5～10年以上，雌性能长到70cm、400g左右，开始降河洄游。

2.4.5 食性

柳叶鳗主要摄食有机碎屑组成的海洋雪。变态后摄食浮游动物，之后摄食甲壳类、水生昆虫、小鱼及其他水生动物。

10～13℃时摄食活动开始，水温越高，摄食强度越大，在25℃前后达到最大值，28℃以上摄食强度开始降低。

2.4.6 解剖特征（图 2-4-6 ～图 2-4-12）

【口】

两颌的唇肉厚，下颌比上颌突出。舌前端尖，与下颌分离。齿钝锥形，在上颌骨、前颌骨-中筛骨-犁骨及齿骨上有4～5列不规则排列的齿形成较宽的齿带。

【脑】

脑近似棒状，细长。嗅球与嗅叶紧密接触，两者均比较发达。视叶和小脑较小，不发达。迷走叶发达。

【鳃】

鳃弓4对。无鳃耙。鳃丝发达。无伪鳃。咽齿短呈锥形，上下咽骨各形成1条齿带。

【腹腔】

细长的圆柱形，延伸到肛门的后方。腹膜略带黑色。

【消化道】

胃Y形，盲囊状。无幽门盲囊。肠在肛门前盘曲两回，呈N形，在肛门前呈直线状。

【肝脏】

肝脏大且厚，分为左右两叶，左叶比右叶大。

【胆囊】

大，近似球状。

【脾脏】

长椭圆形，在胃的分支部附近。

【肾脏】

延伸至肛门的后方。

【鳔】

鳔大，长卵形，膜薄。有鳔管与消化道相通。

【骨骼】

头骨细长，后方呈截形。前颌骨、中筛骨和犁骨愈合成一条，其上形成齿板。左右颌骨处有缝合线紧密连接。蝶耳骨侧面突出，匙状弯曲。鳃条骨除最上面的1个之外，其余均呈长丝状。肩带不与头骨接触。脊椎骨112～119个，约至第10个脊椎骨均缺少长的脉棘。数个脊椎骨上缘呈锯齿状，其后3～4个脊椎骨各髓棘短，呈2个分支状。前方数个髓弓小骨，粗短。肋骨短，椎体横突的后下方宽。尾骨退化。

2.4.7 野生与养殖鳗鲡的差异

野生鳗鲡腹部呈黄色，养殖个体腹部白色。冬季水温保持在25℃，养殖鳗鲡的摄食量大，生长良好，1龄个体可达到40～50cm。

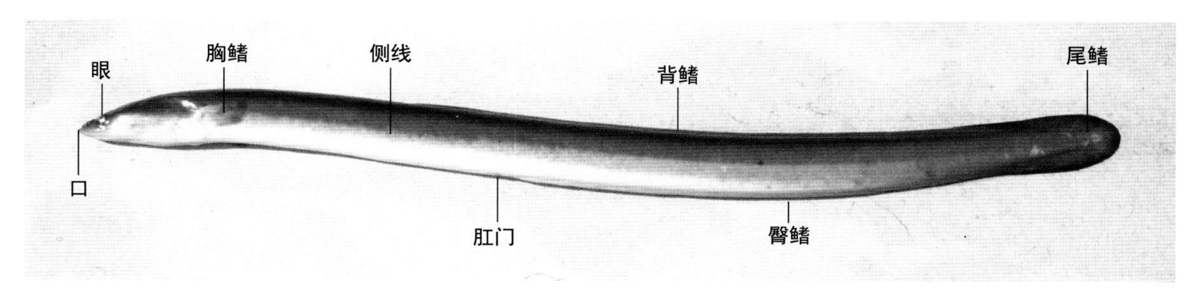

图 2-4-3　形态特征

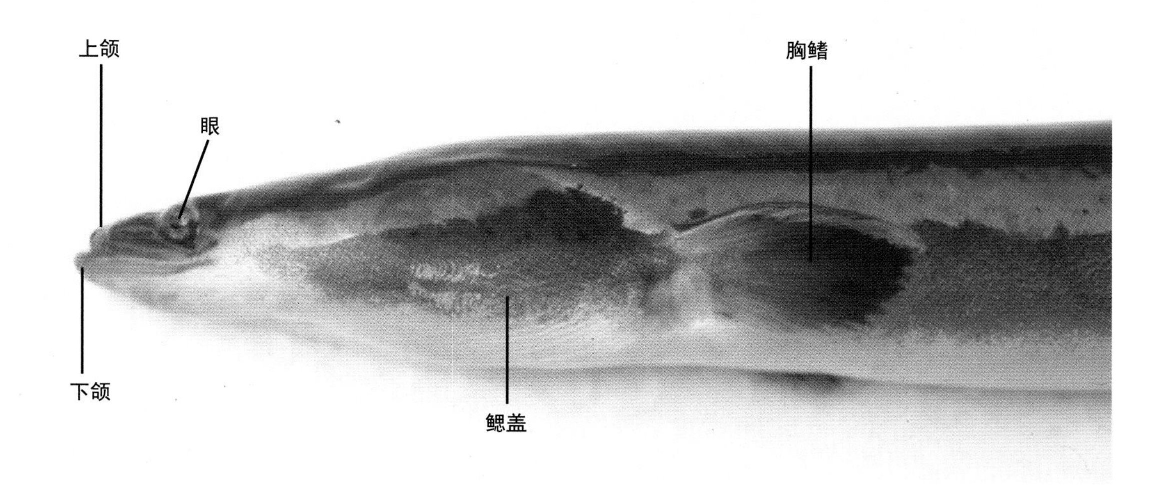

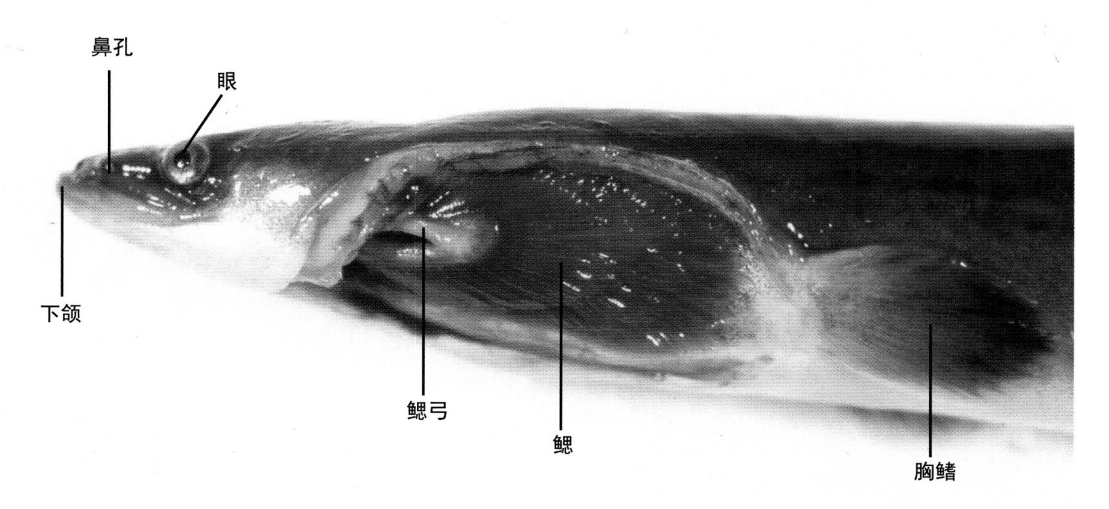

图 2-4-4　头　部

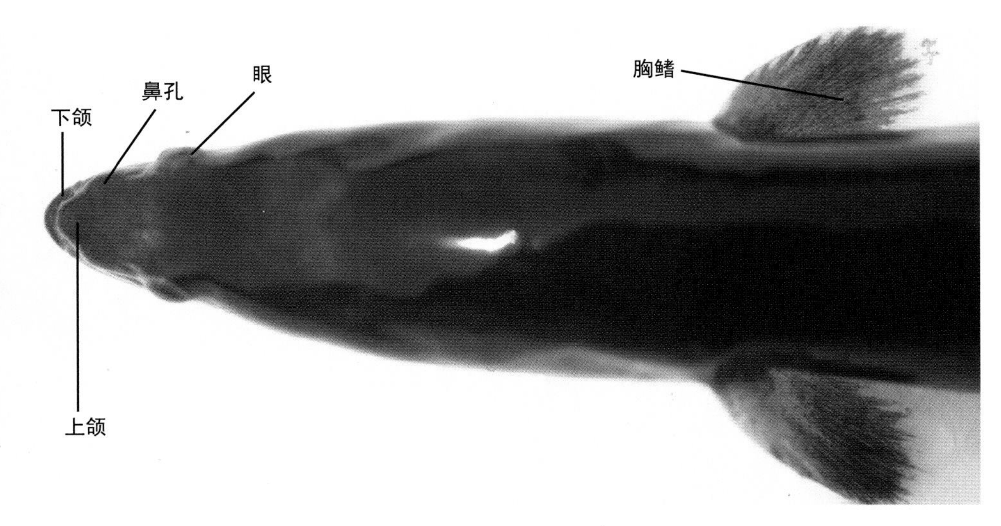

图 2-4-5　头部（背面）

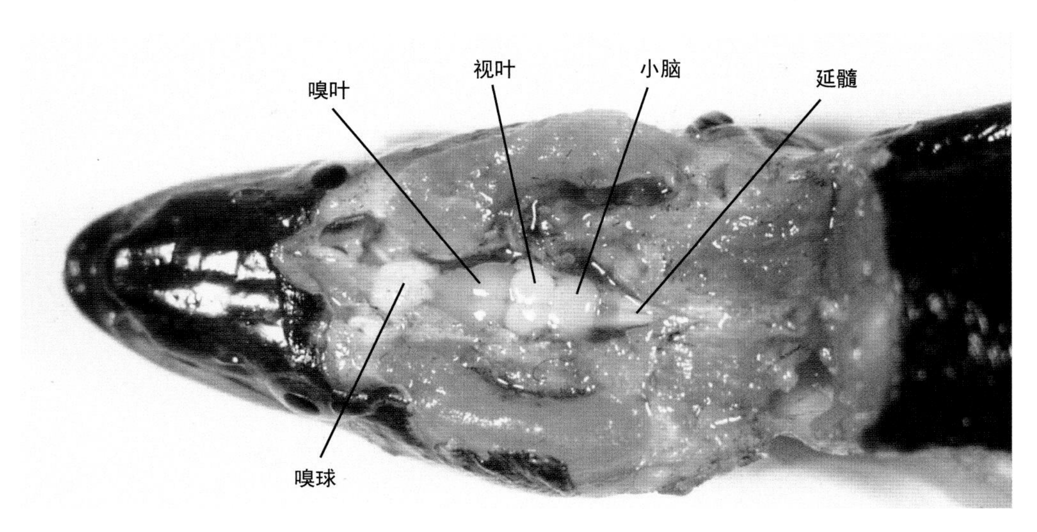

图 2-4-6　脑

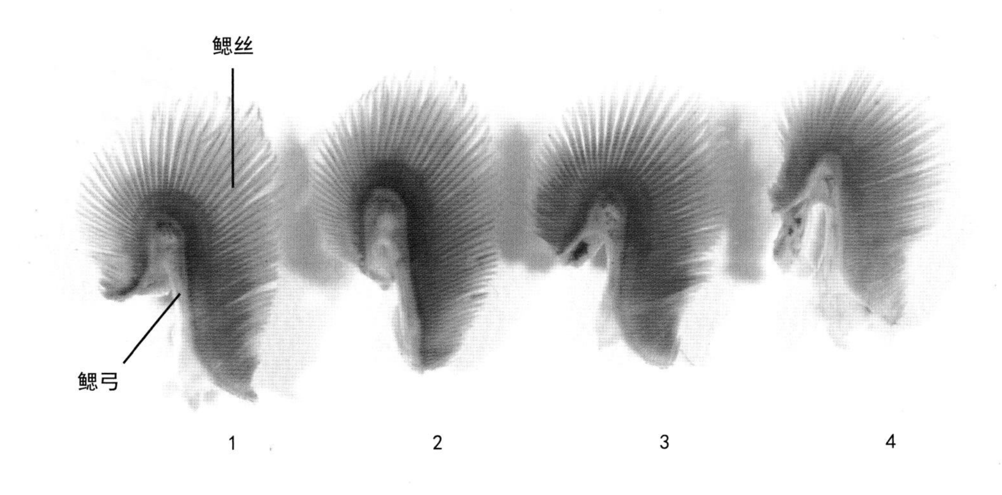

图 2-4-7　鳃

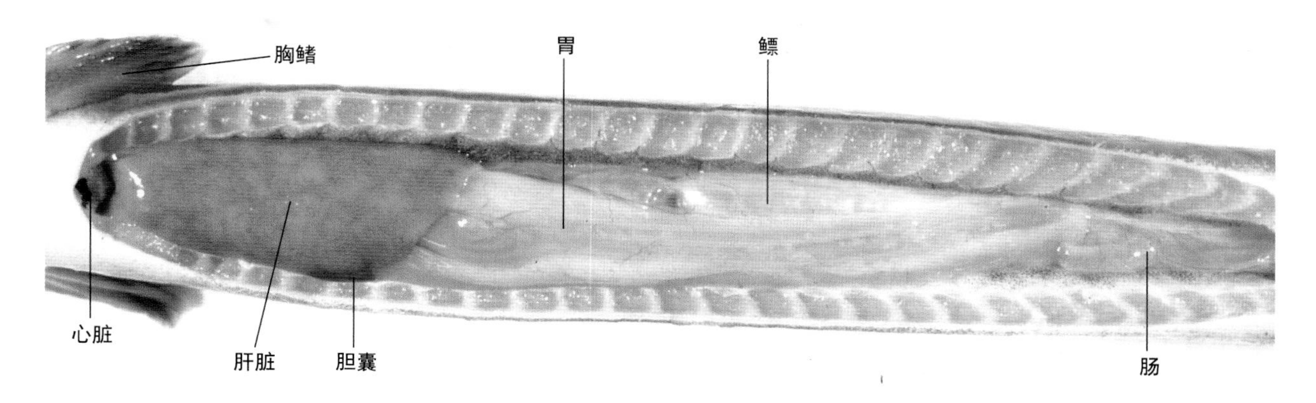

图 2-4-8 内脏（腹面）

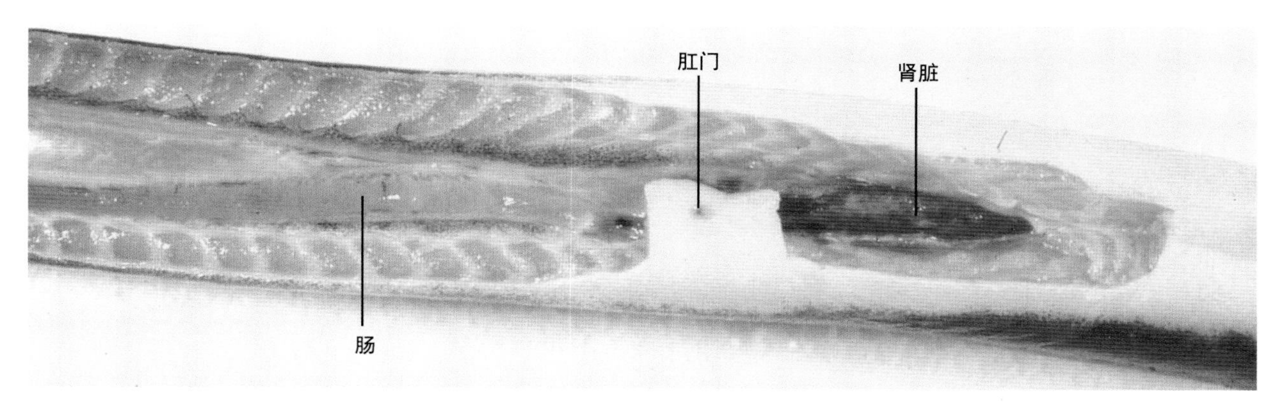

图 2-4-9 内脏（肛门附近的腹面）

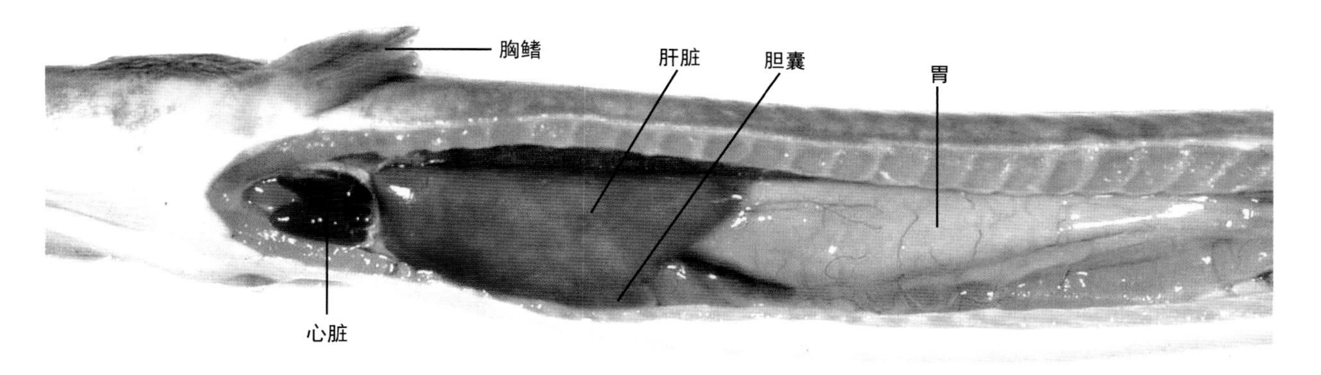

图 2-4-10 内脏（腹面）

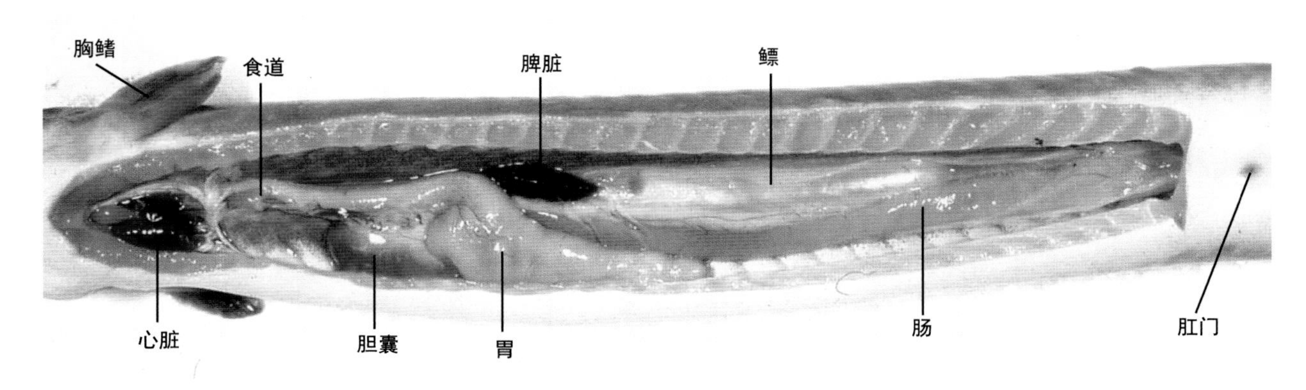

图 2-4-11　内脏（腹面，已去除肝脏）

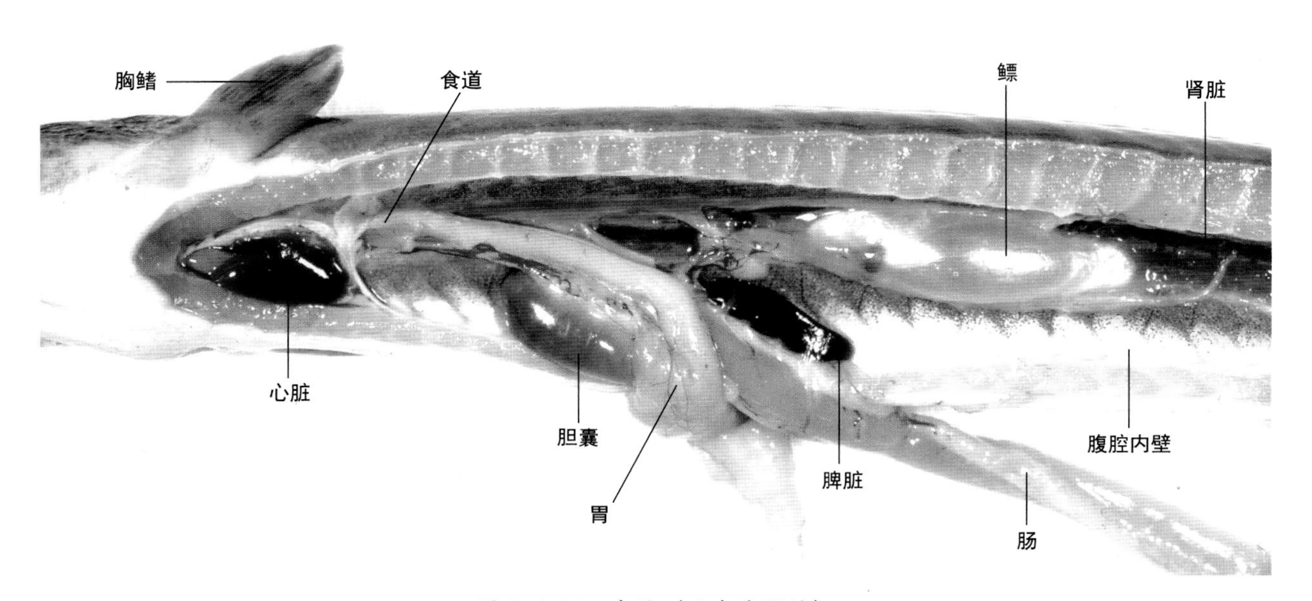

图 2-4-12　内脏（已去除肝脏）

（城泰彦、佐佐木邦夫）

2.5 太平洋鲱

Clupea pallasii Valenciennes

太平洋鲱为鲱形目、鲱科、鲱属鱼类，其解剖图和骨骼图分别见图2-5-1和图2-5-2。

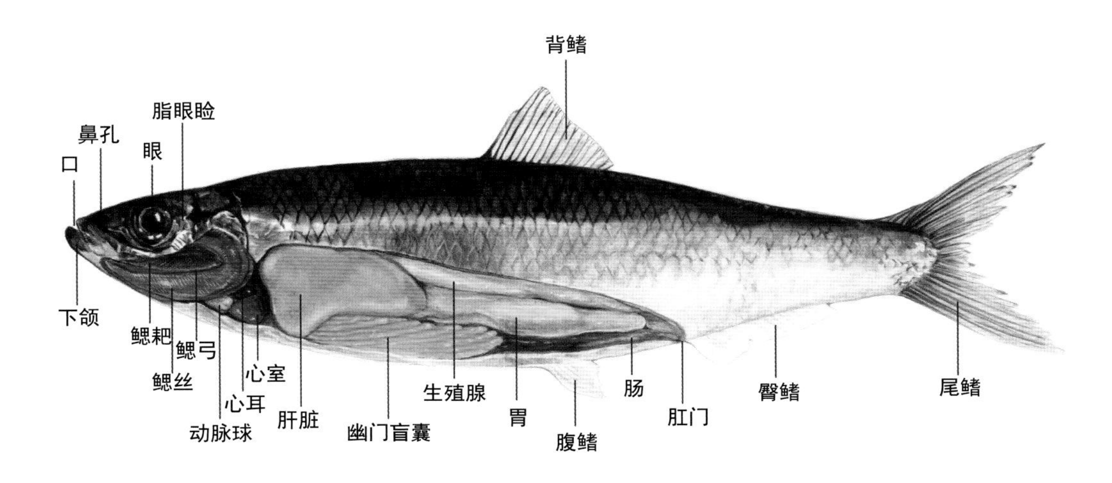

图 2-5-1 解剖图

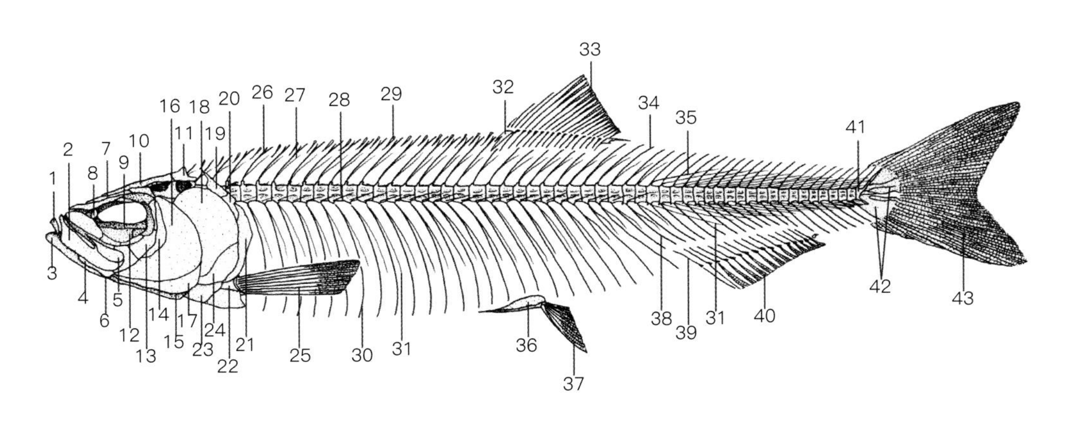

图 2-5-2 骨骼图

1. 前颌骨 2. 上颌骨 3. 齿骨 4. 关节骨 5. 辅上颌骨 6. 隅骨 7. 筛骨 8. 侧筛骨 9. 副蝶骨 10. 额骨 11. 上枕骨 12. 内翼骨 13. 后翼骨 14. 舌颌骨 15. 鳃条骨 16. 前鳃盖骨 17. 间鳃盖骨 18. 主鳃盖骨 19. 后颞骨 20. 上匙骨 21. 匙骨 22. 肩胛骨 23. 乌喙骨 24. 下鳃盖骨 25. 胸鳍条 26. 髓棘 27. 髓弓小骨 28. 椎体小骨 29. 上髓棘 30. 肋骨 31. 椎体小骨 32. 背鳍近端支鳍骨 33. 背鳍条 34. 髓棘 35. 髓弓小骨 36. 腰带 37. 腹鳍条 38. 脉棘 39. 臀鳍近端支鳍骨 40. 臀鳍条 41. 尾部棒状骨 42. 尾下骨 43. 尾鳍条

2.5.1 外部特征（图 2-5-3 ～图 2-5-5）

体侧扁。背部青黑色。无侧线。眼具有脂眼睑。体被圆鳞，易脱落。腹侧尖锐，有9～13个棱鳞。全长一般超过36cm。

2.5.2 分布、栖息

广泛分布于北太平洋北部的日本海、鄂霍次克海和白令海，北限到北极海域。亚洲一侧的南限是中国黄海北部，北美洲一侧的南限是美国加利福尼亚州。少量太平洋鲱也可洄游到日本茨城县的涸沼、青森县的尾鲛沼、北海道的厚岸湖、能取湖等咸水湖产卵，也有部分群体周年在湖内生活。

外海洄游的太平洋鲱，孵化后在近岸短暂停留，然后向近海迁移，进行季节性洄游。在适合的海域越冬后，春季到夏季北上进行索饵洄游，秋季南下越冬。3～4龄的成鱼越冬后，游向各地的产卵场。

2.5.3 成熟、产卵

少数发育较早的个体2龄性成熟，多数为3～4龄成熟产卵。生殖腺的重量随着年龄的增加而增大，3龄鱼25g以下，5龄鱼40g，10龄鱼近80g。同龄鱼的卵巢比精巢重。怀卵量为3万～19万粒，年龄乘以1万约等于怀卵量。

北海道西岸的产卵期为3月下旬至5月中旬，鄂霍次克海沿岸产卵期为5月上旬至6月上旬。产卵水温因产卵场而异，北海道西岸4～8℃。产卵场在距岸边350～550m、水深小于15m处，海底是岩石或沙砾。太平洋鲱喜欢选择海藻茂盛的水域产卵。日落之后到黎明之前大批产卵，往往会导致海水浑浊。

卵径1.3～1.6mm。卵膜近似无色透明，厚而坚固，表面有极薄的黏质层。卵黄直径为0.8～1.0mm，无油球，具细密的泡沫结构。卵相互黏着，呈块状，下沉附着在海藻上。

2.5.4 发育、生长

受精卵在5～7℃，23～31d孵化出仔鱼。初孵仔鱼全长5.0～8.4mm，体细长，头在卵黄前面，向下弯曲。肛门在身体的后方，第44～45肌节下开口。孵化后约一周卵黄被吸收。全长超过10mm时，具发达的下颌，出现背鳍基底。全长16.8mm时，背鳍及臀鳍的轮廓几乎完整，尾鳍叉形，腹鳍原基出现。全长25～26mm时，胃开始分化，出现幽门盲囊，此时在岸边的浅水区中下层分布。全长30mm以上的稚鱼体高增加，头部侧扁，体形完整。全长42mm时，腹鳍的前方出现棱鳞。全长50mm时，身体全部覆盖鳞片，脂眼睑出现。全长90mm时，鱼体外形完整，此时的稚鱼在沿岸浅水区栖息，7—8月扩散迁移至远岸水域。

此后，1龄鱼全长15cm，2龄达22cm，随后生长变缓，5龄全长达30cm，10龄35cm，12龄时约36cm。

2.5.5 食性

全长6～14mm的仔鱼主要摄食浮游植物，全长14～17mm时摄食无节幼体，45mm以上幼鱼以桡足类为食。幼鱼及成鱼主要以磷虾及桡足类为食，也捕食其他浮游性甲壳类和稚鱼。

2.5.6 解剖特征（图 2-5-6 ～图 2-5-11）

【口】

口裂斜向上。下颌比上颌稍长。上颌的后方到达眼中部下方。上颌骨具1列很小的牙齿，前颌骨牙齿退化，有痕迹。下颌的前端有4～5个牙齿。犁骨和舌上有钩状牙齿。腭骨无齿。舌游离，前端尖。口腔内部及咽部呈淡黑色。

【脑】

嗅球很小，与嗅叶连接。视叶特别大，向左右膨胀。小脑发达，与视叶的中央后端连接。

【鳃】

鳃弓5对。鳃耙发达。鳃耙的表面有细棘，末端尖。第1鳃弓的鳃耙最长，数目为63～73个。有伪鳃。咽齿不发达。

【腹腔】

纺锤形，腹膜淡黑色。

【消化道】

胃盲囊发达。壁厚，里面有数条褶皱。幽门盲囊细长，前端尖，附着在胃和肠的交界处。肠在腹腔内呈直线排列，中间经过直肠通向肛门。

【肝脏】

红褐色，分为左右两叶。覆盖在胃的贲门部和幽门部的基部。

【胆囊】

球形或圆形。

【脾脏】

暗红色，细长，在肠的上方。

【鳔】

银白色长袋状，占据了整个腹腔背面。壁厚，柔软呈凝胶状。

【体侧肌】

略带粉红色，柔软。在体侧中部可见少量表层红肌。

【骨骼】

头骨细长。额骨薄，边缘隆起，眼间隔窄。犁骨腹面前部较厚。腹缘的副蝶骨左右两块呈翼状，伸向斜后方，后端到达第2椎骨。北海道周边的太平洋鲱脊椎骨数多为54个。躯椎骨的髓棘前端分叉。髓棘基部有髓弓小骨。前后的背关节突发达，向上方延伸，至尾柄部与椎体平行。前后的腹关节突发达，尾椎骨的前腹关节突向前下方突出。

脉管从第25椎体开始形成。第35椎体有椎体小骨。尾部的髓弓小骨和椎体小骨密集，排列方向与椎体平行。背鳍前方的髓棘间存在上髓棘。

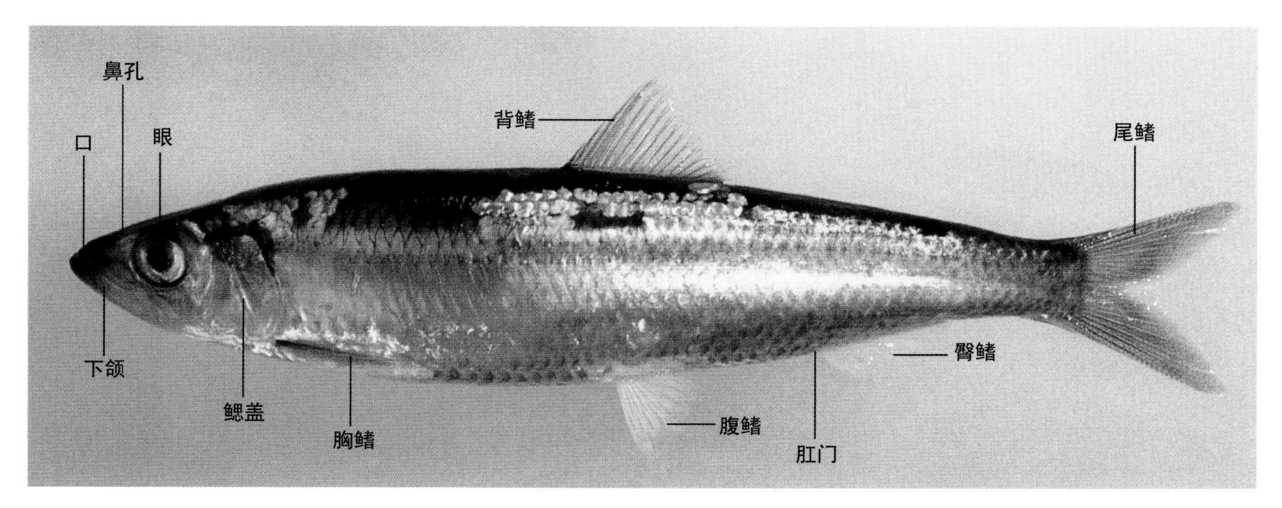

图 2-5-3 形态特征

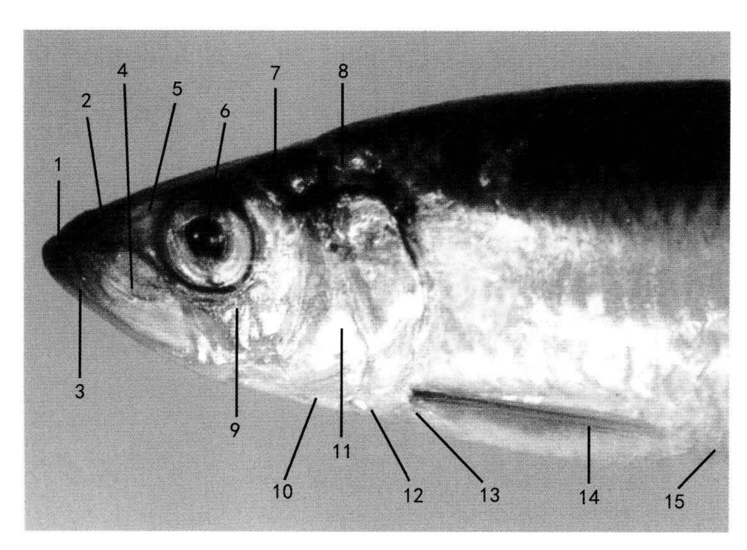

图 2-5-4 头部（侧面）

1. 口 2. 吻 3. 下颌 4. 上颌 5. 鼻孔 6. 眼 7. 枕部 8. 颈部 9. 颊 10. 峡部 11. 鳃盖 12 . 喉部 13. 胸部 14. 胸鳍 15. 腹部

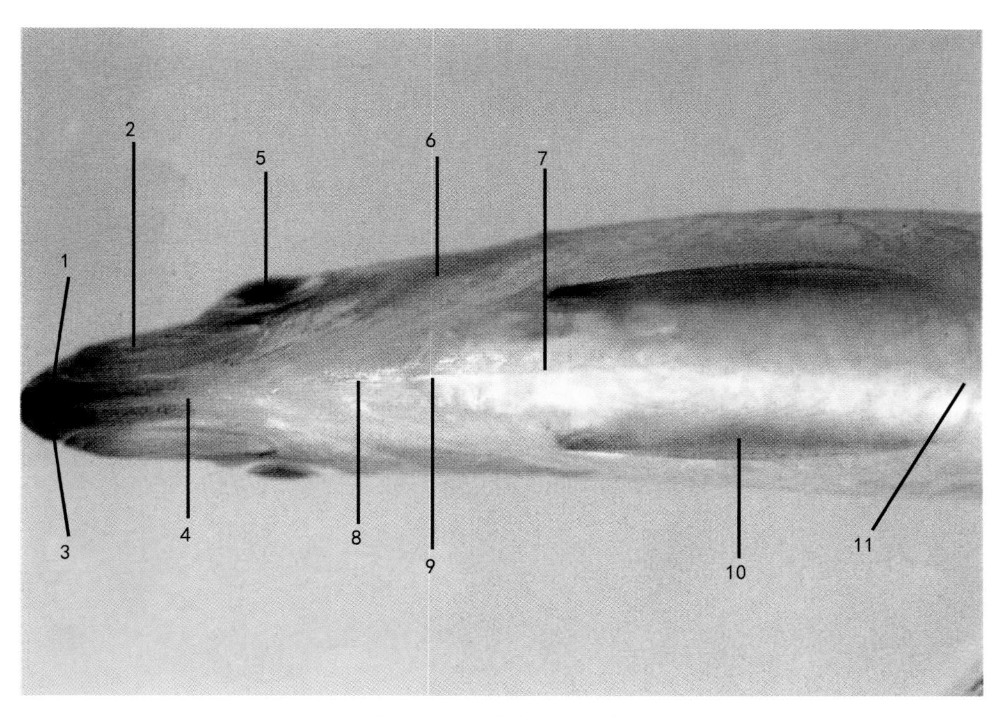

图 2-5-5　头部（腹面）

1. 下颌联合　2. 上颌　3. 下颌　4. 颐部　5. 眼　6. 鳃盖　7. 胸部　8. 峡部　9. 喉部　10. 胸鳍　11. 腹部

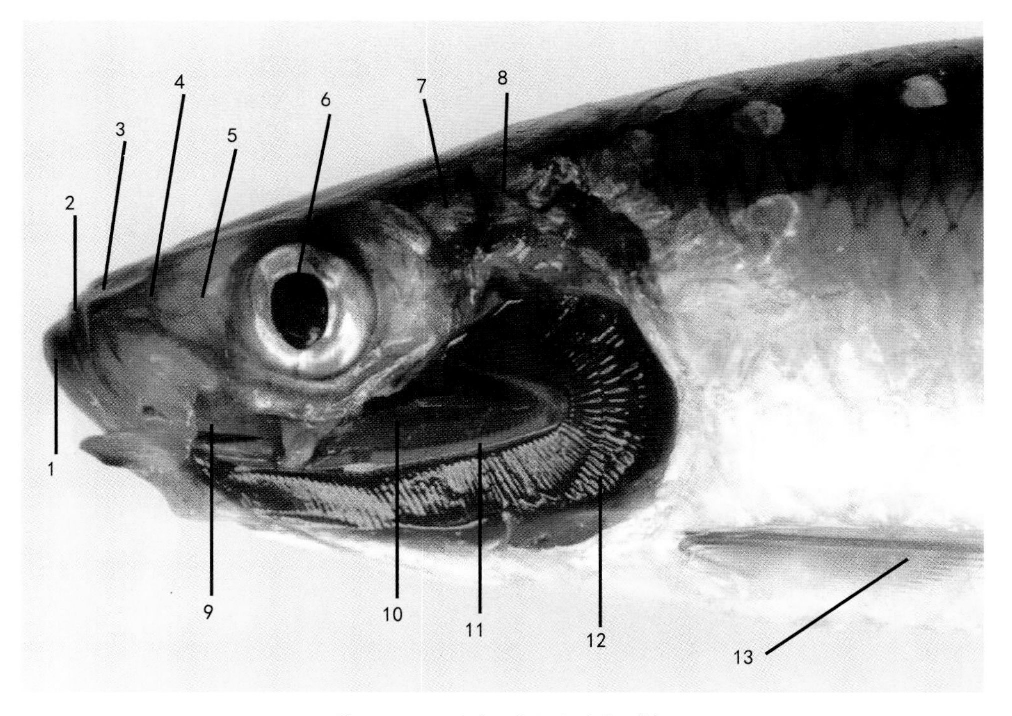

图 2-5-6　头部（已去除鳃盖）

1. 下颌　2. 口　3. 上颌　4. 吻　5. 鼻孔　6. 眼　7. 枕部　8. 颈部　9. 口腔　10. 鳃耙　11. 鳃弓　12. 鳃丝　13. 胸鳍

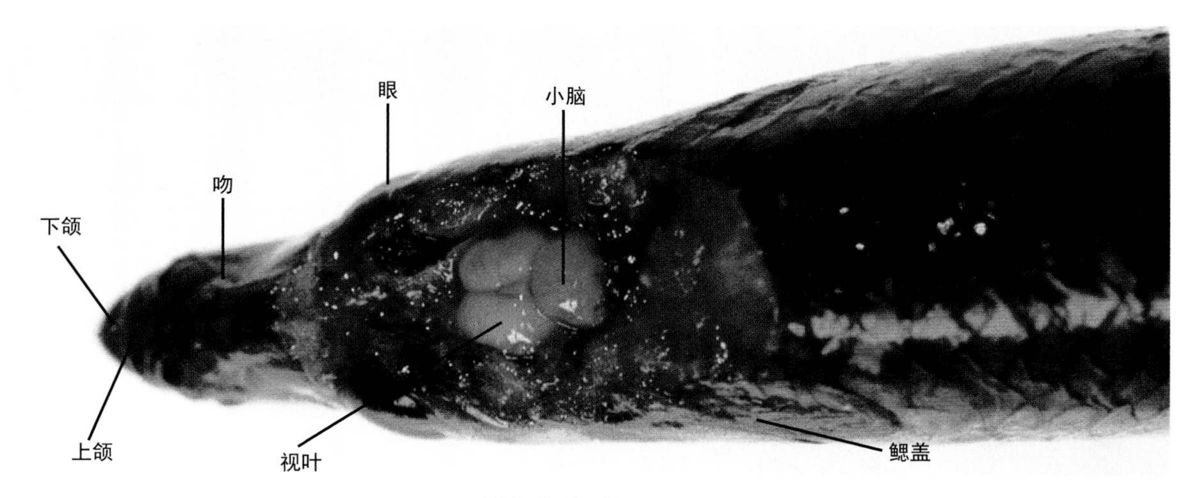

图 2-5-7 脑

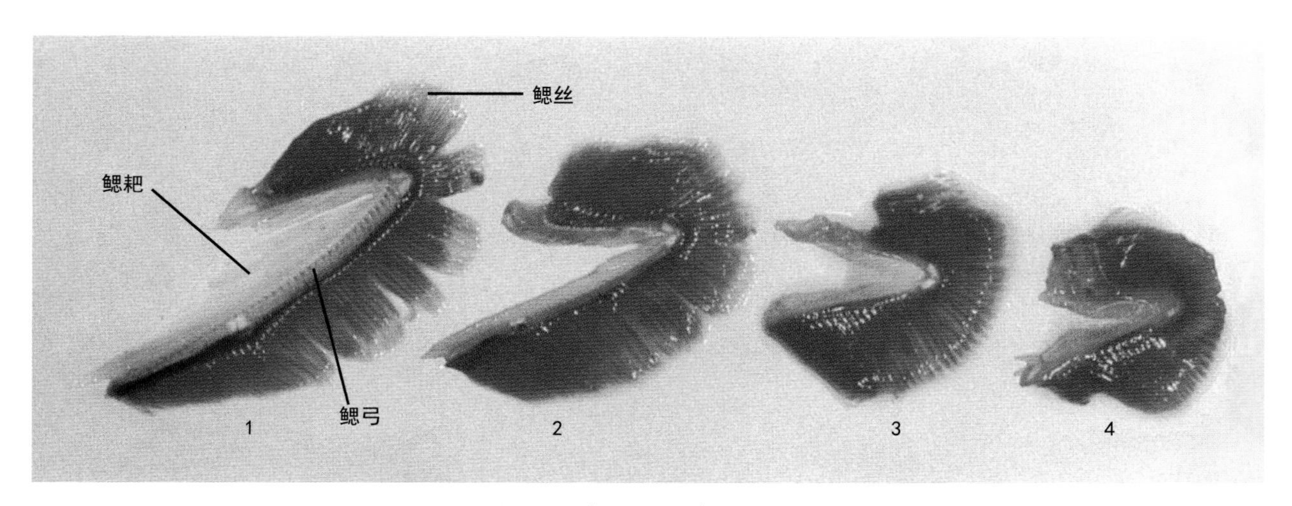

图 2-5-8 鳃

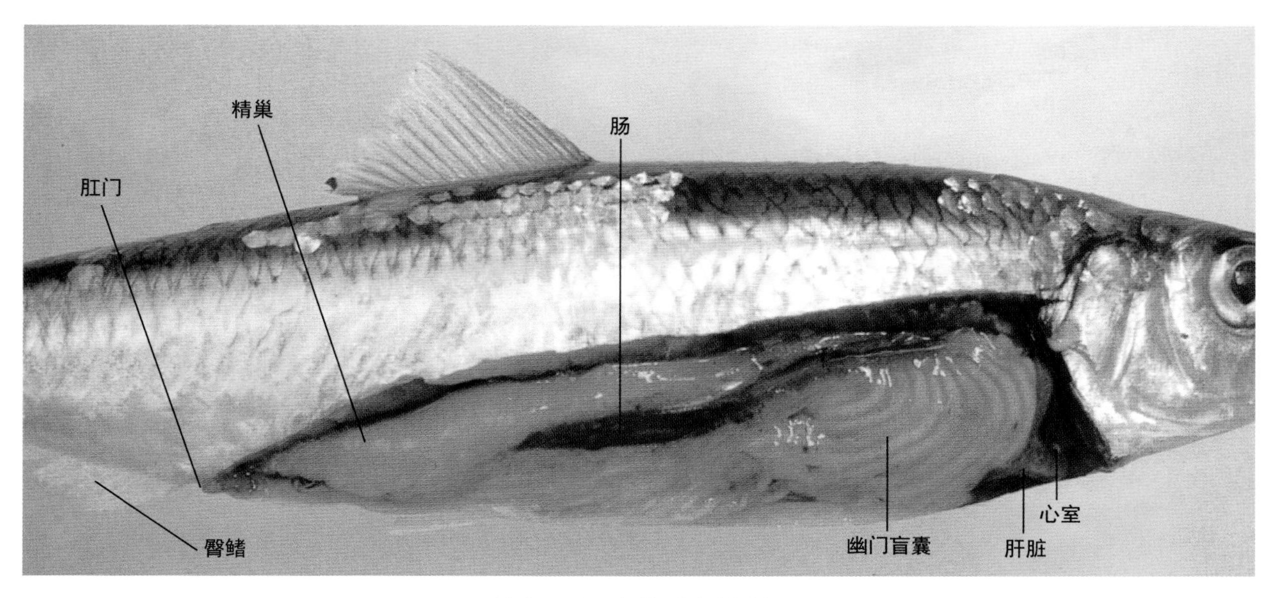

图 2-5-9 内脏（右侧面）

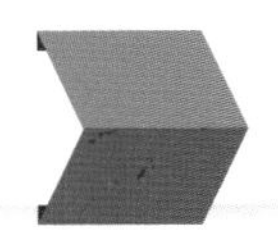

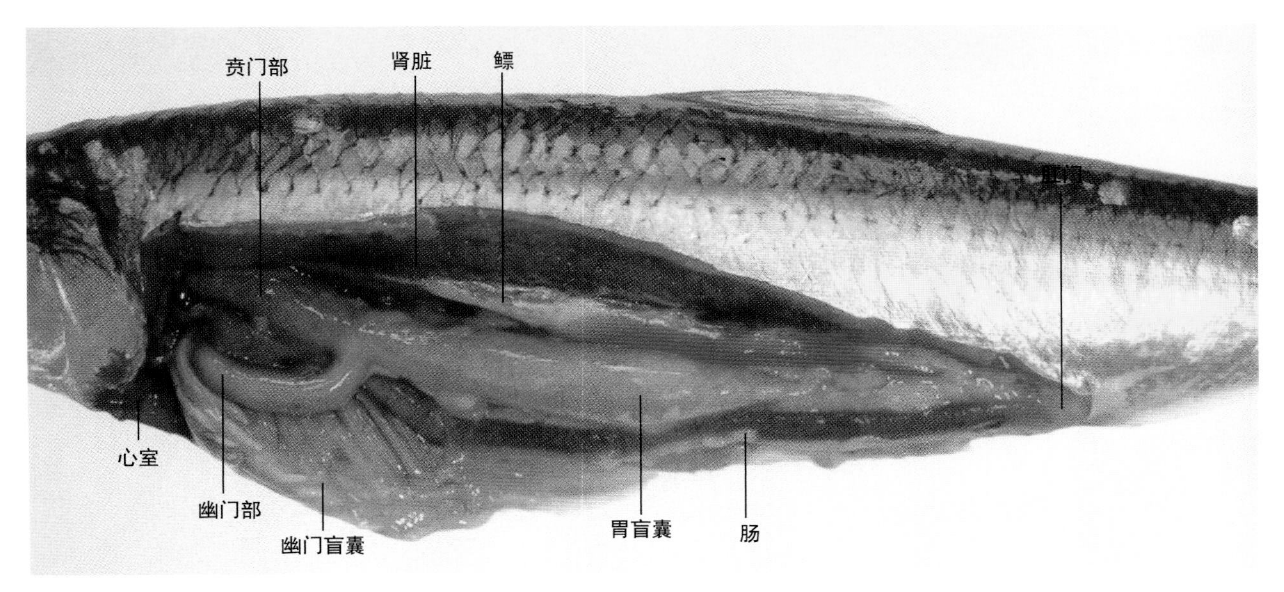

图 2-5-10　内脏（已去除肝脏的左侧面）

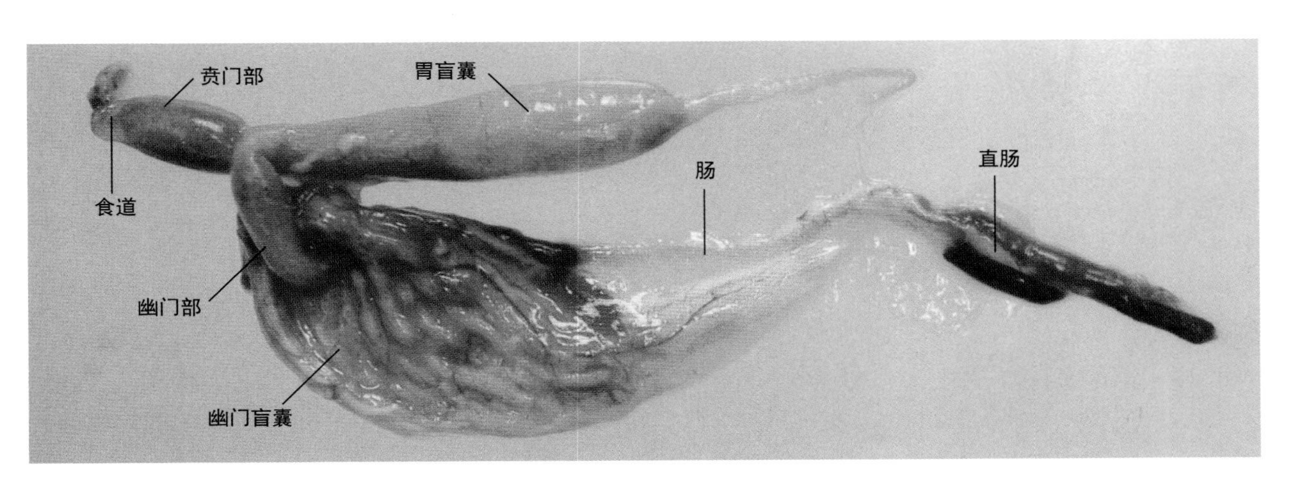

图 2-5-11　消化器官

（长泽和也、丸山秀佳）

2.6 斑鰶

Konosirus punctatus（**Temminck & Schlegel**）

斑鰶为鲱形目、鲱科、鰶属鱼类，其解剖图和骨骼图分别见图2-6-1和图2-6-2。

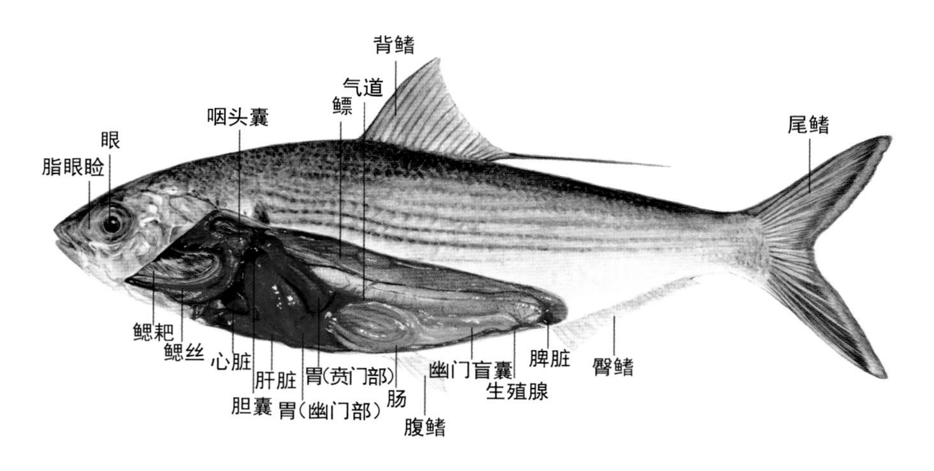

图 2-6-1　解剖图

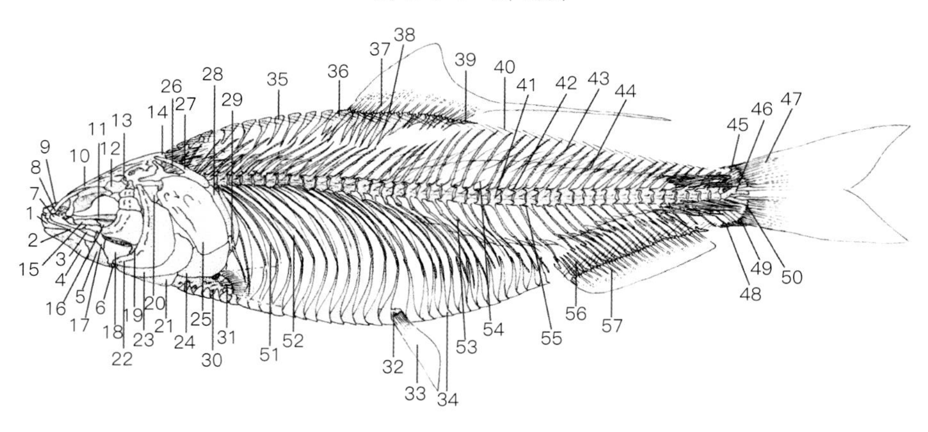

图 2-6-2　骨骼图

1. 前颌骨　2. 上颌骨　3. 辅上颌骨　4. 齿骨　5. 关节骨　6. 隅骨　7. 泪骨　8. 鼻骨　9. 筛骨　10. 额骨　11. 副蝶骨　12. 蝶耳骨　13. 翼耳骨　14. 上枕骨　15. 内翼骨　16. 后翼骨　17. 外翼骨　18. 方骨　19. 续骨　20. 舌颌骨　21. 鳃条骨　22. 前鳃盖骨　23. 间鳃盖骨　24. 下鳃盖骨　25. 主鳃盖骨　26. 上颞骨　27. 后颞骨　28. 上匙骨　29. 后匙骨　30. 乌喙骨　31. 辐状骨　32. 腰带　33. 腹鳍　34. 棱鳞　35. 上髓棘　36. 背鳍近端支鳍骨　37. 背鳍条　38. 间支鳍骨　39. 背鳍终端骨　40. 肌骨　41. 脊椎骨　42. 前背关节突　43. 髓棘　44. 髓弓小骨　45. 尾上骨　46. 尾部棒状骨　47. 尾鳍条　48. 尾鳍前部鳍条　49. 准尾下骨　50. 尾下骨　51. 肋骨　52. 椎体小骨　53. 椎体横突　54. 椎体小骨　55. 前腹关节突　56. 臀鳍近端支鳍骨　57. 臀鳍条

2.6.1 外部特征（图 2-6-3，图 2-6-4）

体高，鱼体侧扁。腹鳍在胸鳍后方。眼具脂眼睑。喉部和腹部下缘有一列腹棱鳞，腹鳍后方的棱鳞12～15枚。鳞片为圆鳞。背鳍最后的软鳍条呈丝状延伸。体侧的背部有纵向延伸的黑色条带，肩部有1个黑斑。

2.6.2 分布生态

分布于岩手县以南的太平洋沿岸、新潟县以南的日本海沿岸，黄海、东海等海域也有分布。多栖息在内湾水深小于30m的水域。产卵期进入咸淡水交界处。

2.6.3 成熟、产卵

出生一年后达到性成熟。最小产卵体长约13cm。3—8月在内湾产卵，产卵时间在日落后1～2h。间隔3d之后可再次产卵。1龄鱼怀卵量为4万～7万粒，2龄为13万～15万粒，3龄为15万～17万粒。卵为分离的浮性卵。成熟卵的卵径为1.2～1.4mm，有一个直径为0.1mm的油球。卵黄中有无色透明小泡状结构。

2.6.4 发育、生长

水温20℃左右，受精卵约40h孵化。初孵仔鱼全长3.3mm左右，肛门显著后移，肌节数35+6=41个。卵黄大，在身体前端约占身体的1/3。孵化后4d全长5mm，卵黄几乎被吸收完全。全长8.2mm时，尾鳍原基出现。全长10mm时，进入稚鱼阶段，在内湾浅水区集群游动。全长17.3mm时，背鳍、臀鳍、腹鳍的鳍条数确定，肛门向前方移动，肌节数变为39+12=51个。全长25mm时，腹面出现13枚棱鳞。全长30mm时各鳍位置确定，肩部出现黑斑。1龄时体长10～13cm，2龄15～17cm，3龄体长可达18～19cm。寿命为6～7龄，最大体长可达25cm。

2.6.5 食性

主要摄食浮游动植物。

2.6.6 解剖特征（图 2-6-5 ～图 2-6-12）

【口】

口端位，稍小。辅上颌骨1个。舌呈三角形，大且肥厚，其前端与口底分离。上颌、下颌、犁骨及腭骨均无齿。

【脑】

被极少量的脂肪状物质包围。整体呈棍棒状，略微纵扁。嗅球小，呈三角状，与嗅叶紧密相连。嗅叶略呈椭圆形，较小。视叶明显大，洋梨形，向两侧扩展。小脑发达，其前端延伸至视叶中段。

【鳃】

鳃弓4对。鳃耙显著细长，前端尖，几乎与鳃丝等长。鳃耙数150～200根，生长过程中数目不增加。有伪鳃。鳃弓背面具鳃上器官，第4上鳃骨变形，用以支撑鳃上器官。无咽齿。

【腹腔】

前后宽，腹膜黑色。

【消化管】

胃的贲门部和幽门部呈U形。盲囊部不明显。贲门部短管状。幽门部球形、壁厚。贲门部和幽门部的连接处有一根细长的管道伸出与鳔连接。幽门盲囊小，且数量极多。肠沿着腹腔向后延长。肠长，几乎与身体等长，在胃的偏后方有数个弯曲，呈回转盘旋状。

【肝脏】

有2叶，左叶比右叶大。

【胆囊】

呈小球状。

【脾脏】

位于肠的末端附近，呈三角形。

【鳔】

前后延长，中央有一根鳔管与胃相连。鳔前端伸出2根细管，与头盖骨的中耳相连。后端到达臀鳍基底上方。

【骨骼】

头盖骨整体细长，背面有1对明显的隆起线。头后腹面向后方突出，由第1、第2椎体在下方支撑。

眶下骨和鳃盖骨很薄。第3眶下骨的后缘与前鳃盖骨相连接。

脊椎骨46～51个。背鳍前方有十几根上髓棘。肌间刺非常多。头盖骨的后方有许多刷状小骨。上椎体骨长达尾鳍基部。腹腔部的肋骨分别与椎体小骨和下方的棱鳞相连。体侧中央有椎体小骨。体侧背面有髓弓小骨，一直延伸达尾鳍基底。鱼体的背、腹缘沿线有肌间小骨针。

尾部第1块骨骼为尾鳍椎前椎体，尾鳍椎2个，尾部棒状骨1个，尾髓骨2个，尾上骨3个，准尾下骨1个，尾下骨6个。

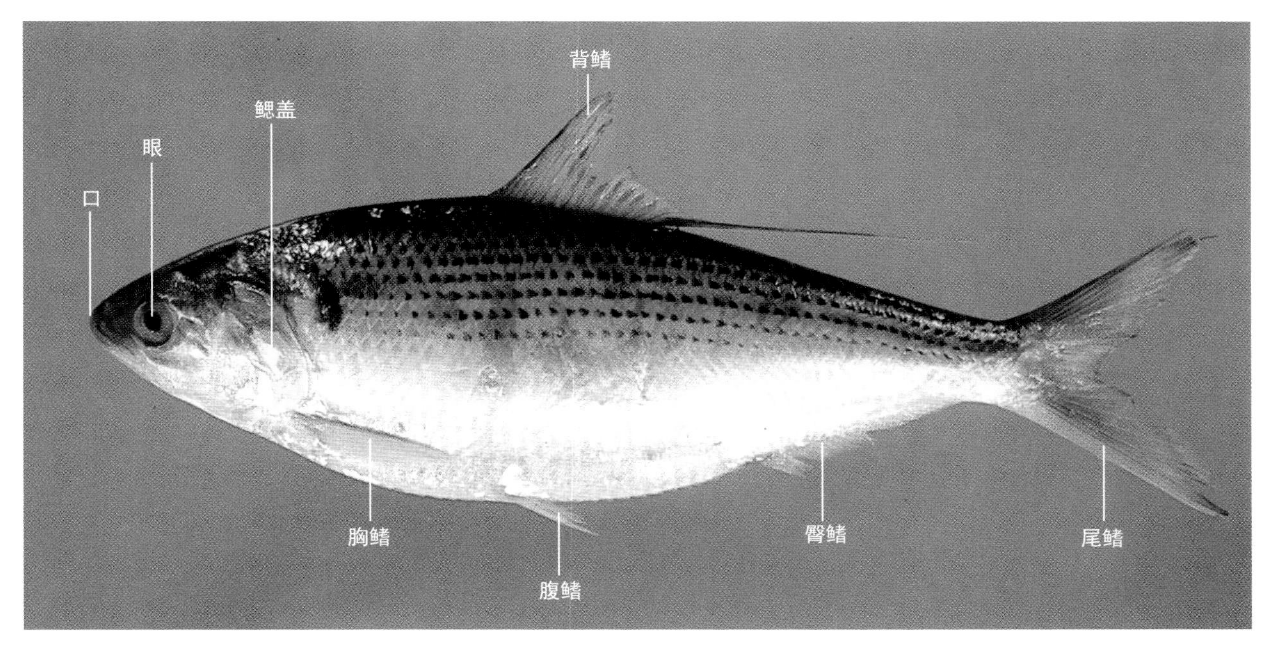

图 2-6-3 形态特征

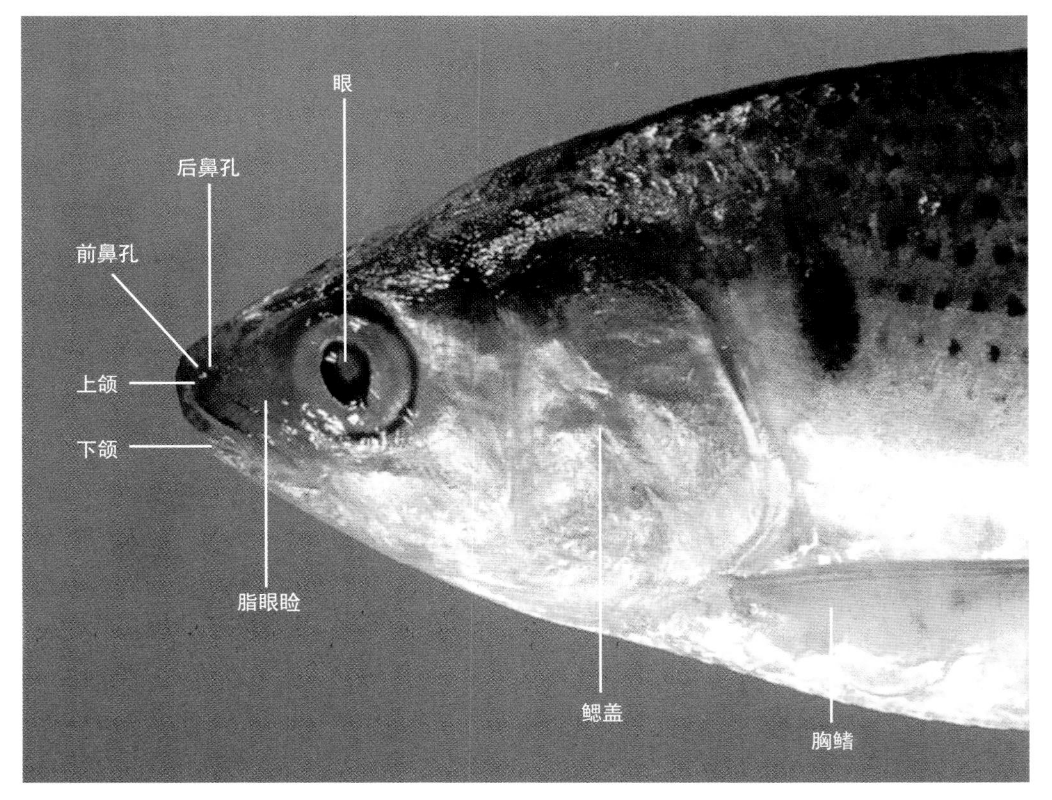

图 2-6-4 头 部

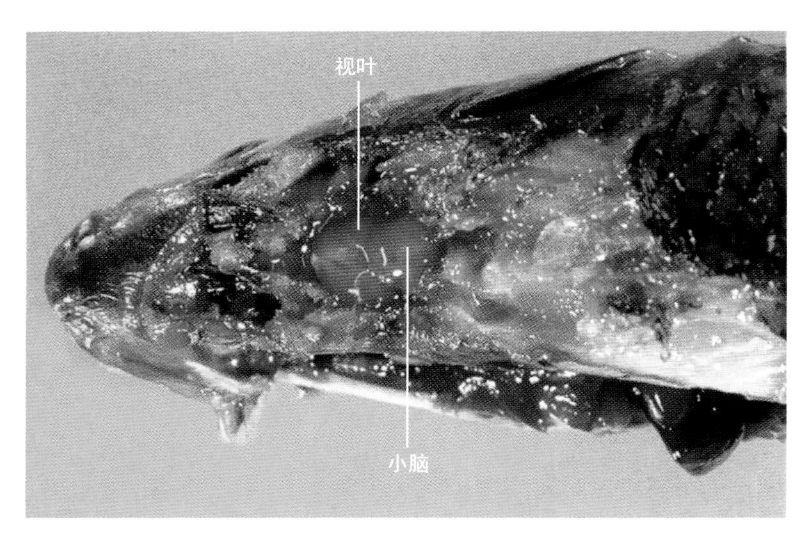

图 2-6-5　脑

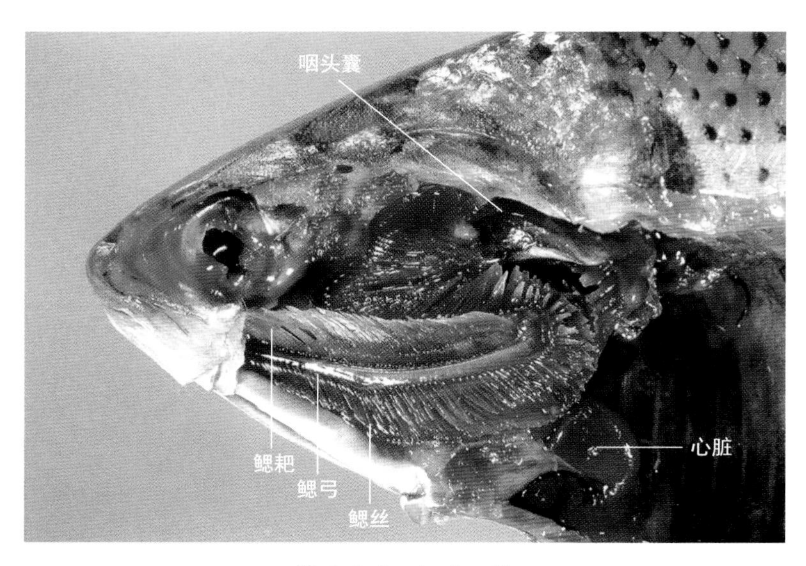

图 2-6-6　鳃及心脏

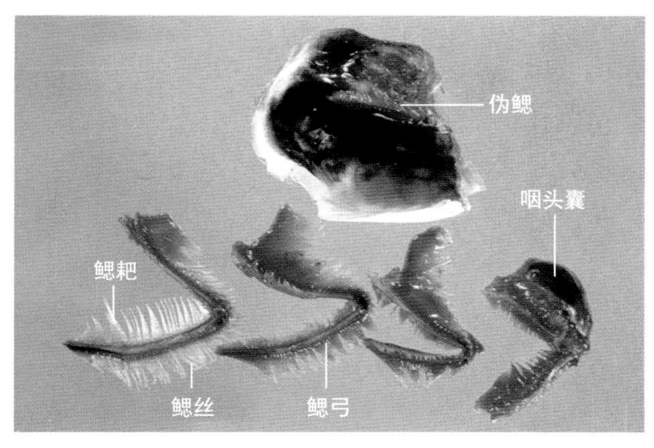

图 2-6-7　鳃

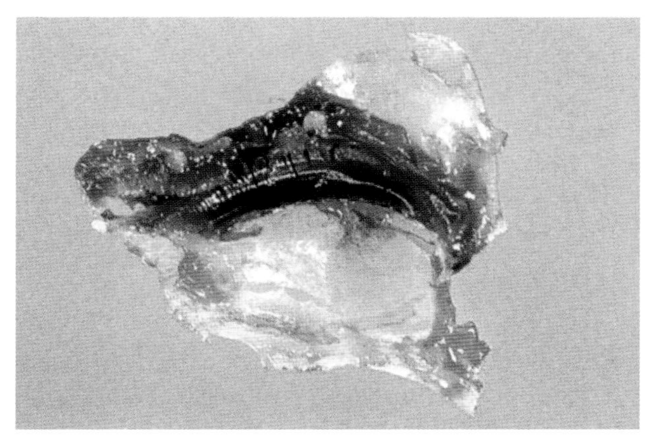

图 2-6-8　咽头囊（内部）

图 2-6-9　内脏（示生殖腺）

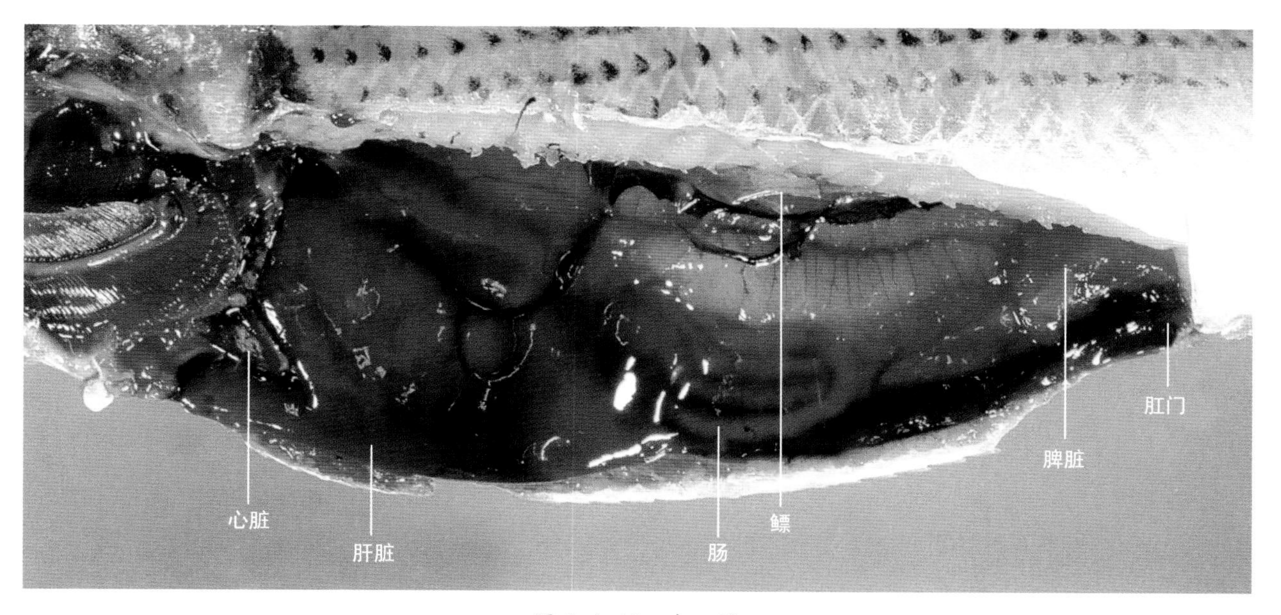

图 2-6-10　内　脏

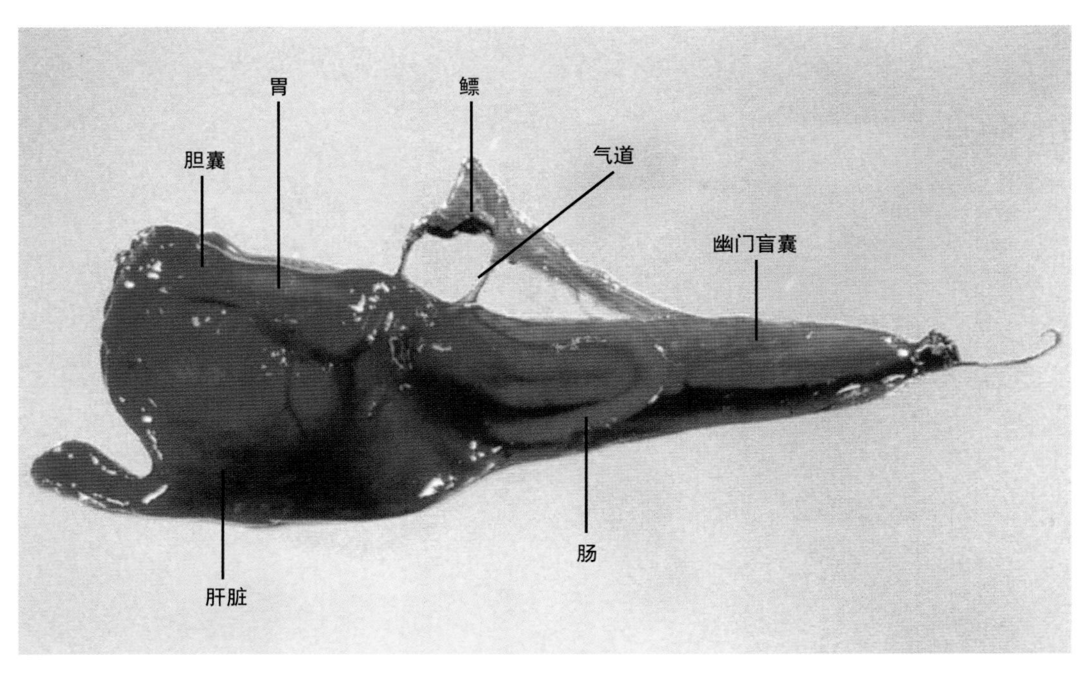

图 2-6-11　消化器官及鳔

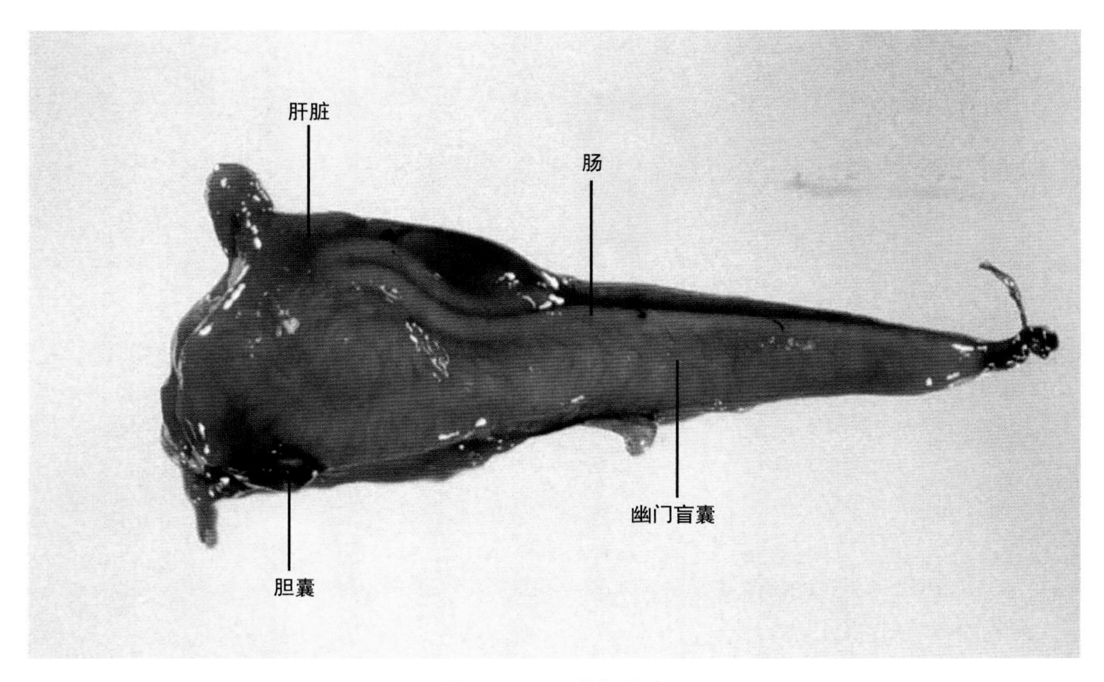

图 2-6-12　消化器官

（佐佐木邦夫）

2.7 草鱼

Ctenopharyngodon idella （Valenciennes）

草鱼为鲤形目、鲤科、草鱼属鱼类，其解剖图和骨骼图分别见图2-7-1和图2-7-2。

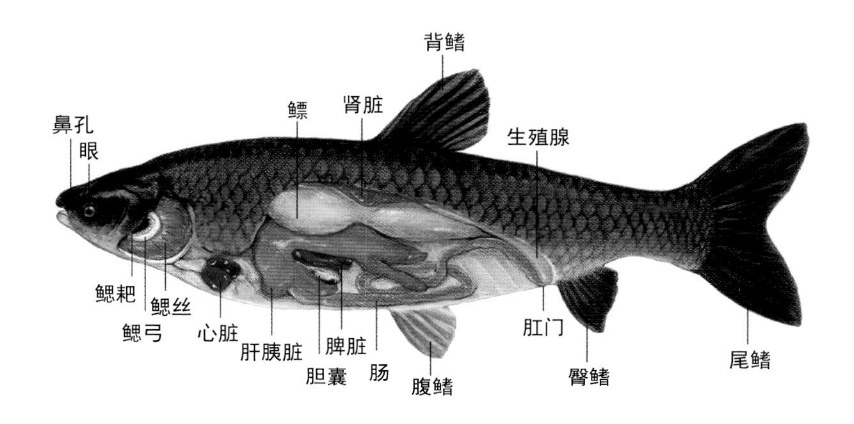

图 2-7-1 解剖图

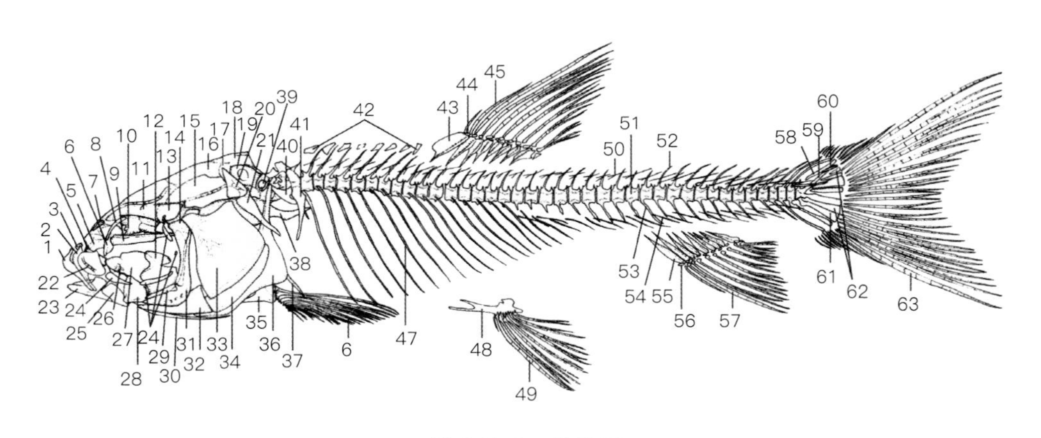

图 2-7-2 骨骼图

1. 前颌骨 2. 上颌骨 3. 中央软骨 4. 腭骨 5. 犁骨 6. 侧筛骨 7. 鼻骨 8. 眶上骨 9. 副蝶骨 10. 眶蝶骨 11. 额骨 12. 后翼骨 13. 蝶耳骨 14. 舌颌骨 15. 翼耳骨 16. 顶骨 17. 上耳骨 18. 上枕骨 19. 外颞骨 20. 后颞骨 21. 上匙骨 22. 泪骨 23. 齿骨 24. 眶下骨 25. 关节骨 26. 外翼骨 27. 内翼骨 28. 方骨 29. 缝合骨 30. 鳃条骨 31. 前鳃盖骨 32. 间鳃盖骨 33. 主鳃盖骨 34. 下鳃盖骨 35. 乌喙骨 36. 匙骨 37. 后匙骨 38. 基底后头骨 39. 舟状骨 40. 三角骨 41. os supensorium 42. 上髓棘 43. 背鳍近端支鳍骨 44. 背鳍远端支鳍骨 45. 背鳍条 46. 胸鳍条 47. 肋骨 48. 腰带 49. 腹鳍条 50. 髓弓小骨 51. 脊椎骨 52. 髓棘 53. 脉棘 54. 椎体小骨 55. 臀鳍近端支鳍骨 56. 臀鳍远端支鳍骨 57. 臀鳍条 58. 尾上骨 59. 尾部棒状骨 60. 尾髓骨 61. 准尾下骨 62. 尾下骨 63. 尾鳍条

2.7.1 外部特征（图 2-7-3，图 2-7-4）

身体细长，头部前端略呈圆形。头顶部稍平，与鲻相似。口部无须。背鳍基底短。雌性可长达1m，雄性稍小。

2.7.2 分布、栖息

原产地为从中国黑龙江到越南北部的亚洲大陆东部，被引入到日本、中国台湾、泰国、马来西亚等地。日本全国均有分布，在利根川水系确认有自然繁殖种群，与其同水系以佐原主干流为中心的下游地区及与其相连的霞浦、北浦湖地区均有分布。栖息于河流的缓流区及与其相连通的湖沼，在中层水域缓慢游动、索饵。

产卵期的亲鱼向产卵场所移动。适宜生长的水温为20～30℃。

2.7.3 成熟、产卵

雌雄成熟年龄4龄以上，体重7kg以上。雄性较雌性稍小。自然界雌雄比为1:1，产卵场所为2:1。7kg的个体怀卵量约为50万粒，13～16kg的个体怀卵量为114万～225万粒。

产卵期在6—7月，在利根川主干流（渡良瀬河及其汇合处的下游）的流水中产卵。产卵条件为降雨后的1～2d，水深增至0.5～2m，透明度为20～40cm，流速为0.7～1.0m/s。清晨产卵，也有白天产卵的个体。卵径为1.8～2.0mm，吸水后，围卵腔膨大，卵径可达5～6mm。卵黄灰色略带黄绿色，无油球，为分离的沉性卵，在流水中为半漂浮性卵，会顺流而下。产卵水温为18～24℃。

2.7.4 发育、生长

受精卵顺流而下，20℃时48h孵化。

初孵仔鱼全长5.1mm，身体细长，卵黄的前半段为卵圆形，后半段延长呈条状。孵化后3d全长7.4mm，两颌形成，进入开口期。孵化后7d全长8.1mm，卵黄被吸收，鳔生成，进入仔鱼后期。孵化后30d全长21.3mm，各鳍形成，基本与成鱼体形相同，此时游泳摄食行为活跃，进入稚鱼期。

水温23～28℃时生长速度较快。6个月时全长可达8～15cm，出生一年后可达15～25cm。

2.7.5 食性

仔鱼后期（孵化后7d，全长8.1mm）卵黄基本被吸收，开始摄食轮虫和小型枝角类。孵化后30d左右游泳、索饵活跃，除摄食枝角类和其他浮游动物之外，也摄食柔软的浮性水生植物的叶、茎、根等。成鱼为杂食性，摄食浮萍、凤眼莲、苦草、菱、莲等水生植物，主要摄食芦苇、茭白等挺水植物，也摄食陆生植物，同时也吃小鱼、蚯蚓以及蚕蛹等昆虫。水温23～28℃时摄食活跃，5℃以下停止摄食。

2.7.6 解剖特征（图 2-7-5～图 2-7-12）

【口】

上颌和下颌近似等长。上下颌前方不突出。

【脑】

被脂肪状物质包围。嗅球小，与鼻孔相连。嗅叶比较大。

【鳃】

鳃弓4对，鳃瓣长且数量多，鳃耙粗短。咽齿两列并排排列，一列大，4～5个，另一列小，2个。齿栉形，上有7～9条沟。

【腹腔】

腔大，腹膜厚，呈黑色。

【消化道】

胃与肠没有区别。肠细长，在腹腔内呈复杂的弯曲状。

【肝脏】

分为右侧主叶、左侧主叶、腹叶和尾叶，在消化管周围呈不定型的弥散状分布。无幽门盲囊，胰脏分布于肝脏内，称为肝胰脏。

【脾脏】

在肝胰脏内部呈细长状。

【胆囊】

呈浓绿色的卵圆形。

【肾脏】

位于鳔的背面，至鳔中部较宽，后半部细长。

【鳔】

分为2个室，前室膜厚，呈卵形，后室稍薄、细长，呈纺锤形。

【生殖腺】

有1对细长的卵巢。产卵期前2～3个月显著增大，几乎占据全部体腔。精巢和卵巢几乎在同一位置，精巢明显细长且小。

【骨骼】

头盖骨的背面圆滑略显圆球状，前端稍细，后部稍宽。眶上骨1对，眶蝶骨1对。左右的主上颌骨前端中间有一中央软骨。肋骨较长。脊椎骨有韦伯氏器，脊柱由42～44个脊椎骨构成。上髓棘8根。鳃条骨宽，有3根。肩带部有肩胛骨和乌喙骨及其中间的中乌喙骨。尾部骨骼有6根尾下骨、1根尾上骨、1对尾髓骨。有尾部棒状骨。

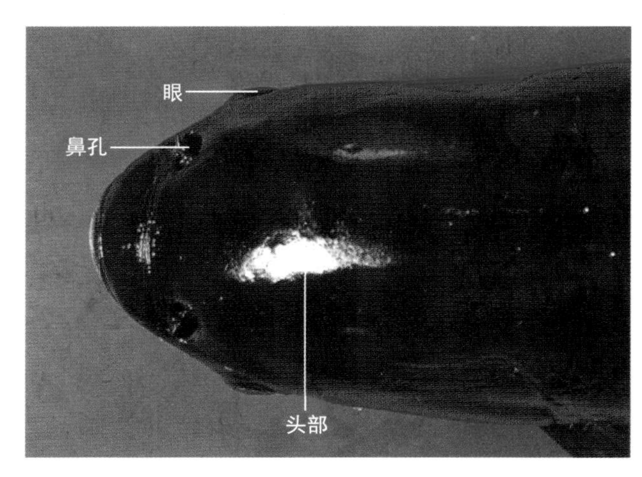

图 2-7-3　头部背面

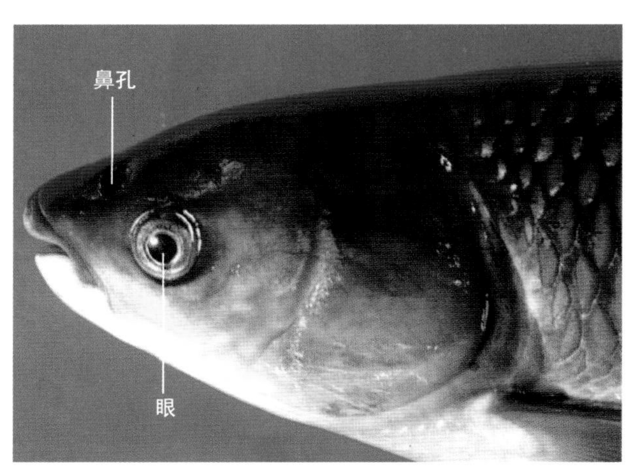

图 2-7-4　头部侧面

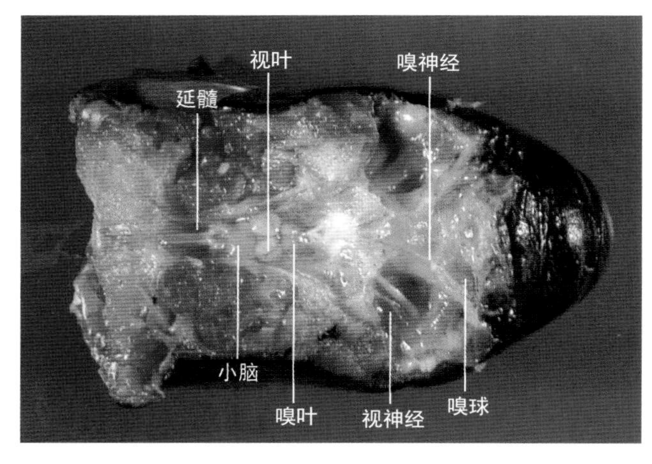

图 2-7-5　脑

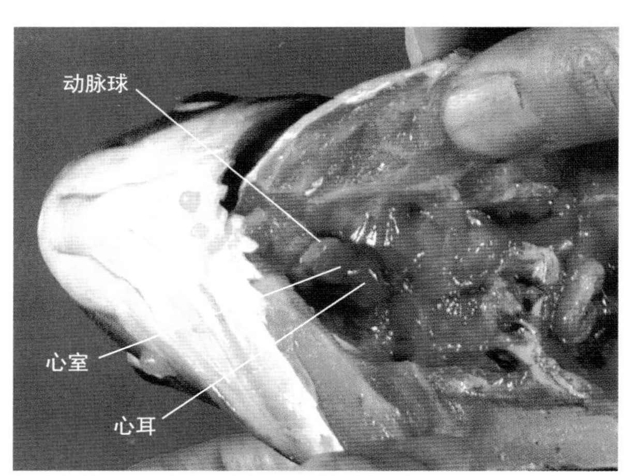

图 2-7-6　心　脏

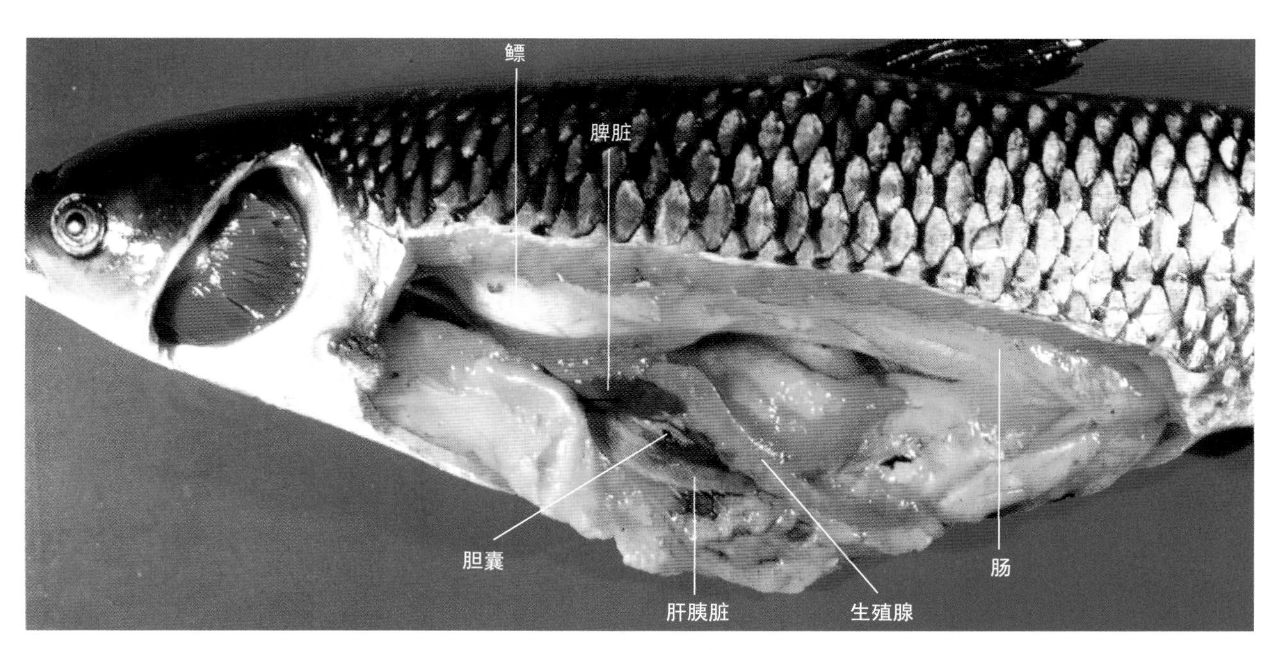

图 2-7-7　鳃及内脏

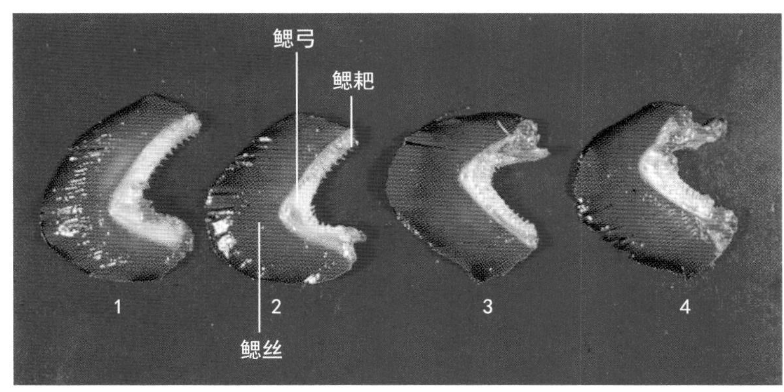

图 2-7-8　鳃

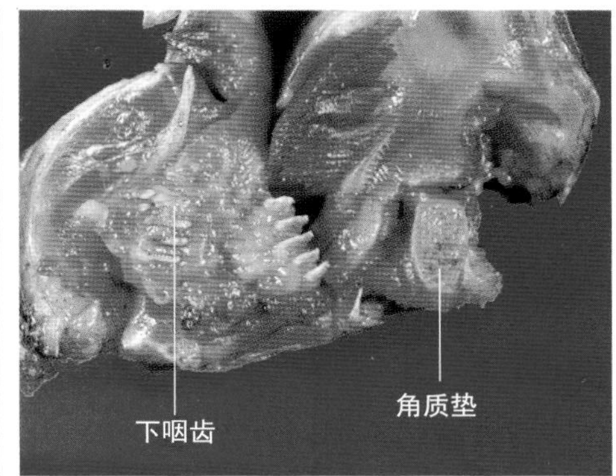

图 2-7-9　咽喉部

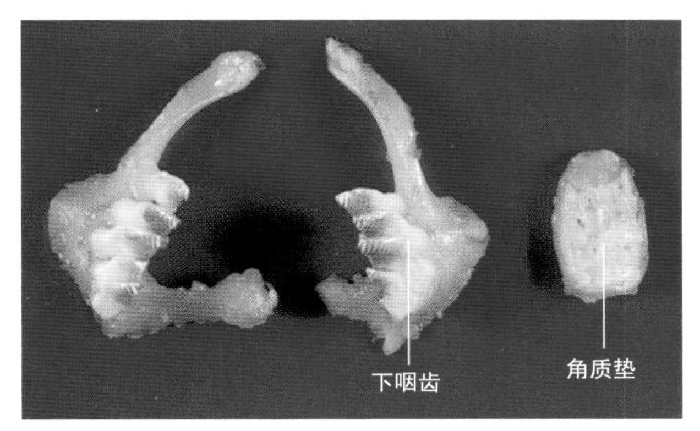

图 2-7-10　咽　齿

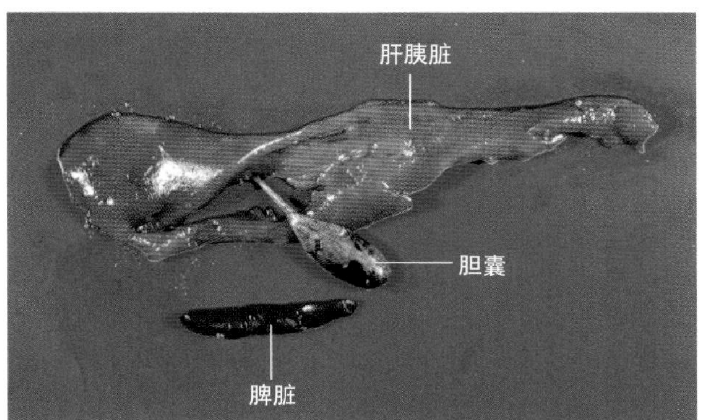

图 2-7-11　消化腺

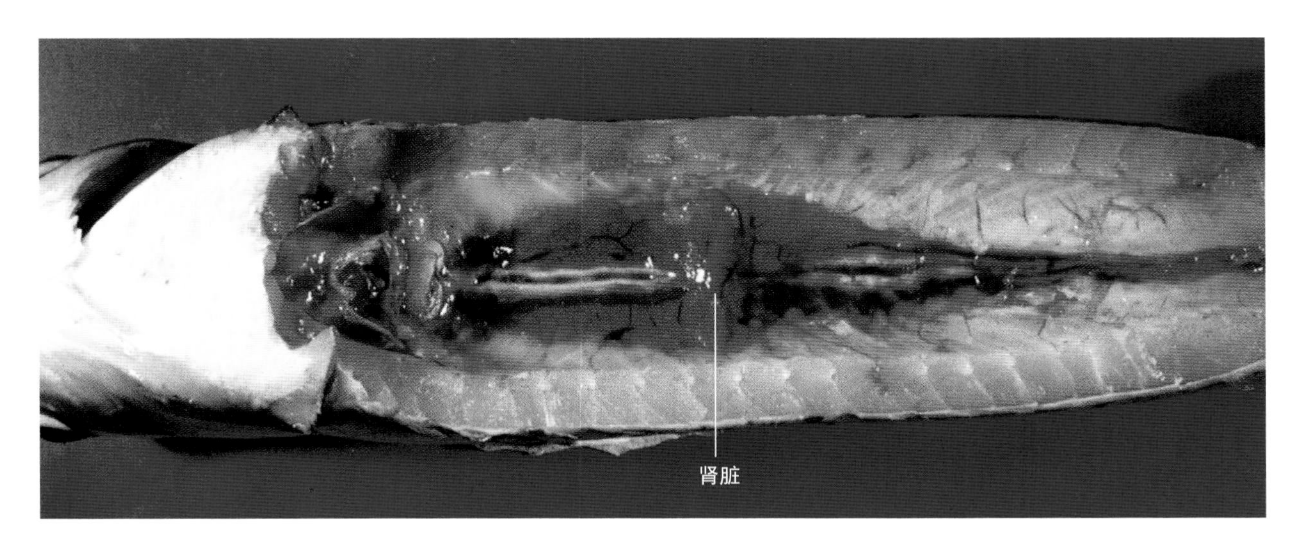

图 2-7-12　肾　脏

（铃木荣、藤田清、Chavalit Vidthayanon）

2.8 泥鳅

Misgurnus anguillicaudatus （Cantor）

泥鳅为鲤形目、鳅科、泥鳅属鱼类，其解剖图和骨骼图分别见图2-8-1和图2-8-2。

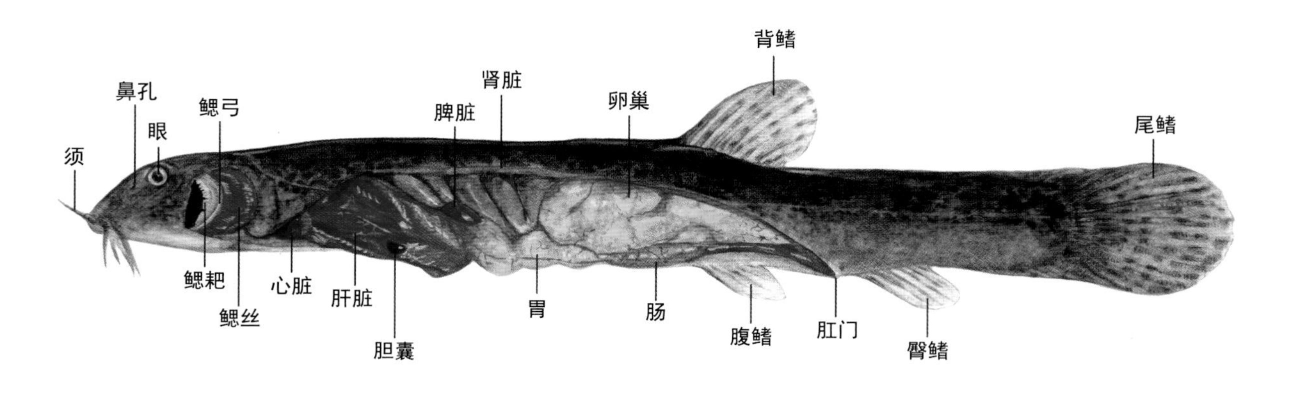

图 2-8-1 解剖图

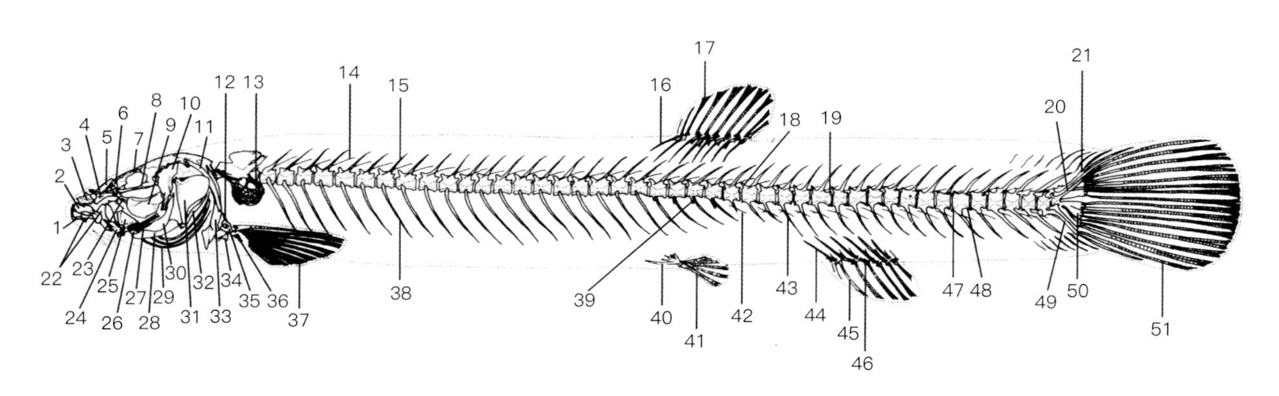

图 2-8-2 骨骼图

1. 前颌骨 2. 上颌骨 3. 腭骨 4. 外翼骨 5. 上筛骨 6. 侧筛骨 7. 额骨 8. 副蝶骨 9. 后翼骨 10. 舌颌骨 11. 上匙骨 12. 后匙骨 13. 韦伯氏器（骨囊） 14. 髓弓小骨 15. 髓棘 16. 背鳍近端支鳍骨 17. 背鳍条 18. 前背关节突 19. 后背关节突 20. 尾部棒状骨 21. 尾上骨 22. 齿骨 23. 内翼骨 24. 关节骨 25. 方骨 26. 角舌骨 27. 续骨 28. 间鳃盖骨 29. 鳃条骨 30. 前鳃盖骨 31. 主鳃盖骨 32. 下鳃盖骨 33. 匙骨 34. 乌喙骨 35. 肩胛骨 36. 辐状骨 37. 胸鳍条 38. 肋骨 39. 椎体横突 40. 腰带 41. 腹鳍条 42. 椎体小骨 43. 脉棘 44. 臀鳍近端支鳍骨 45. 臀鳍条 46. 臀鳍远端支鳍骨 47. 前腹关节突 48. 后腹关节突 49. 准尾下骨 50. 尾下骨 51. 尾鳍条

2.8.1 外部特征（图 2-8-3）

上颌有3对、下唇有2对须状的味觉器官。身体呈鳗形，背部为暗绿色，腹部白色略微发黄。除胸鳍以外，其余各鳍均在身体后部。雄性的胸鳍大，前端尖；雌性的胸鳍小，呈圆形。

2.8.2 分布、栖息

日本全国、俄罗斯沿海、朝鲜半岛、中国、东南亚地区均有分布。库页岛及北海道也有分布，但移殖来源地不明。河川的下游区域、平原地区、沼泽、湿地、水田和水道的泥底都有分布。梅雨期产卵季节迁徙到上游，秋天越冬则向下游移动。冬天水温在10℃以下会到泥中冬眠。

2.8.3 成熟、产卵

最早的满1龄、体长达10cm的个体即可达成熟。

满1龄、体长10.2cm的个体怀卵量为2 800粒，满2龄、体长11.8cm的个体怀卵量为6 000粒，满3龄、体长14.1cm的个体怀卵量为1.4万粒。4—7月间在沿岸浅水或水草间产卵。产卵时有发情与寻求配偶行为，雄性在产卵前会强行卷曲缠绕在雌性肛门前的躯体上，挤压促进排卵的同时释放精子为卵子授精。产卵最适水温为25～26℃。卵径为1.1mm，球形，微黏性卵。

2.8.4 发育、生长

水温20℃时，受精后2～3d孵化；28.0～29℃时，26h即可孵化。孵化的最适水温为20～25℃，12～31℃也能孵化。

初孵仔鱼全长3～4mm，头后腹部有卵黄囊。吻端表皮稍肥厚且有隆起的附着器，用以悬垂于水草间。孵化后3d全长达到4.7mm，出现4对鳃和2对须的原基。孵化后10d全长达到5.3mm，卵黄全部吸收完毕。全长13.5mm时，10根须全部出现，进入仔鱼后期。

25～27℃时生长最好。1龄鱼体长可达10cm（体重5g），2龄时平均体长为10～14cm（体重10g），1龄以上的雌性比雄性生长更快，最大体长可达21cm，体重100g。雄性最大体长可达17cm，体重50g。

2.8.5 食性

孵化10d后，体长达5.3mm时卵黄吸收完毕，开始摄食轮虫。体长8mm以上时，摄食水蚤等小型甲壳类。之后捕食小型昆虫的幼虫，水丝蚓等寡毛类、水蚤等甲壳类动物性饵料和绿藻类，水生植物的叶子及种子等植物性饵料，为杂食性。

摄食活动在傍晚到黎明时进行。但在阴天和雨天以及5—6月的产卵期间，白天的摄食活动也非常活跃，最活跃的摄食水温为25～27℃。

2.8.6 解剖特征（图 2-8-4 ～图 2-8-8）

【口】

上颌向前下方伸出。无齿。

【脑】

被脂肪状物质包裹。嗅球和嗅叶均较大。

【鳃】

鳃弓4对。鳃耙短，鳃瓣长且数量多。

【腹腔】

腹膜黑色。腹腔在产卵期被卵巢占满，其他时期较空。

【消化道】

胃I形，细长，胃壁厚。肠道无弯曲。肠的表面分布有无数的毛细血管，用于呼吸。

【肝脏】

前部膨大呈卵形，后部细长。肝脏内有胰脏分布。

【胆囊】

呈浓绿色的卵圆形，在肝脏内部的中央位置。

【脾脏】

近似方形，位于肝脏里面的肠间膜中央位置。

【肾脏】

位于脊椎骨下方，从头的后部直达身体的后部。

【生殖腺】

幼鱼的卵巢呈左右两叶，至体长7.7～8.2cm时愈合为一叶，将肠管完全包住。精巢左右不对称，右侧比左侧略长、略细，重量轻。

【鳔】

小且不发达。

【骨骼】

下鳃盖骨细长且退化。鳃条骨3根。前方4个脊椎骨形成韦伯氏器。韦伯氏器的腹面有膜骨状的骨鳔，鳔包含于其中。骨鳔在侧面有开口，通过小管到达胸鳍的基部。

脊椎骨48个。有髓弓小骨和椎体小骨（尾椎）。肩带退化，乌喙骨、肩胛骨小。腰带短，远离肩带。

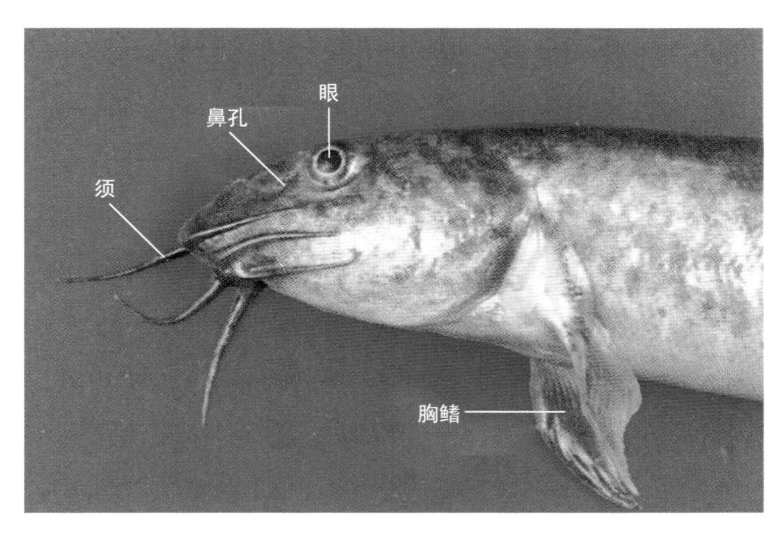

图 2-8-3　头部侧面

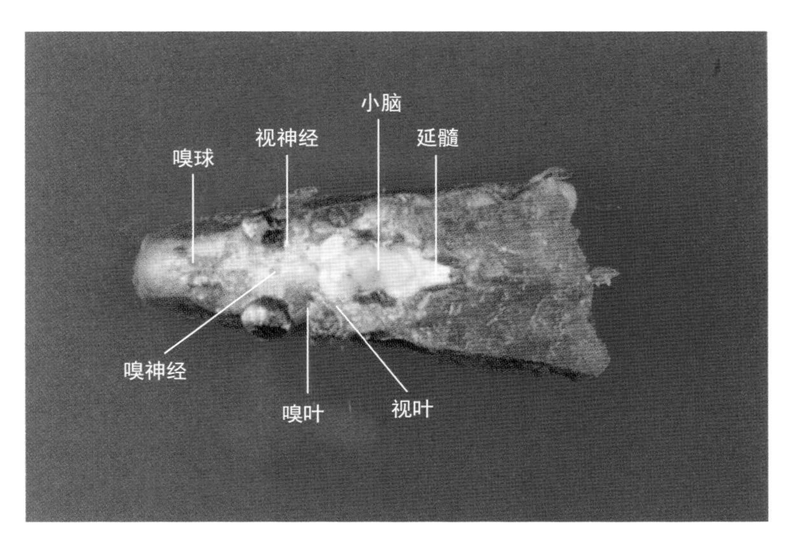

图 2-8-4　脑

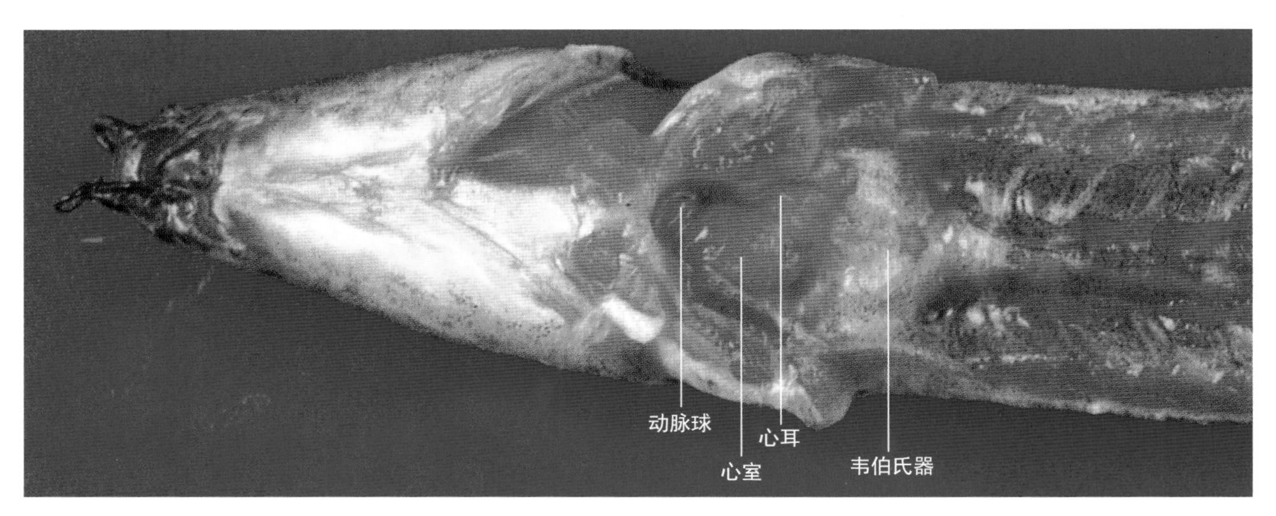

图 2-8-5　心　脏

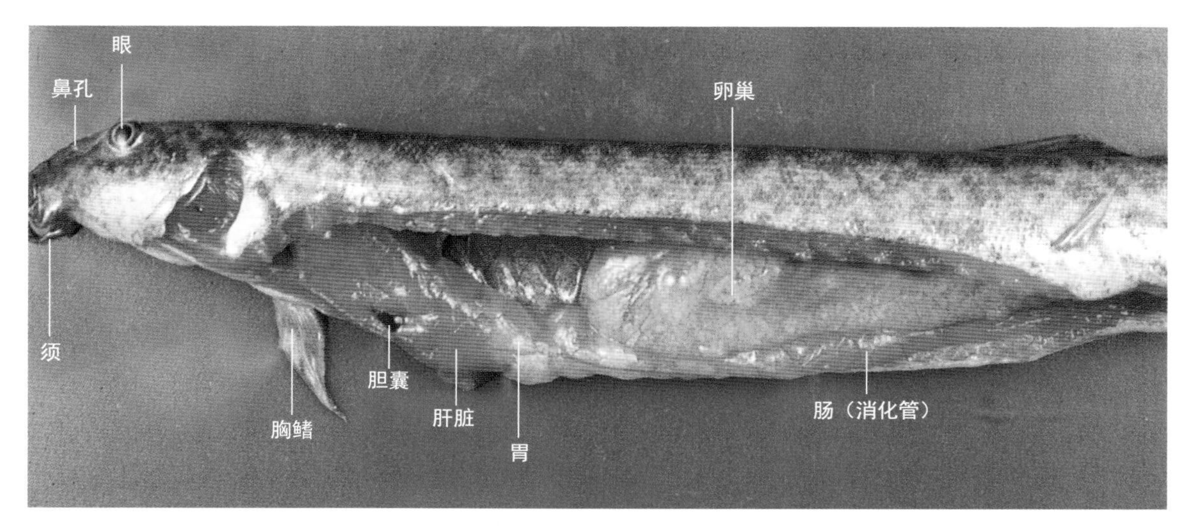

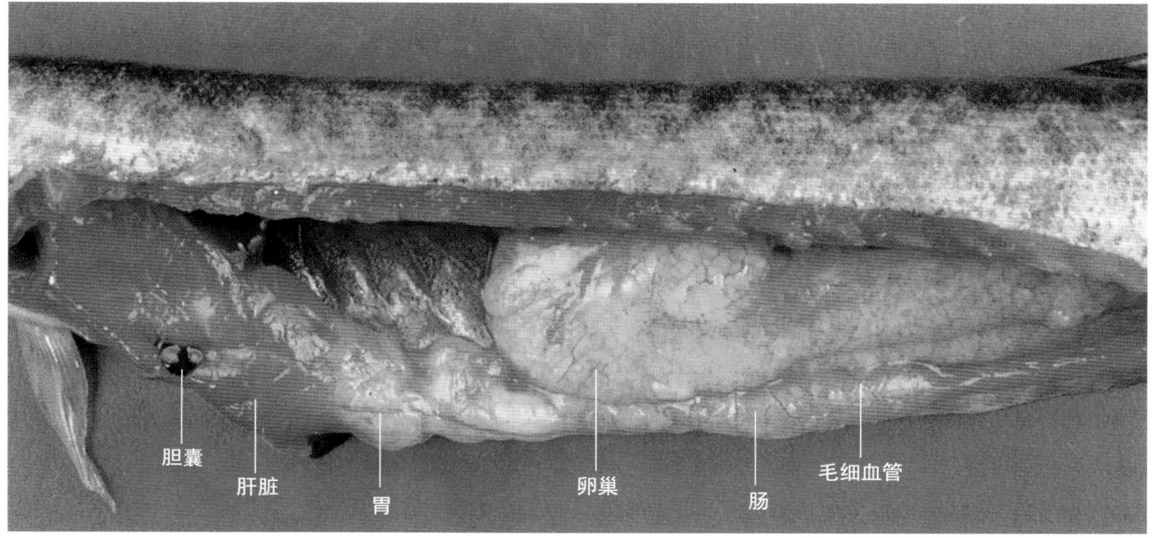

图 2-8-6　内　脏

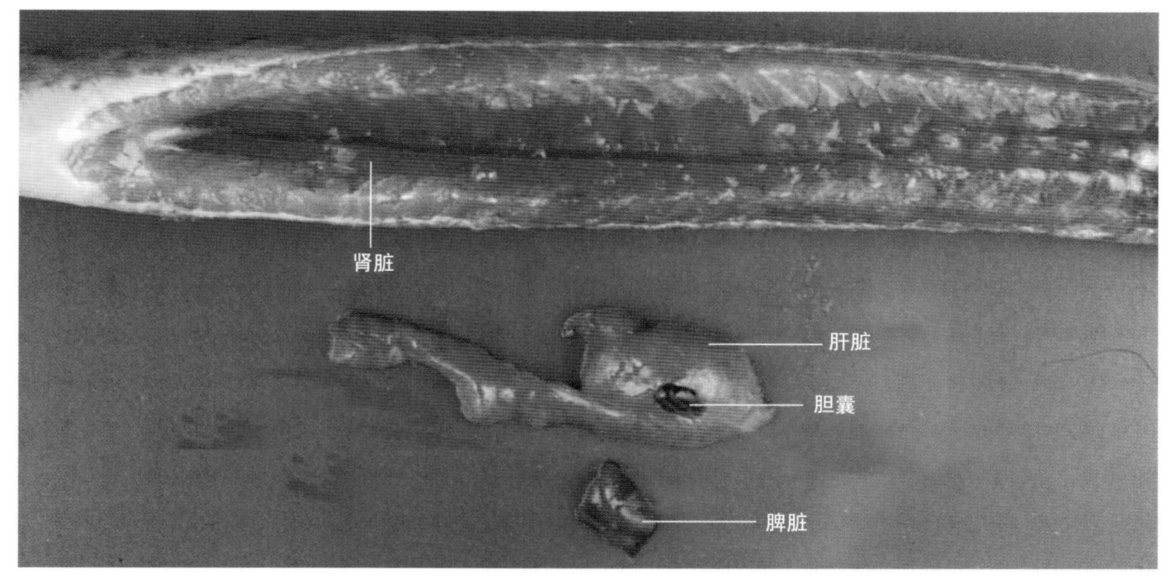

图 2-8-7　内　脏

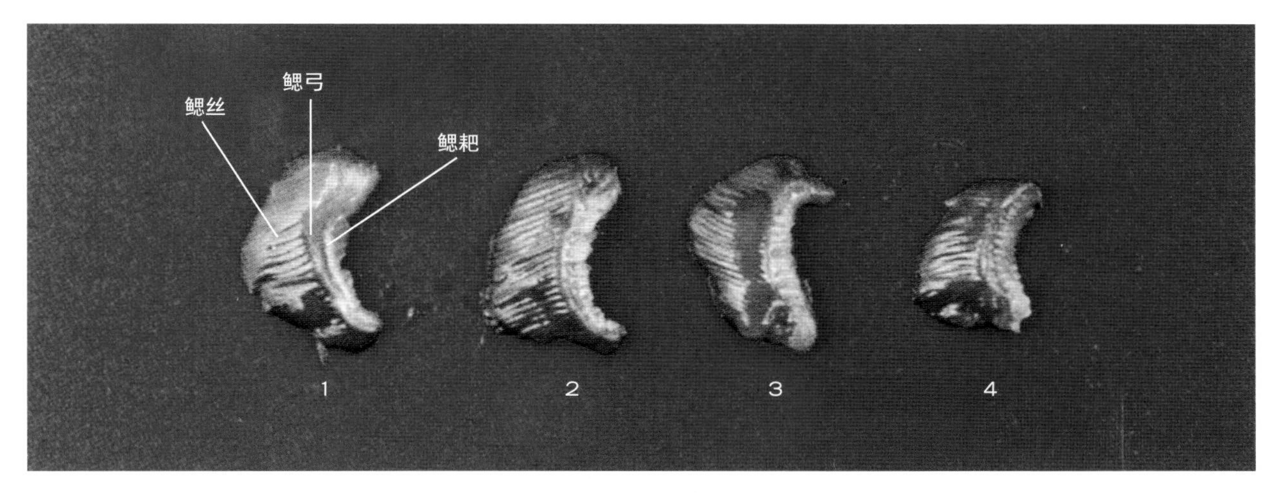

图 2-8-8　鳃

（铃木荣、村井贵史、中坊彻次）

2.9 鲇

***Silurus asotus* Linnaeus**

鲇为鲇形目、鲇科、鲇属鱼类，其解剖图和骨骼图分别见图2-9-1和图2-9-2。

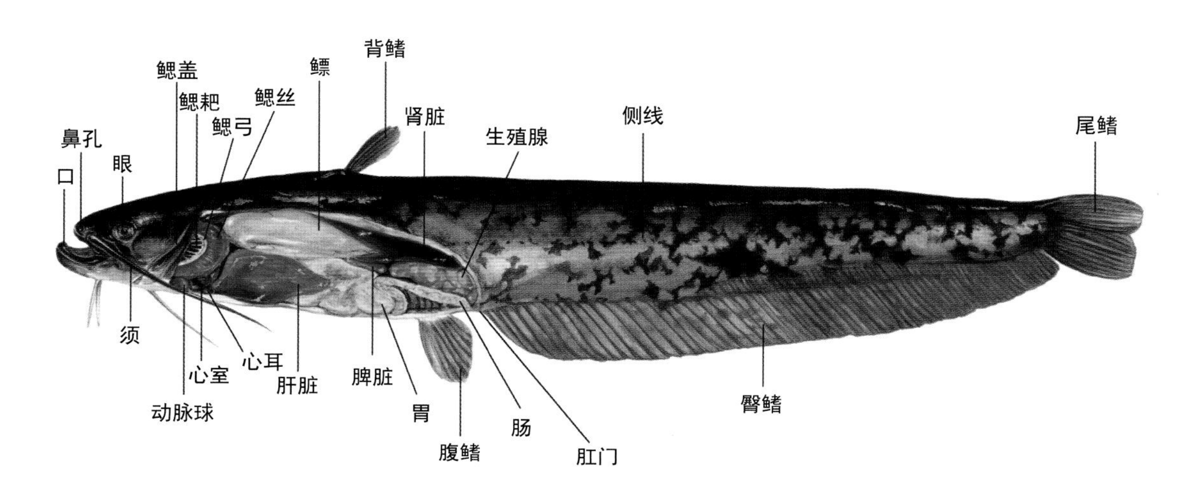

图 2-9-1 解剖图

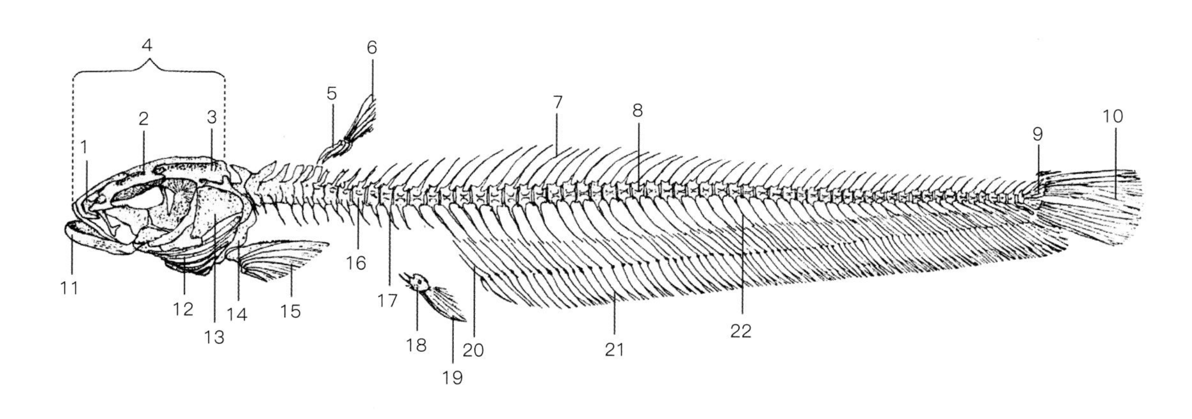

图 2-9-2 骨骼图

1. 上颌骨 2. 额骨 3. 上枕骨 4. 头盖骨 5. 背鳍近端支鳍骨 6. 背鳍条 7. 髓棘 8. 尾椎骨 9. 尾骨 10. 尾鳍条 11. 下颌骨 12. 鳃条骨 13. 主鳃盖骨 14. 匙骨 15. 胸鳍条 16. 躯椎骨 17. 肋骨 18. 腰带 19. 腹鳍条 20. 臀鳍近端支鳍骨 21. 臀鳍条 22. 脉棘

2.9.1 外部特征（图 2-9-3 ～图 2-9-5）

头部扁平，躯干部筒状，尾部侧扁。两颌各具1对须，上颌的须很长。臀鳍基部长，鳍条数为80左右。体背侧黄褐色至暗褐色，腹侧黄灰色至灰白色，多数体表具不规则云状斑纹。体长约60cm，雄性比雌性小。

2.9.2 分布、栖息

在日本本州、四国、九州各地以及中国沿海广泛分布。栖息在河流的中下游流速缓慢的区域以及湖泊、水沟、小溪，偏好水生植物茂盛的地方。暖水性，从春季到秋季活动，冬季潜伏在底泥深处。

2.9.3 成熟、产卵

2龄以上性成熟，最小性成熟体长30cm。产卵期5—7月，集中于6月，在雨后温暖的夜间，通过小溪和水渠溯游到池塘或稻田等水草茂盛的浅水区产卵。

体长30cm个体的怀卵量为1万～1.5万粒，体长60cm的怀卵量为10万粒左右。卵径为2.1～2.6mm，球形沉性附着卵。卵膜薄而透明，卵黄淡黄色-淡绿色，无油球。卵外侧有0.6～1.3mm厚的一层胶质卵膜，具微弱黏性，产出的卵附着在水草或水藻上。

2.9.4 发育、生长

适宜孵化温度为20℃左右，72～82h孵化。初孵仔鱼全长4.2～4.6mm，具3对须的原基。孵化后2～8d卵黄被吸收，全长约8mm。此时头扁平，口大能张开，主要摄食轮虫类和水蚤类。全长6～11mm时，下颌后方的1对须消失。1龄鱼体长10～15cm，2龄鱼体长20～30cm，4龄以上鱼体长约60cm。适宜生长水温为20～30℃。

2.9.5 食性

喜夜间活动，白天潜伏在阴暗处。肉食性，以鳑鲏、泥鳅类等小鱼为食，也捕食虾类、贝类等。

水温15℃以上时摄食活跃，25～30℃时摄食量达最大值。15℃以下摄食不活跃，10℃以下停止摄食。

2.9.6 解剖特征（图 2-9-6 ～图 2-9-14）

【口】

口裂大，下颌比上颌略微突出。犁骨上密布尖锐的小齿。上、下颌齿带宽，犁骨的左右齿带相连。口腔水平方向宽阔，舌不明显。咽部具椭圆形较大的上咽齿1对。

【脑】

嗅球与鼻腔接触，连通嗅束与嗅叶。视叶较大，左右两侧膨胀。小脑发达，向前膨出，覆盖视叶。延髓发达，两侧肥大。

【鳃】

鳃弓5对，前4对具鳃瓣，第5对只有鳃耙。鳃瓣较短，鳃耙在鳃弓内缘，前排呈粗圆锥状。第1鳃弓的鳃耙为11个左右。

【消化道】

整个胃近V形。无幽门垂。肠道短厚，在腹腔内盘曲数回。

【肝脏】

大，红褐色。分为左右两叶，左侧较大。

【胆囊】

黄红色，细长的袋状。

【鳔】

银白色，类似心脏的圆形。腹面中心有一个较浅的缢痕，缢痕前方部位的鳔管与消化道相连。背面中心部分有一个较深的缢痕，将鳔分左右部分嵌在背侧脊椎骨两侧。

【生殖腺】

卵巢黄色，圆锥形。精巢呈不规则的叶状。

【脾脏】

暗红色，处于肠道周围与鳔之间的位置。

【肾脏】

头肾小，与体肾区分明显。体肾大，在鳔的后缘呈V形。体肾后端有输尿管，经过膀胱通向泌尿孔。

【体侧肌】

白色中带黄色。

【骨骼】

头骨扁平。脊椎骨58～63个，躯椎骨14个左右。胸椎的髓棘粗且短，肋骨也短。躯椎骨的髓棘和脉棘细长。背鳍下近端支鳍骨有4条。腰带位于后方，远离肩带。

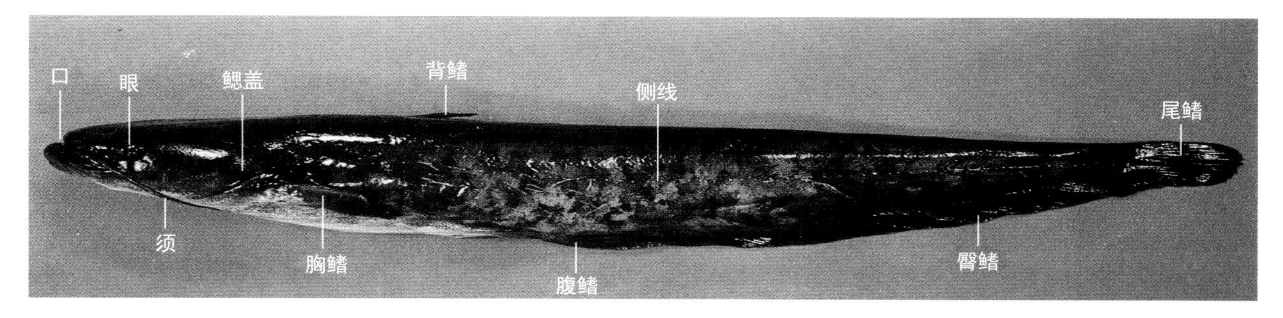

图 2-9-3　形态特征

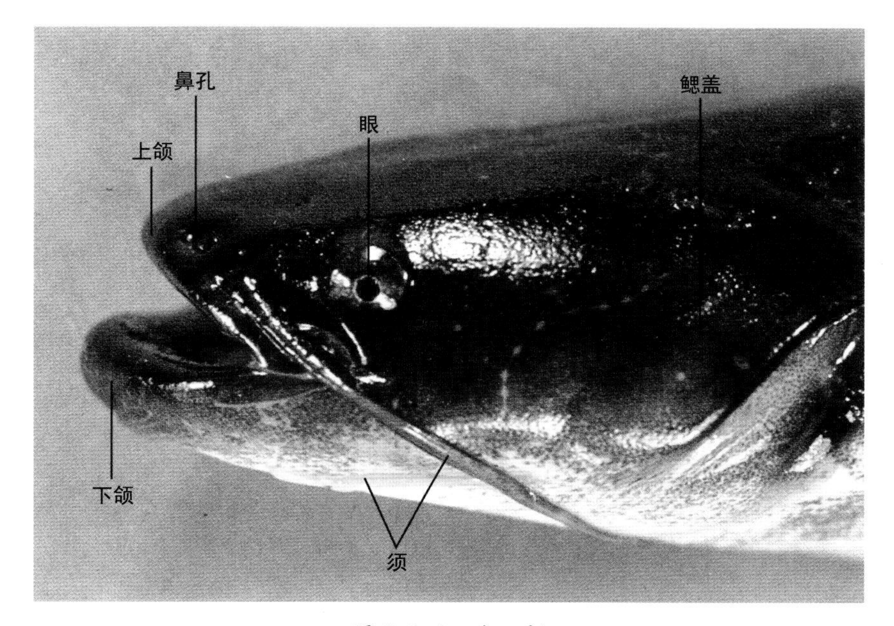

图 2-9-4　头　部

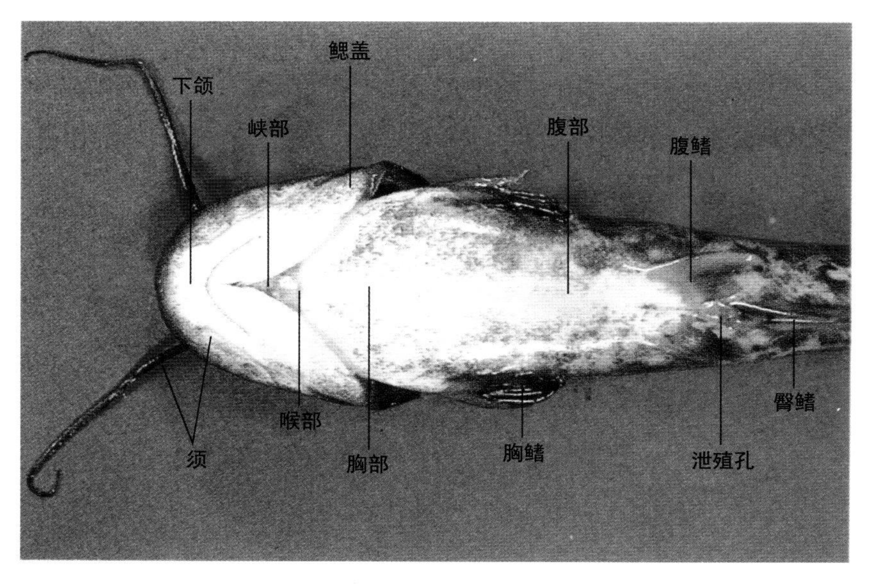

图 2-9-5　腹　部

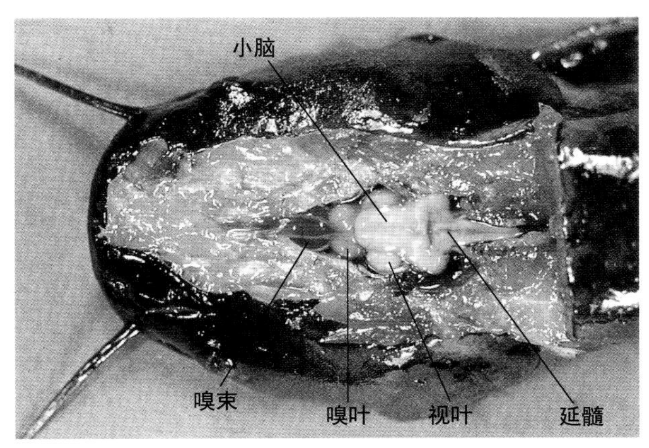

图 2-9-6　脑

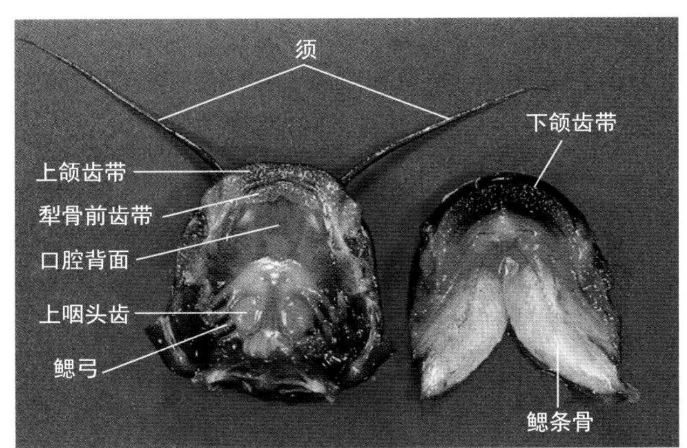

图 2-9-7　上颌与下颌（口腔内面）

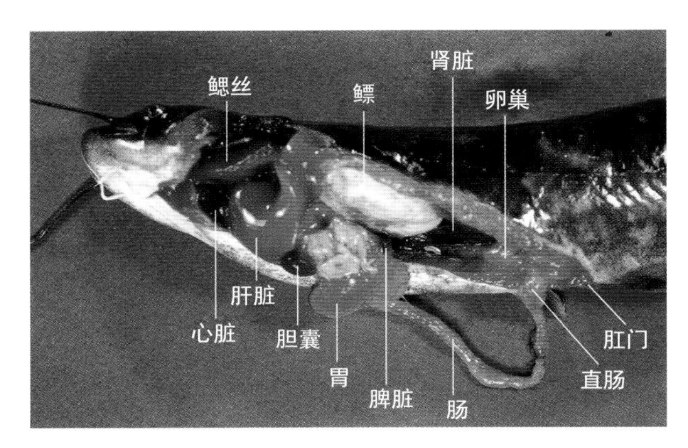

图 2-9-8　内脏（左侧）

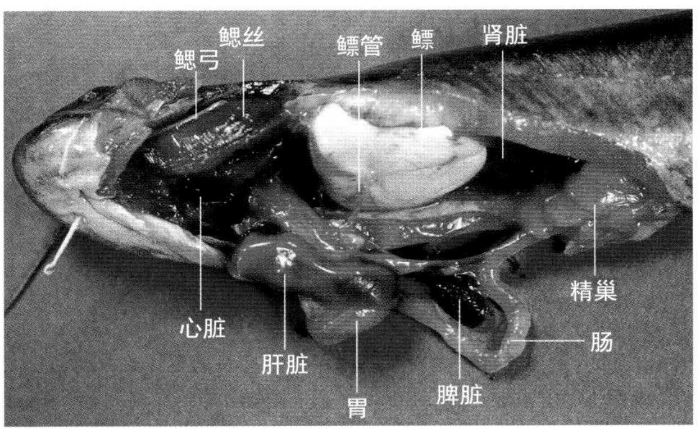

图 2-9-9　内脏（斜左侧）

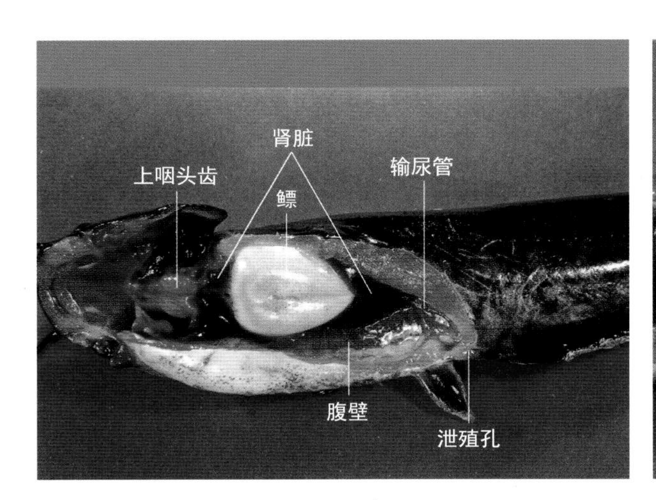

图 2-9-10　内　脏

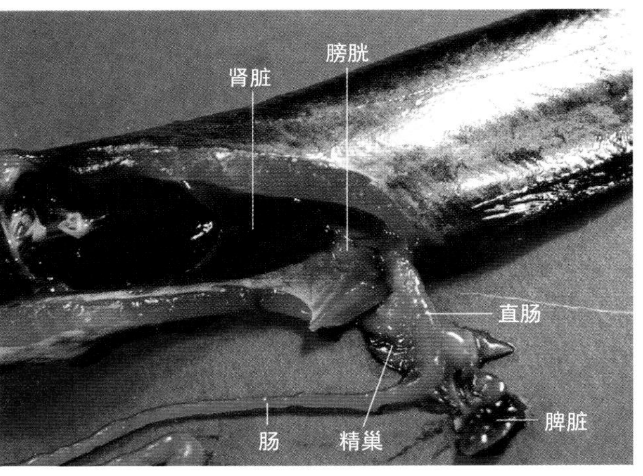

图 2-9-11　内脏（示生殖腺）

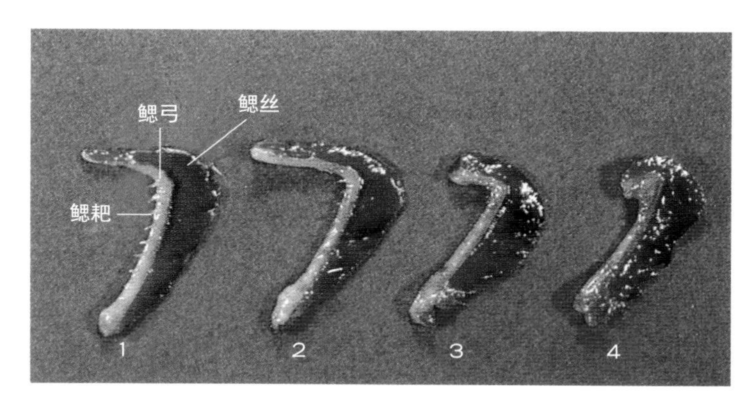

图 2-9-12　鳃

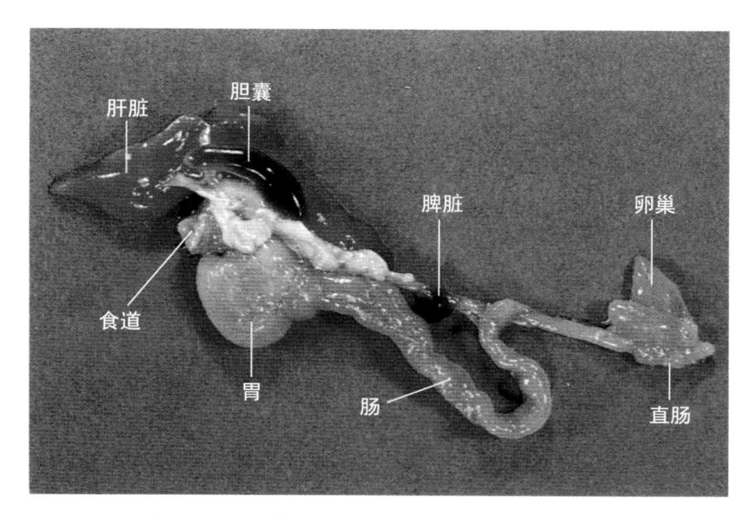

图 2-9-13　内脏放大图（消化系统与卵巢）

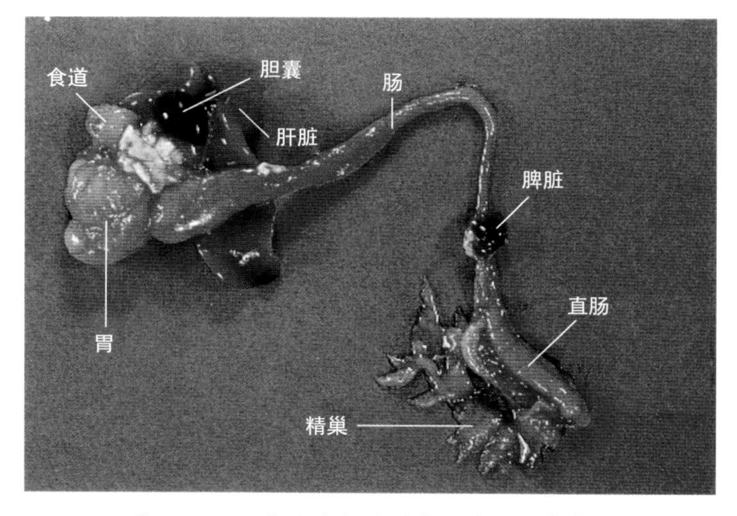

图 2-9-14　内脏放大图（消化系统与精巢）

（小原昌和）

2.10 亚洲公鱼

Hypomesus transpacificus nipponensis McAllister

亚洲公鱼为鲑形目、胡瓜鱼科、公鱼属鱼类，其解剖图和骨骼图分别见图2-10-1和图2-10-2。

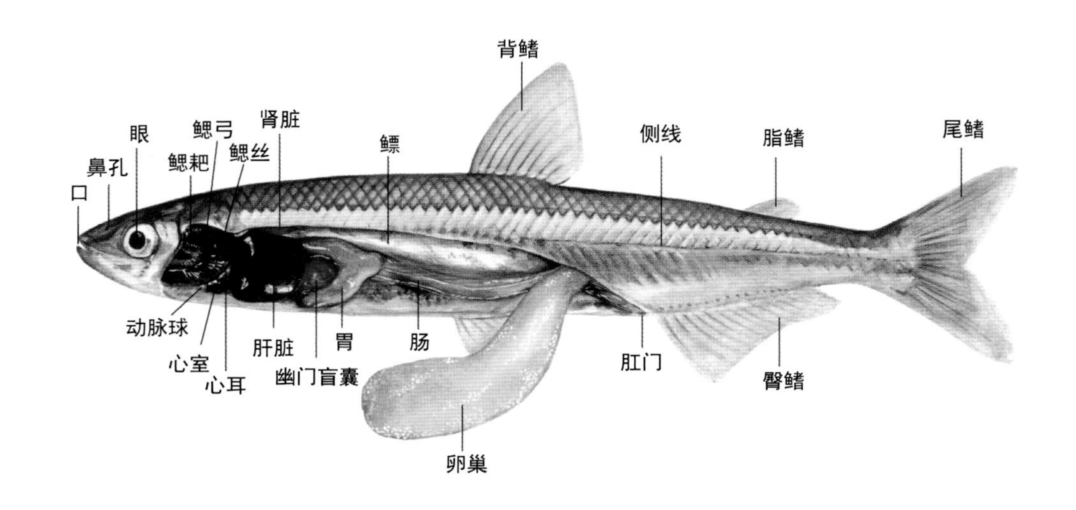

图 2-10-1　解剖图

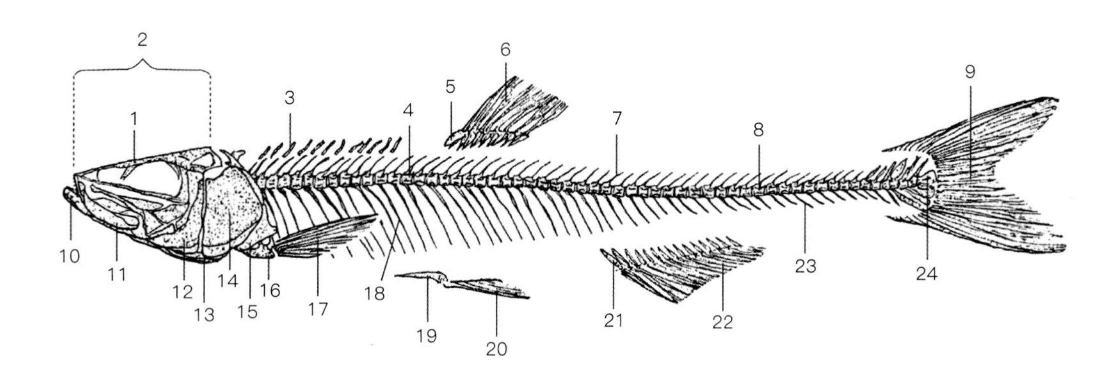

图 2-10-2　骨骼图

1. 额骨　2. 头盖骨　3. 上髓棘　4. 躯椎骨　5. 背鳍近端支鳍骨　6. 背鳍条　7. 髓棘　8. 尾椎骨　9. 尾鳍条　10. 齿骨　11. 上颌骨　12. 前鳃盖骨　13. 鳃条骨　14. 主鳃盖骨　15. 匙骨　16. 乌喙骨　17. 胸鳍条　18. 腹肋　19. 腰带　20. 腹鳍条　21. 臀鳍近端支鳍骨　22. 臀鳍条　23. 脉棘　24. 尾骨

2.10.1 外部特征（图 2-10-3，图 2-10-4）

身体细长呈纺锤形。体表暗黄色间或有淡灰色，身体侧面下部与腹面之间呈银白色。背鳍与尾鳍之间有脂鳍。体表鳞片很薄，易脱落。头部有细小黑斑，雌鱼的斑点数量多于雄鱼。成鱼体长约15cm。

2.10.2 分布、栖息

分布在太平洋利根川以北，日本海沿岸则主要分布在岛根县以北的沿岸海域、咸水湖。也可在入海河流、湖泊中生存，霞浦、北浦、涸沼、八郎潟、三方湖、穴道湖等淡水湖泊均有自然分布。在淡水环境中容易陆封繁殖，日本各地湖泊、人工湖的移殖群体也可在当地繁殖。

属半咸水鱼类，广盐性，在淡水甚至海水中均可生存。耐温范围广，生存水温0～30℃。对浊度等环境变化的适应性也很强。

夏季在中、表水层活动，冬季则栖息于底层。白天集群游动，夜间分散活动。繁殖期会在傍晚日落前后集群作溯河洄游。

2.10.3 成熟、产卵

1龄鱼体长5.5～11cm，体重2～11g。最小性成熟体长4.6cm。多数产卵后即死亡，只有极个别雌鱼可于第二年再次性成熟产卵。日本北部的雄鱼数量多于雌鱼，日本中部至九州海域则雌鱼稍多于雄鱼。营养贫乏的人工湖中，雄鱼显著多于雌鱼。

产卵期集中在1—4月。北海道则集中在4—6月。产卵期水温在4.5～10℃，产卵高峰期时的水温为5～8℃。

产卵活动于夜间进行。在与海、湖连通的河流下游、宽敞湖岸的砾石底产卵，或者将卵产于水草上。怀卵量在400～24 000粒，并且随体长的增长呈比例增加。卵径约1mm，为球形附着性沉性卵。依靠表面黏着膜黏附在砾石、水草上，以防止随波流动。

2.10.4 发育、生长

孵化温度为6.0～17.5℃。在10℃左右，受精16～18d成为发眼卵，发眼卵至孵化需8～10d。

初孵仔鱼全长6mm左右，孵化60d后体长可达3cm。体形成型后鳍条数也随之固定。孵化后8—9月体长可达5cm。

在冬季水温高、夏季水温低的年份生长速度快。寿命为1年，2～3龄鱼很少见。据报道，北海道的网走湖有4龄鱼。

2.10.5 食性

孵化4d后即开始摄食，以单细胞藻类、轮虫为主要饵料。此外，体长6.5cm以上的个体还摄食水蚤，以金鱼虫、羽化期的摇蚊科幼虫等为主要饵料，对饵料基本无选择性。

多在黎明和傍晚进行摄食活动，白天多集群捕食，夜间则集群分散，不摄食。产卵前后摄食量会显著增大。

2.10.6 解剖特征（图 2-10-5 ～图 2-10-9）

【口】

口稍小，下颌比上颌稍长，向上微曲与上颌紧密闭合。舌呈细条状，游离。牙齿不发达，尖锐，两颌和舌上的齿发达，无咽齿。

【脑】

包裹在脂肪状物质当中。嗅球与嗅叶紧密相连，且二者都很小。视叶较大，其尖端位于脑腔中央。小脑略小，视叶后方细长，向外突出。延脑侧面较大。

【鳃】

共有5对鳃弓，第5对鳃弓只具鳃耙，无鳃丝。第1鳃弓内侧鳃耙发达，与鳃丝长度相等或长于鳃丝，鳃耙数在30对左右。鳃盖内侧有发达的伪鳃。

【消化管】

U形胃，幽门盲囊不明显，4个幽门盲囊都较短。肠细小，在食道附近反转后直通肛门。

【肝脏】

红褐色，单叶状，体积较大。

【胆囊】

细小圆袋状，黄绿色，附着在肝脏右侧。

【鳔】

细长纺锤形，贴附在腹腔背面，与腹腔后半部分相连。鳔前部较短，通过鳔管与消化管相连。

【生殖腺】

成熟期左侧卵巢或精巢大于右侧，占据大半个腹腔。右侧生殖腺不到左侧生殖腺的½，位于腹腔后部的右侧。

【脾脏】

暗红色，与胃的贲门部相连。

【肾脏】

细长，体腔背面靠近脊柱。

【体侧肌肉】

具透明感，白色。

【骨骼】

头盖骨细长，眼前部稍长。脊椎骨56个左右，躯椎骨28个左右。肋骨细长。髓棘和脉棘均较短。背鳍前方上髓棘12个以上，均很短。背鳍近端支鳍骨与臀鳍近端支鳍骨都很短小，二者离髓棘或脉棘较远。腰带离肩带较远，显著后位。

图 2-10-3　形态特征

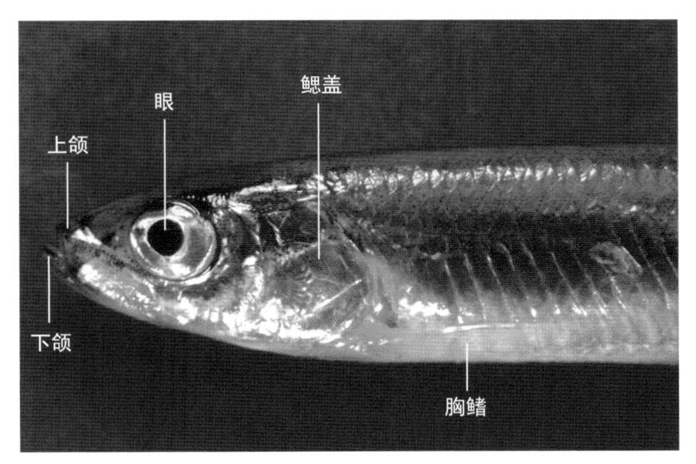

图 2-10-4　头　部

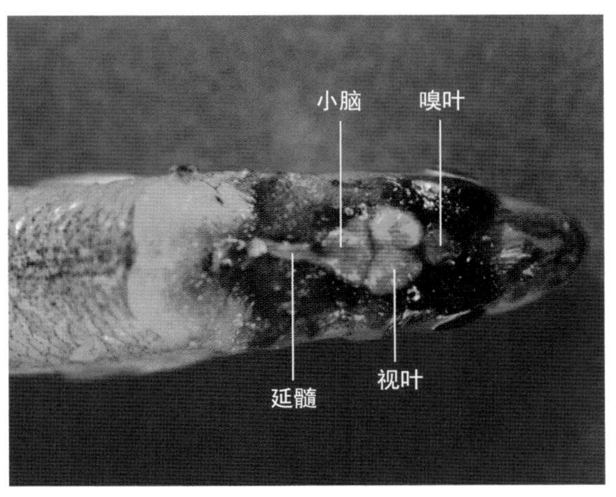

图 2-10-5　脑

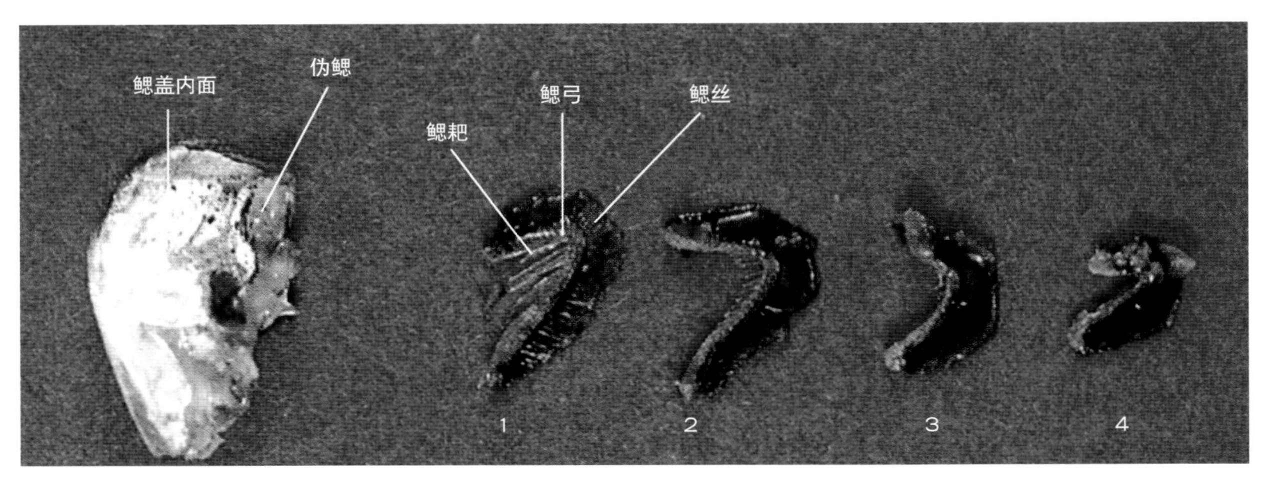

图 2-10-6　鳃

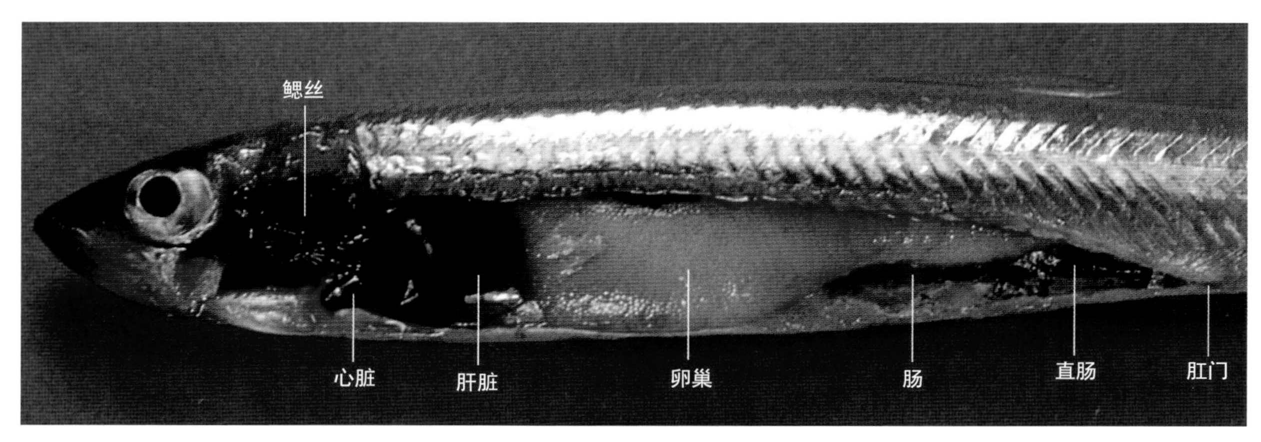

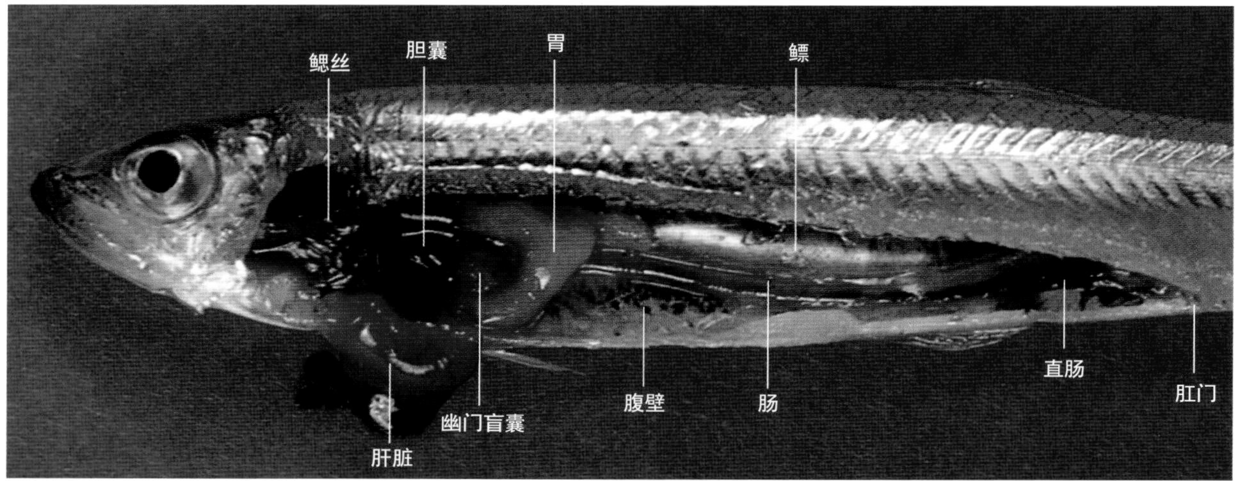

图 2-10-7　内脏（左侧）

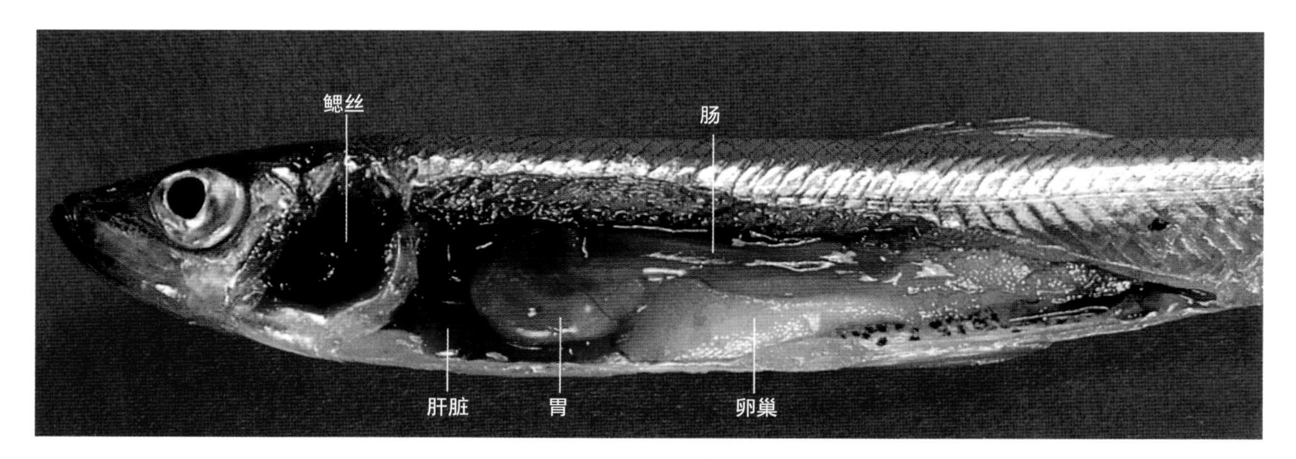

图 2-10-8　内脏（右侧）

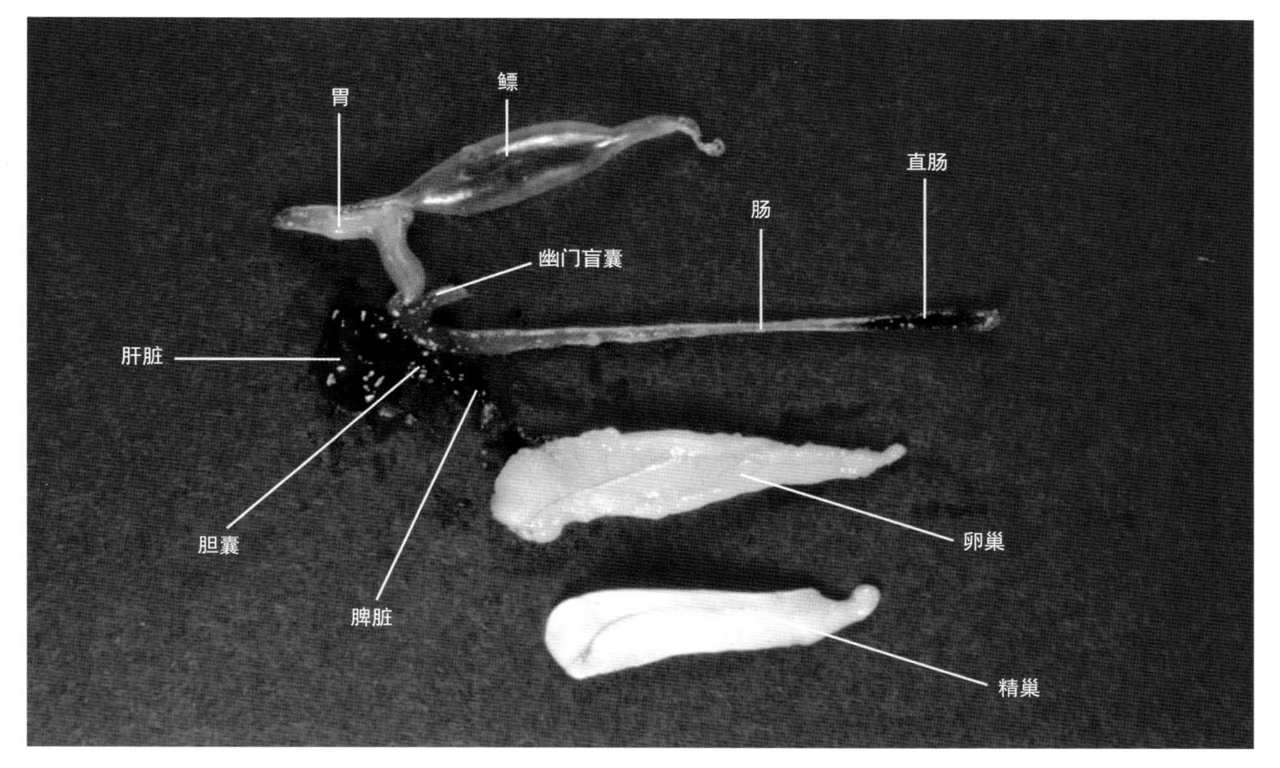

图 2-10-9　消化系统与生殖腺

（小原昌和）

2.11 香鱼

Plecoglossus altivelis （Temminck & Schlegel）

香鱼为胡瓜鱼目、香鱼科、香鱼属鱼类，其解剖图和骨骼图分别见图2-11-1和图2-11-2。

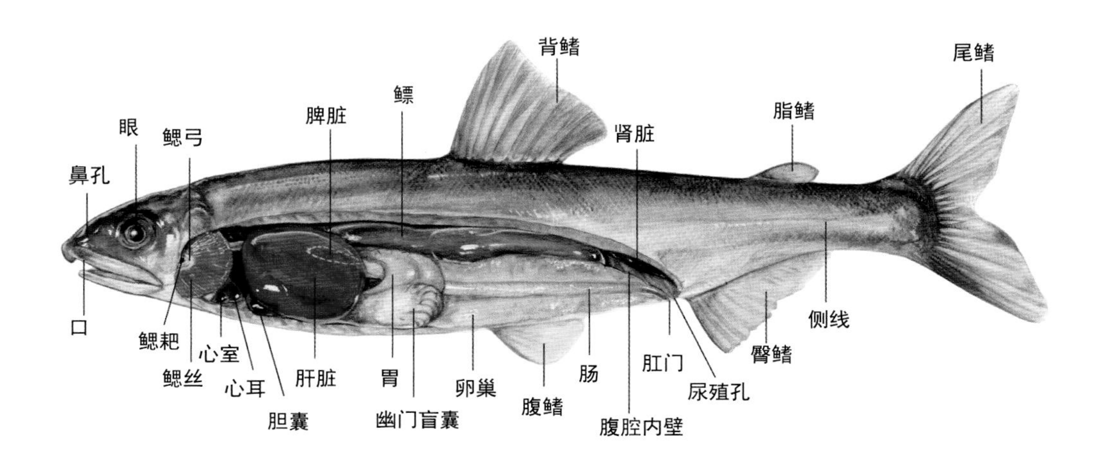

图 2-11-1　解剖图

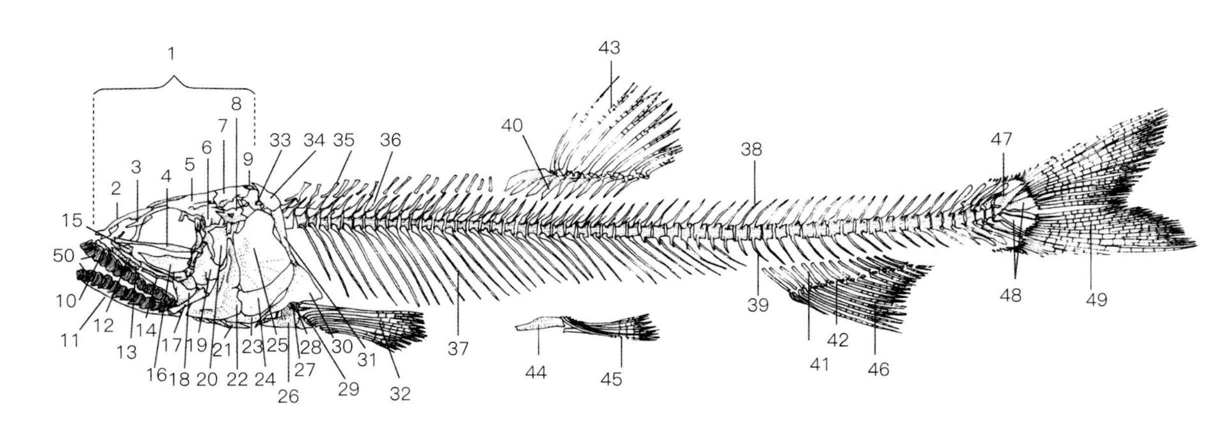

图 2-11-2　骨骼图

1. 头盖骨　2. 犁骨　3. 侧筛骨　4. 副蝶骨　5. 额骨　6. 蝶耳骨　7. 顶骨　8. 翼耳骨　9. 上枕骨　10. 前颌骨　11. 齿骨　12. 上颌骨　13. 泪骨　14. 眶下骨　15. 腭骨　16. 内翼骨　17. 隅骨　18. 方骨　19. 后翼骨　20. 舌颌骨　21. 鳃条骨　22. 前鳃盖骨　23. 间鳃盖骨　24. 下鳃盖骨　25. 主鳃盖骨　26. 乌喙骨　27. 中乌喙骨　28. 肩胛骨　29. 辐状骨　30. 匙骨　31. 上匙骨　32. 胸鳍条　33. 上颞骨　34. 后颞骨　35. 上髓棘　36. 椎体小骨　37. 肋骨　38. 髓棘　39. 脉棘　40. 背鳍近端支鳍骨　41. 臀鳍近端支鳍骨　42. 臀鳍远端支鳍骨　43. 背鳍条　44. 腰带　45. 腹鳍条　46. 臀鳍条　47. 尾部棒状骨　48. 尾下骨　49.尾鳍条　50.梳状齿

2.11.1 外部特征（图 2-11-3）

尾柄背面有脂鳍，上下颌大约有35个梳状齿并列排布，肩带部有金黄色斑纹。成鱼全长25cm以上，偶尔有超过30cm的个体。

2.11.2 分布、栖息

从北海道西部一直到九州岛南部，朝鲜半岛到中国的山东至福建，以及越南的河流、湖泊、沿岸均有分布。陆封种在日本琵琶湖、本栖湖、西湖、池田湖、鳗池等水域，以及规模较大的水库中均有栖息。

栖息水温9～22℃，最适水温13～18℃。盐度在20以下。仔鱼主要在沿岸表层营浮游生活。4月前后稚鱼开始作溯河洄游，春夏季到达河流中上游栖息。9—12月开始作降河洄游。琵琶湖中的香鱼在湖岸度过仔鱼期后，稚鱼和成鱼开始集群生活在深水区，产卵期移动到湖岸边产卵。

2.11.3 成熟、产卵

河流中的香鱼最小性成熟体长约8.5cm，湖泊中的香鱼最小性成熟体长则为7cm。河流中的香鱼体长10cm、15cm、18cm时，其怀卵量分别为5 000粒、1.5万粒、2万粒。体型超大的香鱼怀卵量可在10万粒左右。湖中的香鱼体长8cm、10cm时，怀卵量分别为7 000粒、2万多粒。日本东部河流中的香鱼9月下旬至11月下旬，日本西部河流中的10月中旬至12月下旬在下游水域产卵。最适产卵水温为14～19℃，3～5℃的水温骤降会刺激亲鱼产卵。琵琶湖中香鱼的产卵时间则为8月下旬至10月上旬，此时的产卵水温为17～22℃。

成熟卵直径约1.0mm，球形。动物极一侧有黏着膜，黏着膜表面有黏性。卵粒油球较多，为沉性卵。黏着膜黏附在固体黏着物上。湖中香鱼的卵则较小，直径约为0.6mm。

2.11.4 发育、生长

孵化温度12～20℃，12℃时所需孵化时间为3周，20℃时则只需10d。人工孵化的仔鱼全长6～7mm，湖中的初孵仔鱼在5mm左右。孵化后3～4d卵黄基本吸收完毕，体长25～60mm阶段为透明仔鱼期，之后变态发育到稚鱼期。当水温在14～16℃时，体长5～6cm的稚鱼开始溯河洄游。6—8月，幼鱼生长迅速，具领域行为，腹腔内开始有大量脂肪积累。湖中香鱼的变态发育相对缓慢，生长迟缓，此时体长仅为10cm。多数雌鱼产卵结束后死亡，也有少数雌鱼产卵后可存活至第二年。

2.11.5 食性

海水中的仔鱼主要以桡足类、海鞘类、端足目等的幼体为食。开始溯河洄游阶段，除浮游动物，还以附着硅藻、摇蚊虫等为食。全长7cm以上的香鱼主食蓝藻、硅藻等附着藻类。琵琶湖中的香鱼进入成鱼阶段仍主要以水蚤为食。水温在10℃以下或28℃以上时基本不摄食，水温15～25℃范围内摄食旺盛。

2.11.6 解剖特征（图 2-11-4 ～图 2-11-10）

【口】

左右上颌骨相距较远，两上颌骨之间有一肉瘤状突起。左右两齿骨也相距较远。口腔上皮褶皱发达。上颌肉瘤状突起上有10个左右犬状齿，上下两颌各有34～37个梳状齿。梳状齿在上颌分12～14列排布，在下颌则分11～13列排布。舌较小，犁骨无齿。舌的上面及内翼骨的内侧有微小的圆锥状齿。

【脑】

整体偏小。但嗅球与嗅叶相对较大，且二者紧密相连。视叶相对发达。小脑中部发达。

【鳃】

共有鳃弓4对。第1鳃弓鳃耙呈棍棒状。上鳃耙数20个，下鳃耙数29个。鳃耙较为短小，鳃丝较长且发达。伪鳃鳃丝量少且短。上咽骨与咽鳃骨上有一些微小细齿。

【消化管】

腹腔细长，腹膜暗色。食道较长。V形胃，无盲囊，贲门部比幽门部长，幽门部附近的胃壁较厚。在肠的开口处有6～8个幽门盲囊，这些幽门盲囊都很发达，分支数量为350～400个。肠短，十二指肠部位反向盘曲后变直。

【肝脏】

体积较小，单叶状，呈鞍形，位于胃的左侧。

【胆囊】

袋状，位于肝脏内侧。

【鳔】

大，两端很细。

【生殖腺】

左侧生殖腺稍大于右侧。左生殖腺位于腹腔前部、肝脏和胃的背侧面。右生殖腺位于腹腔后部、靠近鳔后端的部位。

【骨骼】

头盖骨细长且平滑，腹缘少许弯曲。无眶蝶骨、基蝶骨、后匙骨及辅上颌骨。有6个鳃条骨，最后一鳃条骨很宽。总脊椎骨数61～62个，其中尾椎骨21～22个。肋骨细长发达，椎体小骨较短。脉弓与脉棘起始于同一脊椎骨上。关节突不发达。尾椎骨前的第2至第6椎骨的髓棘与脉棘较突出。上髓棘沿头盖骨一直分布到支鳍骨附近，数目在16个以上。肩带处有中乌喙骨。

2.11.7 野生与养殖香鱼的差异

香鱼的性成熟和产卵状况会随着光照时长而改变。延长1d的日照时间会推迟香鱼的性成熟和产卵时间。利用这种方法使得养殖香鱼在秋冬季也能上市。养殖的香鱼通常肉质肥满、软嫩，但香味稍差。

图 2-11-3 形态特征（上为雌，下为雄）

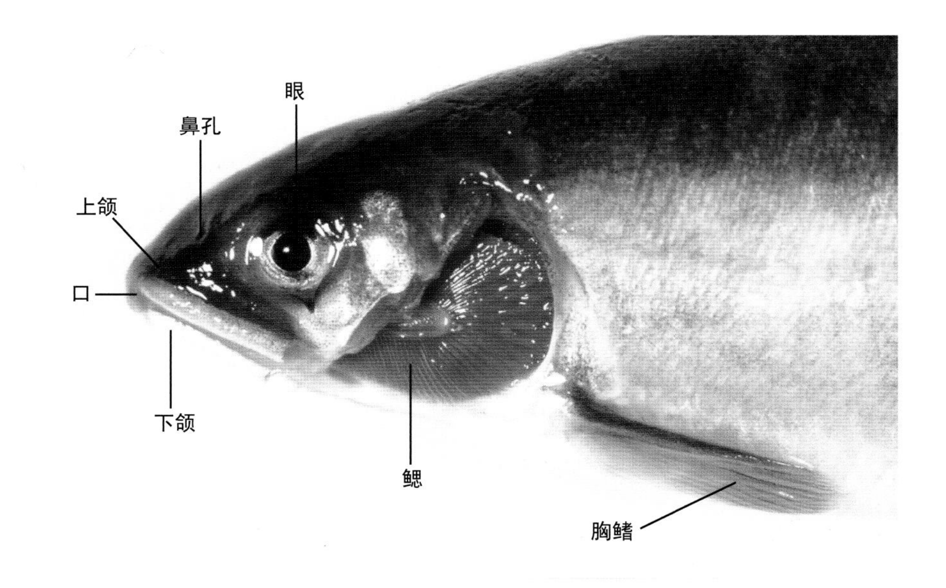

图 2-11-4 头部侧面

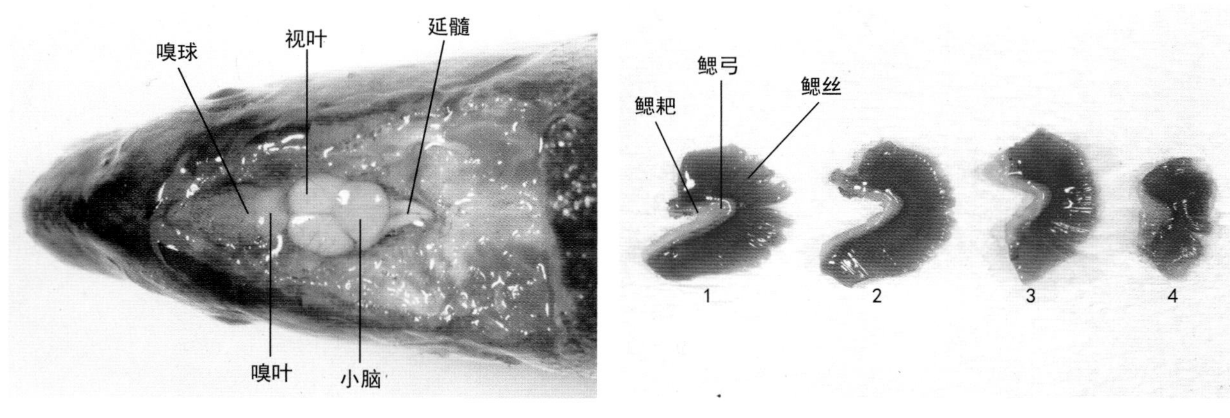

图 2-11-5　脑

图 2-11-6　鳃

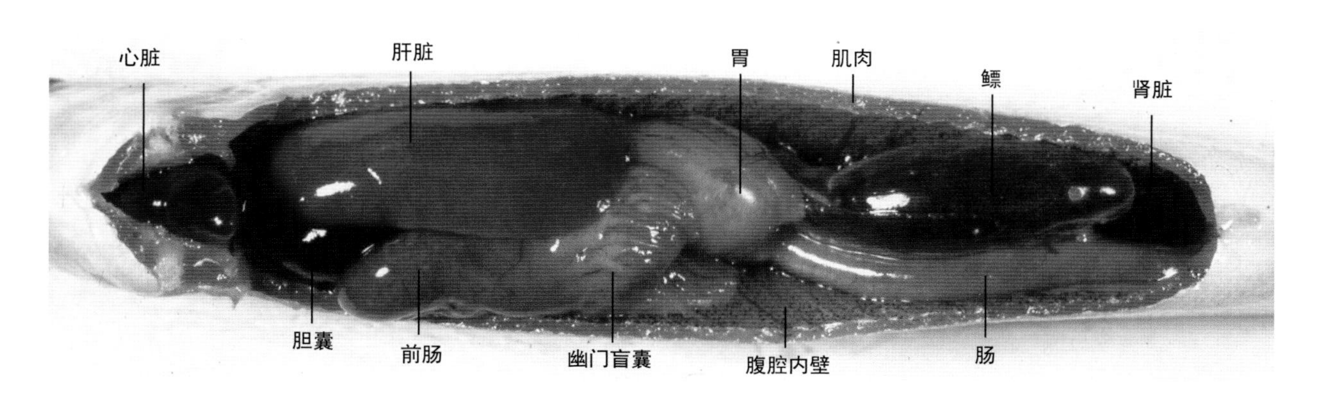

图 2-11-7　内脏（已去除生殖腺）

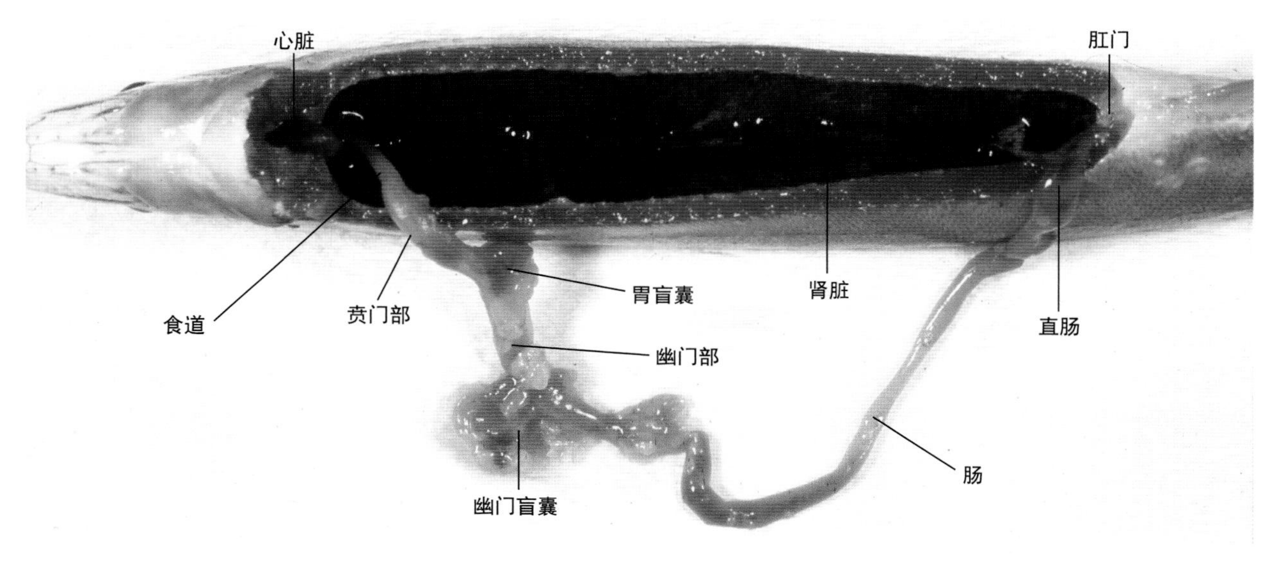

图 2-11-8　消化系统

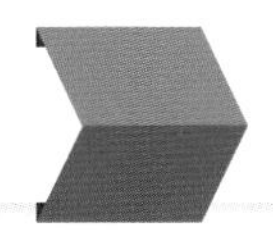

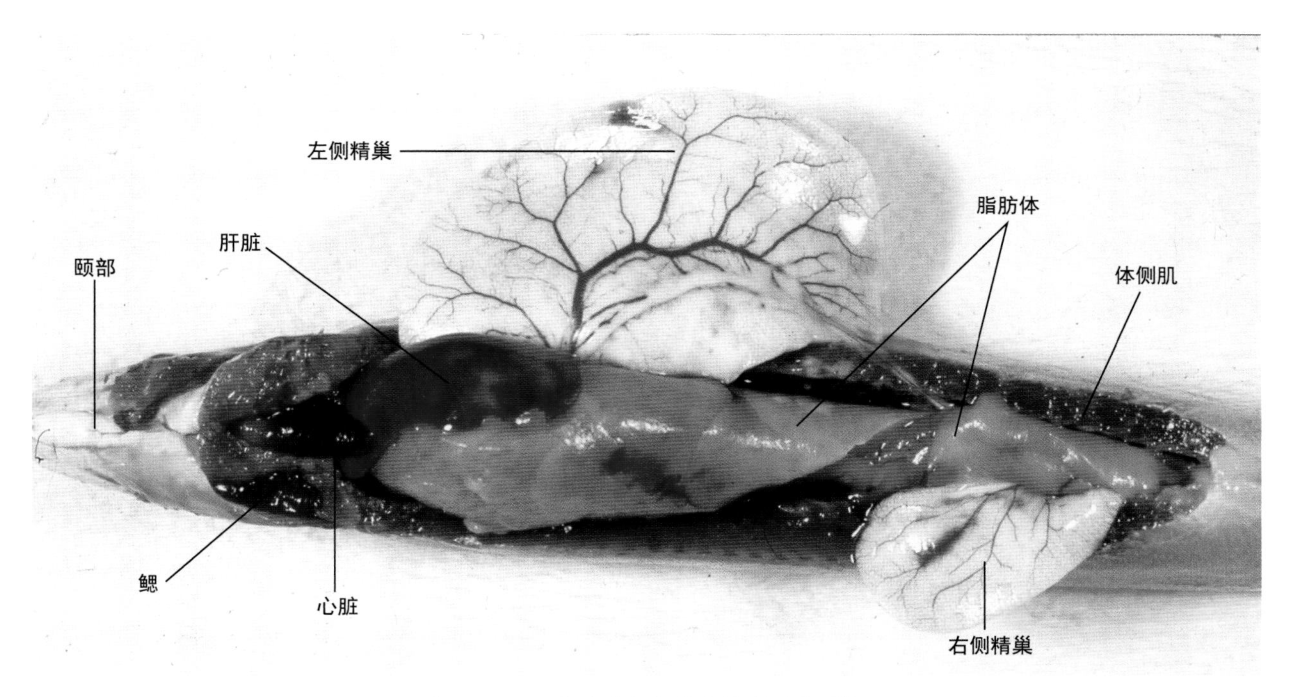

图 2-11-9　内脏（消化器官被脂肪包裹）

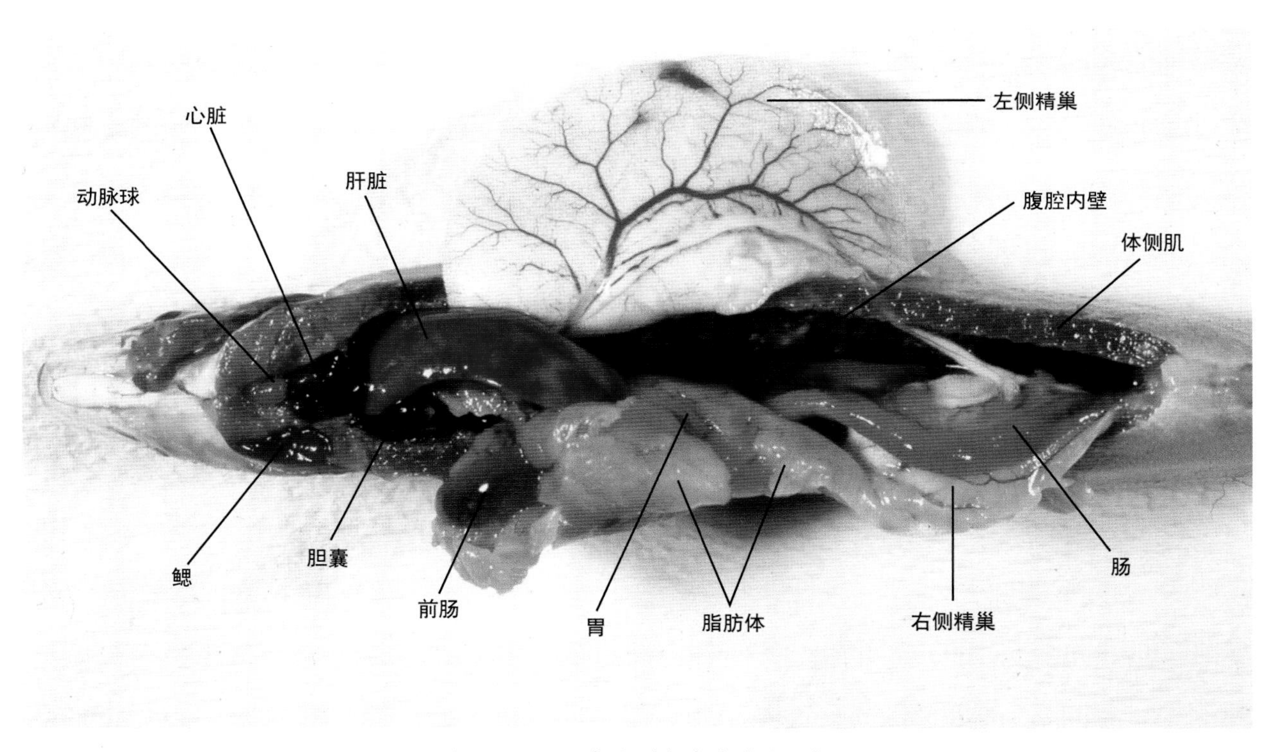

图 2-11-10　内脏（部分去除脂肪）

（城泰彦、石田实）

2.12 马苏大马哈鱼

Oncorhynchus masou ishikawae Jordan & McGrgor

马苏大马哈鱼为鲑形目、鲑科、大马哈鱼属鱼类，其解剖图和骨骼图分别见图2-12-1和图2-12-2。

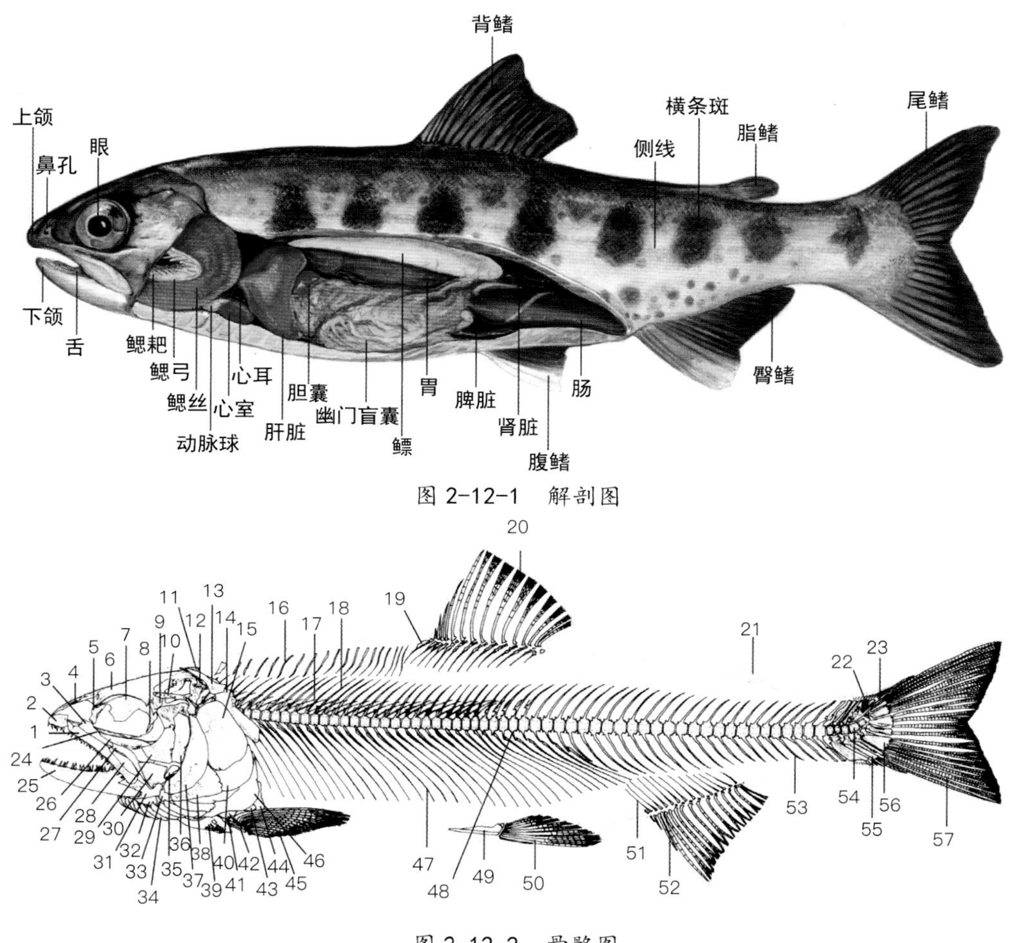

图 2-12-1　解剖图

图 2-12-2　骨骼图

1. 上颌骨　2. 前颌骨　3. 腭骨　4. 筛骨　5. 侧筛骨　6. 额骨　7. 眶蝶骨　8. 基蝶骨　9. 蝶耳骨　10. 翼耳骨　11. 上枕骨　12. 上颞骨　13. 后颞骨　14. 上匙骨　15. 主鳃盖骨　16. 不完全髓间棘　17. 髓弓小骨　18. 髓棘　19. 背鳍近端支鳍骨　20. 背鳍条　21. 脂鳍　22. 尾上骨　23. 尾髓棘　24. 副蝶骨　25. 齿骨　26. 内翼骨　27. 外翼骨　28. 辅上颌骨　29. 后翼骨　30. 方骨　31. 关节骨　32. 角舌骨　33. 上舌骨　34. 鳃条骨　35. 隅骨　36. 舌颌骨　37. 前鳃盖骨　38. 间鳃盖骨　39. 乌喙骨　40. 下鳃盖骨　41. 中乌喙骨　42. 辐状骨　43. 肩胛骨　44. 后匙骨　45. 胸鳍条　46. 匙骨　47. 肋骨　48. 椎体横突　49. 腰带　50. 腹鳍条　51. 臀鳍近端支鳍骨　52. 臀鳍条　53. 脉棘　54. 尾鳍椎　55. 准尾下骨　56. 尾下骨　57. 尾鳍条

2. 12. 1 外部特征（图 2-12-3 ～图 2-12-5）

马苏大马哈鱼分陆封型和洄游型两种。陆封型体侧有暗紫色条斑或小黑点及暗红色小斑点分布；降海洄游型鱼体细长，体表银白色，背鳍和尾鳍前端呈黑色。陆封型成鱼全长25cm左右，降海洄游型成鱼体长40cm以上。但湖泊和水库中偶尔也有全长40～50cm的个体。

2. 12. 2 分布、栖息

太平洋沿岸的神奈川县、濑户内海、四国岛全境、濒临濑户内海九州岛等地河流中均有分布。最近，通过放流马苏大马哈鱼，北海道、日本海沿岸地区的河流中也有分布。晚秋时节，银化的1龄鱼进行降河洄游，在海中生活约半年之后，于翌年4月上旬开始溯河洄游，此时的体重是降河洄游时的10倍左右。

2. 12. 3 成熟、产卵

1龄鱼体长13～15cm，2龄鱼体长20～22cm，两年即可性成熟。少数雄鱼可于第一年性成熟。性比接近1:1。卵粒淡黄色，卵径约5mm。怀卵量500～1 700粒。体重100g、200g、300g、400g时的雌鱼怀卵量分别为250粒、500粒、800粒、1 000粒。野生鱼的怀卵量比养殖鱼少50～100粒。

产卵时间为每年10月下旬至11月下旬，产卵水温在14℃以下，最适产卵水温为9～11℃。产卵主要在水深10～30cm、流速0～30cm/s的沙砾场所进行。

2. 12. 4 发育、生长

受精卵眼部开始发育所需积温（孵化时的水温×所需天数）为200℃。积温为400～450℃时孵化。孵化后积温为300℃时卵黄吸收完毕，开始上浮。

养殖个体一年体重达20～60g，第2年末体重可达300g。体重W（g）与体长L（cm）的回归直线方程为：$\log W=3.13\log L-1.9615$。亲鱼一般在翌年性成熟产卵后死亡，也有部分个体存活。生长发育所需的最适水温需在15℃以下，稚鱼在20℃以下时摄食活跃，生长较快。

2. 12. 5 食性

野生鱼主要以水生昆虫，如蜉蝣为食，也会大量摄食落到水中的陆生昆虫。水温低于4℃摄食不活跃。水温在8～20℃时摄食积极。

2. 12. 6 解剖特征（图 2-12-6 ～图 2-12-12）

【口】

口较大，上颌较宽，上颌的末端被下颌包裹覆盖。主上颌骨到达眼后缘。上颌有一行齿，数目在20个左右。齿骨上亦有一列齿。犁骨较窄，呈Y形隆起。犁骨的顶部附近有两列齿排布。

腭骨较平滑，凹凸状突起较少，其上有一列齿，数目在10个左右。

【鳞】

小型圆鳞，鳞焦偏向基部。无鳞沟，基区的鳞嵴延伸至顶区，两区之间无差异。

【鳃】

有4对鳃弓。鳃耙较短但尖锐。第一鳃弓鳃耙数14～22个，一般集中在17～20个。伪鳃较发达。鳃条骨10～14个。

【脑】

嗅球较大，且紧贴嗅叶前方。视叶发达，小脑较小。

【腹腔】

腹部壁薄，乳白色。

【消化管】

V形胃，胃壁较厚。肠呈U形分布，转向后直通泄殖孔。胃与肠的接合处有幽门盲囊，数量为26～68个，一般集中在30～52个。

【肝脏】

中型大小，只有一叶，角状呈暗红色。

【脾脏】

胃的后方，暗红色豆形。

【肾脏】

咽头部直至肛门附近，紧贴脊柱部位分布，暗红色。

【生殖腺】

一对。卵巢颜色为黄色，且颜色会随着摄入饵料的变化而变化。精巢为乳白色。

【骨骼】

上颌骨宽大，其后背方有辅上颌骨。有眶蝶骨，方骨和关节骨在眼的后下方相连。不完全髓间棘的数量为19个，除第一个之外，其余均细长。脊椎骨62～66个。有上髓棘。尾椎骨末端的3个椎体较小。肩带有中乌喙骨与后匙骨。

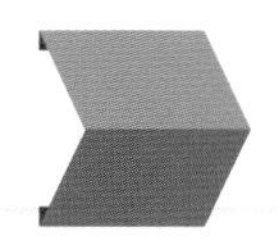

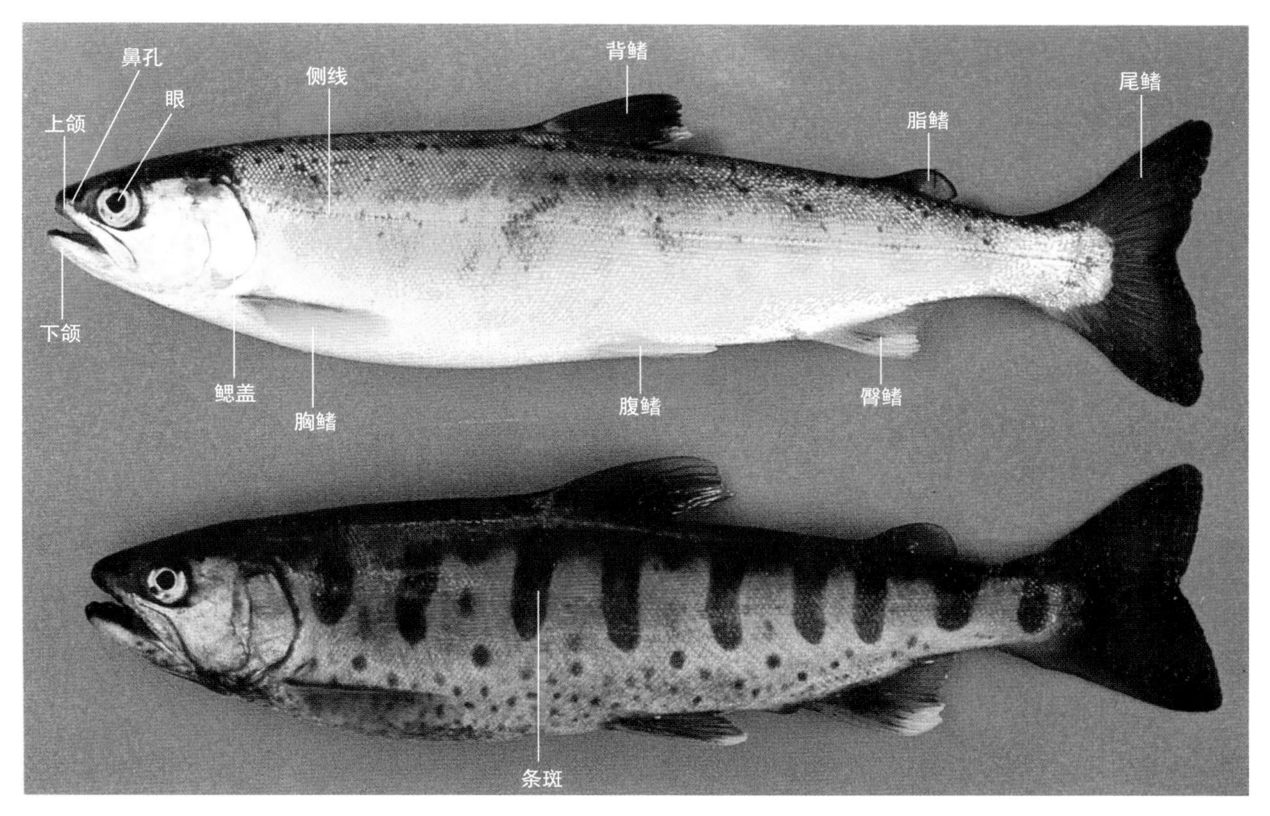

图 2-12-3　形态特征（上：洄游型，下：陆封型）

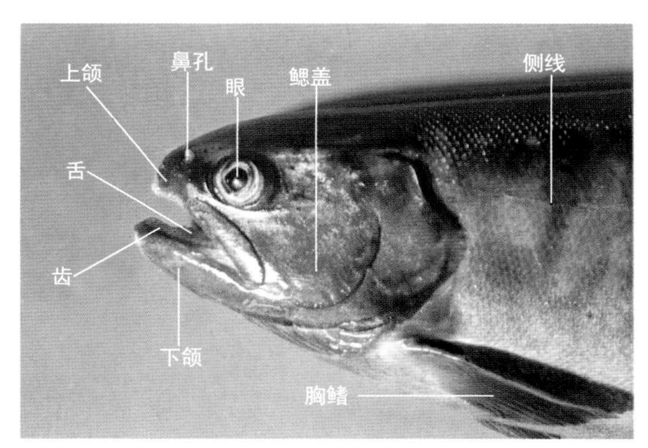

图 2-12-4　头部（雌）

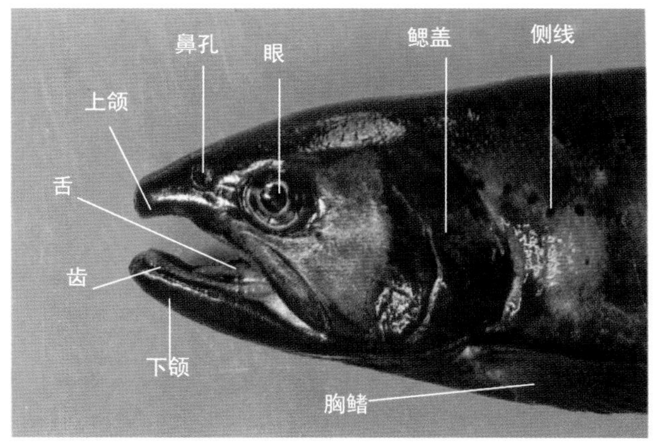

图 2-12-5　头部（雄）

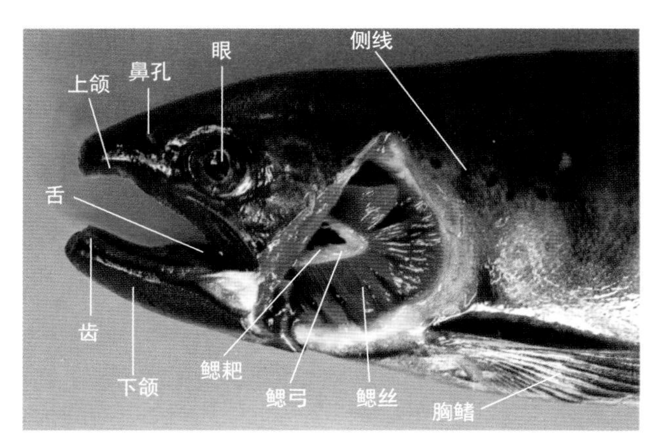

图 2-12-6　头部与鳃

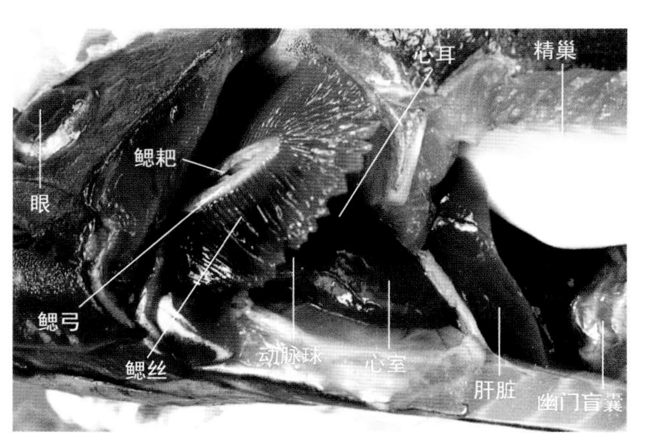

图 2-12-7　鳃与内脏

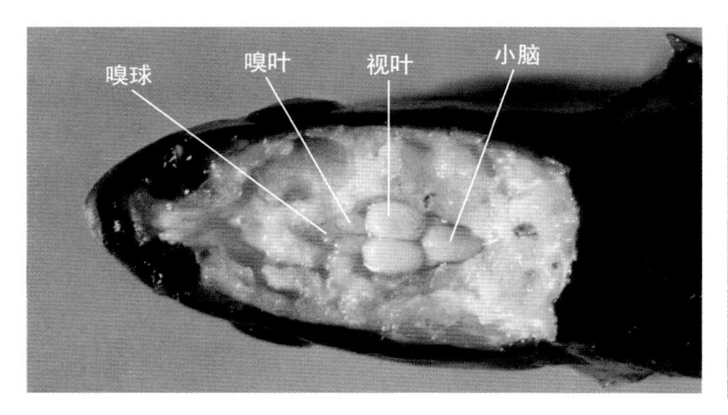

图 2-12-8　脑

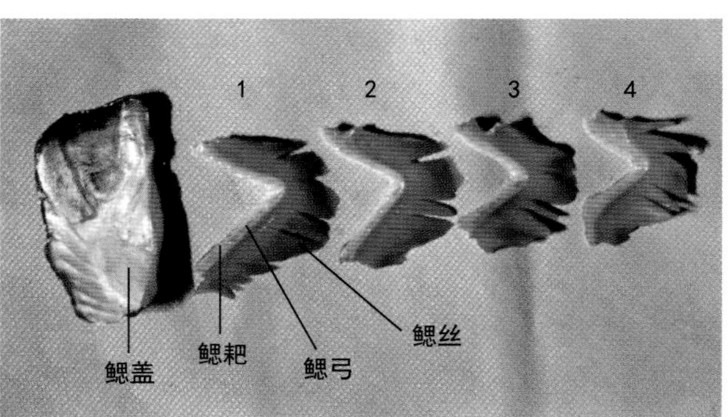

图 2-12-9　鳃

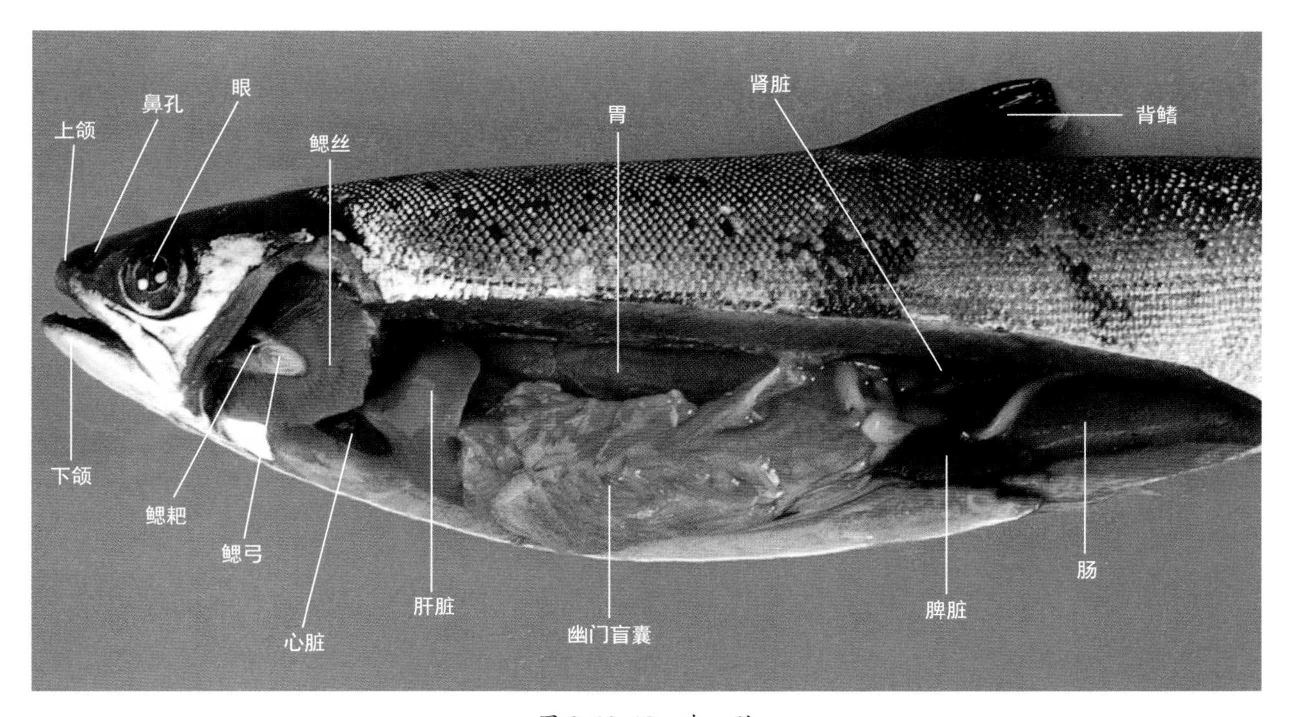

图 2-12-10　内　脏

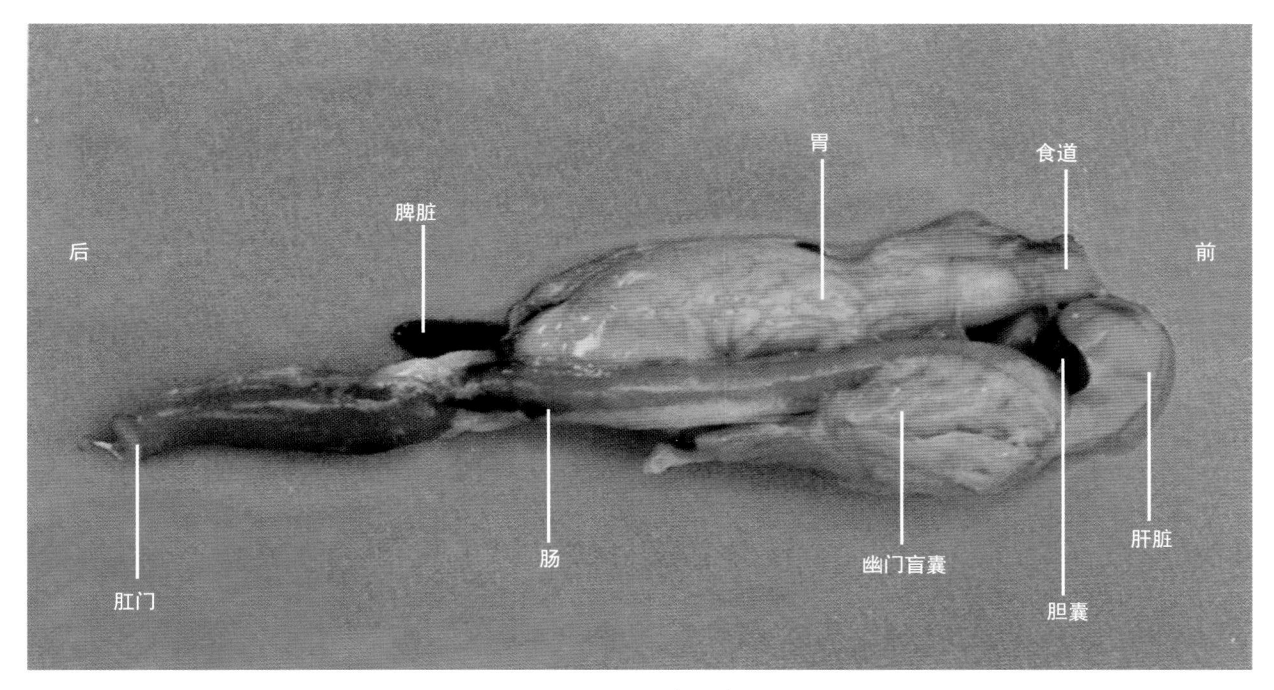

图 2-12-11 消化系统

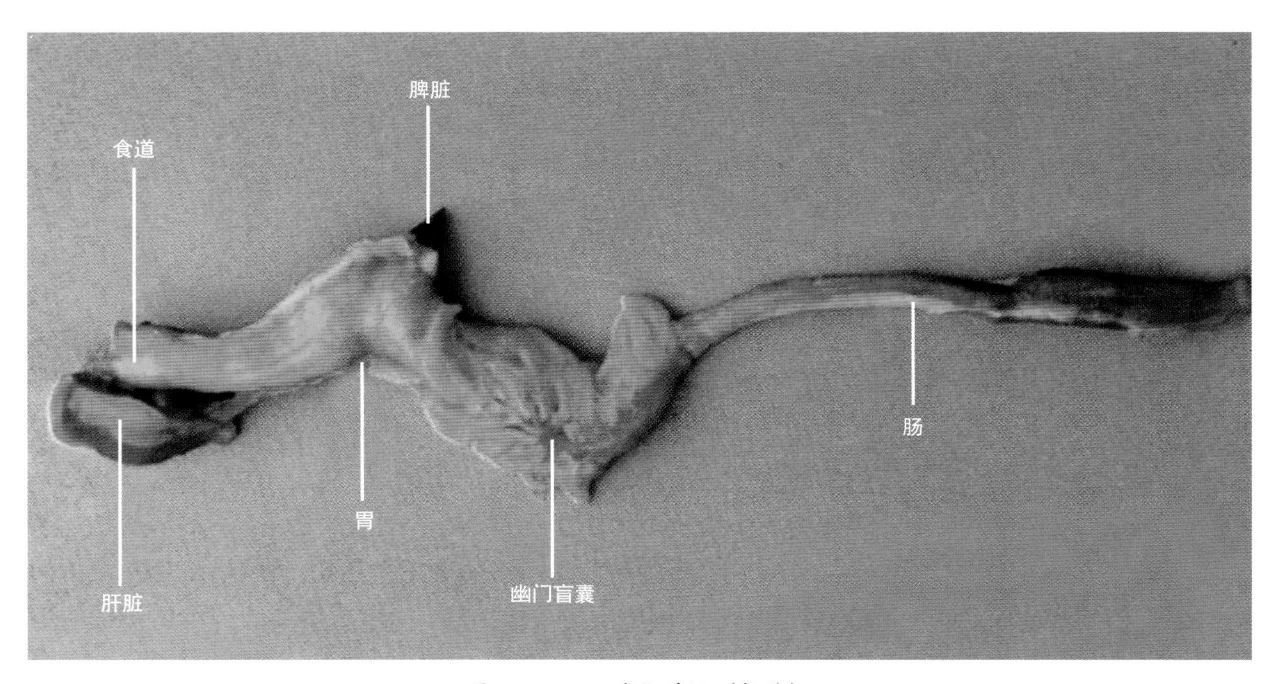

图 2-12-12 消化系统（拉伸）

（荒井真、村井贵史、中坊彻次）

2.13 大头鳕

***Gadus macrocephalus* Tilesius**

大头鳕为鳕形目、鳕科、鳕属鱼类，其解剖图和骨骼图分别见图2-13-1和图2-13-2。

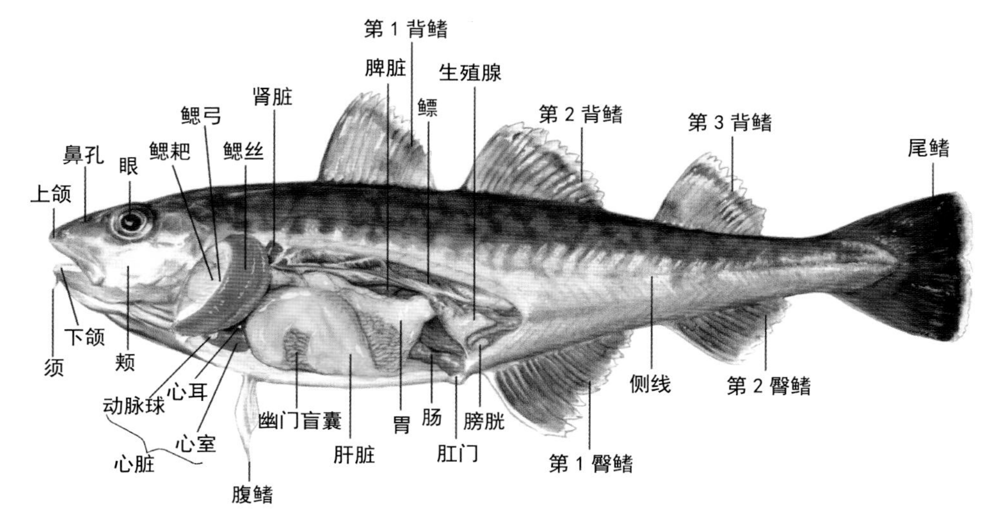

图 2-13-1　解剖图

图 2-13-2　骨骼图

1.前颌骨　2.上颌骨　3.鼻骨　4.筛骨　5.侧筛骨　6.腭骨　7.副蝶骨　8.眼窝　9.额骨　10.齿骨　11.第1眶下骨（泪骨）　12.内翼骨　13.关节骨　14.外翼骨　15.隅骨　16.方骨　17.后翼骨　18.续骨　19.前鳃盖骨　20.间鳃盖骨　21.鳃条骨　22.下鳃盖骨　23.舌颌骨　24.主鳃盖骨　25.上耳骨　26.翼耳骨　27.上枕骨　28.后颞骨　29.上匙骨　30.匙骨　31.乌喙骨　32.后匙骨　33.肩胛骨　34.辐状骨　35.胸鳍条　36.腰带　37.腹鳍条　38.背鳍条　39.背鳍近端支鳍骨　40.背鳍条　41.肋骨　42.椎体小骨　43.椎体横突　44.椎体　45.髓棘　46.背鳍条　47.臀鳍条　48.臀鳍近端支鳍骨　49.脉棘　50.臀鳍条　51.尾骨　52 .尾鳍条

2.13.1 外部特征（图 2-13-3，图 2-13-4）

鱼体肥满，头大。上颌包被下颌，下颌处有一颌须。背鳍3个，臀鳍2个。鱼体背面与侧面有黄褐色斑纹。成体全长可达1.2m。

2.13.2 分布、栖息

北太平洋北部、日本海、黄海、鄂霍次克海、白令海海域均有分布。日本境内以北海道居多，日本海侧以岛根县，太平洋侧以茨城县为分布南限。活动范围主要集中在大陆架及其斜坡30～40m和400～500m的水层范围内。地理位置偏南的海域其栖息水层会相应变深。栖息水层温度多在5～12℃。

底栖生活的大头鳕主要在岩礁附近活动，近海栖息的大头鳕则随冷水流移动。产卵季节会做深浅区域的迁移，不进行长距离洄游。

2.13.3 成熟、产卵

生物学最小型会因栖息地的不同而变化，礼文岛附近的5龄大头鳕，性成熟时体长67cm；日本三陆海岸的大头鳕，性成熟时体长仅为40cm。

怀卵量150万～200万粒，最高怀卵量可达500万粒。每年12月到翌年3月为产卵繁殖期，大头鳕会从深水区移动到近岸产卵。卵呈球形，直径约1mm，无油球，弱黏性。卵膜表面有细纹，鱼卵相对密度为1.05，比海水重。

2.13.4 发育、生长

3～6℃时需要20d完成整个孵化过程，孵化时间与孵化温度呈负相关。初孵仔鱼全长3.7～4.0mm。孵化8d后卵黄吸收完毕，进入仔鱼后期，此时开始进行摄食活动。

5—6月，稚鱼长至30～60mm时洄游至近岸可被定置网捕捞。之后，稚鱼开始进入底栖生活阶段。1龄全长15～18cm、2龄全长30～33cm、3龄全长47～48cm、4龄全长56～58cm、5龄全长66～68cm、6龄全长72～74cm、7龄全长80～81cm、8龄全长90cm。岩礁区生活的大头鳕较近海水域栖息的种群生长速度快。平均寿命为10～12龄。

2.13.5 食性

肉食性鱼类，食量很大。体长在20cm以下的大头鳕以桡足类、端足类、鱼类、虾类、乌贼为食。体长20～40cm的幼鱼以虾类为主要饵料，也以鱼类、磷虾等为食。体长40cm以上的大头鳕则主食鱼类，也会大量摄食虾类、乌贼类、章鱼类等生物。

2.13.6 解剖特征（图 2-13-5 ～图 2-13-10）

【口】

口腔宽大。舌较宽，呈半椭圆形，游离。口腔的侧面与后面呈白色。上下颌有齿，齿较尖锐，且均向内弯曲。吻部的上颌齿共有4～5列，且内列的上颌齿要比外列的少。上下颌的齿均较细。吻端和吻角较小。前犁骨齿与颌齿形状相同，呈两列分布。腭骨上无齿。

【脑】

被脂肪状物质包裹，幼鱼脂肪状物质较少。嗅球较小，二者通过嗅束相连。嗅叶复杂，呈盘旋状，表面多凸起。松果体长。小脑发达，外侧突出。延髓肥大。

【鳃】

共有4对鳃弓。第1鳃弓外鳃耙发达，上鳃耙2个，下鳃耙20个。第1鳃弓的内鳃耙及第2鳃弓以后（包括第2鳃弓）的鳃耙短小。鳃耙表面有短棘。鳃丝较短，无伪鳃。咽骨齿尖端锋利但较短。上咽骨有3个齿带，下咽骨则只有1个。

【腹腔】

大，腹膜呈黑色或紫黑色。

【消化管】

胃大，贲门部发达。胃壁很厚，内表面有波纹状褶皱。幽门盲囊数量在300～400个，呈树枝状，在肠的起始部位呈环形菊花状分布。肠有2次弯曲，呈N形。

【肝脏】

大，由3叶组成。

【胆囊】

呈卵圆形。

【脾脏】

长椭圆形或长棱角体。

【鳔】

鳔膜较厚，凝胶状且血管网非常发达。

【肾脏】

分左右两叶，头肾较大。

【体侧肌肉】

白色，含水量高，肉质柔软。体侧中央有极少量表层红肌，不具深层红肌。

【骨骼】

头盖骨纵向稍扁，边缘有一些弯曲。左右额骨愈合连成一块，额骨的背面较宽。筛骨和犁骨上分布有体积较大的锥形软骨。额骨和翼耳骨有薄板状隆起。额骨后部的隆起线向后方延伸，与上枕骨的隆起线相连。上耳骨有尖锐的后突起。后耳骨极大。脊椎骨52个，躯椎骨19～20个。躯椎前部的髓棘很大，尤其是第一髓棘，很长，末端向外突出，且向后弯曲。背鳍第1支鳍骨宽大。背鳍起始于第2、第3支鳍骨之间。第4脊椎骨以后有椎体横突。脉棘细长。臀鳍脉棘前方有10个以上的近端支鳍骨，这些支鳍骨较短。尾鳍主要由髓棘和脉棘支撑，尾下骨有一退化的小骨片。

图 2-13-3　形态特征

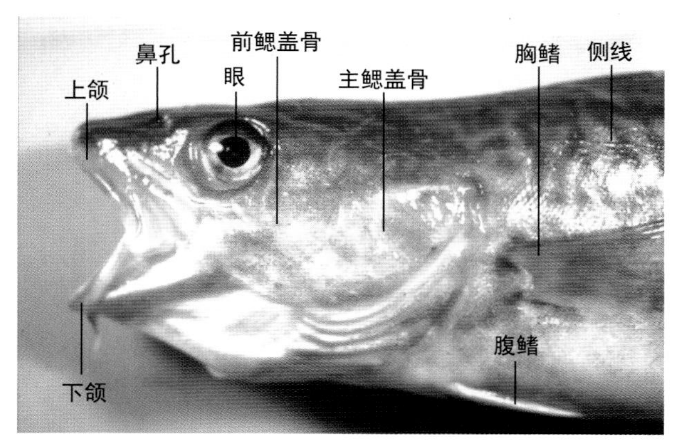

图 2-13-4　头部侧面

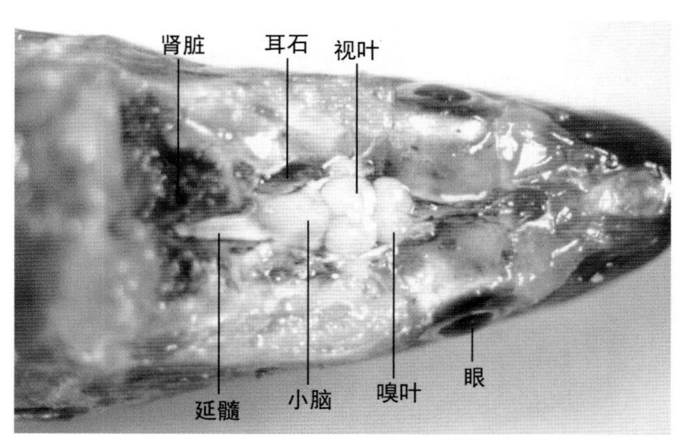

图 2-13-5　脑

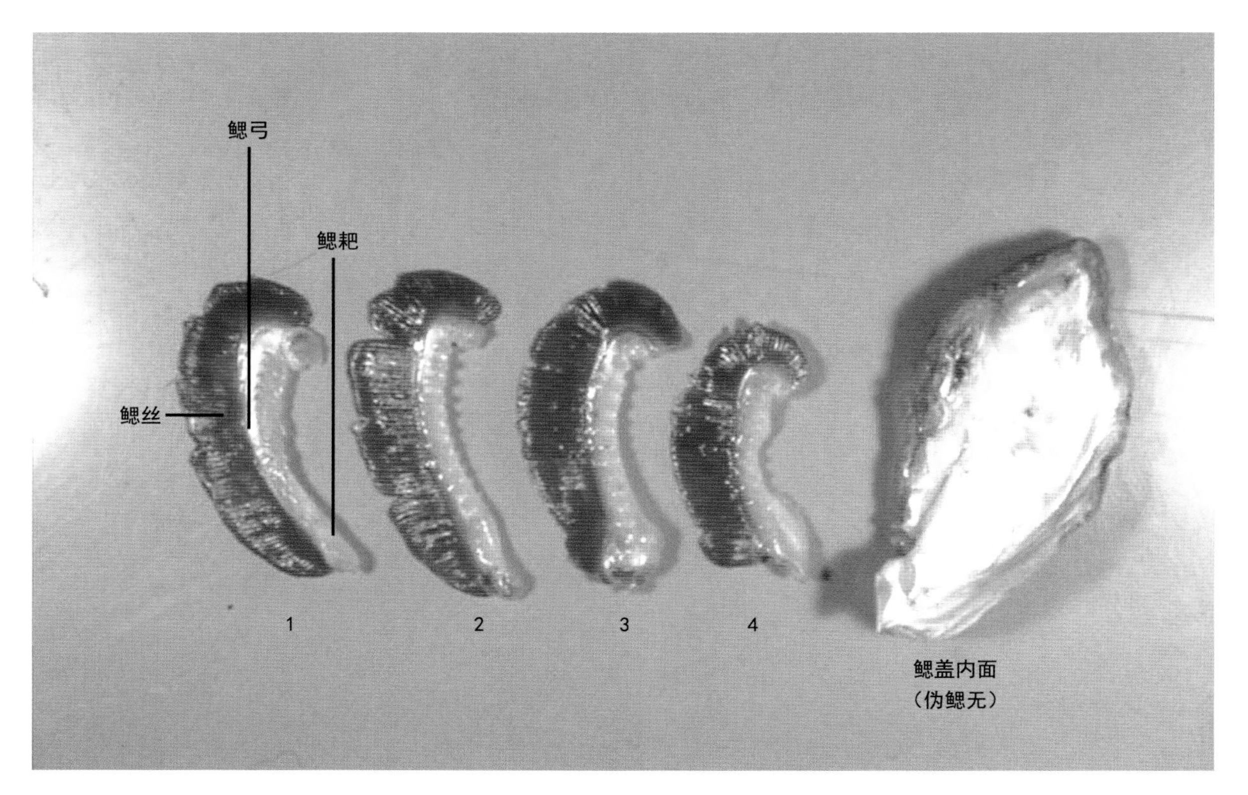

图 2-13-6　鳃

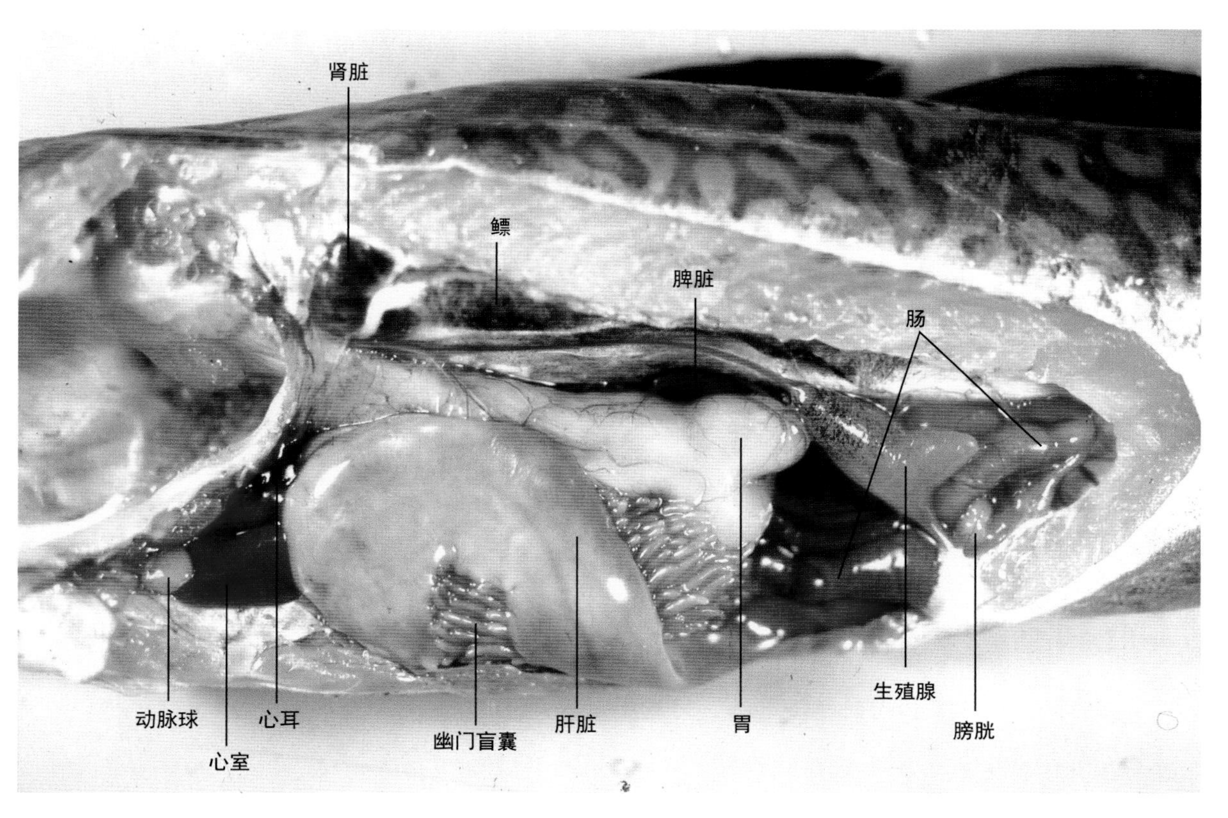

图 2-13-7　内脏（左侧）

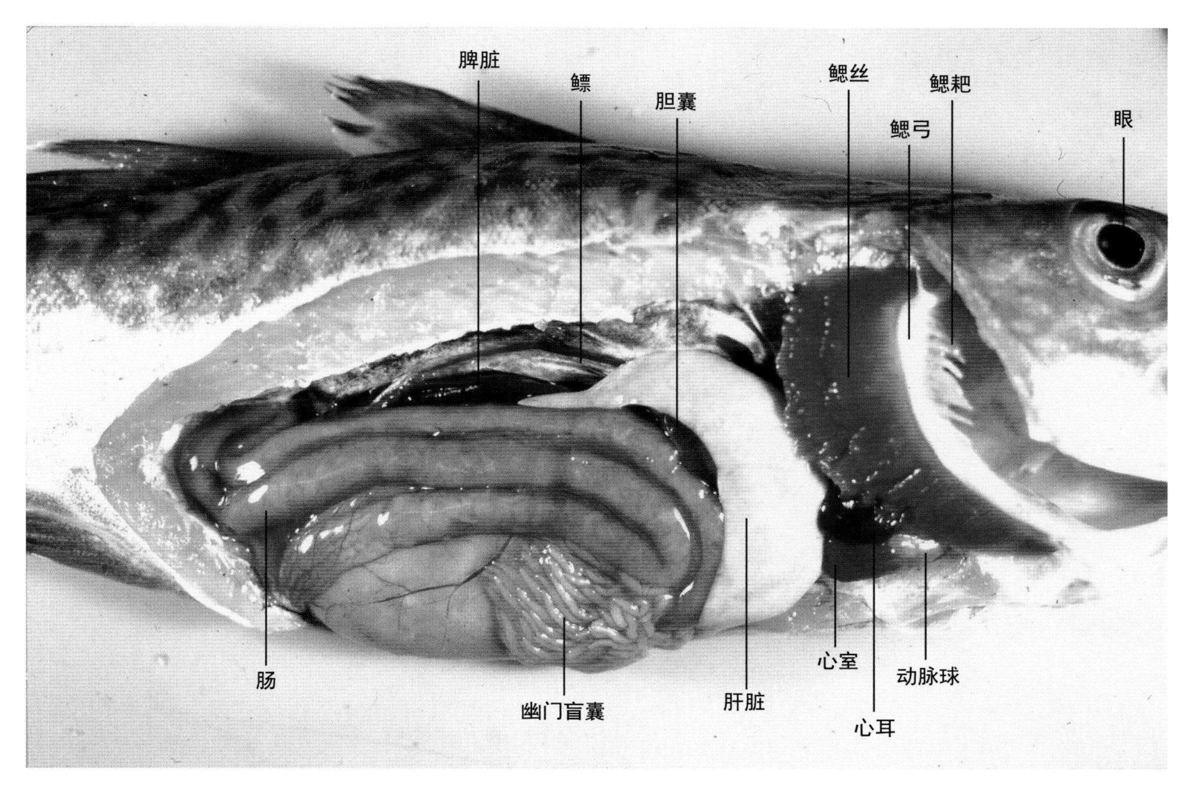

图 2-13-8　内脏（右侧）

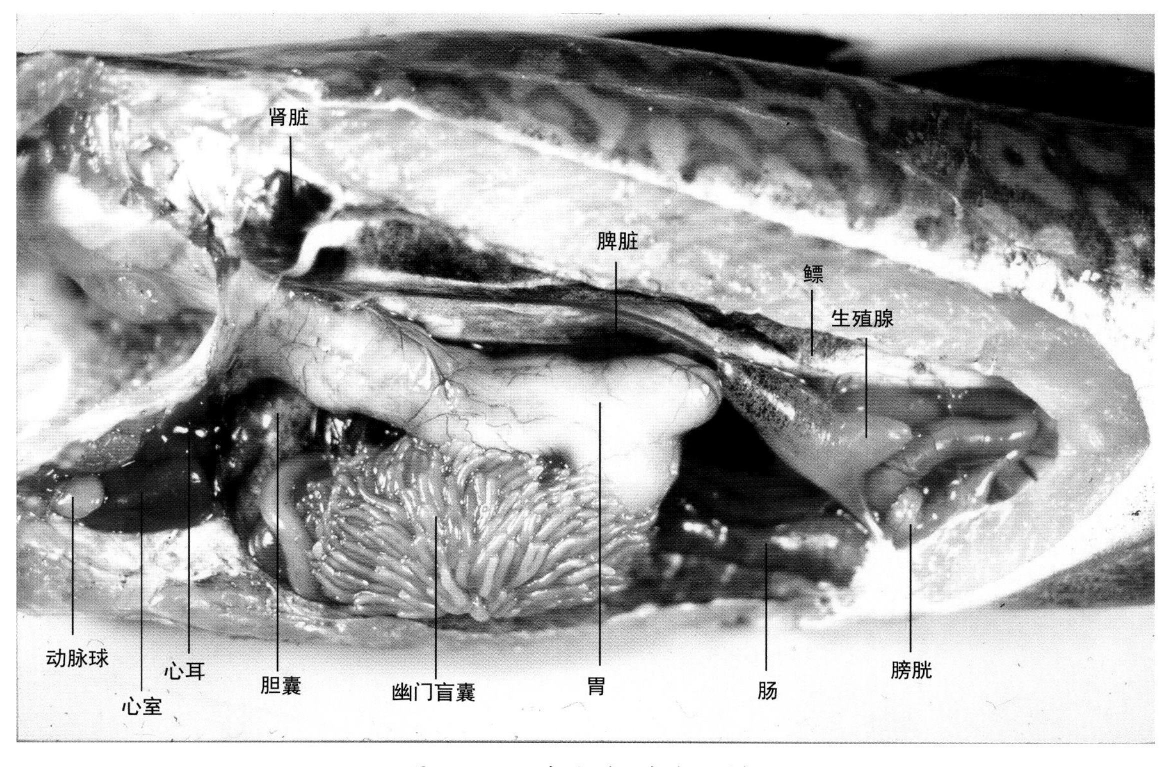

图 2-13-9　内脏（已去除肝脏）

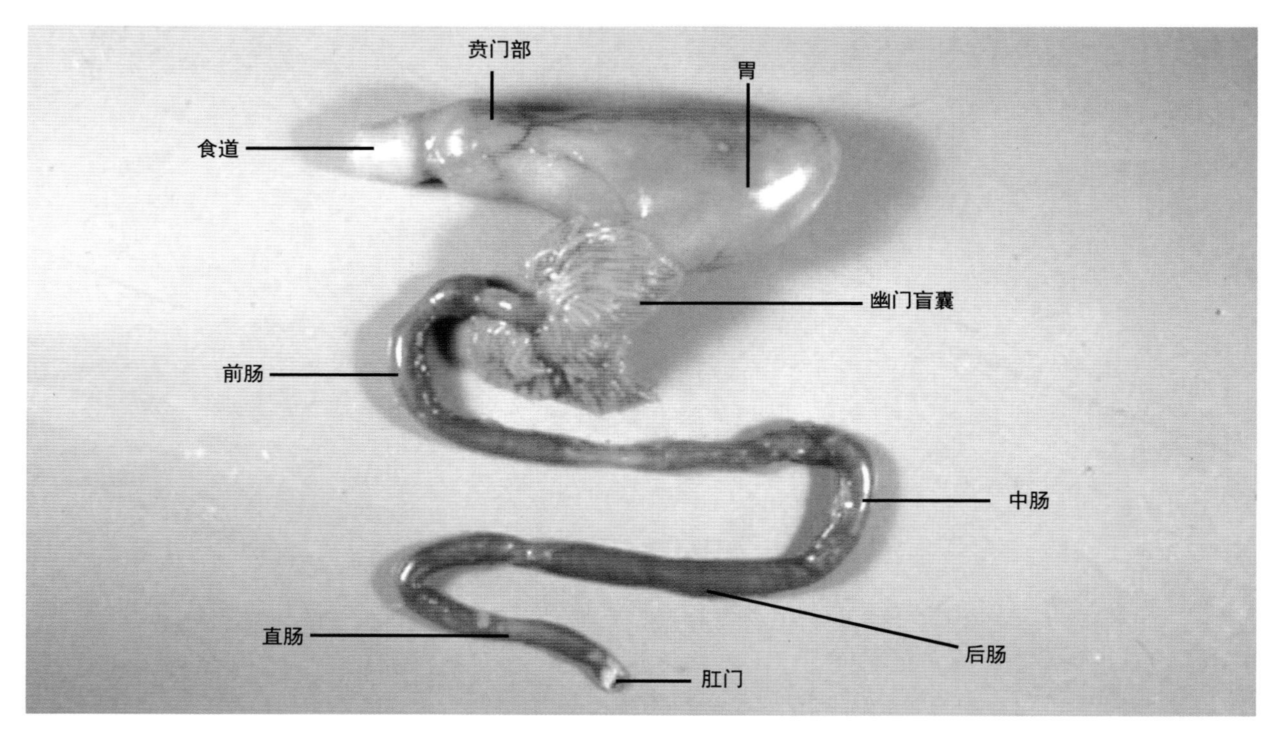

图 2-13-10　消化系统

（长泽和也）

2.14 黄鮟鱇

Lophius litulon（Jordan）

黄鮟鱇为鮟鱇目、鮟鱇科、鮟鱇属鱼类，其解剖图和骨骼图分别见图2-14-1和图2-14-2。

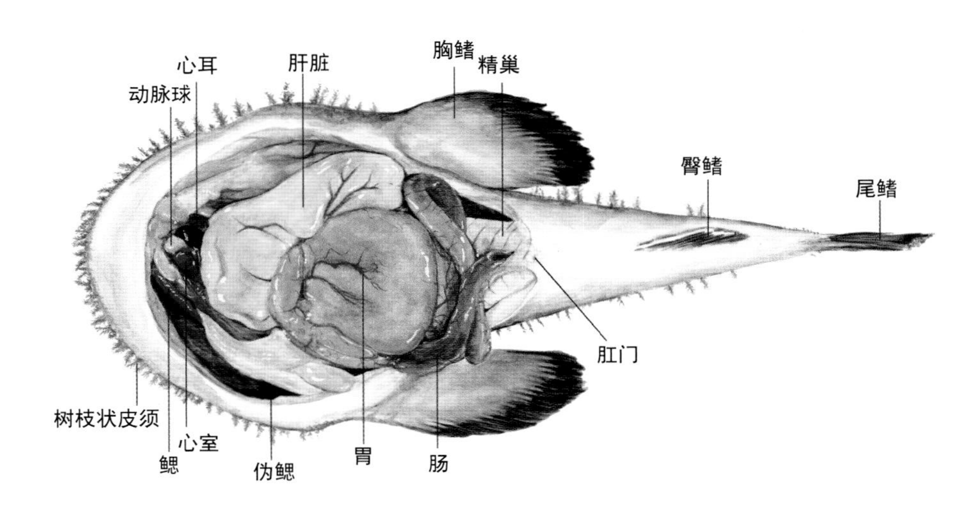

图 2-14-1 解剖图

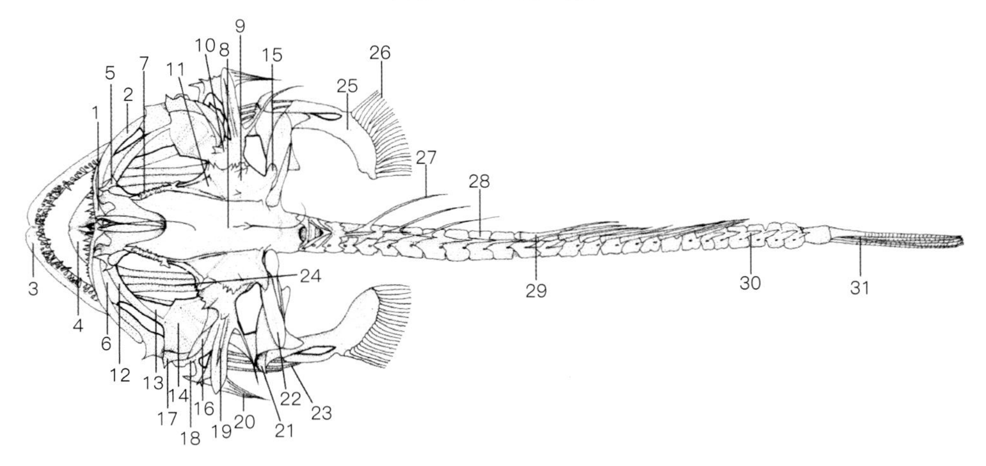

图 2-14-2 骨骼图

1.前颌骨 2.上颌骨 3.齿骨 4.下舌骨 5.泪骨 6.腭骨 7.额骨 8.上枕骨 9.顶骨 10.翼耳骨 11.蝶耳骨 12.外翼骨 13.内翼骨 14.后翼骨 15.后颞骨 16.舌颌骨 17.前鳃盖骨 18.间鳃盖骨 19.主鳃盖骨 20.下鳃盖骨 21.匙骨 22.上匙骨 23.鳃条骨 24.角鳃骨 25.肩胛骨 26.胸鳍条 27.背鳍游离鳍条 28.脊椎骨 29.背鳍条 30.髓棘 31.尾鳍条

2.14.1 外部特征（图 2-14-3，图 2-14-4）

头部很宽，呈纵扁形。躯干部与尾部细长。口很大，口末端位于眼窝下方。上下颌突出。上颌齿与下颌齿均为犬牙状。口腔内呈白色，但有黑色斑纹散布其中。肩带部的小棘无分枝。体表外缘有很多树枝状皮须。吻端有一引诱猎物的突起，该突起向外延长，突起的顶端有一形似鱼饵的囊状皮瓣。鳃孔位于胸鳍后方。胸鳍基部显著扩大。腹面白色。臀鳍条8个。体长可达1.5m以上。

2.14.2 分布、栖息

从日本北海道以南、朝鲜半岛南部一直到中国东海均有分布。栖息在水深400m以浅的水域。主要分布在北纬32°以北。东海黄鮟鱇渔场会随季节发生变化，因此认为黄鮟鱇能进行季节性迁移。

2.14.3 成熟、产卵

雌鱼最小性成熟体长在60cm左右，雄鱼则在35cm左右。3—7月产卵。日本本州岛中部以南沿岸及近海仔鱼出现期为3—6月，北海道近海则为6—7月。越往北，黄鮟鱇的产卵期越向后推迟。

卵巢仅一侧发达。卵粒直径1.3mm，有1个黄色油球，直径约0.33mm。

受精卵凝集分布在一条长3～5m，宽25～50cm，由薄膜覆盖的巨大卵带内。卵带漂浮于海水表面。

2.14.4 发育、生长

孵化后2～3d，仔鱼全长4.5mm时，卵黄被彻底吸收，此时仔鱼开口摄食。头部和消化管上密布着黑色素细胞。尾部有3个明亮色素带。背鳍有2个棘，背鳍基底前起始处有黑色块。腹鳍前方较长，上面有2条黑色横带。

仙台湾附近的黄鮟鱇幼鱼，于2—6月进入加速生长期，7—10月生长速度减慢，此后再次加快。出生1年体长可达20cm，2年体长可达40cm左右。

2.14.5 食性

主要以鱼类和头足类为食。分布在东海南部的黄鮟鱇，其主要饵料有狮子鱼、鳀、白姑鱼、星康吉鳗、天竺鲷、虾姑、鲆鲽类等。

仙台湾海域的黄鮟鱇，则主要捕食海绵类、海星类、海胆类、多毛类。每年2—7月，黄鮟鱇的摄食量明显增大。

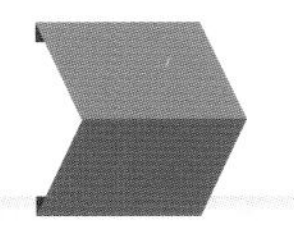

2.14.6 解剖特征（图 2-14-5 ～图 2-14-11）

【口】

下颌较上颌突出。颌齿呈犬牙状。前上颌骨的内外两侧各有一列颌齿，下颌前方有2～3列颌齿，后方则只有1列。犁骨和腭骨各有一列牙齿。口腔内侧前方黑褐色，其余部分为白色。舌不游离。

【脑】

嗅球与嗅叶紧密相连。视叶发达，稍微外凸。小脑较小。

【鳃】

有4对鳃弓。第4对鳃弓未埋藏在鳃下皮肤内。鳃弓均无鳃耙。鳃孔前的鳃盖骨里面有伪鳃。

【腹腔】

腹腔较大，胃发达，与肝脏共同占据了腹腔的大部分空间。

【消化管】

胃的体积较大，胃壁较厚。幽门部与贲门部发达。肠发达，稍长，在腹腔内有3次盘曲。

【肝脏】

只有一叶，但很发达，尤其是肝脏左半部分。

【胆囊】

黄绿色，长椭圆形，袋状。

【脾脏】

长椭圆形。

【生殖腺】

精巢左右基本相同，呈棒状。

【体侧肌】

典型的白肉鱼类，有极少量的表层红肌，深层红肌不发达。

【骨骼】

头盖骨显著扁平。肋骨上的棘分叉。顶骨隆起线上有两列棘。肩部的小棘末端不分叉。鳃盖骨显著变形。肋骨退化。脊椎骨26～30个。背鳍前方有游离鳍条。

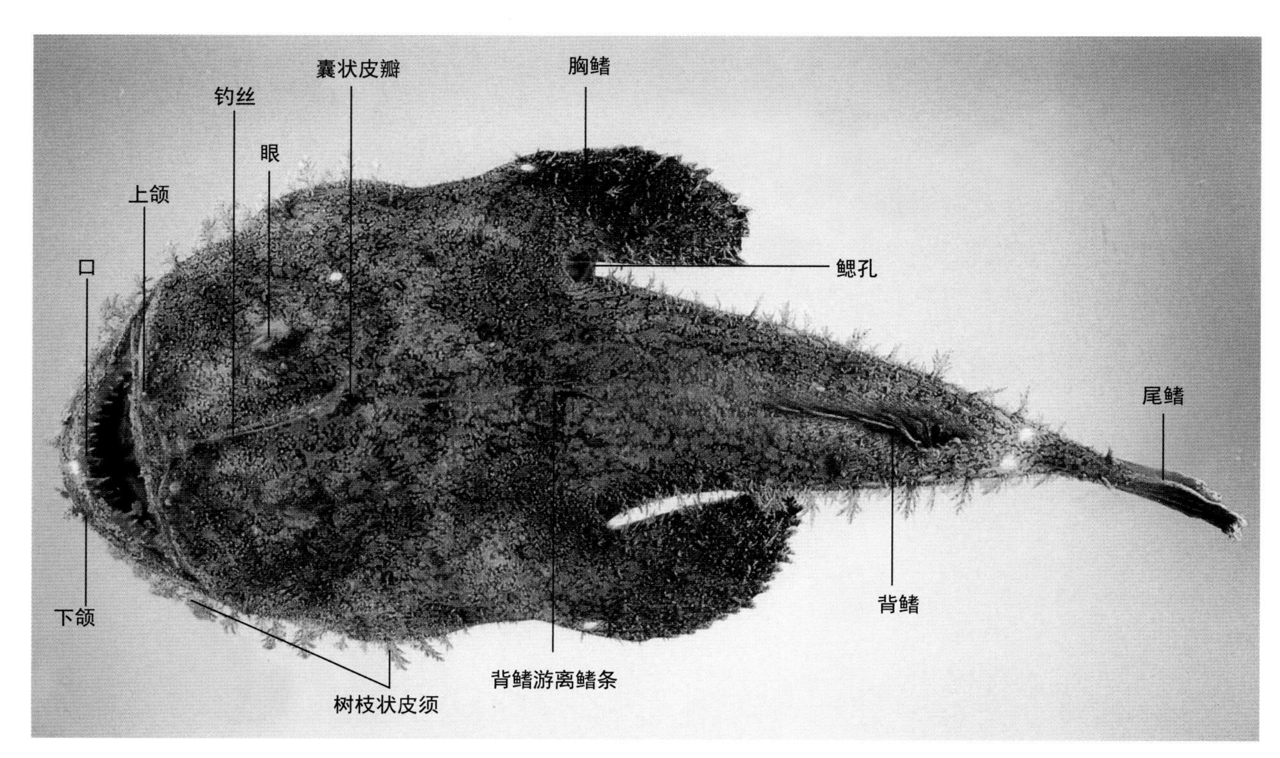

图 2-14-3 形态特征（背面）

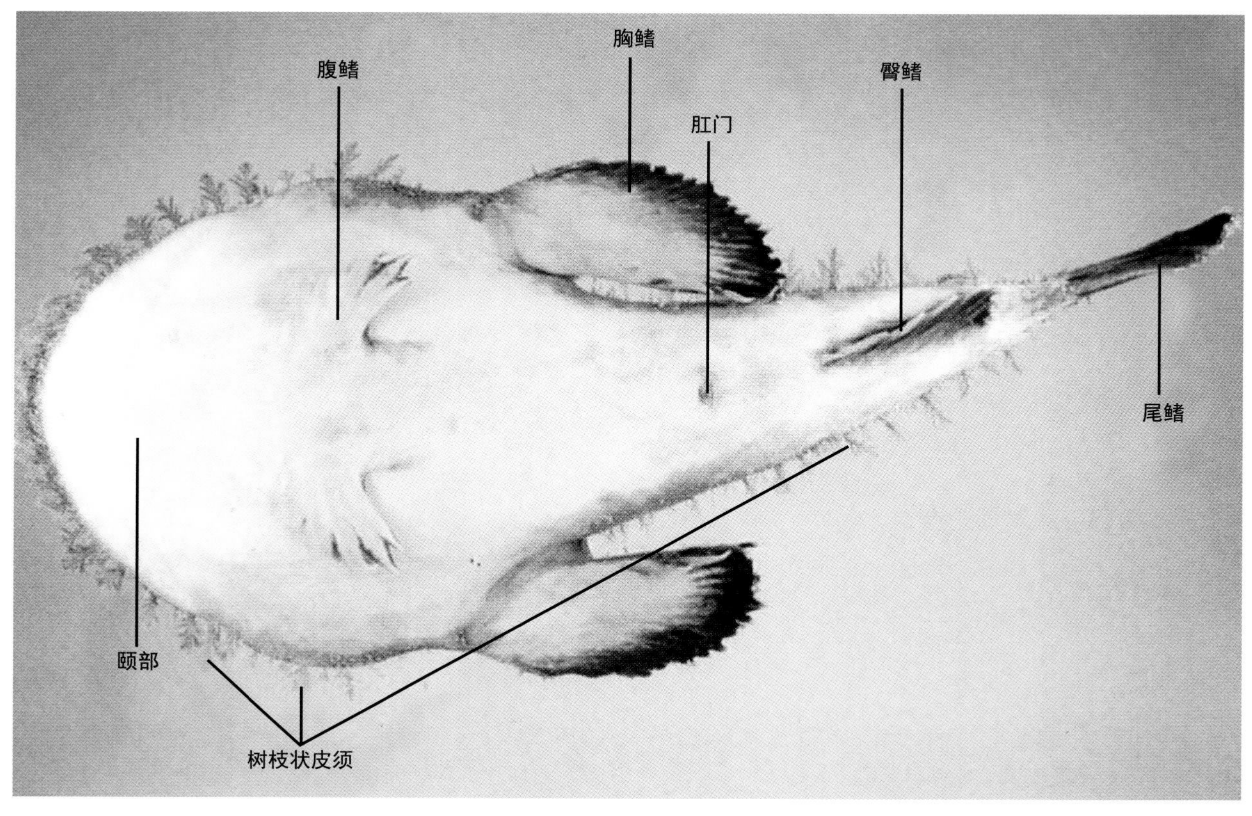

图 2-14-4 形态特征（腹面）

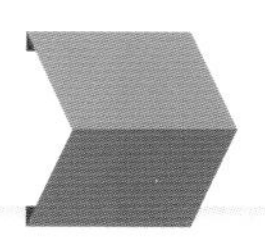

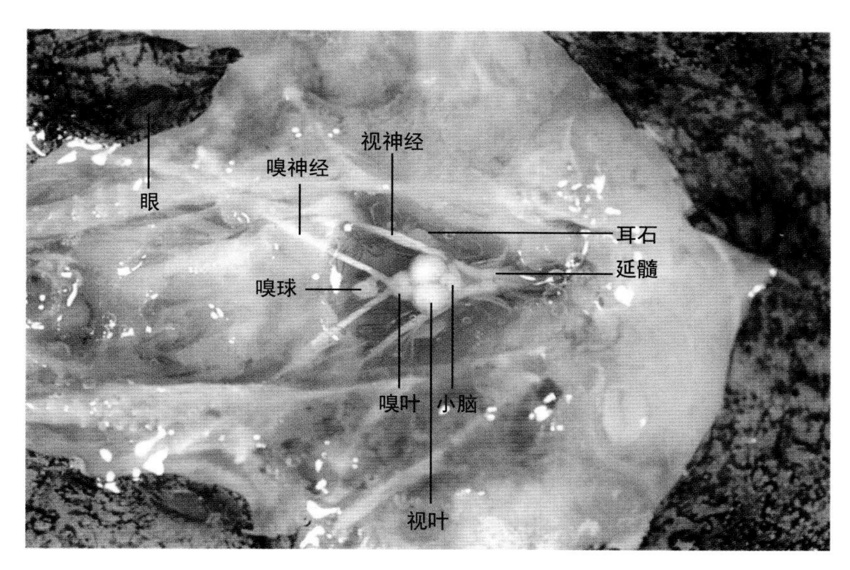

图 2-14-5　脑

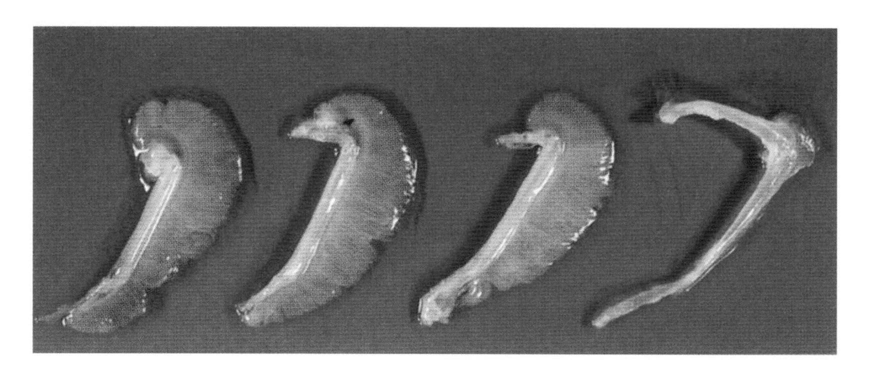

图 2-14-6　鳃

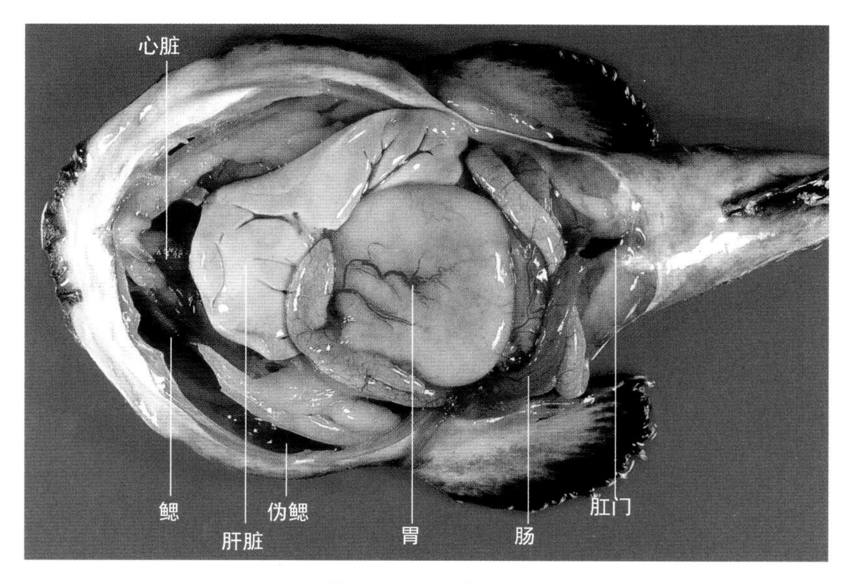

图 2-14-7　内　脏

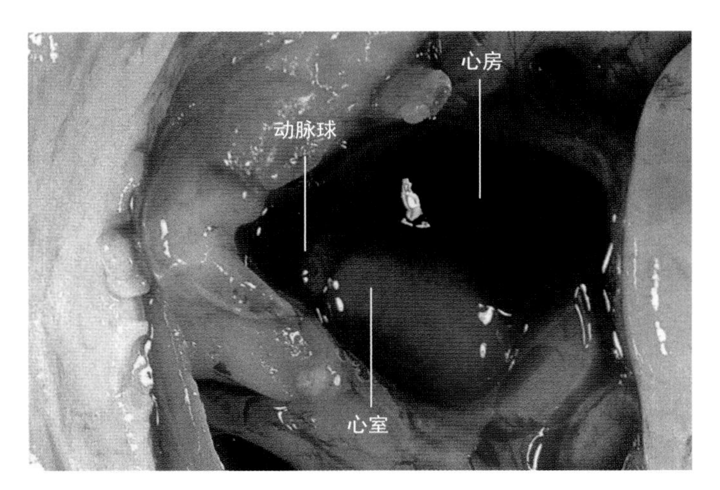

图 2-14-8　心　脏

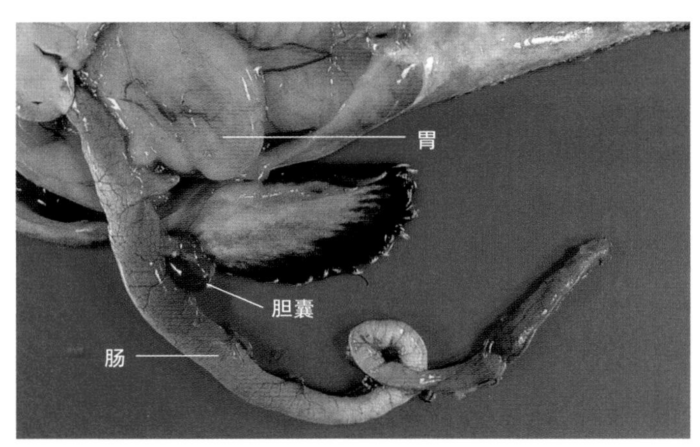

图 2-14-9　消化器官（腹面）

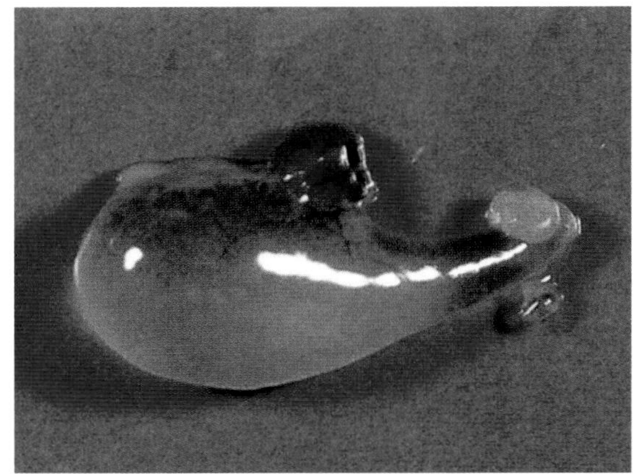

图 2-14-10　胆　囊

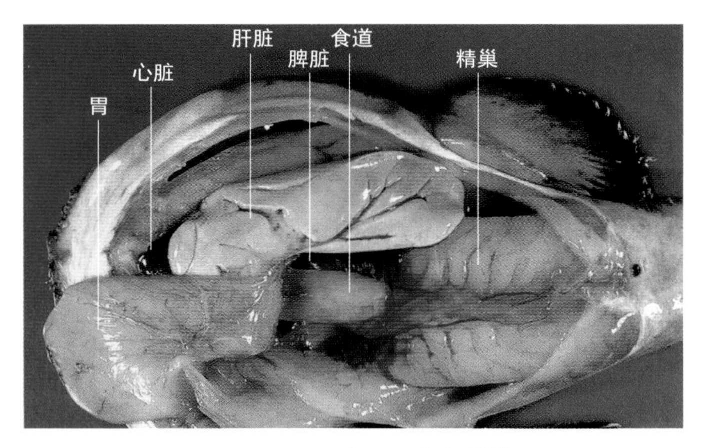

图 2-14-11　消化器官与精巢

（宫正树）

2.15 鲻

Mugil cephalus Linnaeus

鲻为鲻形目、鲻科、鲻属鱼类，其解剖图和骨骼图分别见图2-15-1和图2-15-2。

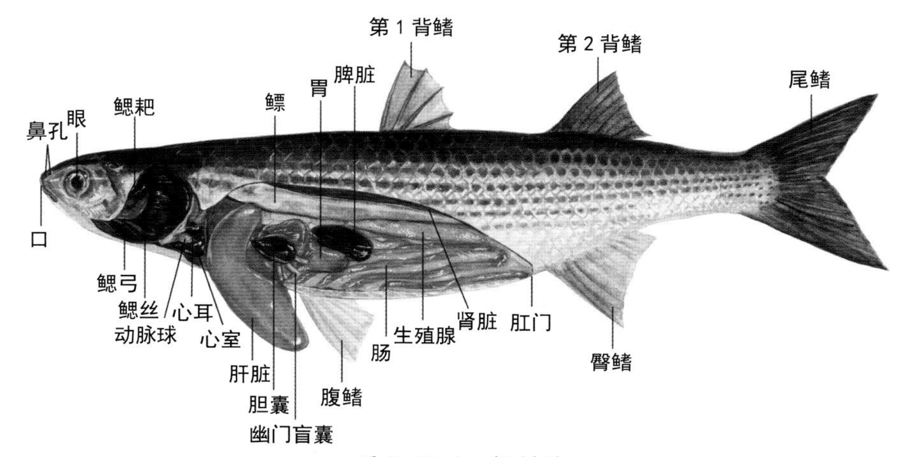

图 2-15-1　解剖图

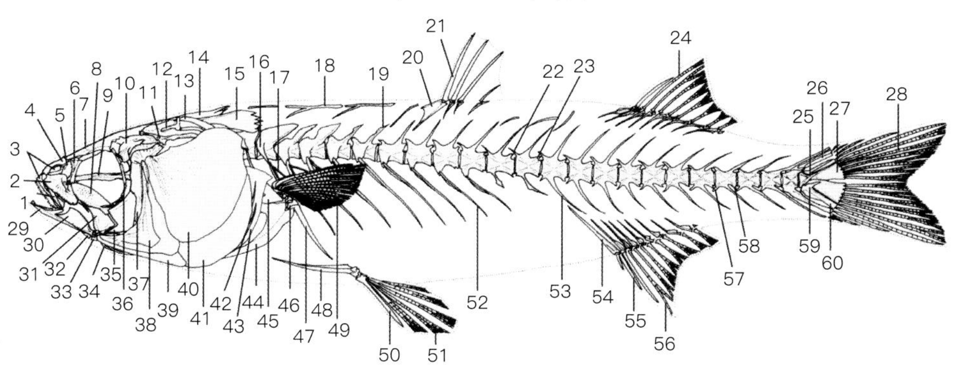

图 2-15-2　骨骼图

1. 上颌骨　2. 泪骨　3. 前颌骨　4. 鼻骨　5. 筛骨　6. 侧筛骨　7. 额骨　8. 内翼骨　9. 副蝶骨　10. 蝶耳骨　11. 翼耳骨　12. 上颞骨　13. 后颞骨　14. 上枕骨　15. 上耳骨　16. 椎体横突　17. 椎体小骨　18. 上髓棘　19. 髓棘　20. 背鳍近端支鳍骨　21. 背鳍条　22. 前背关节突　23. 后背关节突　24. 背鳍棘　25. 尾部棒状骨　26. 尾上骨　27. 尾下骨　28. 尾鳍条　29. 齿骨　30. 关节骨　31. 方骨　32. 下舌骨　33. 角舌骨　34. 鳃条骨　35. 后翼骨　36. 眶下骨　37. 舌颌骨　38. 前鳃盖骨　39. 间鳃盖骨　40. 主鳃盖骨　41. 下鳃盖骨　42. 鳃条骨　43. 匙骨　44. 乌喙骨　45. 肩胛骨　46. 辐状骨　47. 后匙骨　48. 腰带　49. 胸鳍条　50. 腹鳍棘　51. 腹鳍条　52. 肋骨　53. 脉棘　54. 臀鳍近端支鳍骨　55. 臀鳍棘　56. 臀鳍条　57. 前腹关节突　58. 后腹关节突　59. 尾下骨侧突　60. 准尾下骨

2.15.1 外部特征（图 2-15-3，图 2-15-4）

眼表面被较厚的脂眼睑覆盖。有2个背鳍，第1背鳍有4个鳍棘。无侧线。体侧有6～7条暗色纵纹带。成鱼全长60cm左右。

2.15.2 分布、栖息

除非洲西海岸外，从热带到温带海域均有分布。栖息在河流的中下游、湖沼、半咸水水域及沿岸海域，为广盐性鱼类。全长3cm前后在内湾和近海表层活动，12月至翌年4月接近岸边溯河而上，此时水温为12～23℃，16℃以上开始活跃。

2.15.3 成熟、产卵

初次性成熟年龄和最小性成熟体长：雌鱼3龄，32cm；雄鱼2龄，27cm。怀卵量100万～700万粒。产卵期的性比:雄鱼占70%～80%，雌鱼比例较小。体长43～50cm个体的体重在320～470g；精巢很小，成熟精巢重量仅约15g。在受暖水流影响的三重县、长崎县以南的沿岸海域，每年11月前后产卵，产卵期较短。产卵期表层水温20～23℃。

成熟卵的直径约为0.9mm，呈球形，有一个直径约0.39mm的黄色油球。

2.15.4 发育、生长

水温21℃时需要61h完成孵化过程，24℃时则只需36h。最适孵化盐度31。初孵仔鱼全长2.65mm，孵化2～3d后卵黄吸收完毕。后期仔鱼体长7～15mm，此时鱼体表面开始出现鳞片，体长16mm以上时发育成稚鱼，体表呈银白色。体长5cm左右时，脂眼睑发育完全。

孵化后5个月左右全长6cm，9～10个月全长15cm。1龄鱼全长20cm左右，2龄鱼全长25～30cm，3龄鱼全长30～40cm，4～5龄鱼全长接近50cm。最长寿命超过8龄。

2.15.5 食性

仔鱼后期主要以浮游动物为食。体长2～3cm时摄食附着藻类，4～5cm时除附着藻类外还会摄取海水中的碎屑。幼鱼或成鱼的主要饵料为水中沉积的微生物、原生动物和生物碎屑及沙泥上的附着藻类，有时也会捕食轮虫、线虫、贝类幼虫。为了更好地消化植物，胃壁增厚，内表面呈算盘珠形。肠细长，在腹腔内多次盘曲。

水温20℃时摄食活跃，16℃以下时摄食量较少。食物消化速率与盐度有关，盐度低于1时消化率低，盐度为3时消化率高。

2.15.6 解剖特征（图 2-15-5 ～图 2-15-13）

【口】

稍小。口腔狭窄，内部呈灰白色。舌较短，游离。两颌上有绒毛状牙齿。腭骨上的牙齿细腻。犁骨前部无齿。

【脑】

嗅叶所占比例很大。视叶正常大小。小脑相对较大。

【鳃】

有4对鳃弓。第1鳃弓上的鳃耙细长，鳃耙之间紧密相连。上鳃耙与下鳃耙总数在150枚左右。第2鳃弓至第4鳃弓上亦密布细长的鳃耙。鳃丝是鳃耙长的2.5倍左右。上下咽骨无齿。咽头上部有一对大型袋状器官（咽囊），用来过滤饵料。

【腹腔】

前后较长，腹膜黑色。

【消化管】

胃的形状很特别，贲门部短，盲囊部稍长。幽门部呈算盘珠状，肌肉壁很厚。幽门垂2个，稍长。

【肠】

复杂回旋，极长，是体长的数倍。

【肝脏】

稍小。分为明显的3叶，位于体腔的左前部。

【胆囊】

浓绿色、小指状。

【脾脏】

暗红色、长椭圆形。前后两端稍尖锐。

【鳔】

前后两端细长。背面的膜很薄，腹面的膜呈胶质状。

【生殖腺】

位于腹腔背面中央位置。精巢白色，成熟后亦不明显肥大；卵巢橙色或黄色，成熟后的体积明显增大。

【心脏】

围心腔的前方，有灰白色的动脉球、红褐色的心室和心耳。

【肾脏】

位于背大动脉两侧。形状细长，暗红色。

【体侧肌】

白色。表层红肌较发达，很难观察到真正的红肌。

【骨骼】

头盖骨低，背面光滑平整。上枕骨的突起亦较低。上耳骨非常发达，向后方延伸，呈毛刷状突起。泪骨的腹缘呈锯齿状。背部有3个上髓棘。脊椎骨24个（12+12）。前几个脊椎骨的髓棘较大，其他的相对较小；且前几个脊椎骨的前背关节突较大，向背后方突起。从第1躯椎开始有关节横突，其中第3躯椎的关节横突最长且幅宽，腰带细长且离肩带较远。

图 2-15-3　形态特征

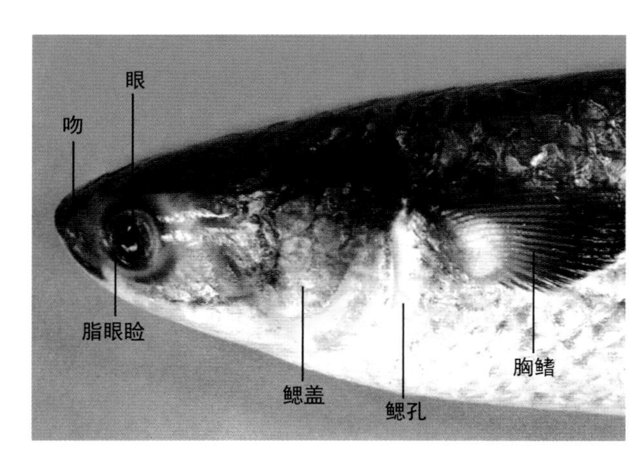

图 2-15-4　头　部

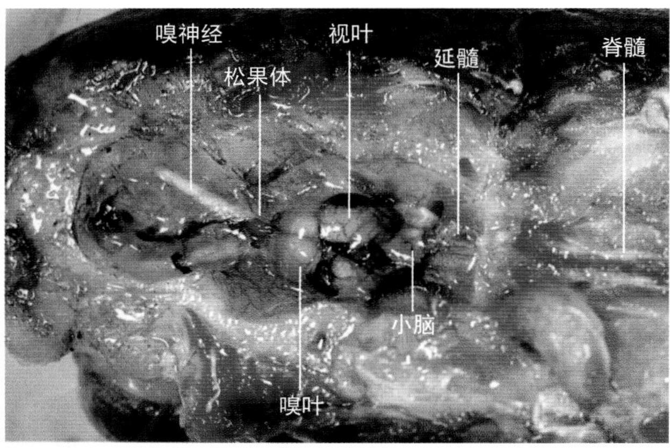

图 2-15-5　脑（背面）

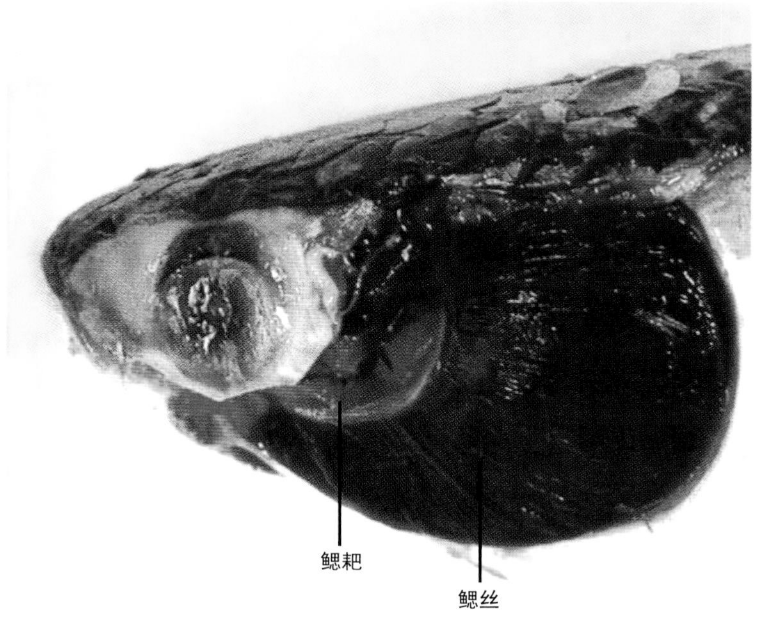

图 2-15-6　鳃

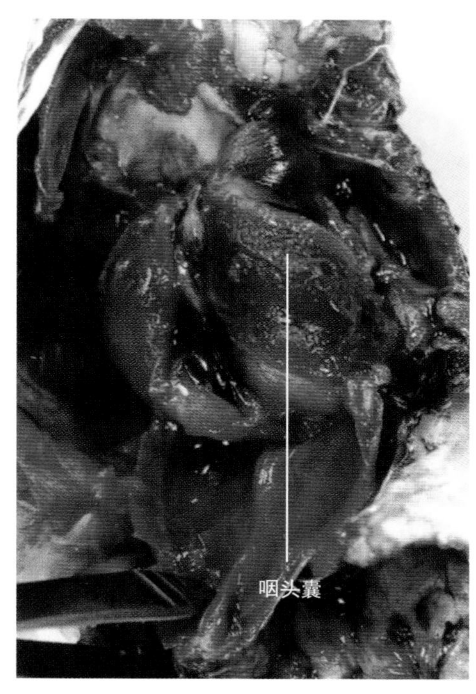

图 2-15-7　咽头囊背面观

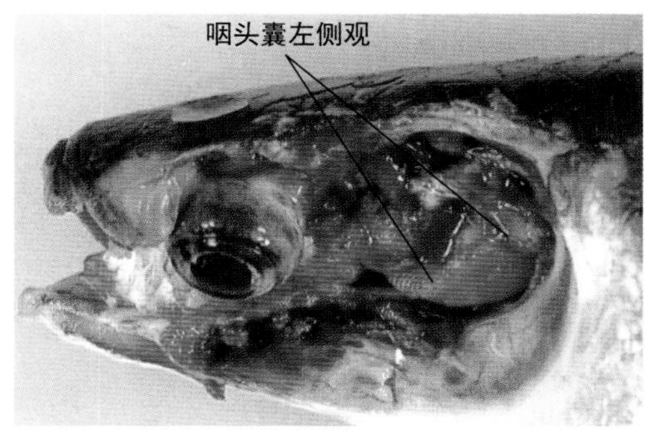

图 2-15-8　去除各鳃弓的鳃腔

图 2-15-9　鳃与伪鳃

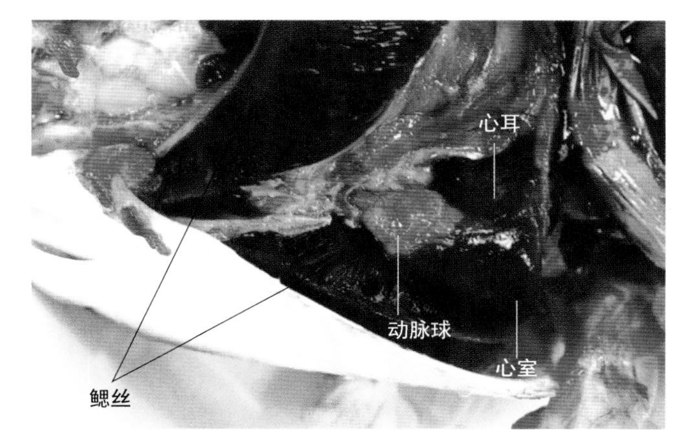

图 2-15-10　围心腔

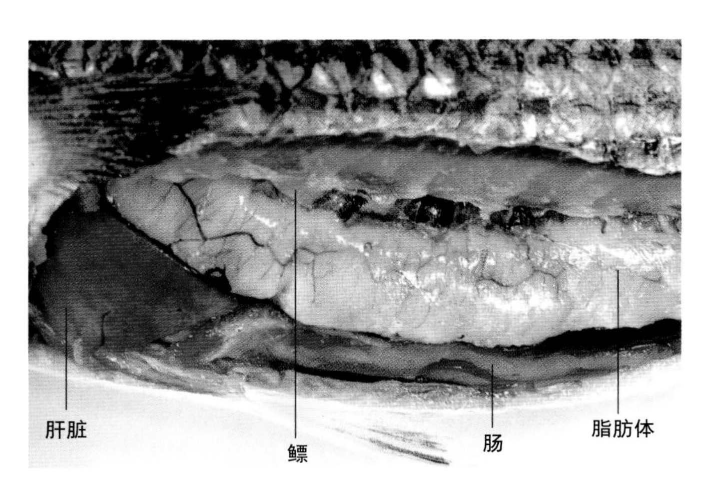

图 2-15-11　内脏（侧面）

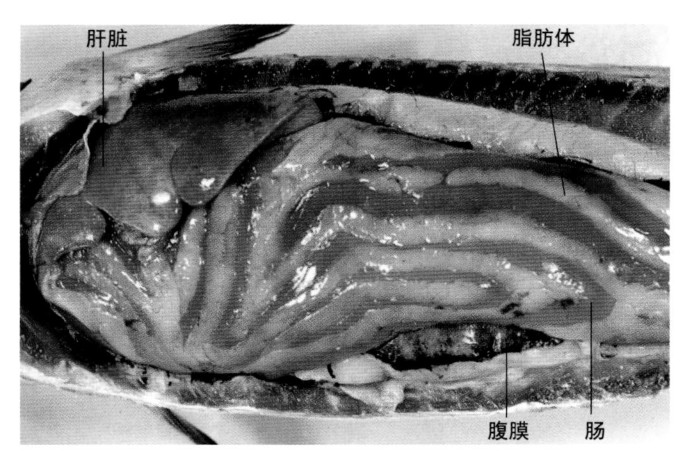

图 2-15-12　内脏（腹面）

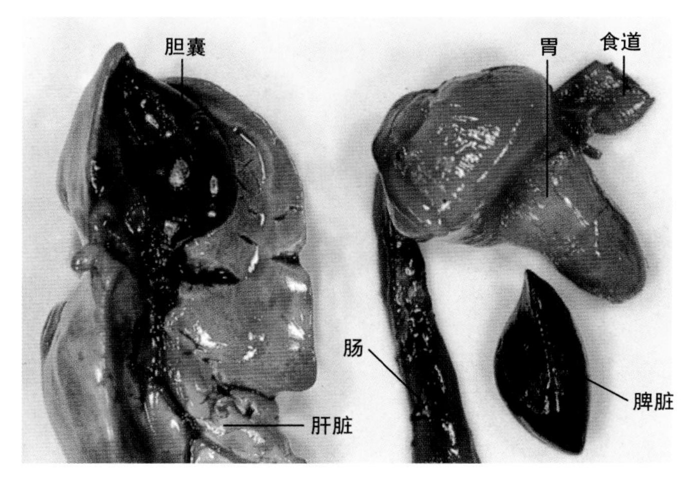

图 2-15-13　消化器官（部分）

（谷口顺彦、村井贵史、中坊彻次）

2.16 秋刀鱼

Cololabis saira （Brevoort）

秋刀鱼为颌针鱼目、秋刀鱼科、秋刀鱼属鱼类，其解剖图和骨骼图分别见图2-16-1和图2-16-2。

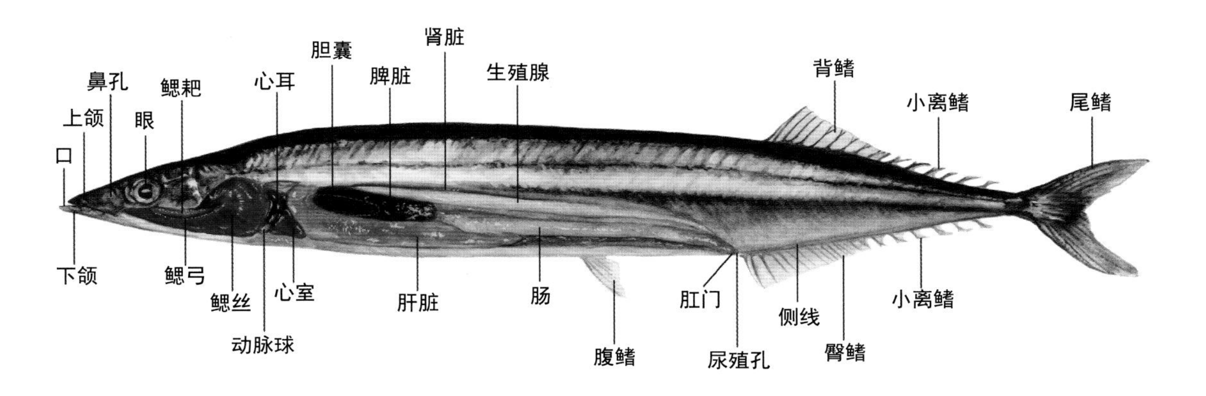

图 2-16-1　解剖图

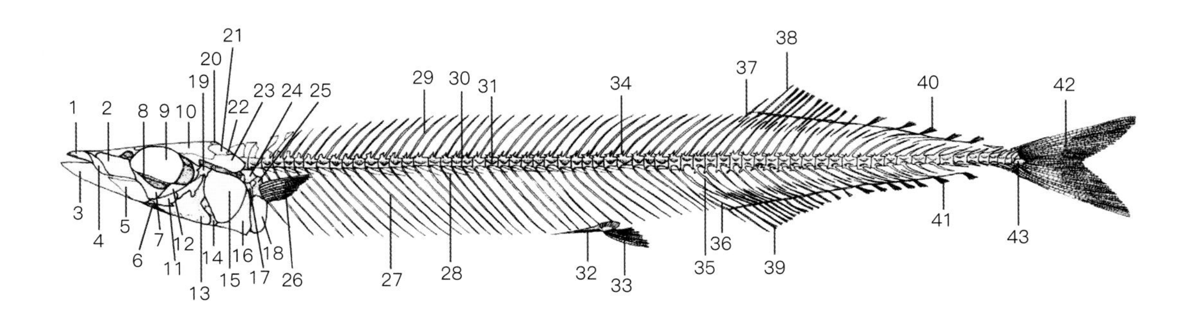

图 2-16-2　骨骼图

1. 前颌骨　2. 泪骨　3. 齿骨　4. 上颌骨　5. 关节骨　6. 隅骨　7. 中翼骨　8. 副蝶骨　9. 眼窝　10. 额骨　11. 方骨　12. 后翼骨　13. 前鳃盖骨　14. 间鳃盖骨　15. 主鳃盖骨　16. 下鳃盖骨　17. 匙骨　18. 乌喙骨　19. 舌颌骨　20. 上枕骨　21. 顶骨　22. 上耳骨　23. 翼耳骨　24. 后颞骨　25. 肩胛骨　26. 胸鳍条　27. 肋骨　28. 椎体小骨　29. 髓棘　30. 椎体横突　31. 椎体　32. 腰带　33. 腹鳍条　34. 前背关节突　35. 脉棘　36. 臀鳍近端支鳍骨　37. 背鳍近端支鳍骨　38. 背鳍条　39. 臀鳍条　40. 小离鳍　41. 小离鳍　42. 尾鳍条　43. 尾骨

2.16.1 外部特征（图 2-16-3 ～图 2-16-6）

鱼体细长，两颌突出。背鳍后方有5～6个小离鳍，臀鳍后方小离鳍为6～7个。侧线靠近腹面。成鱼全长38cm左右。

2.16.2 分布、栖息

日本到美洲沿岸的北太平洋、日本海、鄂霍次克海南部的广布种。大洋性表层鱼类，季节性洄游。在西北太平洋，春季随着黑潮暖流的增强，秋刀鱼受此影响会北上迁徙至饵料丰富的亲潮水域摄食，8月中旬开始反转南下，到日本南部水域越冬。日本海海域的秋刀鱼也会在春、夏季节北上迁徙，秋季南下到九州西北海域越冬。适宜栖息水温为17～18℃。

2.16.3 成熟、产卵

满1龄性成熟，性成熟体长在22cm左右。亲鱼可多次产卵，每次产卵数量1 500～5 500粒。产卵场主要在黑潮暖流北侧潮流边缘处形成。西北太平洋主要产卵期为11月至翌年5月，黑潮周边及黑潮反流区是主要的产卵场。卵粒呈椭圆形，长径1.7～2.2mm，短径1.5～2.0mm。动物极一侧有10余个卵膜丝，与动物极呈90°方向的侧面上有1根长的附属丝。鱼卵的相对密度为1.05～1.06，比海水高。主要在马尾藻等漂浮藻或漂浮物上产卵。

2.16.4 发育、生长

最适产卵水温14～20℃，受精后10～14d完成孵化。初孵仔鱼长约6mm，具小的卵黄，3d后卵黄被完全吸收，开始摄食活动。后期仔鱼各体节成形，在海面近表层生活。体长20～25mm时背鳍鳍条、臀鳍鳍条数目固定，脊椎骨完成钙化，同时开始出现鳞片。体长25～60mm的稚鱼活动范围增大，白天下沉，夜间则上浮到水表层。体长60mm时鳃耙数目固定。体长6～15cm的幼鱼形态接近成鱼，运动能力得到极大提高，索饵活跃。

产卵期为每年的9月到翌年6月，囊括整个冬季。生长速度与出生时节有关，秋季出生的秋刀鱼一年后体长可达27cm左右，春季出生的个体当年秋天体长约20cm，翌年秋天体长达29cm以上。平均寿命2年。一般体长超过25cm才开始产卵，也有小个体鱼类产卵的记录。

2.16.5 食性

典型的浮游生物食性，主要捕食浮游性甲壳类、鱼卵、稚鱼，也摄食毛颚动物，不摄食浮游植物。体长60mm以下时以桡足类为食。体长6cm以上的秋刀鱼除桡足类外还捕食太平洋磷虾等生物。幼鱼及成鱼多摄食桡足类、磷虾类，能够成为其饵料的浮游生物种类繁多。一般在白天和日落傍晚时分摄食频繁，夜间基本不摄食。最适摄食水温15～21℃。

2.16.6 解剖特征（图 2-16-7 ～图 2-16-14）

【口】

两颌前方突出，但比较短。口腔细长，呈筒状。舌呈刮刀状，舌尖略细，舌表光滑。口腔内侧面前部黑色，其余部分白色。上颌有一列极微小的细齿。腭骨无齿。

【脑】

几乎无脂肪样物质。视叶异常发达，纵扁形，从背面看呈槌子状。嗅叶棱角分明，呈四角形。松果体小。视叶很大，背面观呈菱形。视神经粗。小脑发达。

【鳃】

有4对鳃弓。第1鳃弓外侧起始端尖锐，鳃耙密集，呈剑状，数量32～43个。第1鳃弓内鳃耙及其余3对鳃弓上的鳃耙则很短小。鳃丝发达。无伪鳃。咽骨上有3个尖锐的齿。上咽骨有3个齿带，下咽骨则只有1个齿带。

【腹腔】

细长，腹膜黑色。

【消化管】

无胃和幽门垂，肠呈直线状分布。

【肝脏】

红褐色，很大，但只有1叶。

【胆囊】

浓绿色，长椭圆形，袋状。

【脾脏】

暗红色，长椭圆形，位于肝脏上方。

【鳔】

鳔壁很薄，透明。

【体侧肌】

肌节排列密集，呈淡红色。沿体侧中央有发达的表层红肌。

【骨骼】

额骨和头盖骨较大，上表面光滑。鼻骨很大。筛骨位于鼻骨之间，稍微露出，呈小圆板形。上枕骨隆起线低，尖端分支。头盖后侧部分形成翼耳骨、上耳骨、外颞骨。脊椎骨62～68个，以65个居多。躯椎骨38～40个。第1、第2髓棘较宽，二者连接到一起。第3髓棘亦很大。每一椎骨都有椎体横突。第1至第3椎体横突很长，向侧后方延伸。第4椎体横突较短，向下一个躯椎方向延伸。前背关节突发达，后半部分的躯椎及多数的尾椎都有鹿角状分支结构。背鳍近端支鳍骨及臀鳍近端支鳍骨附近有游离的小鳍。

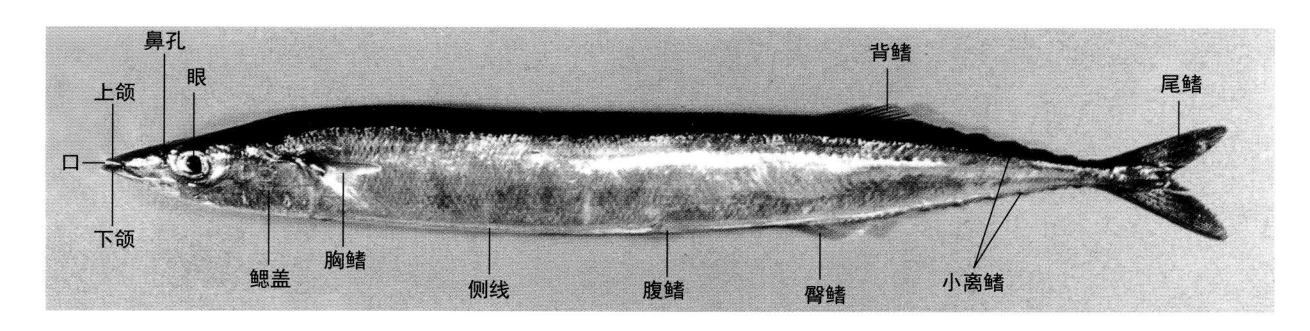

图 2-16-3　形态特征

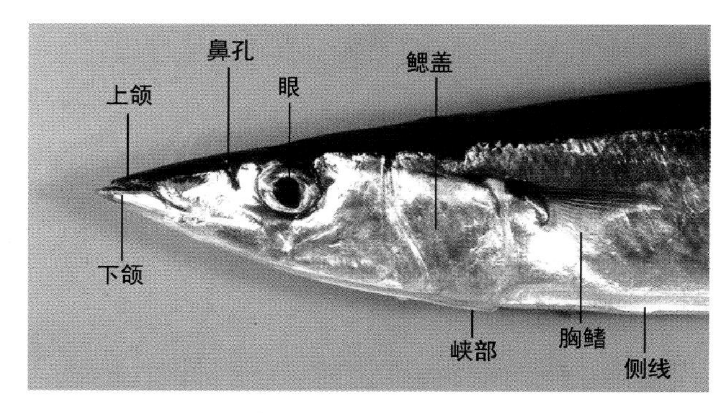

图 2-16-4　头部侧面

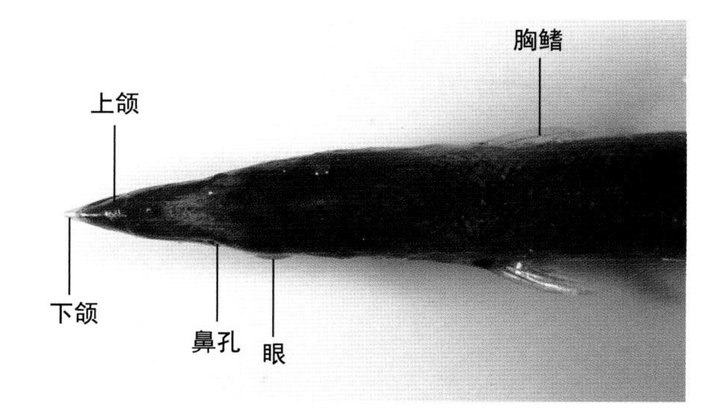

图 2-16-5　头部背面

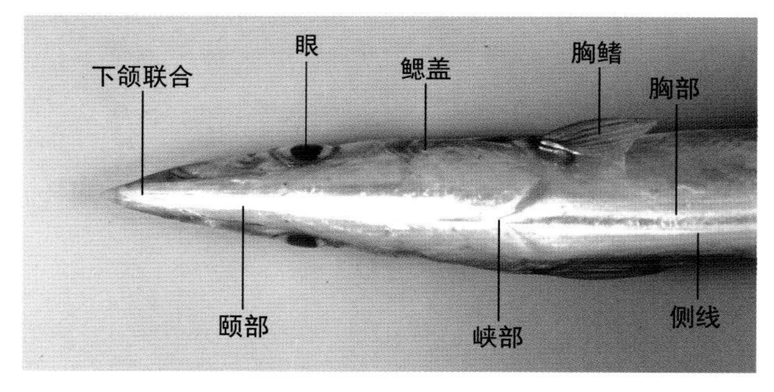

图 2-16-6　头部腹面

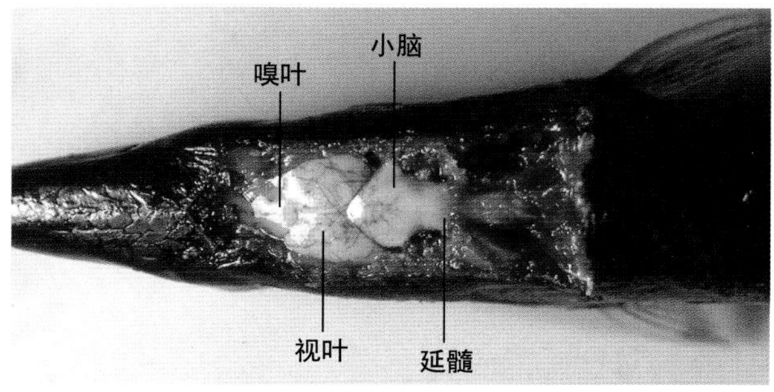

图 2-16-7　脑

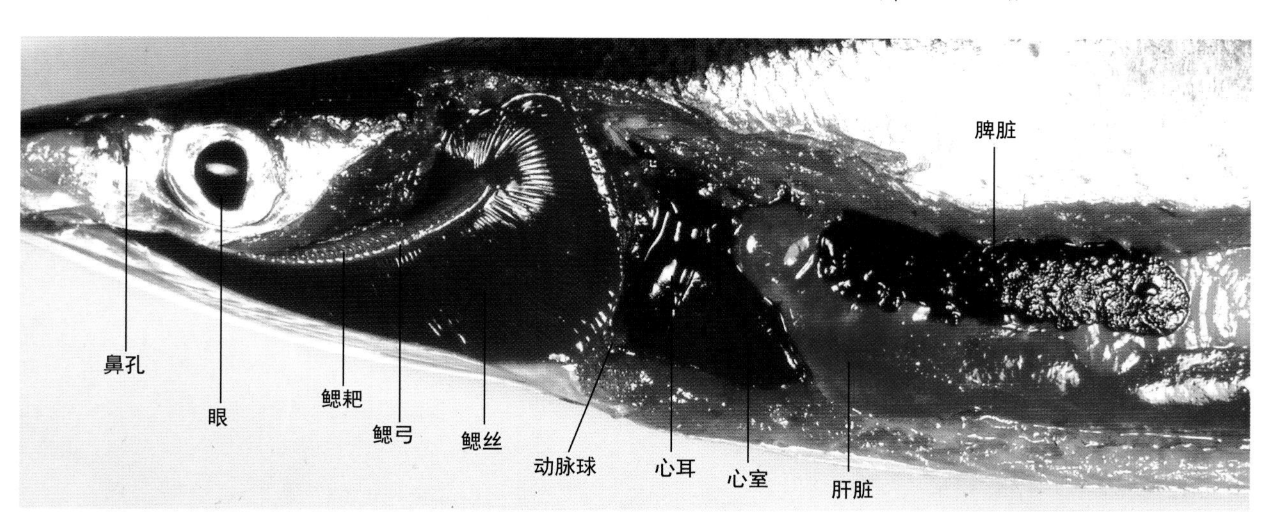

图 2-16-8　鳃与内脏

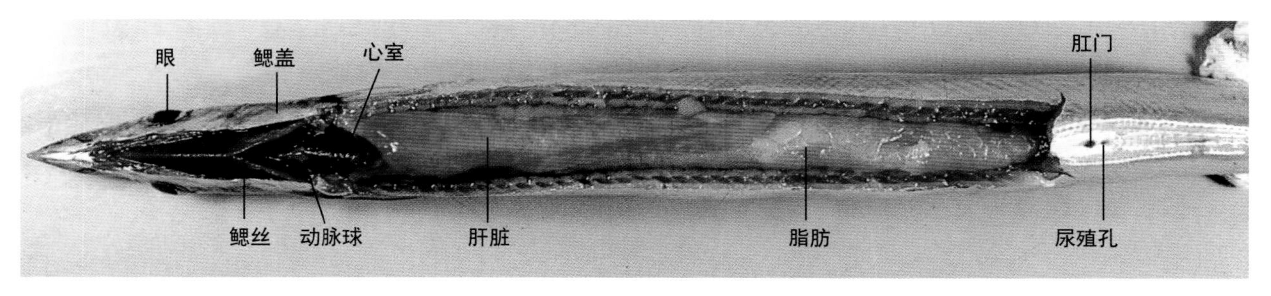

图 2-16-9 鳃与内脏（腹面）

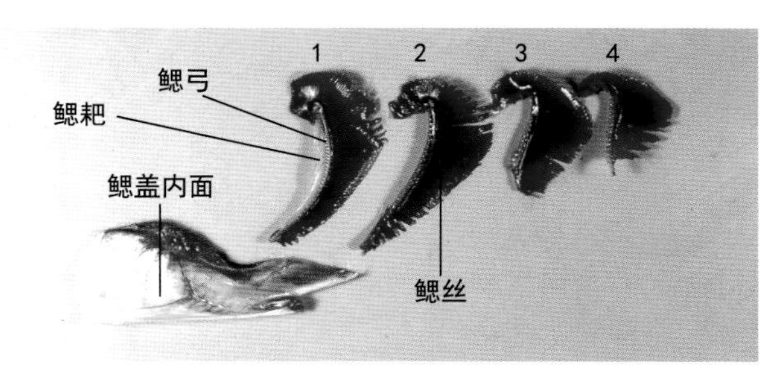

图 2-16-10 鳃

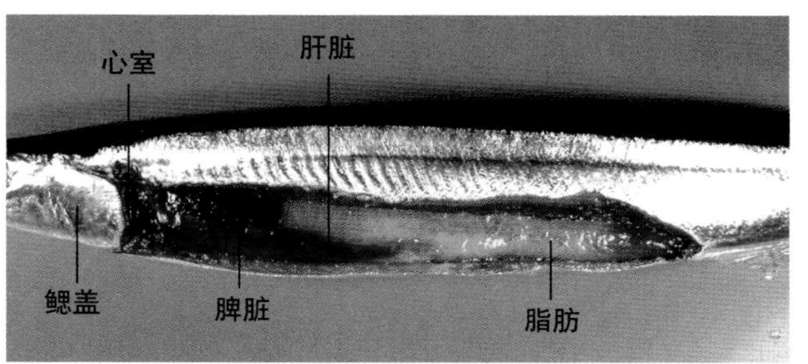

图 2-16-11 内脏（左侧）

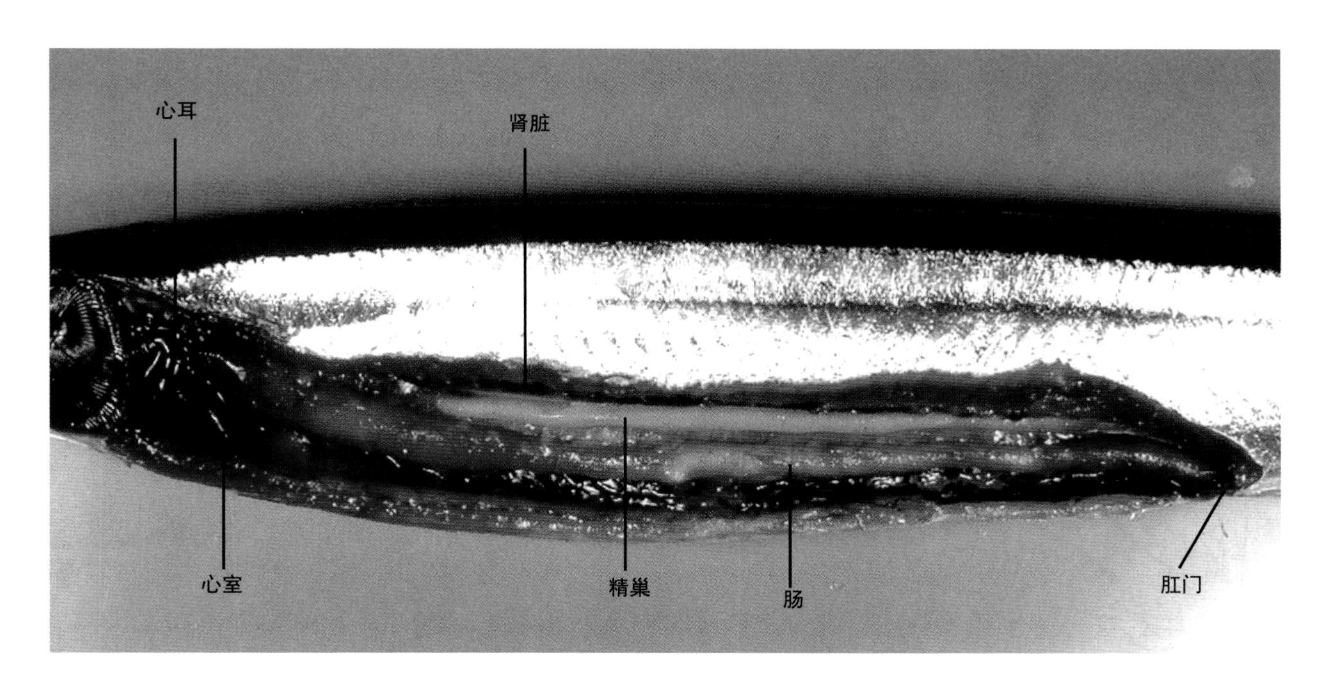

图 2-16-12 内脏（肝脏、脾脏，已去除脂肪）

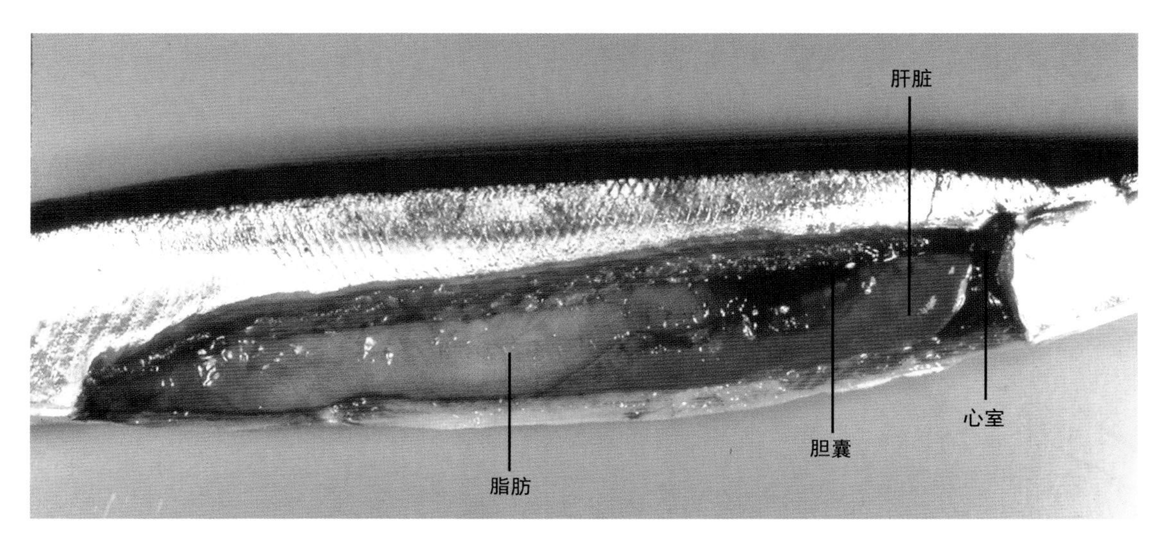

图 2-16-13 内脏（右侧）

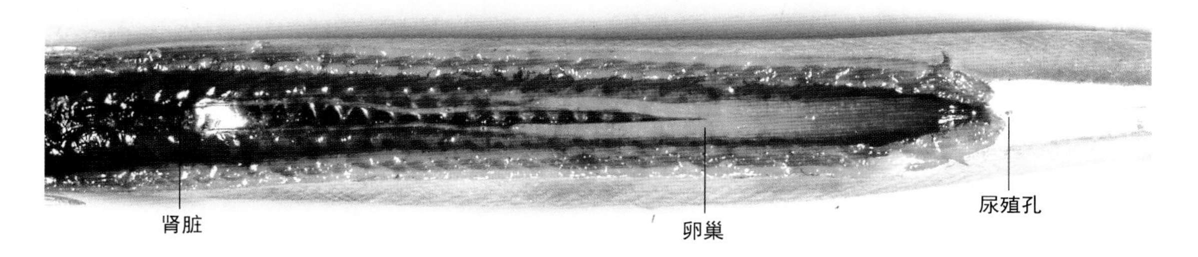

图 2-16-14 肾脏与卵巢

（长泽和也）

2.17 褐菖鲉

Sebastiscus marmoratus （Cuvier）

褐菖鲉为鲉形目、鲉科、菖鲉属鱼类，其解剖图和骨骼图分别见图2-17-1和图2-17-2。

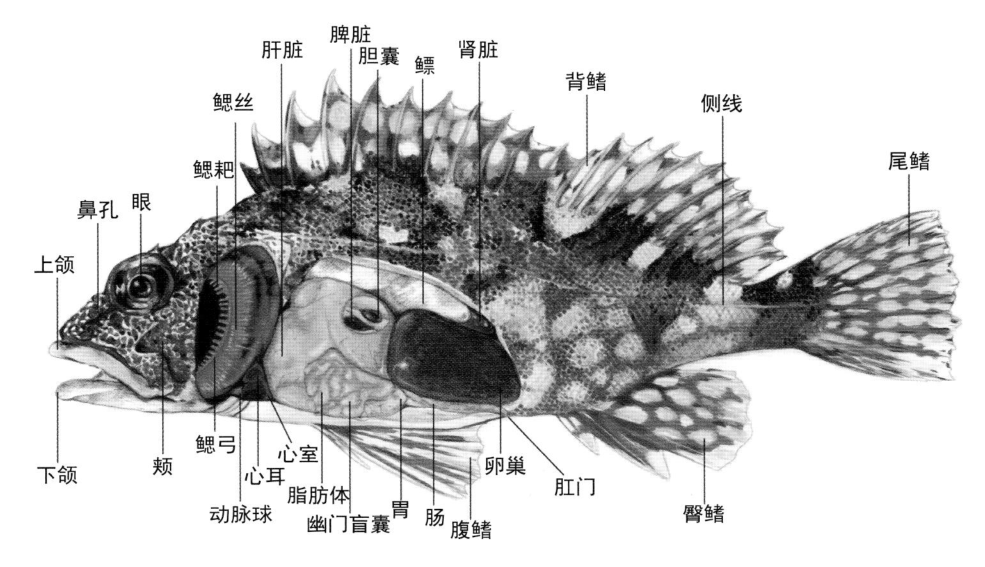

图 2-17-1 解剖图

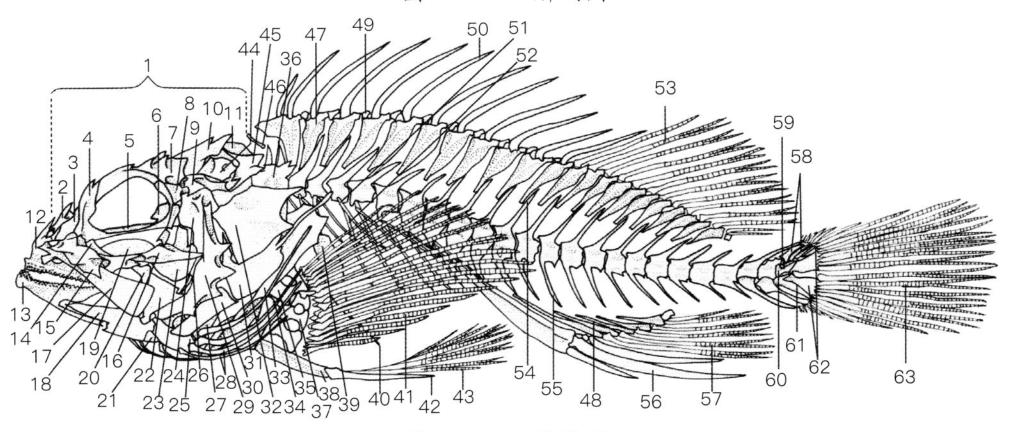

图 2-17-2 骨骼图

1. 头盖骨 2. 鼻骨 3. 筛骨 4. 侧筛骨 5. 副蝶骨 6. 基蝶骨 7. 额骨 8. 蝶耳骨 9. 翼耳骨 10. 顶骨 11. 上枕骨 12. 前颌骨 13. 齿骨 14. 腭骨 15. 泪骨 16. 眶下骨架 17. 上颌骨 18. 关节骨 19. 中翼骨 20. 前翼骨 21. 隅骨 22. 方骨 23. 后翼骨 24. 舌颌骨 25. 续骨 26. 角舌骨 27. 上舌骨 28. 鳃条骨 29. 前鳃盖骨 30. 间鳃盖骨 31. 下鳃盖骨 32. 主鳃盖骨 33. 匙骨 34. 乌喙骨 35. 肩胛骨 36. 上匙骨 37. 辐状骨 38. 腰带 39. 上后匙骨 40. 下后匙骨 41. 胸鳍条 42. 腹鳍棘 43. 腹鳍条 44. 上颞骨

45. 后颞骨　46. 上髓棘　47. 背鳍近端支鳍骨　48. 臀鳍近端支鳍骨　49. 背鳍远端支鳍骨　50. 背鳍棘　51. 椎体小骨　52. 腹肋　53. 背鳍条　54. 髓棘　55. 脉棘　56. 臀鳍棘　57. 臀鳍条　58. 尾上骨　59. 尾髓骨　60. 尾部棒状骨　61. 准尾下骨　62. 尾下骨　63. 尾鳍条

2.17.1 外部特征（图 2-17-3 ～图 2-17-5）

头大，背部及侧面具有发达的棘。前鳃盖棘发达，有5个。背鳍棘12根，胸鳍上叶呈截形。体色差异显著，沿岸种群的体色为黑褐色，浅海种群为暗红色。全长30cm左右。

2.17.2 分布、生态

日本各地、朝鲜半岛、中国沿岸均有分布。栖息于礁岩与藻丛之间。最适栖息水温为23℃以下。为广盐性鱼类，最适盐度为15～20。

2.17.3 成熟、产卵

雌雄均大多为2龄性成熟；一部分个体不足2龄；也有体长达9cm就成熟的个体。性比为1∶1。2龄时怀卵量为1万粒，4～5龄为7万粒左右。10—11月上旬交配。

2.17.4 发育、成长

11月左右体内受精。受精卵为直径0.75～0.95mm的球形，不久变为椭圆形。受精后20～25d孵化，孵化的仔鱼全长4mm左右。仔鱼在11月至翌年4月出生。1个繁殖期内（雌鱼）可产仔3～4次。产出仔鱼数量通常为1万～2万尾。初产仔鱼在一周左右将卵黄完全吸收，10d后成长到5mm。体长17mm左右时由浮游生活逐渐转为底栖生活。在体长20mm时成长为稚鱼。1龄鱼体长可达7cm，2龄为14cm，3龄可达17cm左右，5～6龄则超过20cm。

2.17.5 食性

全长6cm的仔鱼以大型桡足类为食，20℃左右摄食行为最活跃。当年鱼以岩礁及沙泥底的蟹类、枝角类、桡足类、多毛类、小型贝类为食，成鱼以虾蟹类、鰕虎鱼类、石鳖类、藤壶类等为食。

2.17.6 解剖特征（图 2-17-6 ～图 2-17-10）

【口】

口大，上颌前端突出，口腔宽大，舌呈三角形，前端与口底游离。上下颌、犁骨以及腭骨均有绒毛状齿带，上下颌前端特别宽大。

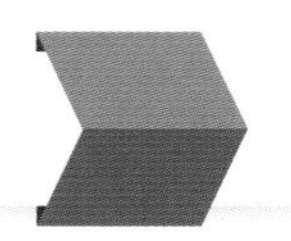

【脑】

长方形。嗅球小，与发达的嗅叶紧密连接。视叶及小脑发达，居中。

【鳃】

鳃弓4对，第1鳃弓的前列鳃耙呈短棍棒状，前端有条状痕迹，上鳃耙数为7～8个，下鳃耙数为15～18个，总鳃耙数为22～26个。第1鳃弓后面的一列，第2至第3鳃弓的两列及第4鳃弓前列均为短的瘤状鳃耙，各鳃耙上密生小棘，鳃瓣稍短。伪鳃非常发达。咽齿发达，上咽骨3个，下咽骨1个且形成宽齿带。鳃条骨7根。

【消化管】

腹腔稍大。腹膜呈白色。胃大，盲囊非常发达。胃壁厚。幽门垂呈长条形的指状，有9～12根。肠有两个弯曲，呈N形。肝脏有2叶，左侧的一边较大。

【鳔】

长卵形，非常发达。鳔膜非常厚，与体腔壁分离。发音肌不经肌腱直接在鳔的后部背面固着。

【生殖腺】

左右生殖腺形状相同，位于鳔的腹侧。

【骨骼】

头盖骨坚硬，眼间隔部有2对深凹，头后部有1对纵向的隆起线。鼻棘、眶前棘、眶上棘、眶后棘、耳棘、顶棘及颈棘发达。眼窝大。头盖骨的腹缘有一条直线。第2眶下骨的后端呈长三角形但不达前鳃盖骨隆起边缘。

脊椎骨数目为10+15=25个。第3个至第9个脊椎骨上有肋骨，而第1个至第9个脊椎骨有椎体小骨。最前面的背鳍近位支鳍骨插入第2个和第3个脊椎骨的髓棘间。上髓棘1个，细小且长。尾鳍椎前第3脊椎骨后面的骨骼支撑着尾鳍。尾鳍椎前第1脊椎骨的髓棘短。尾上骨3个，准尾下骨1个，尾下骨3个。

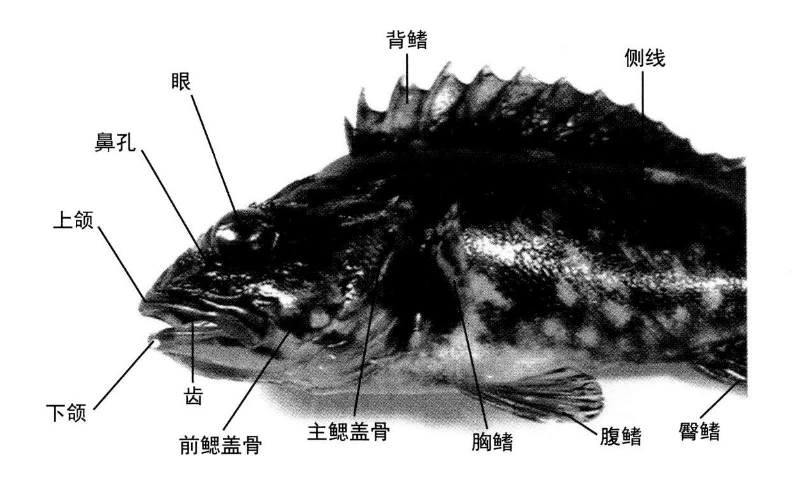

图 2-17-3　头部侧面

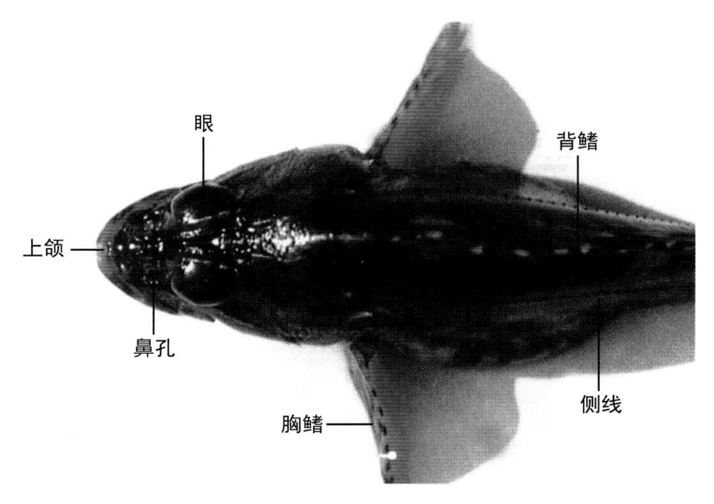

图 2-17-4　头部背面

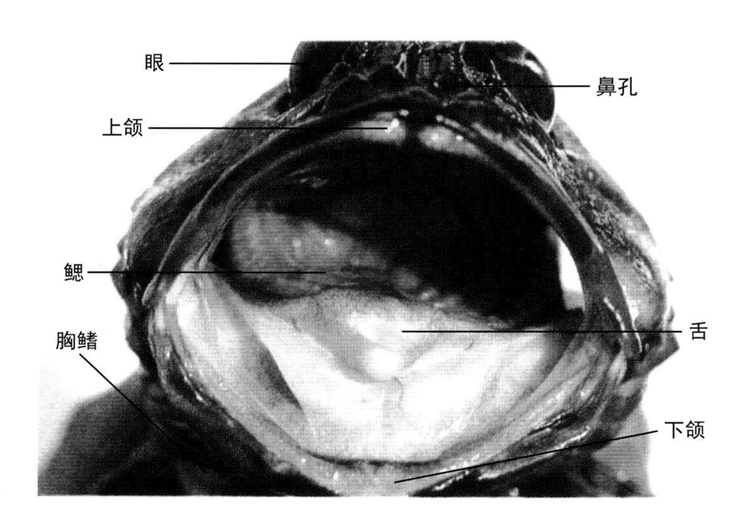

图 2-17-5　口　部

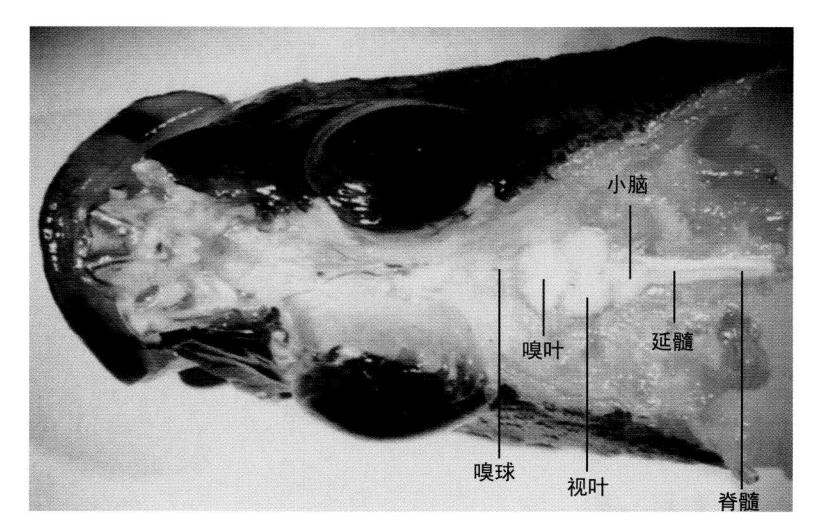

图 2-17-6　脑

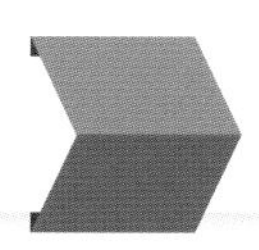

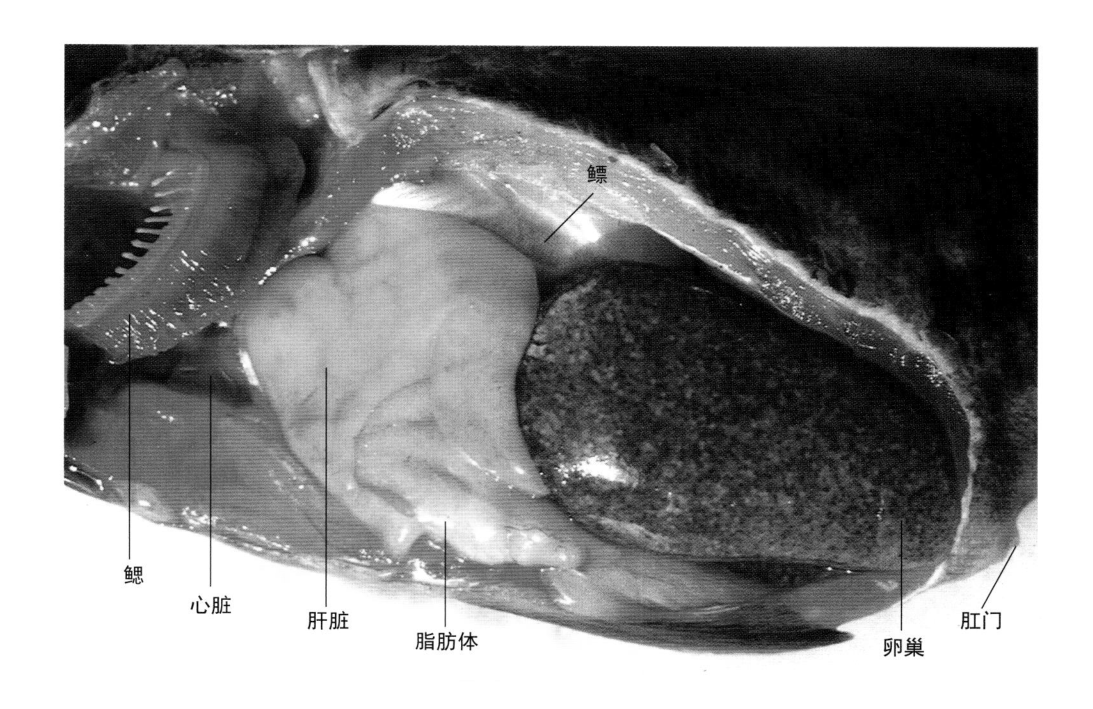

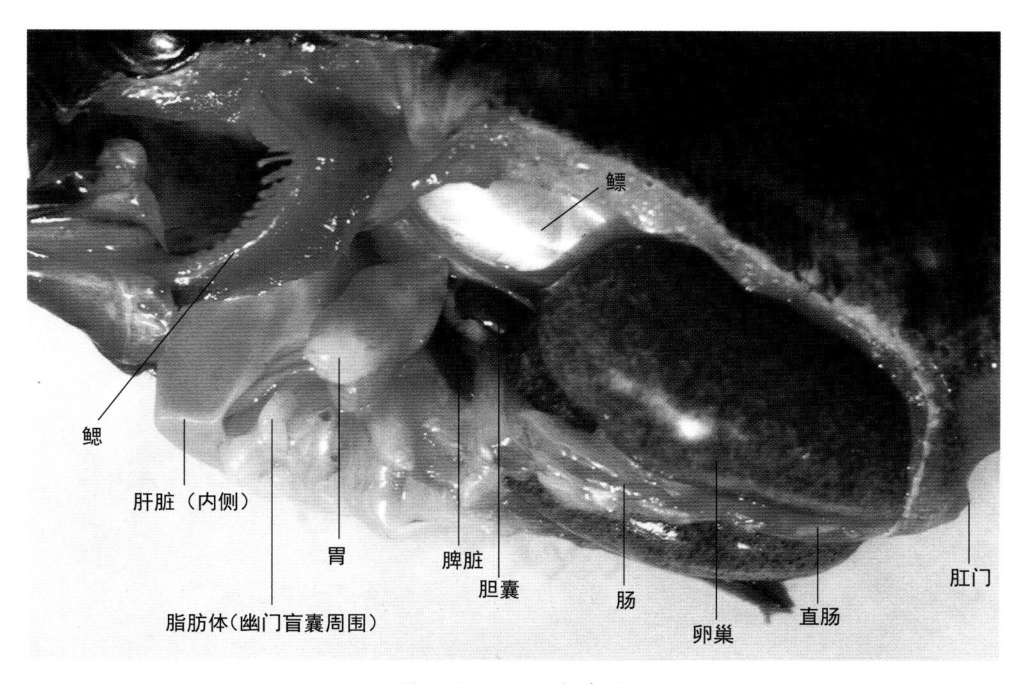

图 2-17-7　鳃与内脏

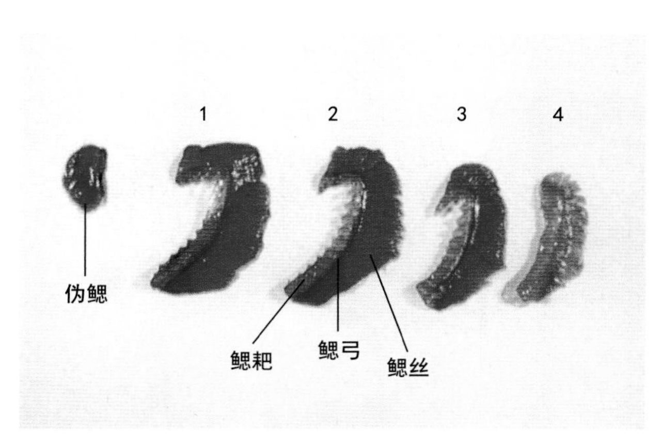

图 2-17-8　鳃与伪鳃

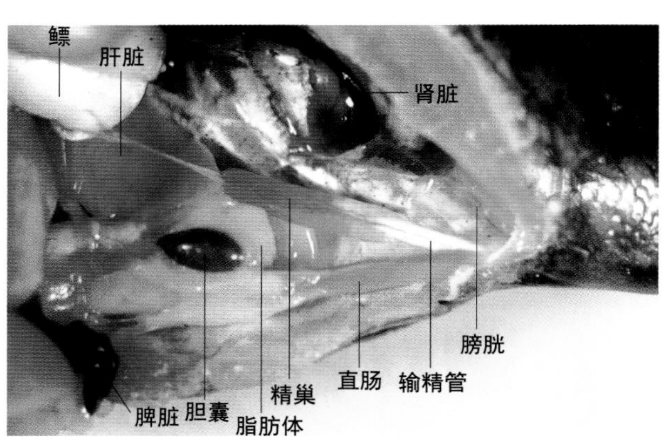

图 2-17-9　内　脏

图 2-17-10　雄性生殖突起

（山本贤治、石田实）

2.18 鲬

***Platycephalus* sp.**

鲬为鲉形目、鲬科、鲬属鱼类，其解剖图和骨骼图分别见图2-18-1和图2-18-2。

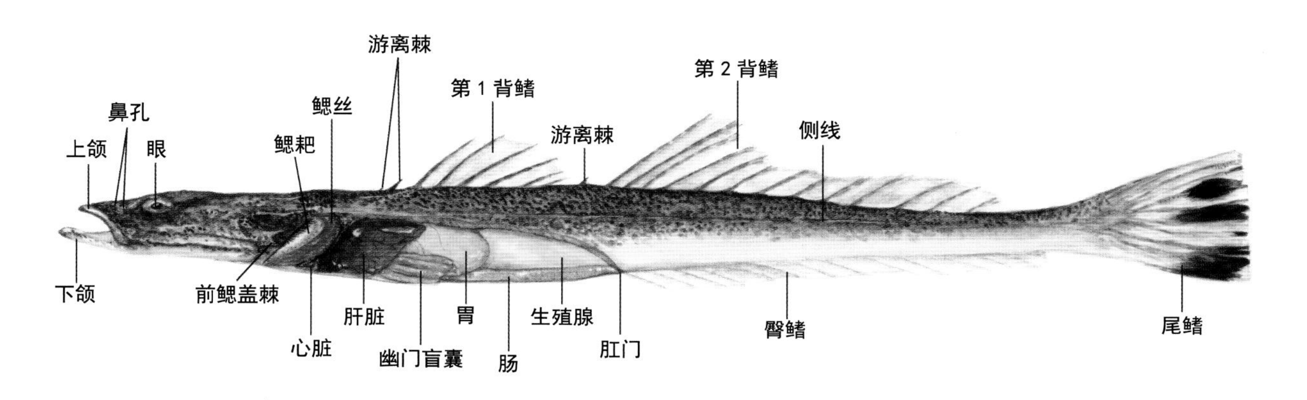

图 2-18-1 解剖图

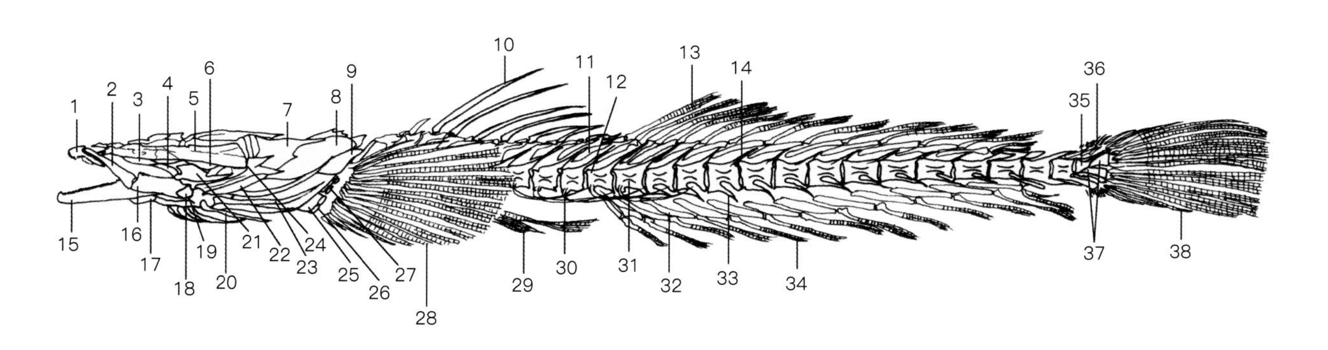

图 2-18-2 骨骼图

1. 前颌骨 2. 上颌骨 3. 腭骨 4. 内翼骨 5. 眶下骨架 6. 后翼骨 7. 主鳃盖骨 8. 下鳃盖骨 9. 上匙骨 10. 背鳍棘 11. 背鳍近端支鳍骨 12. 前背关节突 13. 背鳍条 14. 髓棘 15. 齿骨 16. 关节骨 17. 基舌骨 18. 隅骨 19. 舌弓 20. 鳃条骨 21. 间鳃盖骨 22. 方骨 23. 匙骨 24. 前鳃盖骨 25. 乌喙骨 26. 辐状骨 27. 肩胛骨 28. 胸鳍条 29. 腹鳍条 30. 肋骨 31. 椎体 32. 臀鳍近端支鳍骨 33. 脉棘 34. 臀鳍条 35. 尾部棒状骨 36. 尾上骨 37. 尾下骨 38. 尾鳍条

2.18.1 外部特征（图 2-18-3）

鱼体纵扁形，头大，明显平扁。头部背面光滑，基本无棘状突起。眼小，瞳孔上部覆盖有单叶虹膜瓣。口较大，下颌的前方比上颌更外突。前鳃盖骨上有2个棘。

体色略呈茶色，夹杂有暗褐色斑点。鳞片很小，难以剥落。体表略粗糙。第1背鳍的前方有2个游离棘，后方1个。全长可达1m左右。

2.18.2 分布、栖息

朝鲜半岛、黄海和东海海域、日本本州岛中部以南海区均有分布。栖息在水深100m以内的沙泥底。

2.18.3 成熟、产卵

最初为雄性，存在性逆转现象。2龄鱼体长35cm，为雄鱼；3龄鱼体长40cm左右，转变为雌鱼。

日本近海每年4—7月开始靠岸，在浅海沙质底产卵。生物学最小型约全长30cm。

2.18.4 发育、成长

浮性卵，呈球形。直径0.9～1.2mm。卵膜光滑，围卵腔狭小。有1个油球。水温25℃时，受精后24h开始孵化。

初孵仔鱼全长1.8mm，尚未开口摄食，肌节数11+18=29个。孵化2d后全长2.7mm，此时胸鳍开始出现。孵化4d后卵黄吸收完毕，肠开始蠕动。全长9.8mm时头部较大，鱼体较宽但已呈侧扁形。腹鳍棘也开始硬化，贯穿眼部的黑色纵带可达胸鳍的前半部分。全长15mm时由浮游生活转为底栖生活。

濑户内海栖息的1、2、3、5、7龄的鲬，其体长分别为13cm、23cm、32cm、45cm、54cm。相比之下，黄海和东海的1龄鱼及2龄鱼的体长可分别达18cm和30cm，幼鱼期生长良好。

2.18.5 食性

主要以沙泥底栖息的小型鱼类、大型虾类以及蟹类、乌贼、章鱼等为食。

2.18.6 解剖特征（图 2-18-4 ～图 2-18-10）

【口】

口较大，很宽。上颌前方有突起。口腔上下颌的犁骨、腭骨上的齿发达。两颌上有齿带，齿带上齿为细小圆锥形。其中，上颌上的齿带明显，宽度较大，分2～3列排布。下颌上的齿则较小，分2～4列排布。犁骨上的齿带呈新月形。腭骨上的齿分1～2列排布。

【脑】

整体较小。嗅叶的前方有一个小型嗅球。嗅叶、视叶、小脑体积均很小。

【鳃】

有4对鳃弓。伪鳃并不发达。第1鳃弓的上鳃耙数为2～3个，下鳃耙数为6～9个，总共为8～12个。各鳃耙上有发达的小棘。上下咽骨的齿带都很发达，齿带上的齿类似颌齿，呈小型圆锥状。鳃丝不发达。鳃条骨数8根。

【消化管】

体型较大，卜形胃。有10个幽门盲囊。胃位于腹腔左侧，幽门盲囊位于腹腔右侧。肠较短。

【肝脏】

茶褐色，位于腹腔前部。只有一叶，有胰脏组织散布其中，形成肝胰脏。

【胆囊】

幽门盲囊前方，被肝脏组织的腹面覆盖。呈黄绿色。

【脾脏】

呈暗红色细条袋状。被幽门盲囊覆盖，表面无法看到。

【鳔】

无。

【体侧肌】

白肌，肉质柔软。

【生殖腺】

左右对称，位于体腔后部背面。

【肾脏】

腹腔背面，脊椎骨左右两侧，呈暗红色。

【骨骼】

头盖骨明显细长，背面无坚硬的棘和颗粒状突起。头盖骨后半部延长，约是头盖骨宽的1.4倍，眼窝径的3倍。犁骨与副蝶骨腹面非常平坦开阔。眼窝较小。眶下骨架非常发达。犁骨前半部分明显向外扩大。犁骨和中筛骨交接处较脆弱。蝶形骨显著延长，长度是宽度的3倍以上。后耳骨后方无突起。基蝶骨的腹面有细长突起，与副蝶骨不相连。上匙骨和辐状骨小。匙骨侧面被肩胛骨、乌喙骨覆盖。腹部腰带突起前端呈3个尖头状。基舌骨呈扇形。前鳃盖骨有两个棘，下方的棘比上方的棘稍长。

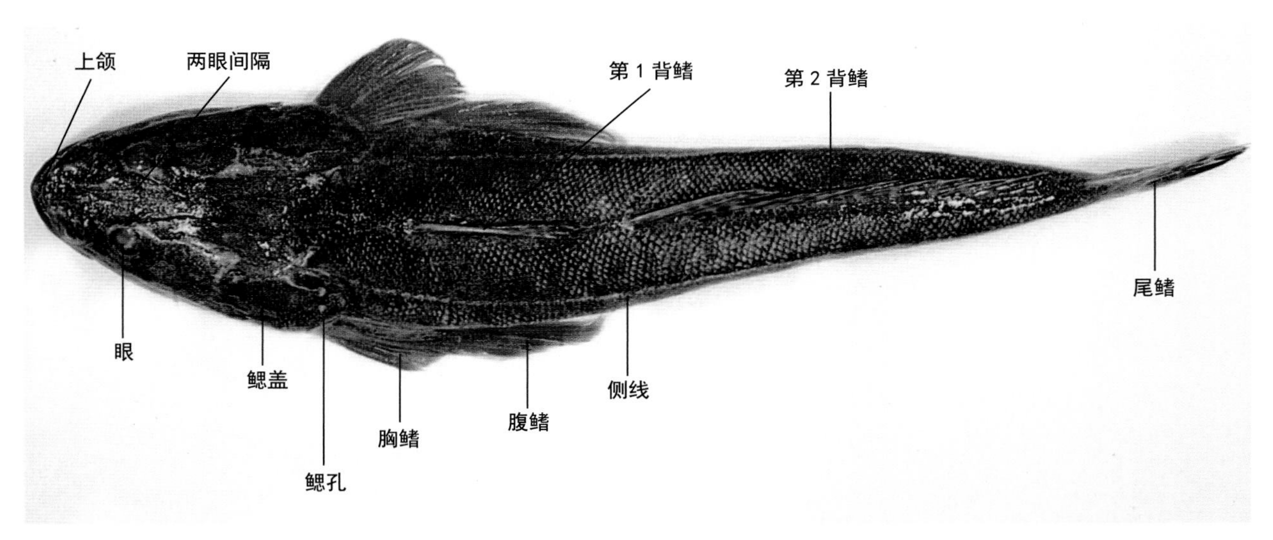

图 2-18-3 形态特征（背面）

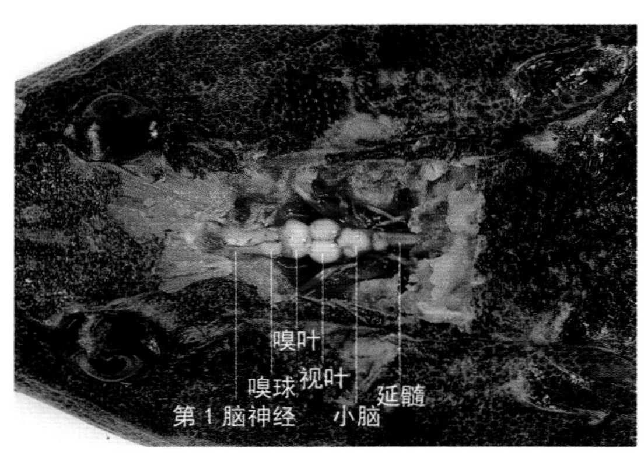

图 2-18-4 脑

图 2-18-5 鳃

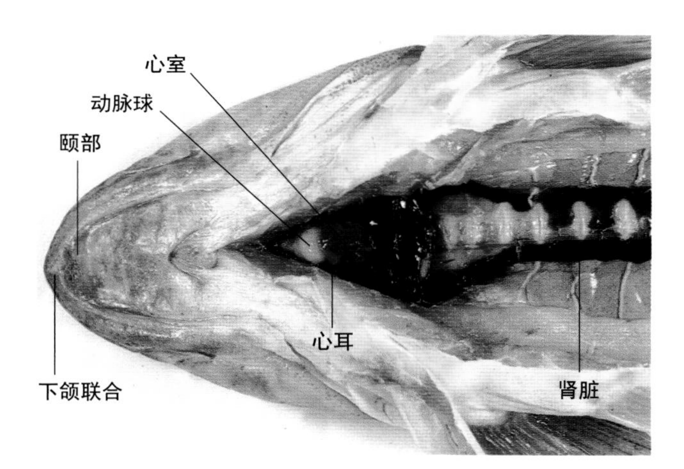

图 2-18-6 心 脏

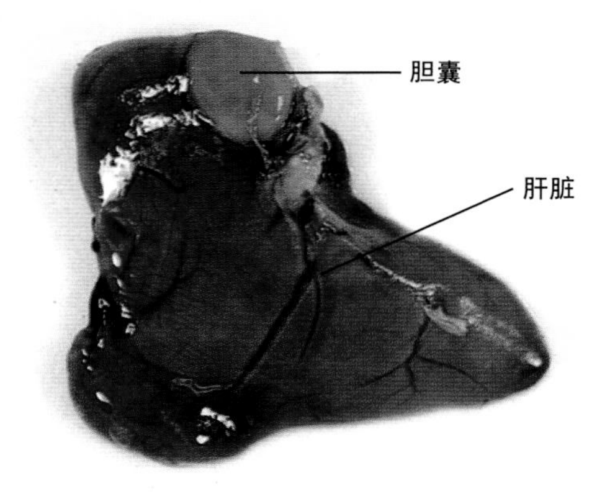

图 2-18-7 胆囊与肝脏

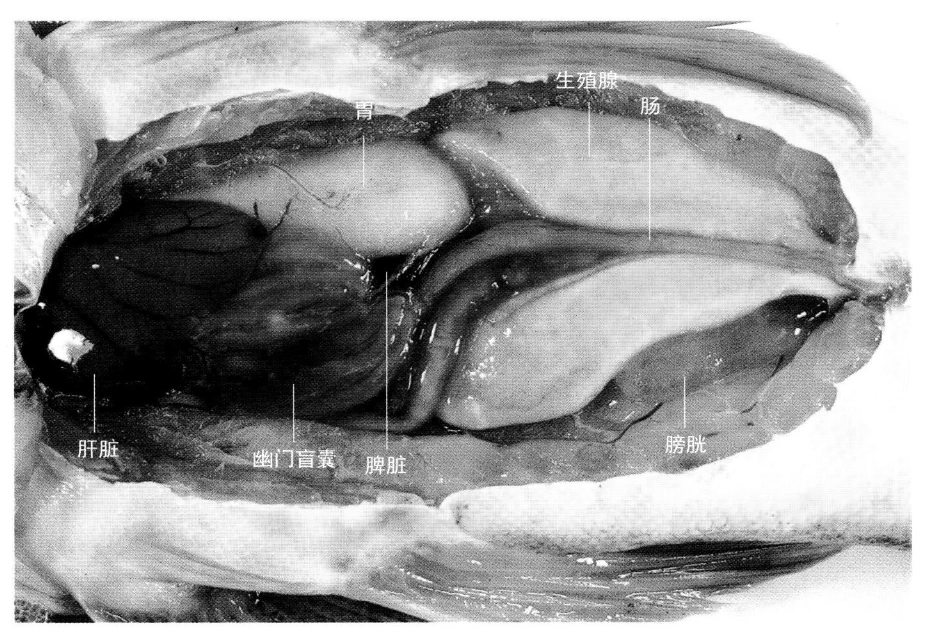

图 2-18-8　内脏腹面

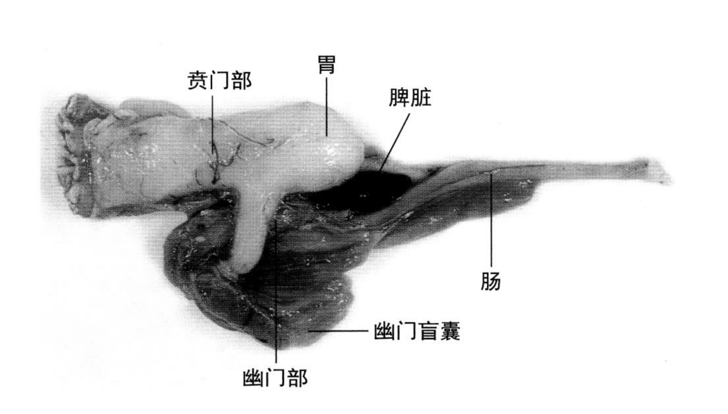

图 2-18-9　消化系统

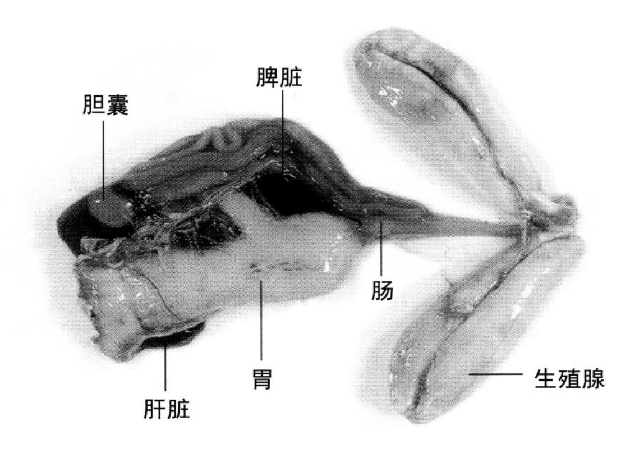

图 2-18-10　内脏背面

（山冈耕作、神田优）

2.19 大泷六线鱼

Hexagrammos otakii （Jordan & Starks）

大泷六线鱼为鲉形目六线鱼科六线鱼属鱼类，其解剖图和骨骼图分别见图2-19-1和图2-19-2。

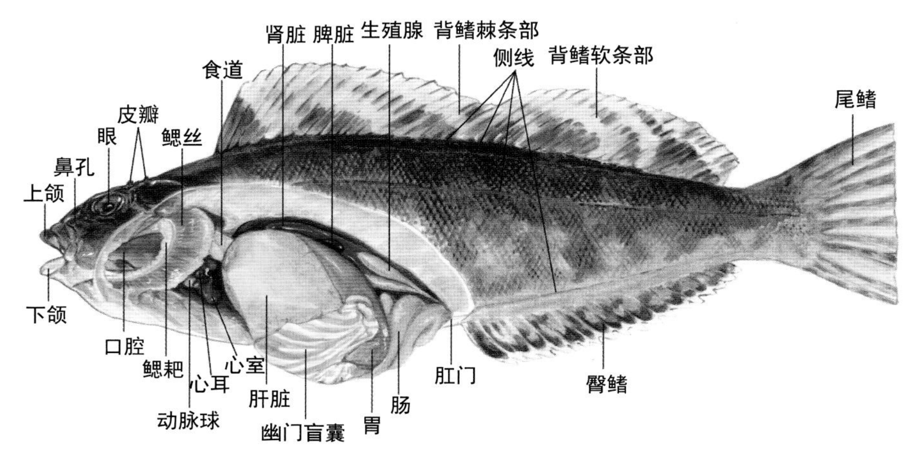

图 2-19-1 解剖图

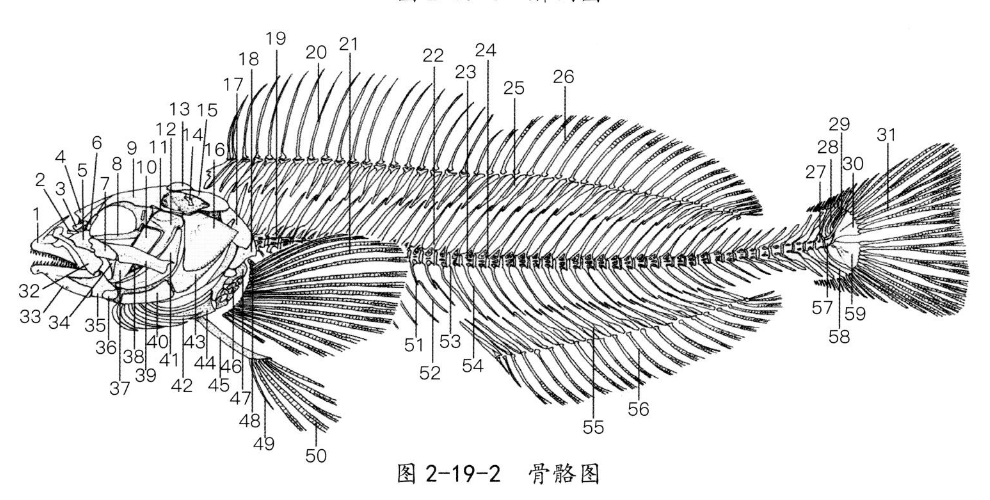

图 2-19-2 骨骼图

1. 前颌骨 2. 腭骨 3. 鼻骨 4. 筛骨 5. 泪骨 6. 侧筛骨 7. 第1眶下骨 8. 副蝶骨 9. 额骨 10. 后翼骨 11. 翼耳骨 12. 舌颌骨 13. 上枕骨 14. 上颞骨 15. 后颞骨 16. 主鳃盖骨 17. 上匙骨 18. 匙骨 19. 椎体小骨 20. 背鳍棘 21. 胸鳍条 22. 髓棘 23. 椎体 24. 前背关节突 25. 背鳍近端支鳍骨 26. 背鳍软条 27. 第2尾鳍椎前椎体 28. 尾上骨 29. 尾神经骨 30. 第3尾下骨+第4尾下骨+第5尾下骨 31. 尾鳍条 32. 上颌骨 33. 齿骨 34. 外翼骨 35. 关节骨 36. 隅骨 37. 方骨 38. 续骨 39. 第2眶下骨 40. 间鳃盖骨 41. 前鳃盖骨 42. 鳃条骨 43. 下鳃盖骨 44. 乌喙骨 45. 腰带 46. 辐状骨 47. 肩胛骨 48. 后匙骨 49. 腹鳍棘 50. 腹鳍软条 51. 椎体横突 52. 肋骨 53. 前腹关节突 54. 脉棘 55. 臀鳍近端支鳍骨 56. 臀鳍软条 57. 尾部棒状骨 58. 第2尾鳍椎前椎体脉棘 59. 准尾下骨+第1尾下骨+第2尾下骨

2.19.1 外部特征（图 2-19-3，图 2-19-4）

体延长而侧扁，似纺锤形。尾柄部侧扁，较细长。鳃盖和颊部以及背鳍和胸鳍基底部附近均覆有鳞片。体被小型栉鳞，鳞片上具发达小棘。具鼻孔一对。眼上部及头后部各具一对小皮瓣。背鳍连续，在鳍棘和鳍条之间具一缺刻。背鳍棘柔软，背鳍棘19～21个，鳍条数为21～23个，臀鳍鳍条数为21～23个。尾鳍呈截形。

身体具有5条侧线，第1侧线位于身体最上端，沿背鳍基底下侧，从颈部开始向后延伸至背鳍软条基底上方。第2侧线始于背鳍起点下部，通向尾柄部背侧面，向尾鳍基底部延伸。第3侧线由鳃盖后部向后延伸，达尾鳍基底中部。第4侧线从鳃盖后下方经胸鳍基底延伸至腹鳍，到达腹鳍基底和肛门的中点。第5侧线从鳃盖后方沿腹中线到达腹鳍基底后方，在此左右分支沿臀鳍向尾柄腹侧面延伸，到达尾鳍基底部。这些侧线的分布状态因个体不同而存在一定差异。身体呈灰褐色或是黄褐色、紫褐色、绿褐色，体色变化丰富，体表具暗褐色复杂的斑纹，全长可达30～50cm。

2.19.2 分布、栖息

分布于北海道南部（九州除外）以及朝鲜半岛，中国黄海及东海海域。常栖息于沿岸沙砾及底部岩礁区，全长5～7cm的稚鱼期之前营浮游生活。

2.19.3 成熟、产卵

发育较早的雌雄个体满1龄即可达性成熟，大部分体长达20cm、满2龄以上性成熟。产卵期从秋季到初冬，日本东北地区为10—11月，日本西部地区为11—12月。产卵水温12～19℃。卵呈球形，为黏性沉性卵。通常形成中空的卵块，附着于海藻或岩礁上。卵径1.8～2.2mm，呈浅绿或淡黄色，具多个油球。

2.19.4 发育、生长

水温13～15℃时受精卵经1个月孵化。初孵仔鱼体长7～8mm，虽已开口，但具较大的卵黄囊和油球。水温约为10℃时，孵化5d后卵黄囊被吸收。40～50d后体长达2cm，鳍条发育完全，进入稚鱼期。

野生大泷六线鱼于4—5月全长达5cm时，开始营底栖生活。1龄鱼体长11～15cm，2龄鱼17～22cm，3龄鱼24～29cm。

2.19.5 食性

仔鱼期以桡足类等浮游动物为食，除此之外，浮游期稚鱼还捕食其他稚鱼和幼鱼。底栖生活阶段幼鱼以钩虾等虾蟹类和小型鰕虎鱼为食。成鱼主要以小型鱼、虾蟹类为食，此外也捕食端足类、沙蚕和贝类等。

2.19.6 解剖特征（图 2-19-5 ～图 2-19-11）

【口】

口稍小，上颌较下颌前端略突出。口腔与舌较大，舌游离于口腔中。两颌齿稍小，具一排稍小的锥形齿，形成齿带。最外层齿较大，犁骨前部具齿，腭骨无齿。

【脑】

嗅球较小，与大型嗅叶紧密相连。视叶较大，小脑小。

【鳃】

鳃弓4对，鳃丝较大，鳃耙较短，呈三角板状，鳃耙具小棘。鳃耙数为（4～5）个+（12～14）个。鳃盖内具伪鳃。咽齿为小型圆锥状齿，形成齿带。

【腹腔】

腹腔稍大，腹膜白色。

【消化管】

胃稍大。胃盲囊部发达，呈Y形。贲门部较长，幽门部较短。胃壁较厚，幽门盲囊细长，40～50个。肠长，呈N形，在肛门前上方和胃的幽门部反转。冬季肠膜上积累许多脂肪。

【肝脏】

呈淡黄褐色，较大。具左右两叶，左叶较大。

【胆囊】

淡黄绿色，细长，呈盲囊状，靠近胃贲门部。

【脾脏】

暗红色，呈扁平三角形，靠近胃右方。

【鳔】

无。

【生殖腺】

位于肾脏下方，具左右两叶。

【心脏】

心室红色，呈三角形。心室的上方为心耳，前方为白色动脉球。

【肾脏】

暗红色，沿着腹腔背面向前后延伸，头肾分左右两叶。

【膀胱】

发达，呈细长盲囊状。位于腹腔后端。

【体侧肌】

体侧肌呈白色。体侧中线处可见表层红肌，埋于皮肤下方。几乎无深层红肌。

【骨骼】

头盖骨侧扁，额骨隆起不发达。咽舌骨前端呈截形，尾舌骨侧扁。角舌骨上具4枚鳃条骨，角舌骨与上舌骨接合部具1鳃条骨，上舌骨上具有1鳃条骨。泪骨与第1和第2眶下骨接合。第2眶下骨达前鳃盖骨后缘，形成眶下骨架。眼后缘具小的膜状眶下骨。肩胛骨和乌喙骨分离，中间具有4块辐状骨。

腰带通过软骨与匙骨相连。脊椎骨50～52个，从第4个脊椎骨起具有椎体横突。具有髓棘和脉棘，细长。准尾下骨和第1、第2尾下骨相愈合，第3、第4、第5尾下骨相愈合，呈板状。尾下骨侧部无突起。

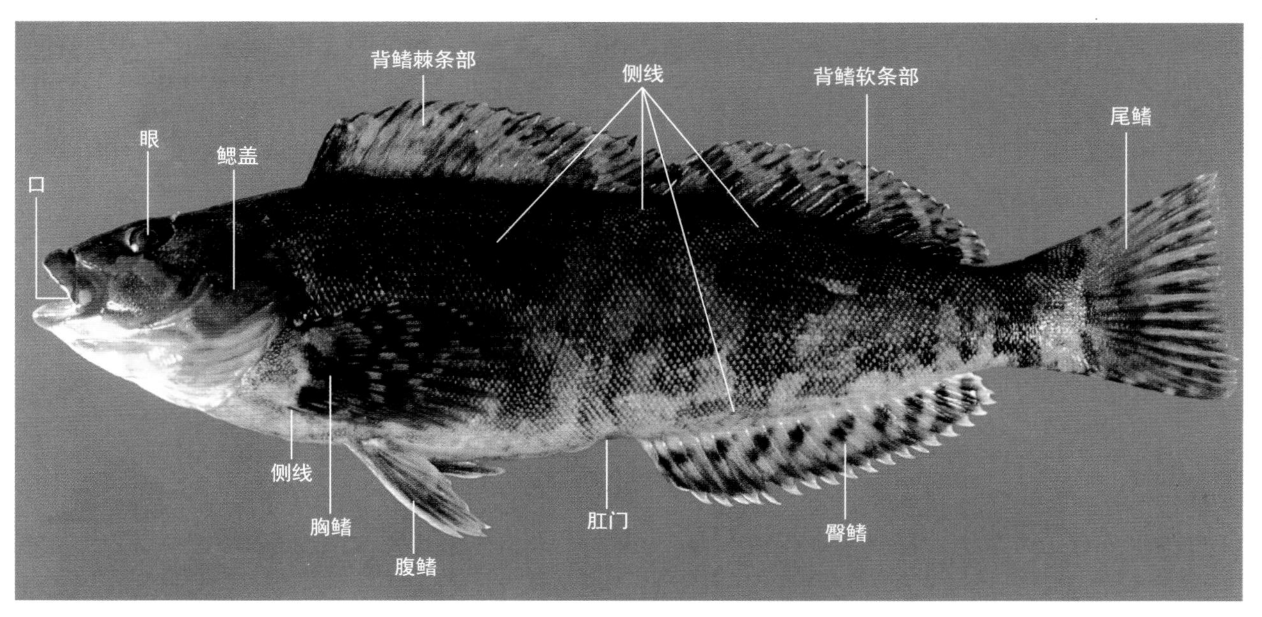

图 2-19-3　形态特征

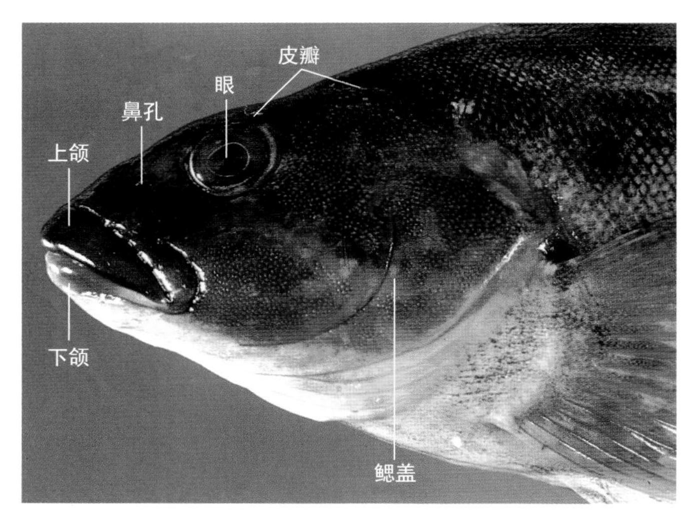

图 2-19-4　头部侧面

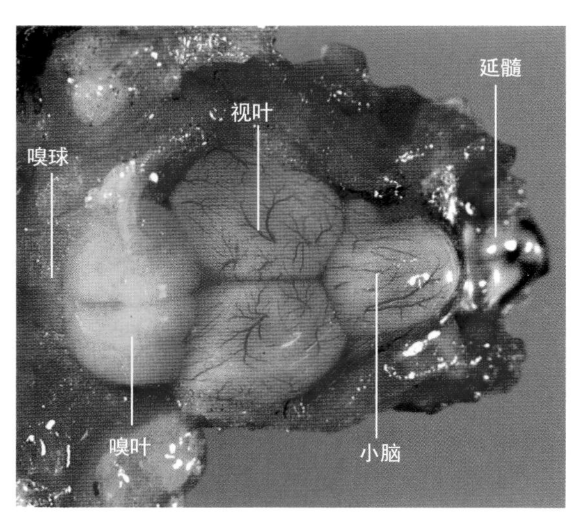

图 2-19-5　脑

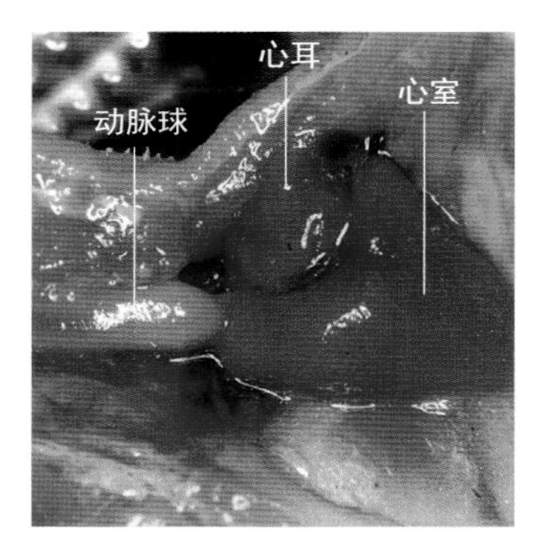

图 2-19-6 心 脏

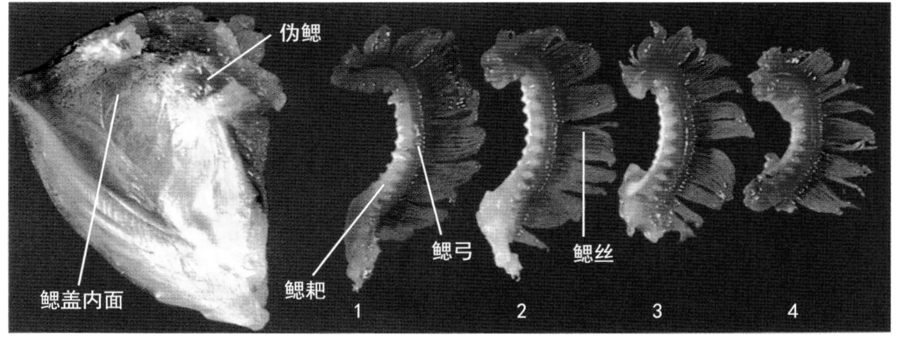

图 2-19-7 鳃与伪鳃

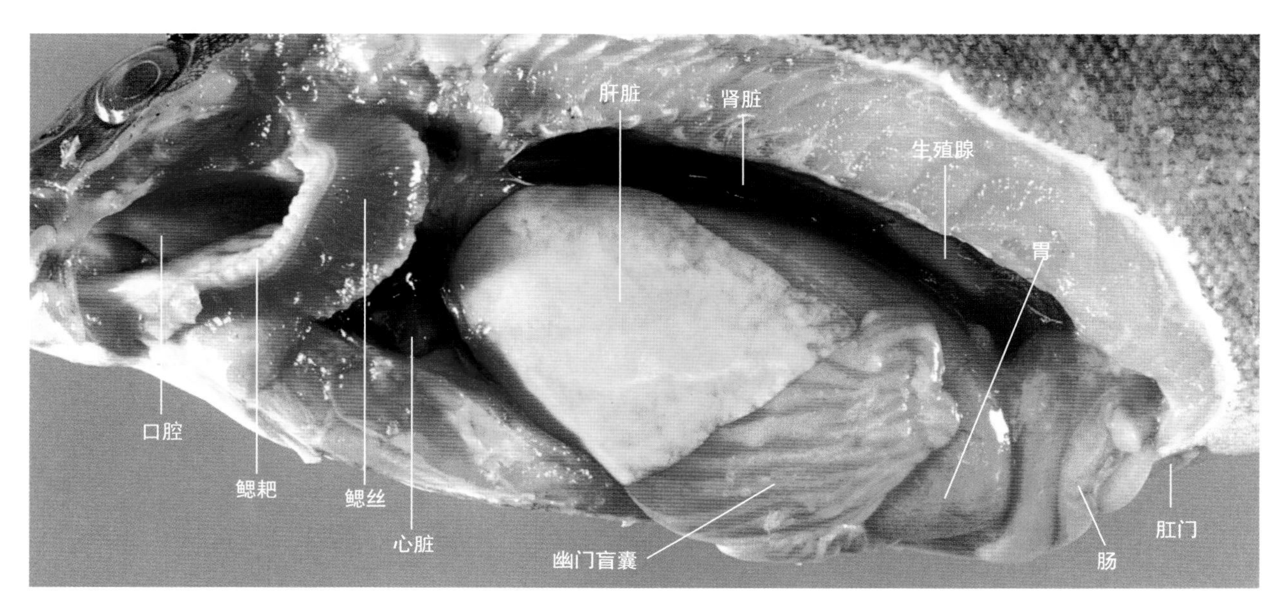

图 2-19-8 鳃与内脏

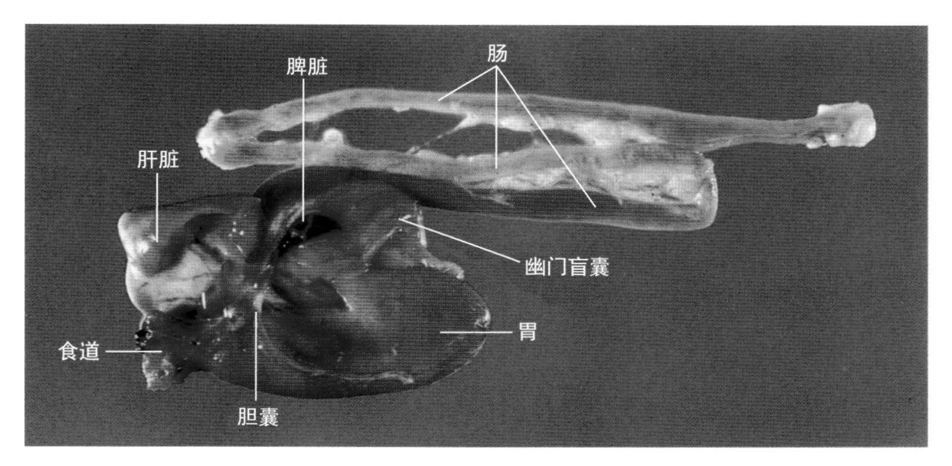

图 2-19-9 消化系统

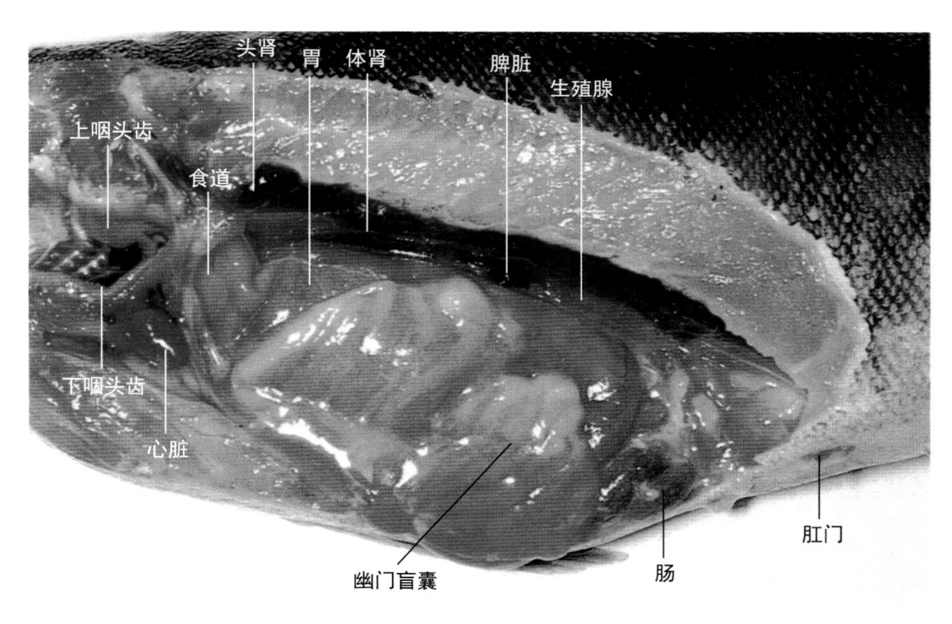

图 2-19-10　内脏（已去除肝脏）

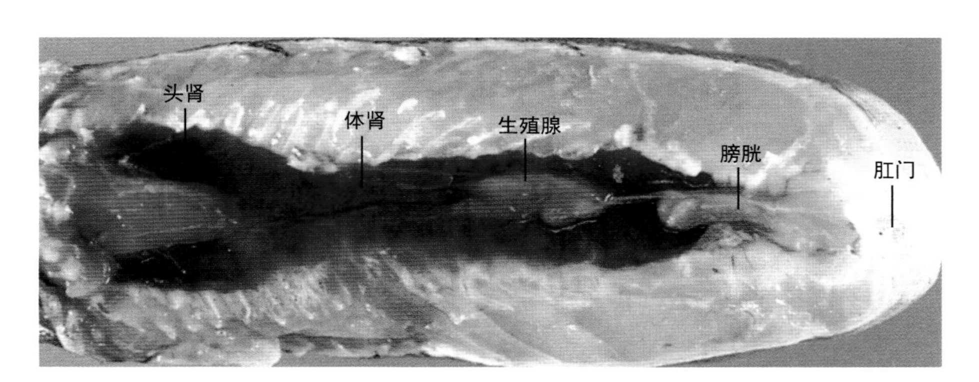

图 2-19-11　肾脏与生殖腺

（木村清志）

2.20 五条鰤

Seriola quinqueradiata （Temminck & Schlegel）

五条鰤为鲈形目、鲹科、鰤属鱼类，其解剖图和骨骼图分别见图2-20-1和图2-20-2。

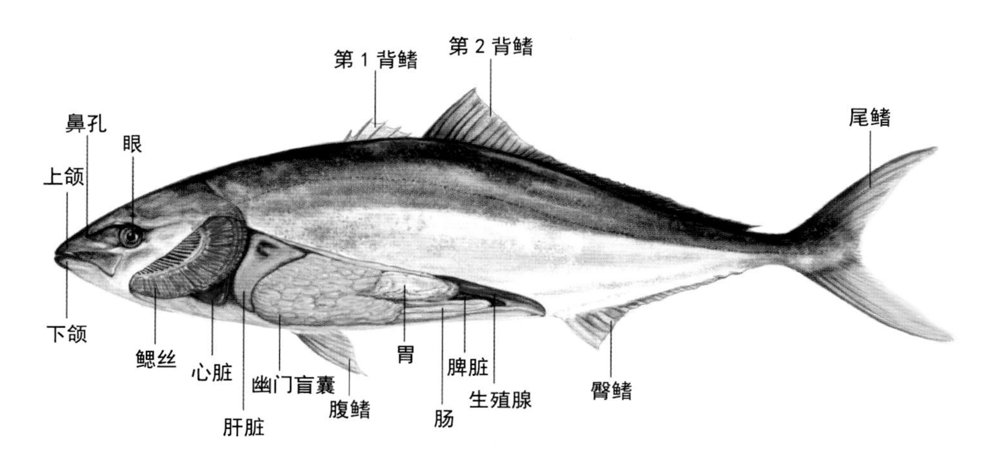

图 2-20-1 解剖图

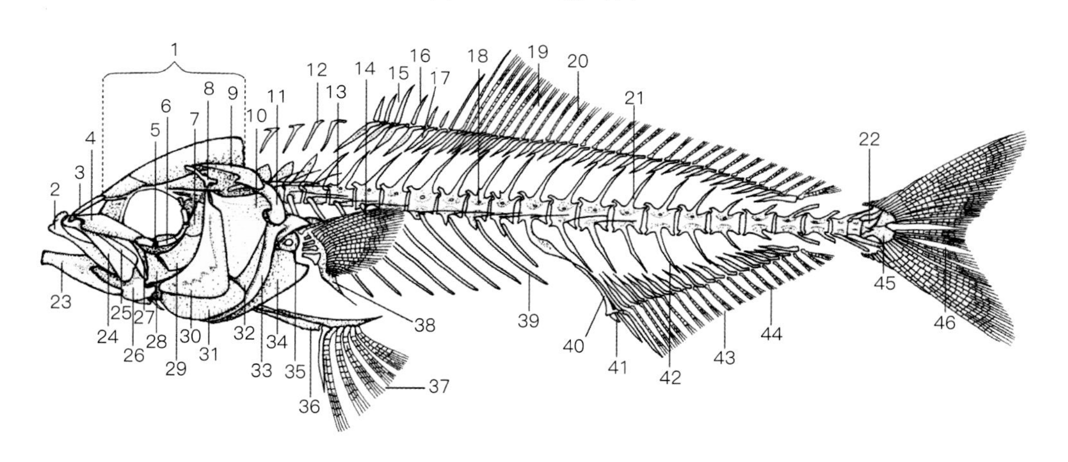

图 2-20-2 骨骼图

1. 头盖骨 2. 前颌骨 3. 鼻骨 4. 泪骨 5. 内翼骨 6. 眶下骨 7. 舌颌骨 8. 上颞骨 9. 后颞骨 10. 主鳃盖骨 11. 上匙骨 12. 上髓棘 13. 椎体小骨 14. 胸鳍条 15. 第1背鳍 16. 第1背鳍鳍棘 17. 背鳍近端支鳍骨 18. 椎体 19. 第2背鳍 20. 第2背鳍鳍条 21. 髓棘 22. 尾部棒状骨 23. 齿骨 24. 上颌骨 25. 辅上颌骨 26. 关节骨 27. 外翼骨 28. 方骨 29. 后翼骨 30. 前鳃盖骨 31. 间鳃盖骨 32. 下鳃盖骨 33. 匙骨 34. 乌喙骨 35. 肩胛骨 36. 腰带 37. 腹鳍条 38. 后匙骨 39. 肋骨 40. 臀鳍近端支鳍骨 41. 臀鳍棘 42. 脉棘 43. 臀鳍 44. 臀鳍软条 45. 尾下骨 46. 尾鳍棘

2.20.1 外部特征（图 2-20-3，图 2-20-4）

上颌后端达眼前缘下方。臀鳍棘2根，游离。吻端至尾柄末端具一黄色纵带。成鱼体长可达115cm，体重17kg。

2.20.2 分布、栖息

分布于库页岛南部至台湾岛沿岸海域，日本、朝鲜半岛、俄罗斯南部沿海为主要分布区。栖息于水温13～23℃（最适水温16～18℃）、盐度为17以上的表层水域。

1龄鱼于4—9月北上进行索饵洄游，10月至翌年3月南下进行越冬洄游。3龄鱼开始向东北地区洄游，东海以南的群体进行独立的洄游。高龄鱼群体从东北地区向南海进行广域洄游。日本海2～3龄鱼的洄游距离较长，4龄以上的群体南下洄游至五岛列岛、对马和朝鲜东岸，北上洄游至北海道西岸。

2.20.3 成熟、产卵

野生个体叉长约65cm，体重4kg左右，雌雄均达到3龄方能性成熟，养殖个体2龄即可达性成熟。体长约75cm个体的怀卵量达61万粒；80cm左右怀卵量100万～145万粒；85cm左右怀卵量约150万粒。

2.20.4 产卵场

产卵场位于日本房总、能登半岛以南的海域，尤以东海为主要产卵场。日本西南海域和东海产卵期主要在2—3月；五岛近海、土佐湾产卵期在4—5月；九州西岸至日本海西部产卵期为5—7月。产卵期最适水温18～22℃；当水温为18～20℃时，人工注射激素催熟产卵，产卵量10万～40万粒。成熟卵呈球形，直径1.18～1.34mm，游离浮性卵。卵黄无色透明，卵膜表面具不规则泡状龟裂，卵内具1个淡黄色油球，直径0.3mm左右。

2.20.5 发育、生长

水温20℃左右时，受精卵经过48h孵化。初孵仔鱼全长3.4mm，卵黄位于腹前方，椭圆形，前端具1油球，肛门于第16个体侧肌处向外开口；孵化3d后，全长约4mm，卵黄被吸收，进入仔鱼后期；全长5mm左右时，前鳃盖骨出现小棘；体长约6mm时，两颌齿出现；全长8mm时，椎体骨化；全长11mm时，两背鳍出现，胃腺幽门垂原基分化；全长15mm时，进入稚鱼期；全长达20mm左右，出现鳞片和横纹；全长7.5cm以上进入幼鱼期。

野生个体1龄体长约32cm，2龄约50cm，3龄65～70cm，4龄约75cm，5龄约80cm。养殖个体1龄体长约40cm，2龄约55cm，3龄约65cm，4龄约74cm。1龄前成长最适水温20～29℃，1～3龄最适水温15～20℃，14℃以下停止生长。

2.20.6 食性

体长10mm时以小型桡足类幼体为食；体长6cm以后以小型桡足类和枝角类为食；体长8cm后以2～3mm的大型浮游生物为主要饵料。另外，体长3cm左右亦开始以日本鳀和秋刀鱼等幼鱼为食，体长达13cm时进入完全的肉食性生活。幼鱼以沙丁鱼类、鲹类、鲭类、乌贼类和甲壳类为食。此外，成鱼还以鲷科鱼类、三线矶鲈、鲬等底栖鱼类为食。

2.20.7 解剖特征（图 2-20-5 ～图 2-20-8）

【口】

口腔宽且长，呈筒状。舌细长呈刀状，前端游离。口腔内侧面呈白色，两颌具绒毛状齿带。腭骨、前犁骨和舌上均具形状相同的齿带。

【脑】

稍微被脂肪类物质包被。嗅球小，嗅叶大，背面具裂纹。视叶特别大并突出。小脑大，前方和后方向外突出。延髓发达。

【鳃】

鳃弓4对。第1鳃弓外缘较长，前端尖，呈薄片状，与鳃耙相接。上鳃耙4个，下鳃耙20个左右。鳃丝短，数目不多，其长度与鳃耙最长长度相当。伪鳃发达。

【腹腔】

较大，腹膜呈粉红色。

【消化管】

胃大，盲囊部较长，胃壁厚。幽门盲囊200～300个。肠呈螺旋状排列，始于幽门盲囊开口处。开口处分出20～30个盲囊管。咽齿短，密生分布，上咽齿具有3条齿带，下咽齿具有1条齿带。肠在腹部盘曲2回，呈N形。

【肝脏】

肝脏大，分为左右两叶。

【胆囊】

细长，呈袋状。

【脾脏】

呈长卵圆形。

【鱼鳔】

鳔壁很薄，呈纺锤形。

【体侧肌】

白肌，稍带淡红色。表层红肌非常发达，仅有少量深层红肌。

【骨骼】

头盖骨背面具5条纵行隆起，腹缘呈直线型。副蝶骨前腹面平滑。翼耳骨后部具较长突起。脊椎骨11+13=24个，前方的4条髓棘和第1脉棘扁平。

2.20.8 野生与养殖鰤鱼的差异

养殖鱼体侧黄色条带不鲜明，肥满度高。

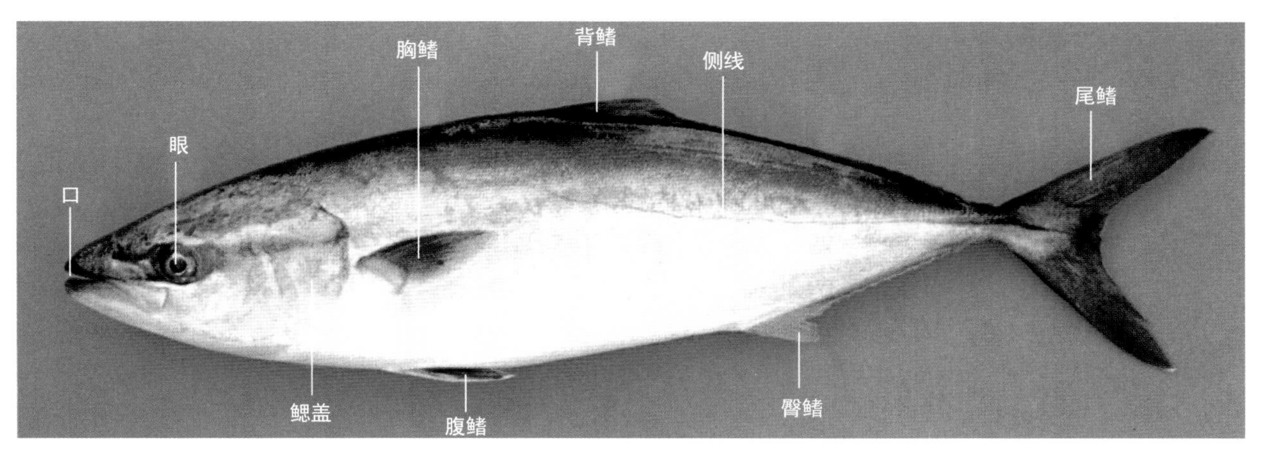

图 2-20-3 形态特征

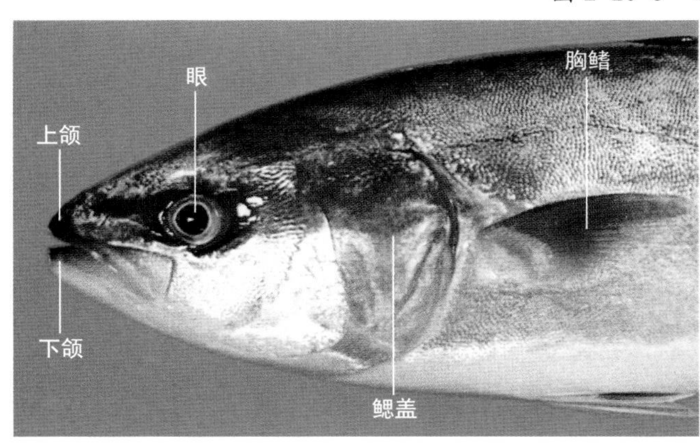

图 2-20-4 头 部

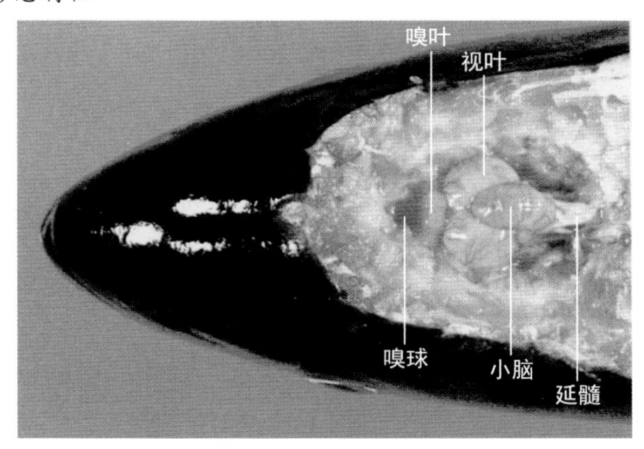

图 2-20-5 脑

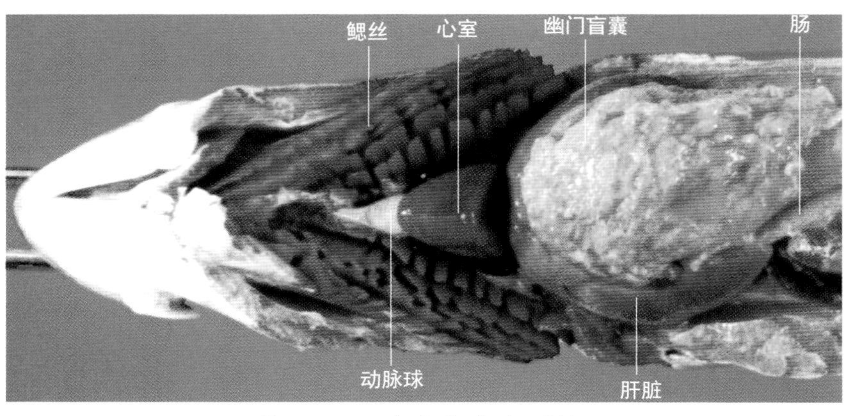

图 2-20-6 鳃与内脏（下侧）

图 2-20-7　鳃

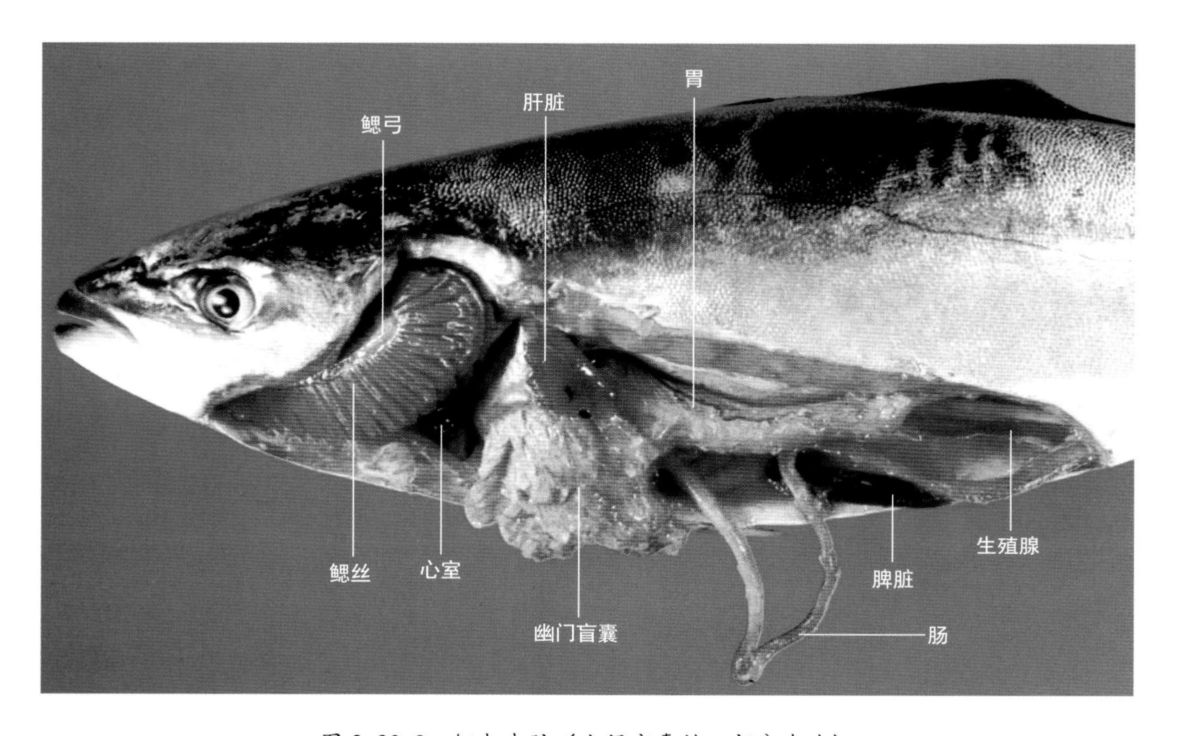

图 2-20-8　鳃与内脏（幽门盲囊的一部分去除）

（楳田晋、木村清志）

2.21 日本乌鲂

***Brama japonica* Hilgendorf**

日本乌鲂为鲈形目、乌鲂科、乌鲂属鱼类，其解剖图和骨骼图分别见图2-21-1和图2-21-2。

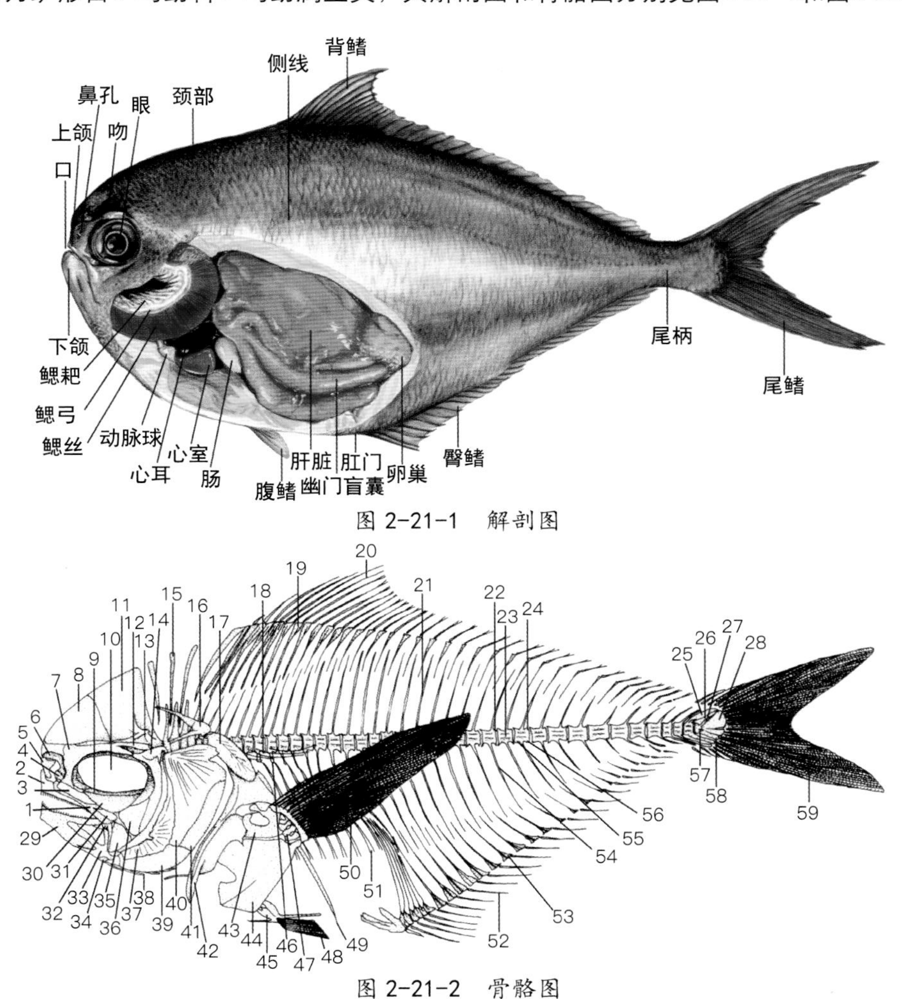

图 2-21-1　解剖图

图 2-21-2　骨骼图

1. 上颌骨　2. 泪骨　3. 前颌骨　4. 犁骨　5. 鼻骨　6. 筛骨　7. 侧筛骨　8. 额骨　9. 副蝶骨　10. 眼窝　11. 上枕骨　12. 翼耳骨　13. 上耳骨　14. 舌颌骨　15. 上髓棘　16. 后颞骨　17. 上匙骨　18. 椎体小骨　19. 背鳍近端支鳍骨　20. 背鳍条　21. 髓棘　22. 前背关节突　23. 椎体　24. 后背关节突　25. 尾上骨　26. 尾髓骨　27. 尾部棒状骨　28. 尾下骨　29. 齿骨　30. 内翼骨　31. 辅上颌骨　32. 外翼骨　33. 关节骨　34. 隅骨　35. 方骨　36. 后翼骨　37. 前鳃盖骨　38. 鳃条骨　39. 间鳃盖骨　40. 主鳃盖骨　41. 下鳃盖骨　42. 匙骨　43. 肩胛骨　44. 乌喙骨　45. 腰带　46. 椎体横突　47. 辐状骨　48. 腹鳍条　49. 后匙骨　50. 胸鳍条　51. 肋骨　52. 臀鳍条　53. 臀鳍近端支鳍骨　54. 脉棘　55. 前腹关节突　56. 后腹关节突　57. 尾下骨侧突起　58.准尾下骨　59. 尾鳍条

2.21.1 外部特征（图 2-21-3，图 2-21-4）

捕获时体银黑色或黑色（活时体银白色）。体侧扁而高，尾柄低而短。吻到额部显著突出，呈弯曲弓状。体被大型鳞片。背鳍和臀鳍基底长，被鳞。尾鳍外缘呈直线型。侧线前半部位于身体上侧，后半部沿体中轴延伸至尾柄末端。最大尾叉长达55cm。

2.21.2 分布、栖息

广泛分布于北太平洋的亚热带海域和亚寒带海域。随季节变化进行南北迁移，栖息水温9～21℃。

冬季栖息于北太平洋水域的鱼群，春季水温上升时，北上迁至亚寒带海域。大个体首先向北方迁移，此时北方海域大个体较多。夏季，在北方海域频繁摄食，积累体内能量。为此，春、夏季鱼群北上迁徙进行索饵洄游。

秋季，亚寒带海域水温降低，鱼群南下迁徙至亚热带水域进行越冬洄游。此时乌鲂生殖腺最发达，从亚热带海域向南进行产卵洄游。

迄今，关于其种群的划分尚不明了，除北太平洋外，日本海和白令海也有零星的渔获记录。

鱼群于近水表层至400m的深水区分布，夜间向表层移动，白天向水深处游动。然而，栖息水深主要受温度影响，在下层低水温带较发达的北太平洋通常不向深水区游动。

2.21.3 成熟、产卵

夏季和秋初分布于亚寒带水域，性腺未成熟。南下迁徙至亚热带水域时，卵黄开始形成。冬季，生殖腺最发达，此时大部分乌鲂于亚热带海域进行产卵。另外，春夏季，乌鲂也在亚寒带边界附近进行产卵繁殖。产卵期，卵黄继续形成，随卵巢内卵陆续成熟而不间断产卵，因此产卵期较长。

成熟卵半透明状，直径1.2～1.7mm，动物极具油球群。推测为游离浮性卵。

2.21.4 发育、生长

孵化后，仔鱼体长10mm时鳞片出现；体长12mm时，鱼鳍出现，进入稚鱼期。日本近海，在2月下旬和5月中旬可采集到仔稚鱼。可据耳石和鳞片推测年龄，但至今尚未发现可靠的适于年龄鉴定的形态特征。年龄与成长的关系尚不明确。但是，夏季在中太平洋海域用流刺网捕获渔获物的试验中，可将乌鲂分为大型鱼（尾叉长49～55cm），中型鱼（尾叉长35～46cm）和小型鱼（尾叉长16～30cm）。肥满度随季节变化，夏季索饵期肥满度高，冬季产卵期肥满度低。

2.21.5 食性

主要饵料为小型乌贼类和鱼类（灯笼鱼类和六线鱼类），也以磷虾类和端足类等甲壳类为食。

2.21.6 解剖特征（图 2-21-5 ～图 2-21-11）

【口】

口裂上斜。舌短，前端钝圆。前上颌骨具锐利钩状犬齿。外侧齿较大，内侧齿较小。口端在口角处密生一列齿。下颌齿为钩状犬齿，比上颌齿大。口端3～4列齿，口角2列齿。

【脑】

视叶极大。小脑膨大呈球状，后下方具发达颗粒状突起，经延髓延伸至脊髓。

【鳃】

鳃弓4对。第1鳃弓外侧鳃耙长，稀疏，鳃耙数17～18个。其他的鳃弓鳃耙短，密生细棘。具伪鳃。咽骨具尖锐钩状犬齿，上咽骨具3个齿带，下咽骨具1个齿带，上咽骨第2排齿较大。

【腹腔】

小，腹膜无色透明。

【消化管】

呈卜形，盲囊发达。幽门盲囊5个，呈指状，第3个最大。

【肝脏】

大，具有两叶，左右不对称。

【脾脏】

暗红色，较大，幽门盲囊包被于脾脏周围。

【鳔】

细长，壁薄。

【肾脏】

位于腹腔背面，细长。

【生殖腺】

左右1对卵巢，外观呈带状。位于腹腔后背部，呈三角形。

【心脏】

心室四边形，背面为心耳，前方为动脉球。

【体侧肌】

白色略带微红色，脂肪多。

【骨骼】

头盖骨细长。额骨和枕骨中线高出一隆起。侧筛骨肥厚，在中线处几乎愈合。犁骨发达，无齿。上耳骨和翼耳骨后方具突起。

脊椎骨39～41个。前背关节突向前延伸。前后腹关节突较发达。第4脊椎骨处出现椎体横突。肩带发达，特别是后匙骨和乌喙骨大。臀鳍前方软条与臀鳍近端支鳍骨密集。

图 2-21-3　形态特征

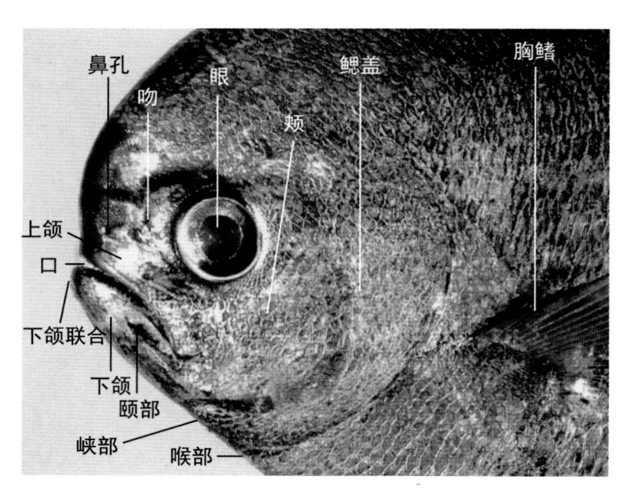

图 2-21-4　头部侧面

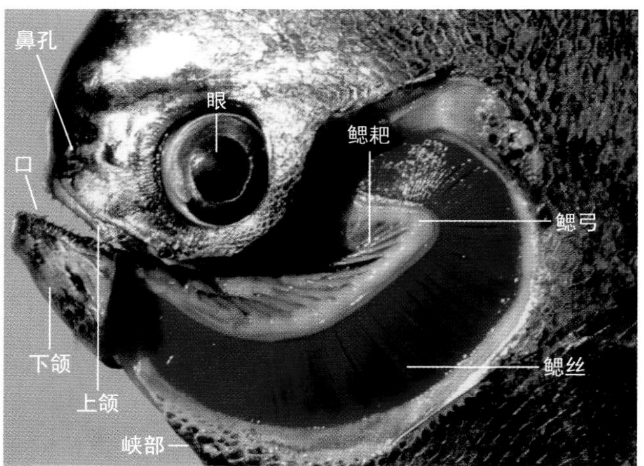

图 2-21-5　头部侧面

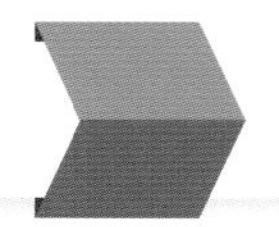

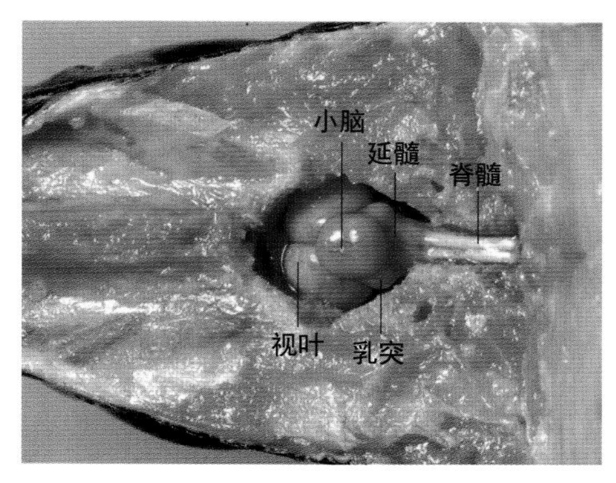

图 2-21-6　脑

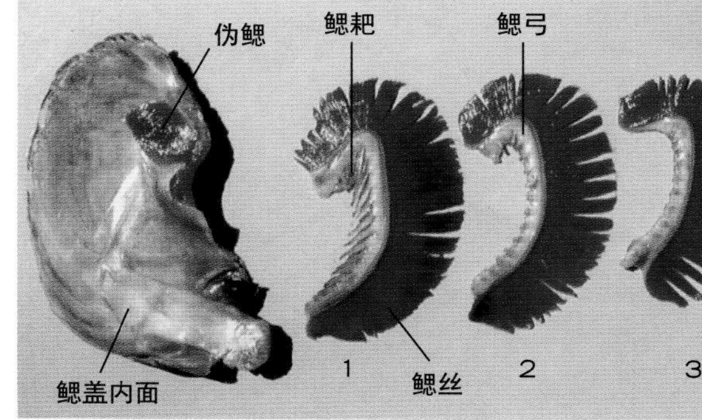

图 2-21-7　鳃

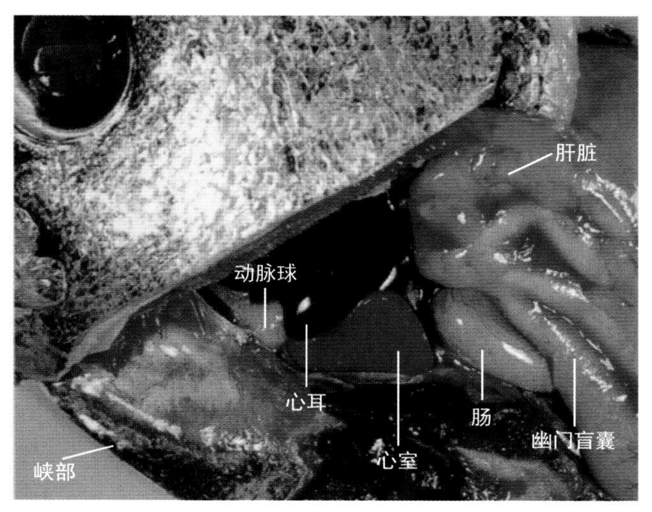

图 2-21-8　心　脏

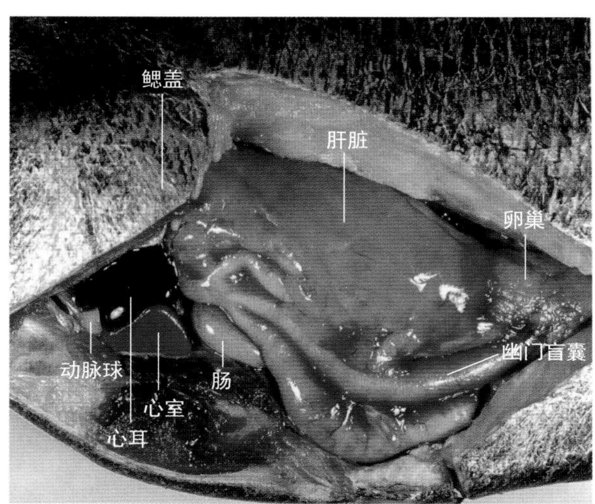

图 2-21-9　内脏（左侧面）

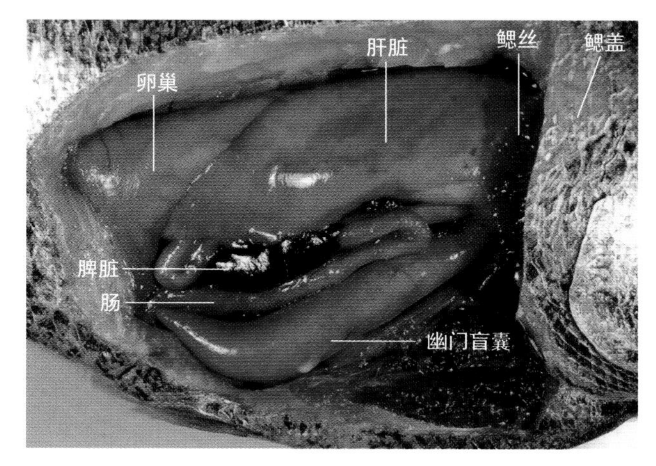

图 2-21-10　内脏（右侧面）

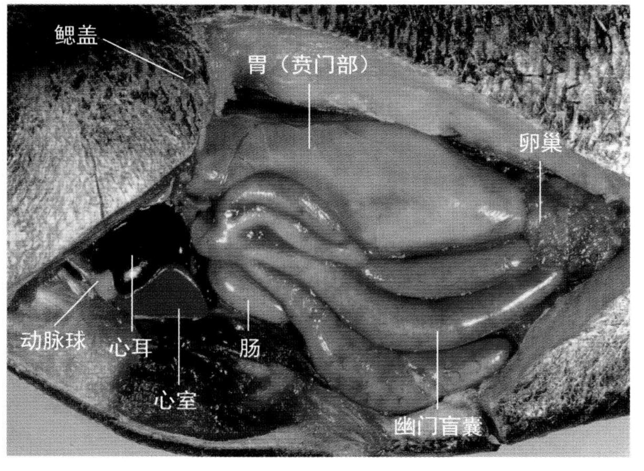

图 2-21-11　内脏（已去除肝脏）

（长泽和也）

2.22 真鲷

Pagrus major （Temminck & Schlegel）

真鲷为鲈形目、鲷科、真鲷属鱼类，其解剖图和骨骼图分别见图2-22-1和图2-22-2。

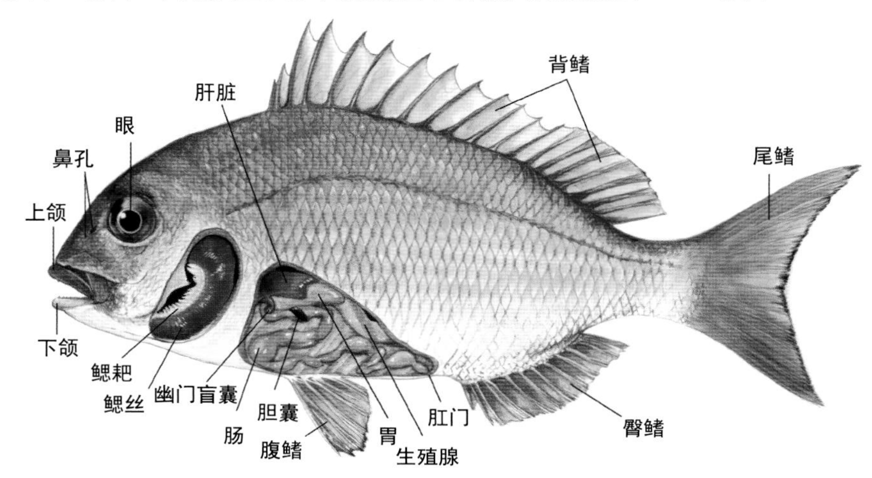

图 2-22-1 解剖图

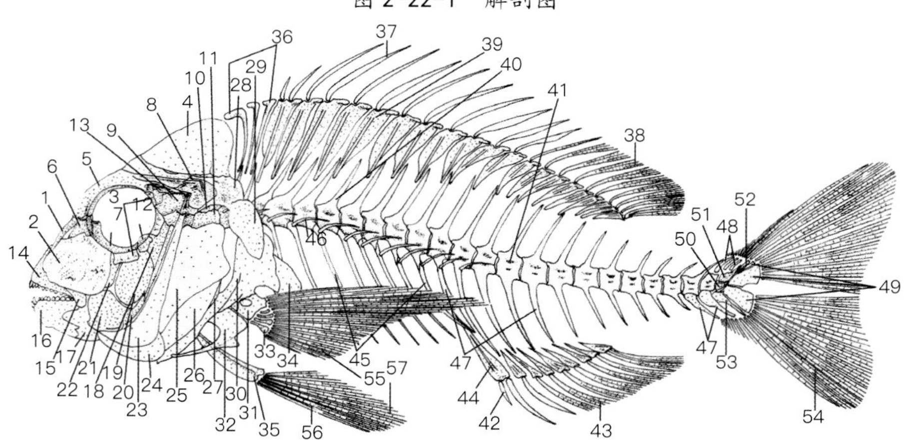

图 2-22-2 骨骼图

1. 鼻骨 2. 泪骨 3. 眶下骨 4. 上枕骨 5. 额骨 6. 筛骨 7. 侧筛骨 8. 上耳骨 9. 翼耳骨 10. 侧枕骨 11. 基枕骨 12. 基蝶骨 13. 颈骨 14. 前颌骨 15. 上颌骨 16. 齿骨 17. 关节骨 18. 舌颌骨 19. 后翼骨 20. 续骨 21. 方骨 22. 内翼骨 23. 前鳃盖骨 24. 间鳃盖骨 25. 主鳃盖骨 26. 下鳃盖骨 27. 鳃条骨 28. 后颞骨 29. 上匙骨 30. 匙骨 31. 肩胛骨 32. 乌喙骨 33. 辐状骨 34. 后匙骨 35. 腰带 36. 上髓棘 37. 背鳍棘 38. 背鳍条 39. 背鳍近端支鳍骨 40. 髓棘 41. 椎体 42. 臀鳍棘 43. 臀鳍条 44. 臀鳍近端支鳍骨 45. 肋骨 46. 椎体小骨 47. 脉棘 48. 尾上骨 49. 尾下骨 50. 尾部棒状骨 51. 第 1 尾神经骨 52. 第 2 尾神经骨 53. 准尾下骨 54. 尾鳍条 55. 胸鳍条 56. 腹鳍棘 57. 腹鳍条

2.22.1 外部特征（图 2-22-3，图 2-22-4）

两颌发达，具臼齿两列。背鳍棘坚硬。尾鳍后缘黑色。成鱼体长约80cm。

2.22.2 分布、栖息

分布于日本各地（北海道除外），朝鲜半岛，中国台湾、东海和南海。底栖生活，喜栖于水深200m的沙砾质岩礁水域。生活于潮流通畅，水温8～18℃，盐度19的水域。

春、夏季，仔稚鱼在水深50m的浅海海底生活，秋季移至较深海域，冬季在水深50～60m的水域越冬。至3龄鱼前，随季节进行垂直移动；4龄鱼以上通常在水平方向上移动产卵，具大规模越冬洄游现象。

2.22.3 成熟、产卵

雌鱼3龄，尾叉长33cm达到成熟。雄鱼2龄，尾叉长22cm达到性成熟。

怀卵量：体重1kg雌鱼为30万～40万粒，4kg雌鱼为100万粒左右。

产卵期在1—6月。九州产卵盛期在3—4月；濑户内海在5月；日本北部地区在6月。产卵时，鱼群游至水深30～100m的近海水域，喜欢在底部起伏的岩礁区产卵。产卵水温16℃，盐度19左右。产卵时间集中在日落前后，有时夜间通宵产卵。

成熟卵呈球形，直径0.82～1.13mm，游离浮性卵。具直径0.22mm左右的油球。

2.22.4 发育、生长

水温14℃时，受精卵90h孵化；24℃时，约25h孵化。受精卵孵化几乎不受盐度变化的影响。

孵化仔鱼全长约2.3mm。孵化后3～4d卵黄吸收完毕后进入仔鱼后期；体长约6mm时，开始变态发育；孵化后35d，全长12～15mm时由浮游生活转入营底栖生活。稚鱼生活在水深10m左右的浅海水域。

生长受水温和群体密度影响显著。1龄鱼体长达12cm，2龄鱼达20cm，3龄鱼达25cm，4龄鱼体长超过30cm。养殖真鲷较野生真鲷生长速度快，平均每个年龄段养殖真鲷体长较野生真鲷长5cm。最长寿命可达15龄。

2.22.5 食性

浮游生活期的仔鱼以桡足类的水蚤、尾虫类和枝角类为食。底栖生活时以端足类、磷虾类为食，1龄以上以蟹类、虾类和蛇尾类为食。

水温18℃时摄食最为活跃，17℃时食欲减退，12℃时几乎不摄食。

2.22.6 解剖特征（图 2-22-5 ～图 2-22-9）

【口】

口腔狭长，呈筒状，内侧面白色。舌宽大，呈刀状，前端游离。两颌前端强大，各具圆锥齿2个，齿短。犁骨、腭骨及舌上无齿。

【脑】

被脂肪状物质包被。嗅球小，嗅叶大，背面不具有裂隙。视叶大而膨出，小脑中等，延髓发达。

【鳃】

鳃弓4对。鳃弓外侧鳃耙短小，呈犬齿状排列。第1鳃弓鳃耙较长，鳃耙数（6～8）个+（10～11）个。鳃瓣短，数目少。伪鳃发达。密生短咽齿，上咽齿有3个齿带，下咽齿有1个齿带。

【腹腔】

腹腔宽阔，腹膜白色。

【消化管】

胃中等大小，贲门部粗短，胃壁厚，幽门垂4个，不分支。肠较长，于腹内盘曲4回。

【肝脏】

大，具左右两叶，左叶大。肝脏内胰脏弥散分布其中。

【胆囊】

黑褐色，呈短带状。

【脾脏】

小，长卵圆形。

【鳔】

大，长卵圆形。

【体侧肌】

白肌，表层红肌少，深层红肌的量极少。

【骨骼】

头盖骨处有一枚呈正三角形较大的薄板状上枕骨突起，突起极高。无后耳骨，上耳骨末端分两支。脊椎骨24（10+14）个。髓棘和脉棘粗大。第1、第2髓间棘位于第2和第3髓棘之间。上髓棘3个。

2.22.7 野生与养殖真鲷的差异

养殖个体体色发黑，常通过投喂含有虾青素的人工饵料来调控其体色，使其更接近野生鱼。

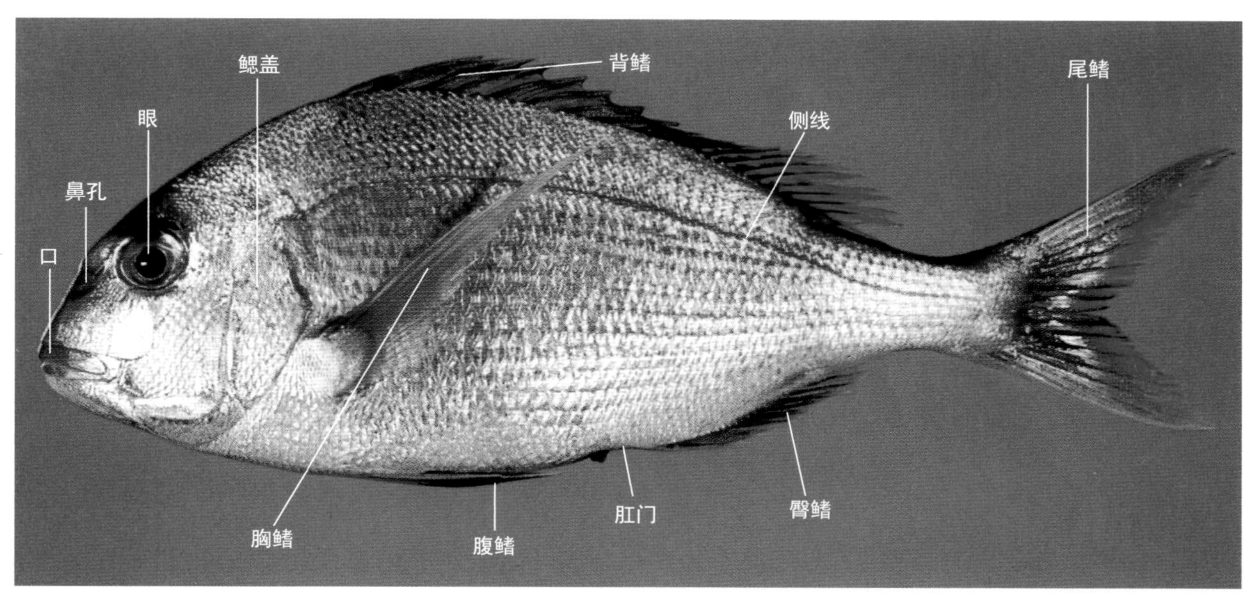

图 2-22-3　形态特征

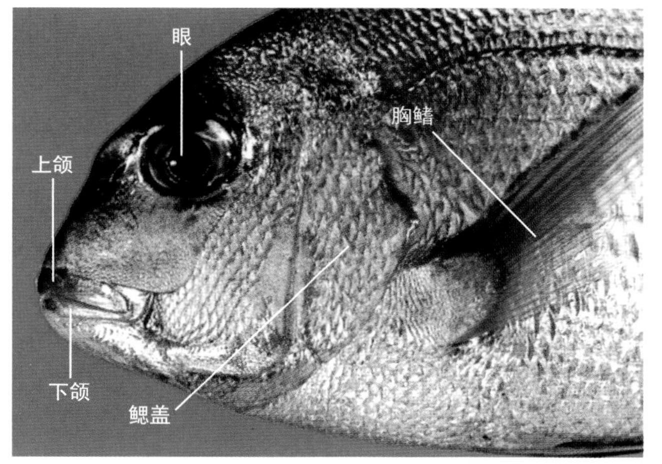

图 2-22-4　头　部

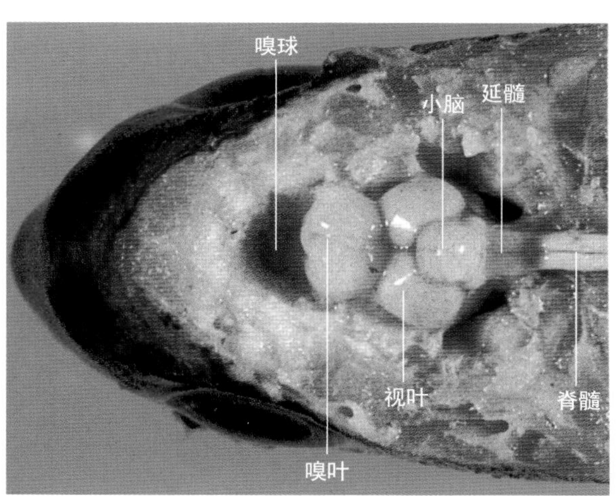

图 2-22-5　脑

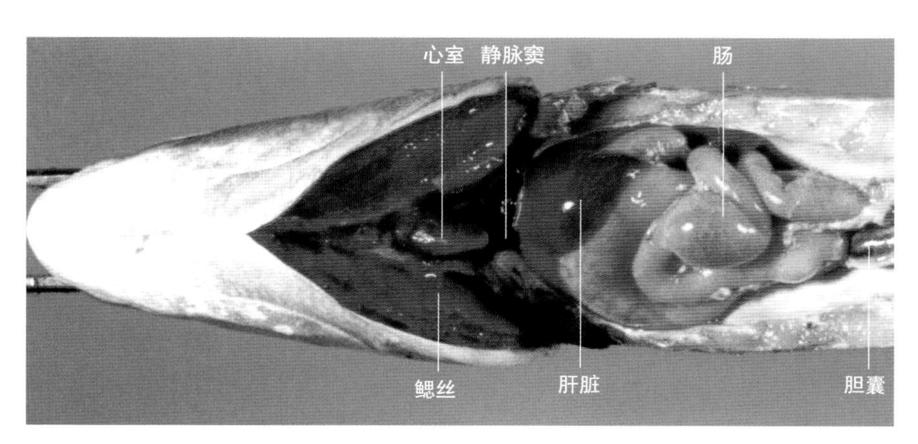

图 2-22-6　鳃与内脏（腹面）

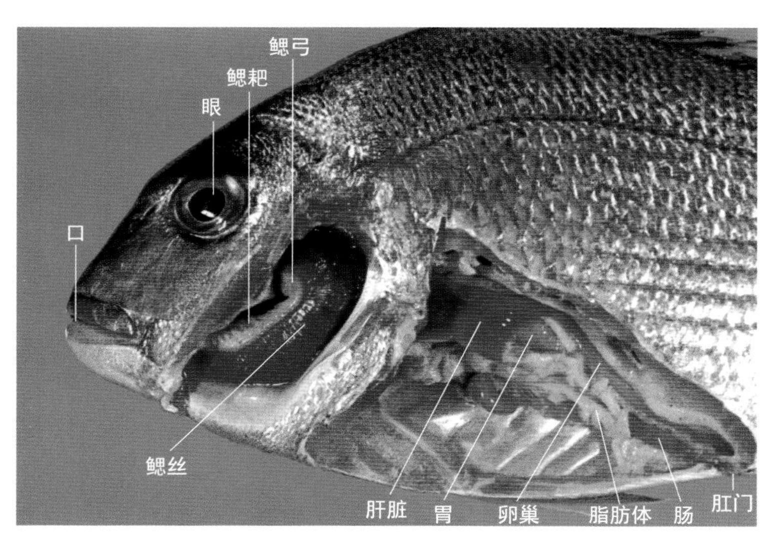

图 2-22-7　鳃与内脏（侧面）

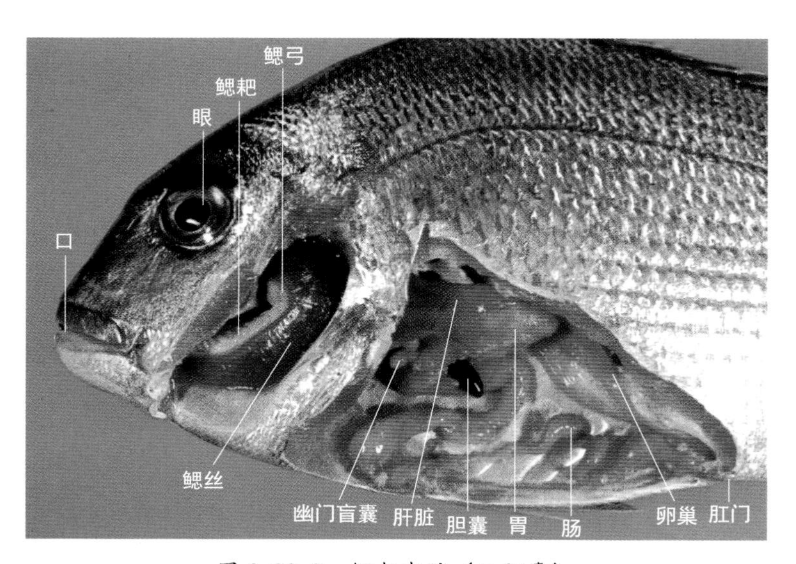

图 2-22-8　鳃与内脏（示胆囊）

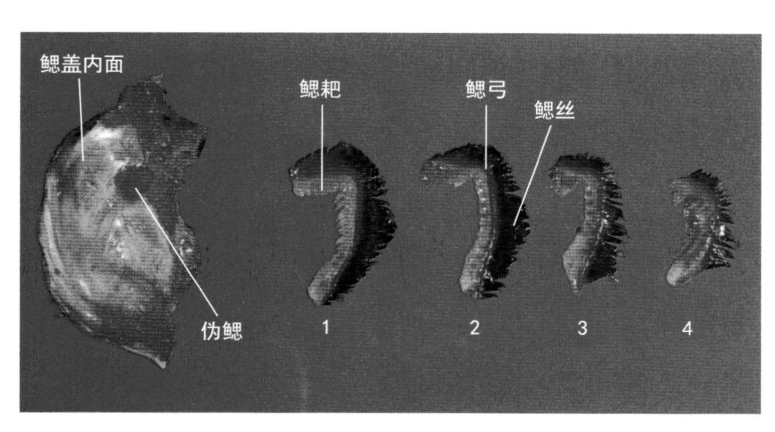

图 2-22-9　鳃

（楳田晋、赤崎正人）

2.23 白姑鱼

Pennahia argentata （**Houttuyn**）

白姑鱼为鲈形目、石首鱼科、白姑鱼属鱼类，其解剖图和骨骼图分别见图2-23-1和图2-23-2。

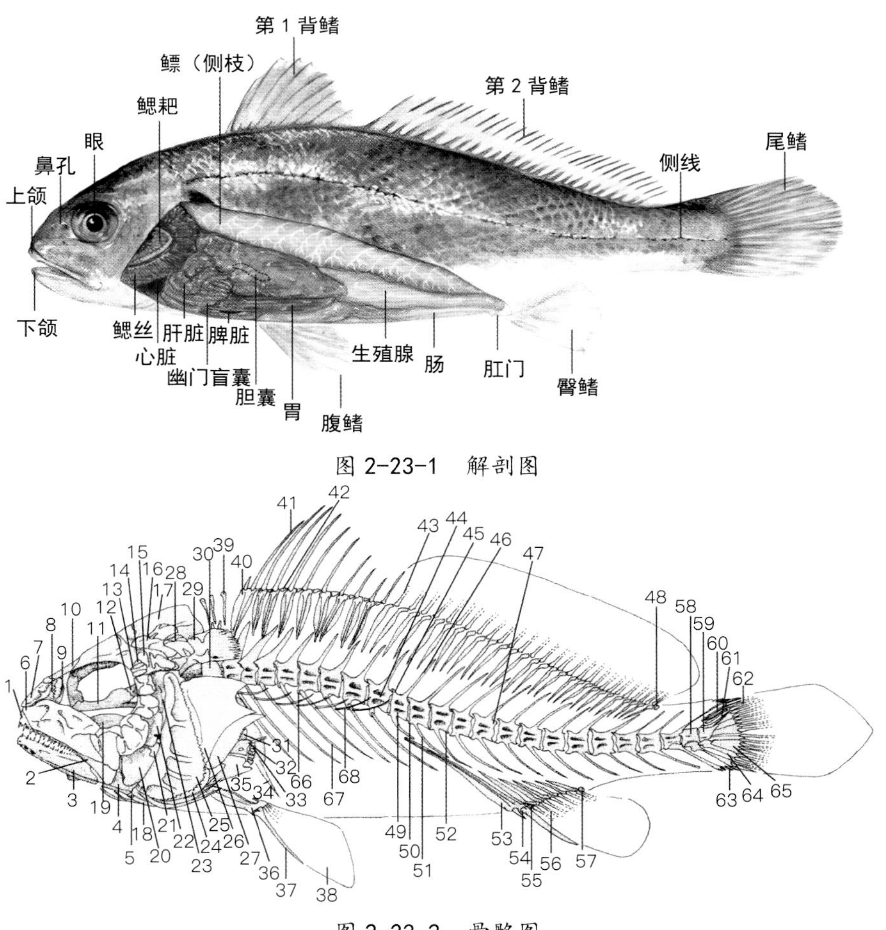

图 2-23-1　解剖图

图 2-23-2　骨骼图

1. 前颌骨　2. 上颌骨　3. 齿骨　4. 隅骨　5. 隅骨　6. 泪骨　7. 鼻骨　8. 筛骨　9. 侧筛骨　10. 额骨　11. 副蝶骨　12. 基蝶骨　13. 第6眶下骨　14. 蝶耳骨　15. 翼耳骨　16. 顶骨　17. 上枕骨　18. 鳃条骨　19. 内翼骨　20. 方骨　21. 续骨　22. 后翼骨　23. 舌颌骨　24. 间鳃盖骨　25. 前鳃盖骨　26. 主鳃盖骨　27. 下鳃盖骨　28. 上颞骨　29. 后颞骨　30. 上匙骨　31. 匙骨　32. 肩胛骨　33. 辐状骨　34. 后匙骨　35. 乌喙骨　36. 腰带　37. 腹鳍棘　38. 腹鳍　39. 上髓棘　40. 背鳍近端支鳍骨　41. 背鳍棘　42. 背鳍远端支鳍骨　43. 背鳍条　44. 脊椎骨　45. 前背关节突　46. 髓棘　47. 后背关节突　48. 背鳍终端骨　49. 第1尾椎骨　50. 前腹关节突　51. 脉棘　52. 后腹关节突　53. 臀鳍近端支鳍骨　54. 臀鳍棘　55. 臀鳍远端支鳍骨　56. 臀鳍条　57. 臀鳍终端骨　58. 第2尾鳍椎前椎体　59. 尾部棒状骨　60. 尾上骨　61. 尾髓骨　62. 尾鳍条　63. 尾鳍前部鳍条　64. 准尾下骨　65. 尾下骨　66. 椎体横突　67. 肋骨　68. 椎体小骨

2.23.1 外部特征（图 2-23-3，图 2-23-4）

尾鳍后缘向后突出。侧线达尾鳍基部。臀鳍棘2个，第2鳍棘长与眼径相等。下颌缝合处具6个小孔。体银白色。主鳃盖骨具一黑斑。口腔白色。

2.23.2 分布、栖息

分布于中国沿海、朝鲜半岛至日本宫城县以南海域。多分布于近岸浅海泥沙底，大陆架以外的远海基本无分布。

2.23.3 成熟、产卵

出生后1～2年，全长15～20cm时达性成熟。在近岸水域5—8月产卵。产卵期间频繁发声。1龄鱼成熟率约占30%，产卵期一次产卵约2万粒；2龄鱼以上大部分性成熟，产卵期多次产卵。2龄鱼产卵约6万粒；3龄鱼产卵约12万粒；4龄鱼产卵约18万粒。卵球形，游离浮性卵，直径0.7～0.8mm。具直径约0.2mm的油球1个。卵膜无构造。

2.23.4 发育、生长

水温22～24℃时，受精卵约22h孵化。初孵仔鱼全长约1.5mm，肌节数10+17=27个。卵黄球形，较大。孵化后约72h，全长达2.4mm，卵黄吸收。体长5.9mm时，腹部和尾部可见2～3个黑色素胞。体长8.3mm时，背鳍第4至第5鳍棘下方与体侧背部形成黑色素胞。体长15mm时，体侧可见许多色素胞，形成斑纹。1龄鱼，全长15～16cm；2龄鱼，全长23cm；3龄鱼，全长27cm，4龄鱼，全长29～30cm；5龄鱼，全长31cm，6龄鱼，全长32cm。寿命可达10龄左右，体长可达50cm。

2.23.5 食性

以鱼类、虾类（脊腹褐虾和短脊鼓虾等）、蟹类和多毛类为食。小个体主要以甲壳类为饵料，体长17cm以上个体以鱼类为主要饵料。

2.23.6 解剖特征（图 2-23-5 ～图 2-23-10）

【口】

口端位，大。舌呈三角形，前端游离。上颌外排齿和下颌内排齿强壮。犁骨和腭骨无齿。

【脑】

有大量脂肪状物质包被，侧扁，呈棍棒状。嗅球大，与嗅叶紧密相连。嗅叶呈长椭圆形，分为上下两层。视叶较小。小脑发达，向背侧延长。

【鳃】

鳃弓4对。鳃耙前端较钝，细短（较鳃瓣短）。上下鳃耙数17～23个。伪鳃发达。咽齿圆锥状。上咽齿具4个齿带，下咽齿具1个齿带。

【腹腔】

大，腹膜具黑色素，大小不一。腹腔侧面具鱼鳔，鱼鳔附有薄膜状发声肌，雄性较雌性发达。

【消化管】

胃呈卜形，壁中厚，在腹内反转。幽门盲囊短粗，前端尖。肠短，壁薄，在胃部后下方有2次盘曲，呈N形，前后呈直线状。

【肝脏】

大，后方尖。具左右两叶，左叶比右叶大。

【胆囊】

细长，呈袋状。

【脾脏】

椭圆形。

【鳔】

壁非常厚，前后延长，后端顺腹腔伸至臀鳍第2鳍棘上方。侧面分支呈树枝状，约25对侧枝，侧枝前后相连，新鲜时呈白色，固定标本的侧枝被橘黄色脂肪类物质包裹。

【骨骼】

头盖骨宽大且高。额骨背侧具发达的纵断和横断桥状的骨质隆起。眼窝大，后方为圆形听觉器官，内具耳石（大且厚）。

眶下骨宽大，第1和第2眶下骨被上颌所覆盖。眶下骨和前鳃盖骨具发达的桥状骨质隆起。

脊椎骨25块（躯椎+尾椎=10+15）。髓棘和脉棘细长。第3至第10椎骨附着肋骨，第1至第9椎骨附着脉弓小骨。上髓棘3个，分别位于前方头盖骨与第1髓棘间，第1与第2髓棘间，第2与第3髓棘间。

尾部具尾部棒状骨1个，尾上骨3个，尾髓骨2个，尾下骨5个，准尾下骨1个。

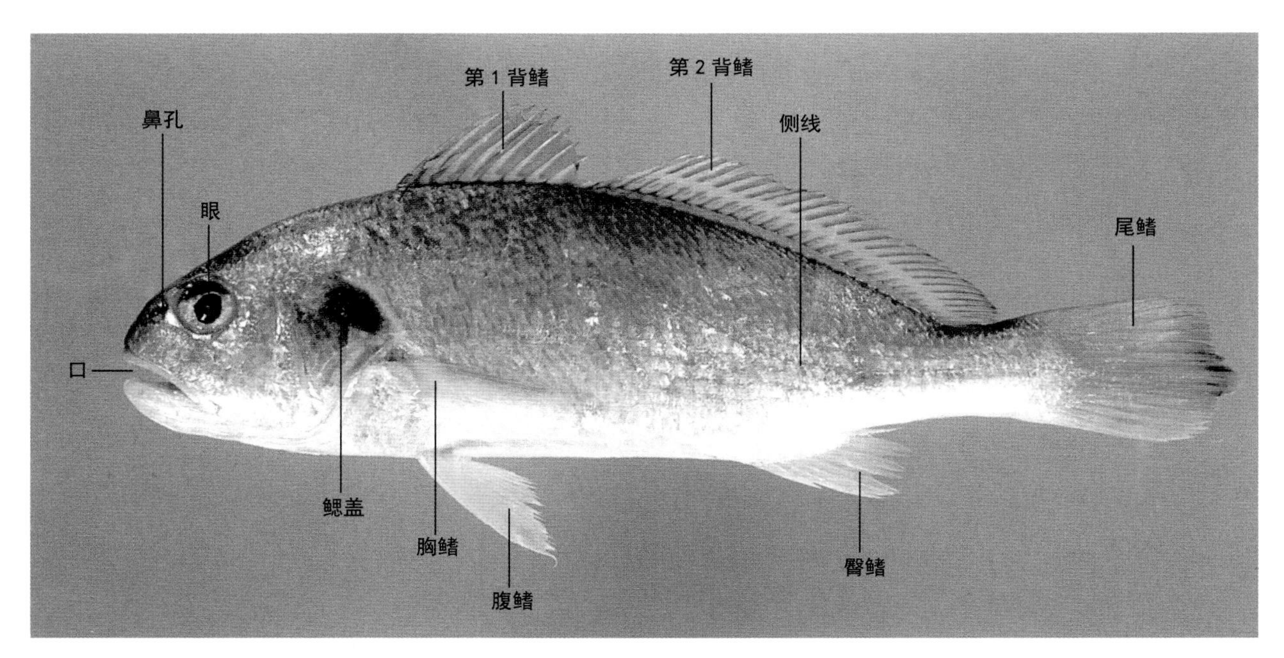

图 2-23-3　形态特征

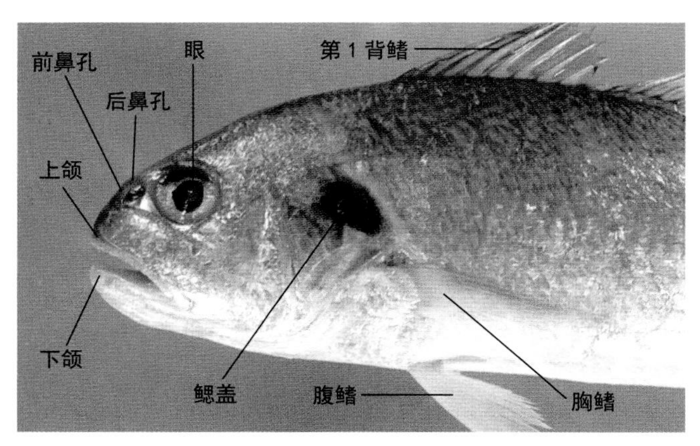

图 2-23-4　头　部

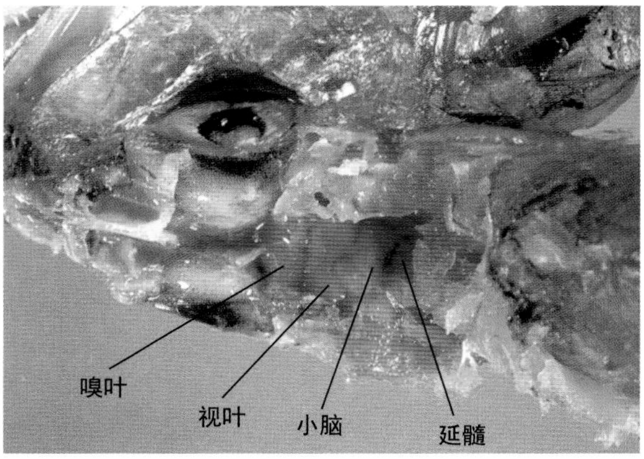

图 2-23-5　脑

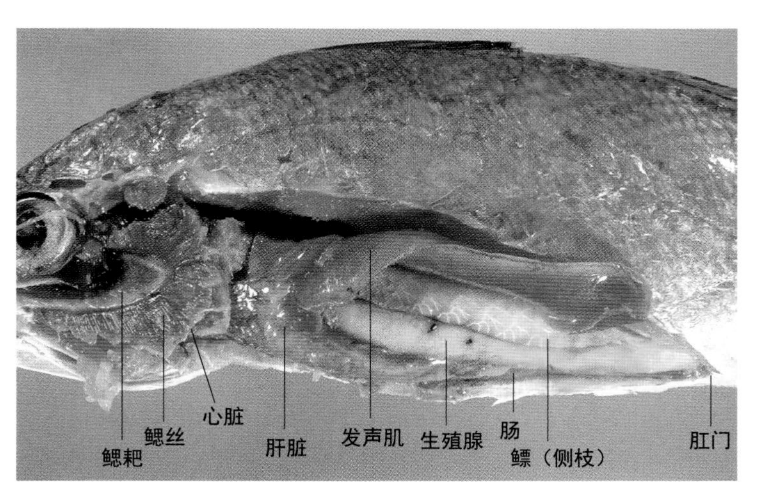

图 2-23-6　鳃与内脏

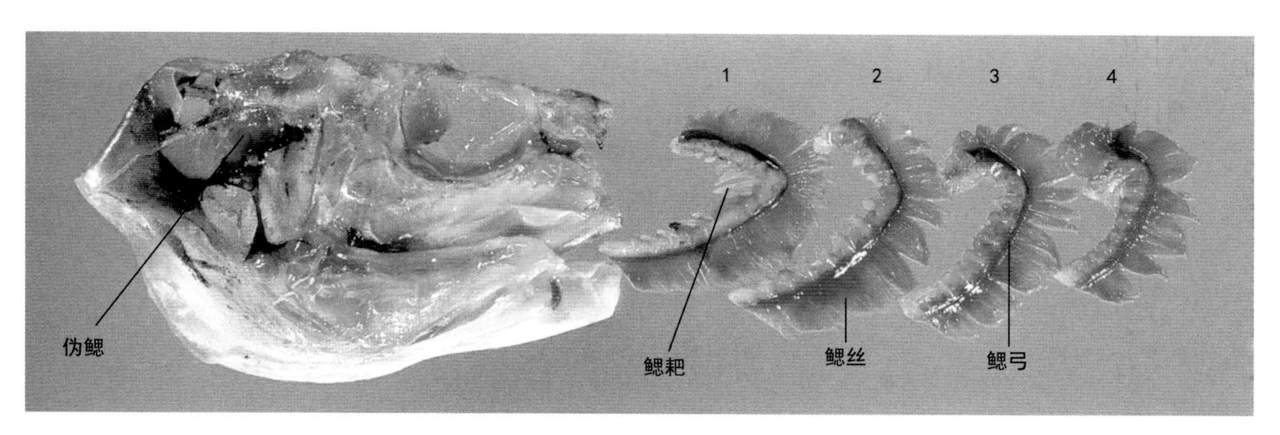

图 2-23-7 鳃

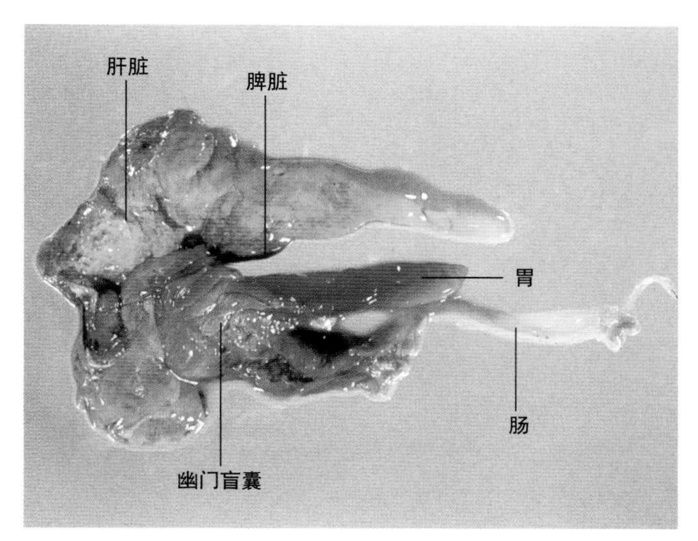

图 2-23-8 消化器官

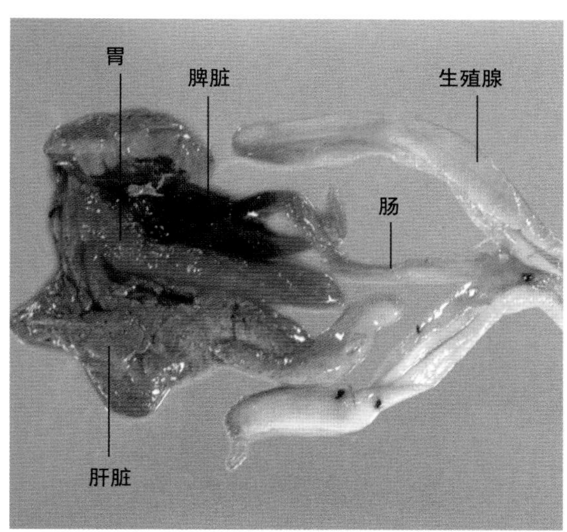

图 2-23-9 消化器官与生殖腺

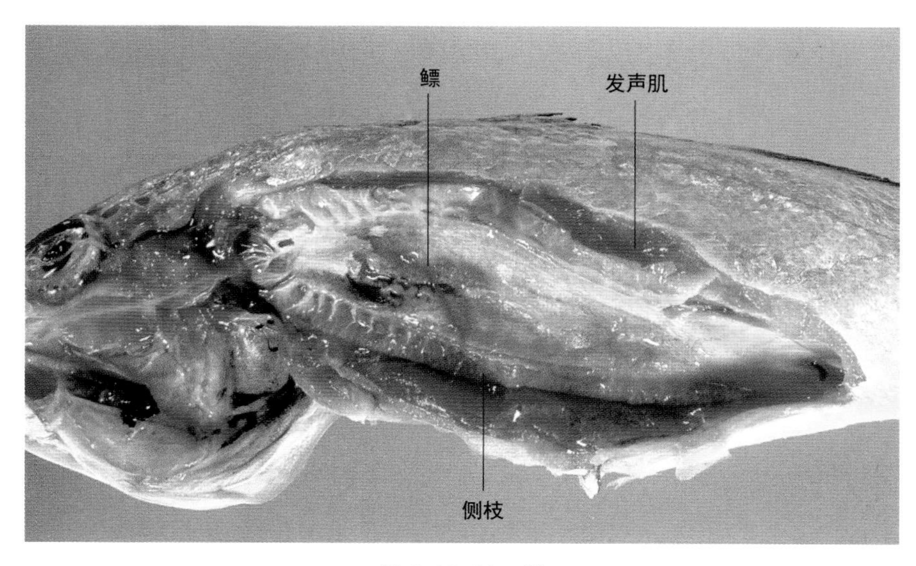

图 2-23-10 鳔

（佐佐木邦夫）

2.24 尼罗罗非鱼

Oreochromis niloticus （Linnaeus）

尼罗罗非鱼为鲈形目、丽鲷科、罗非鱼属鱼类，其解剖图和骨骼图分别见图2-24-1和图2-24-2。

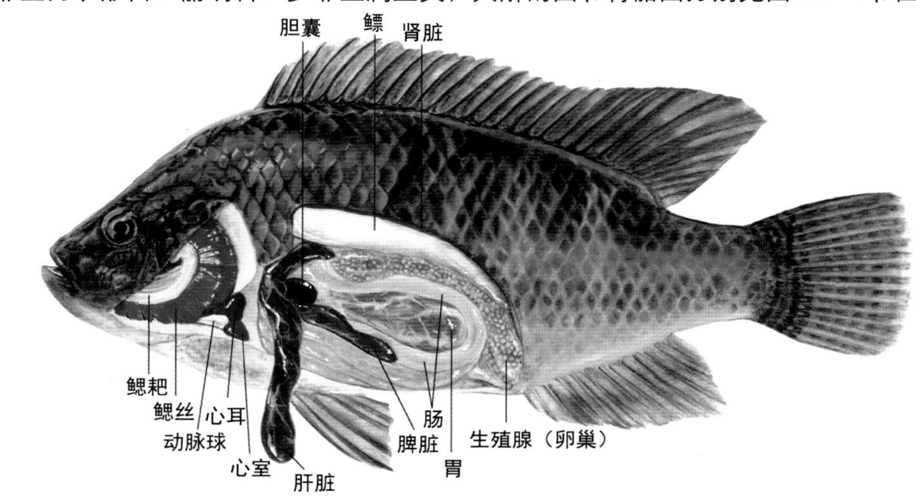

图 2-24-1　解剖图

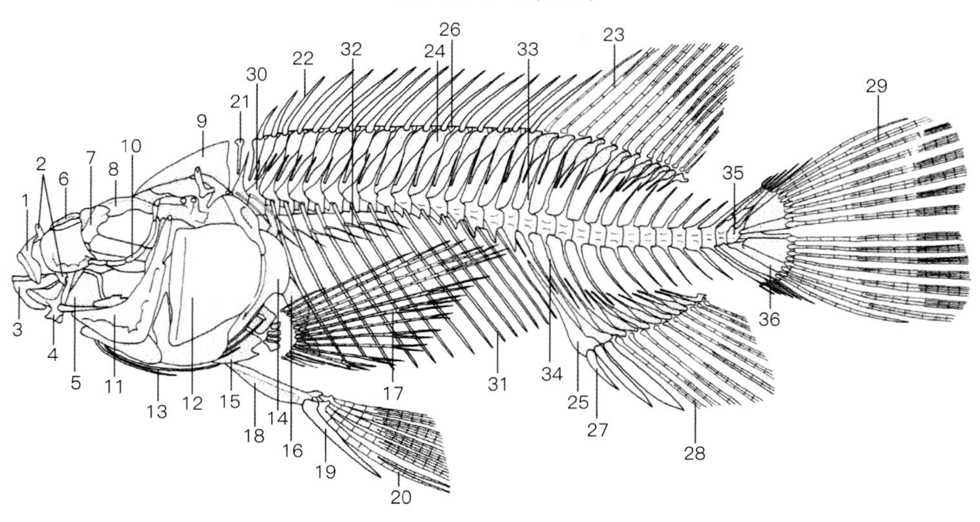

图 2-24-2　骨骼图

1. 前颌骨　2. 上颌骨　3. 齿骨　4. 关节骨　5. 方骨　6. 鼻骨　7. 侧筛骨　8. 额骨　9. 上枕骨　10. 眶下骨　11. 前鳃盖骨　12. 主鳃盖骨　13. 鳃条骨　14. 匙骨　15. 乌喙骨　16. 后匙骨　17. 胸鳍条　18. 腰带　19. 腹鳍棘　20. 腹鳍条　21. 上髓棘　22. 背鳍棘　23. 背鳍条　24. 背鳍近端支鳍骨　25. 臀鳍近端支鳍骨　26. 背鳍远端支鳍骨　27. 臀鳍棘　28. 臀鳍条　29. 尾鳍条　30. 脊椎骨　31. 肋骨　32. 椎体小骨　33. 髓棘　34. 脉棘　35. 尾部棒状骨　36. 尾下骨

2.24.1 外部特征（图 2-24-3 ～图 2-24-7）

体形侧扁。下颌是头长的29%～35%。背鳍1个，基底长，鳍棘数16～18个。腹部鳞片较体侧小，侧线鳞30～34枚。鼻孔1对。尾鳍具有窄的垂直色带。最大体长达50cm。

2.24.2 分布、栖息

分布于叙利亚、埃及以及从东非刚果（金）至西非的淡水水域和半咸水水域。罗非鱼广泛养殖于非洲、东南亚及日本等地。水温12℃以下和40℃以上死亡，适宜栖息水温24～30℃，经驯化可在10～48℃的水温范围内生存。广盐性，从淡水到盐度30左右的海水中均可生存。

2.24.3 成熟、产卵

野生2龄鱼，体长20cm左右达到性成熟，有的10cm左右开始性成熟。产卵期间，雌鱼1年产卵3次以上，每次间隔50d左右。25cm的个体产卵总数约800粒，35cm的个体产卵总数约1 900粒。水温22～24℃时可促进鱼体成熟。

在日本，罗非鱼产卵期在5月下旬到10月；赤道地区，罗非鱼周年产卵。产卵水温20～38℃，24～32℃时产卵最为活跃，水温21℃以上全年产卵。产卵时，雄鱼在水底挖掘一个直径60～120cm、深度15～30cm的钵型卵床，诱导雌鱼在卵床内产卵。成熟卵黄色，珍珠形，长径3.2mm左右，短径2.4mm左右。

2.24.4 发育、生长

产卵后，雌鱼将受精卵含在口内进行孵育。受精卵黄褐色，呈梨状。水温25℃时，受精卵约1周孵化。初孵仔鱼全长5mm左右；孵化后10d，全长达7mm左右，卵黄几乎被吸收。

孵化后10d左右，口腔孵育结束，仔鱼开始独立生活。雌鱼口腔孵育的仔鱼，也有体长最长达13.5mm（孵化后20d以上）。孵化后1个月时，鱼体体长达5cm左右；第1年年末达10cm；第2年年末达20cm；第3年年末达25～30cm；第4年达35cm；第5年为40～50cm。由于雌鱼在口腔内孵育鱼卵，因此生长速度明显较雄鱼慢。

2.24.5 食性

幼鱼主要以硅藻和桡足类等浮游生物、底部和水中的昆虫类及腐殖质为食。体长5cm以上个体为草食性，主要以浮游植物和浮萍为食，也摄食底栖生物。水温20℃以下时摄食量减少。

2.24.6 解剖特征（图 2-24-8 ～图 2-24-15）

【口】

口小，两颌前方突出。舌中央隆起，呈三角形，前端游离。口腔下部有黑色素覆盖。两颌齿并排3～4

列，后方具3个尖头，最前列具2个尖头。犁骨、腭骨和舌上无齿。

【脑】

呈棍棒状。嗅球小，与嗅叶紧密相连，嗅叶极大，分上下两部分，下叶发达。视叶中等。小脑发达，位于脑中部。

【鳃】

鳃弓4对。鳃耙短，前端尖，鳃耙数27～33个(上鳃耙约7个，下鳃耙约23)个。无伪鳃。咽骨密布短齿，上咽齿形成2对齿带，下咽齿形成1个齿带。

【腹腔】

大，腹膜淡黑色。

【消化管】

胃卜形，盲囊部发达。具幽门盲囊，很小，难以识别。肠复杂盘曲，非常长。

【肝脏】

几乎位于体左侧，右侧极短。

【胆囊】

椭圆形，袋状。

【脾脏】

细长。

【鳔】

大，纺锤形，占据腹腔上部大部分。

【骨骼】

头盖骨背面具三条隆起，中央一条隆起后方发达。眼窝腹缘后下部显著弯曲。脊椎骨31个，躯椎骨17个。脉棘和脉弓起点位于同一脊椎骨处。肋骨15根，除最后1根之外均较长。椎体横突始于第3脊椎骨以后。第1脉棘稍向后下方弯曲延伸。

背鳍第1鳍棘的近端支鳍骨位于第1髓棘和第2髓棘之间，背鳍第1软条位于第17髓棘和第18髓棘之间。

2. 24. 7 野生与养殖尼罗罗非鱼的差异

养殖雄鱼单性品种好，生长快。如在狭小水域增殖，繁殖力显著降低，鱼体逐渐小型化，最终导致产量降低。

图 2-24-3　形态特征

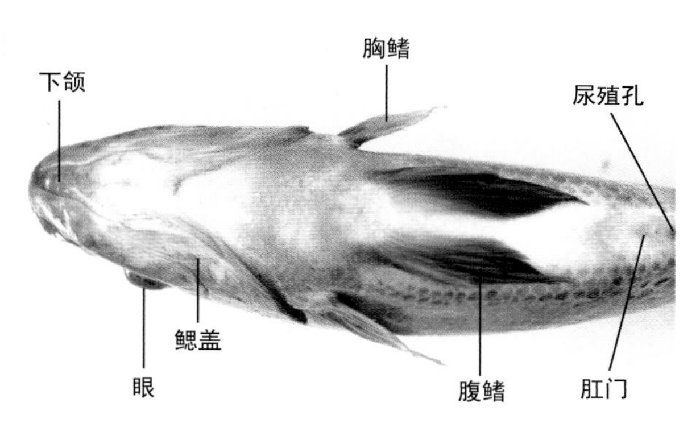

图 2-24-4　头至腹部（腹面）

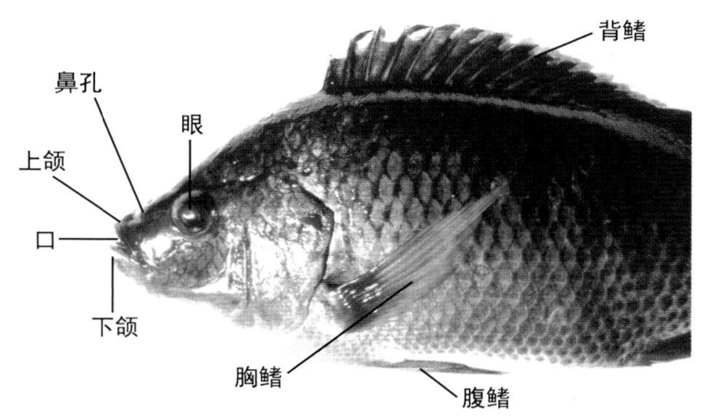

图 2-24-5　头部（侧面）

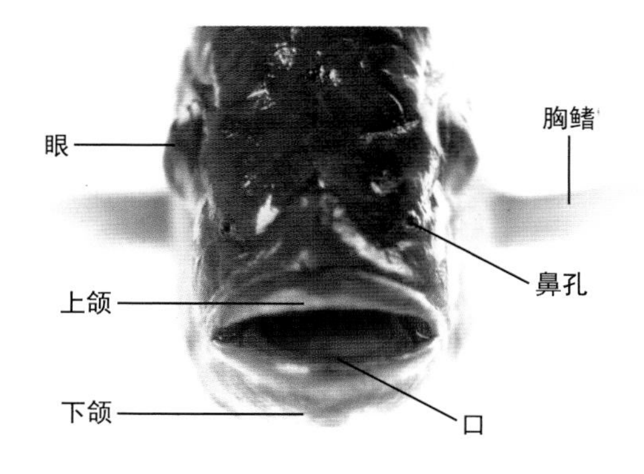

图 2-24-6　头部（前面）

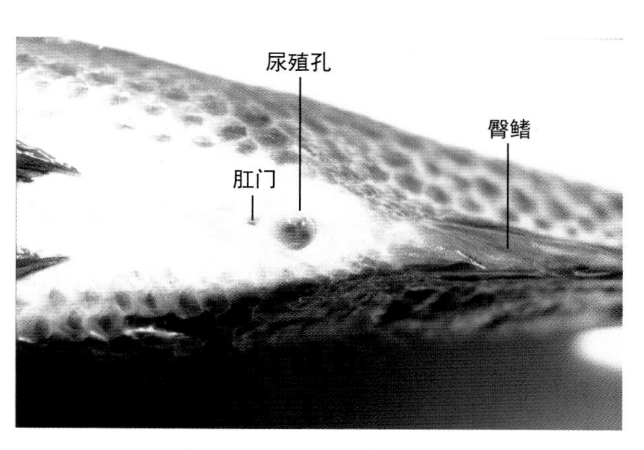

图 2-24-7　肛门与尿殖孔

图 2-24-8　头部（示鳃）

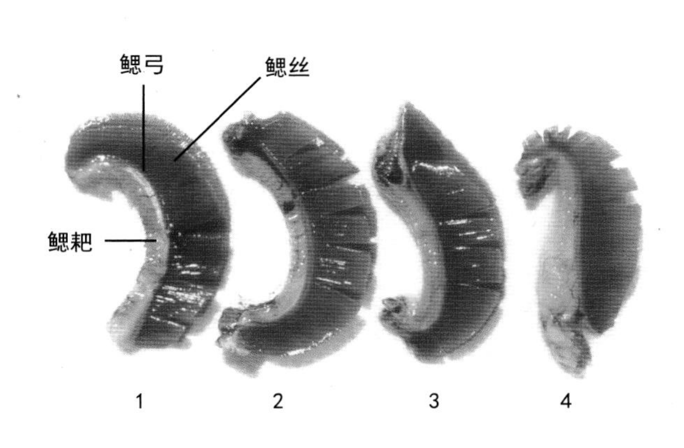

图 2-24-9　鳃

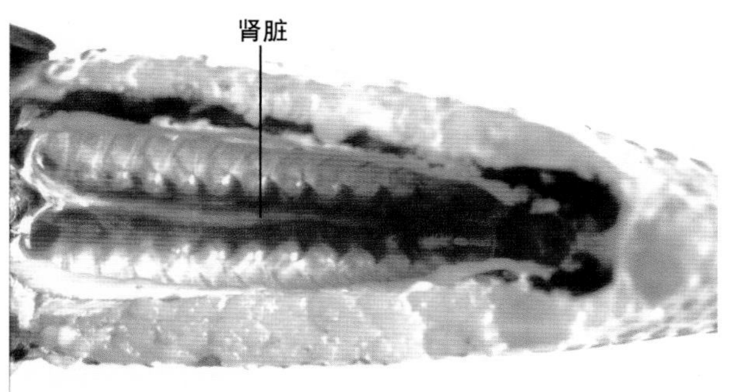

图 2-24-10　腹面（内脏除肾脏其他器官已去除）

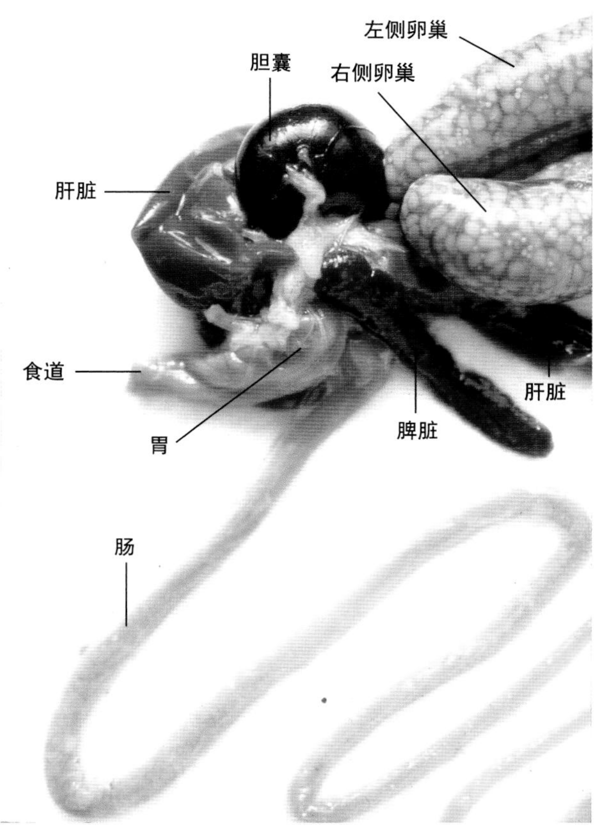

图 2-24-12　消化系统

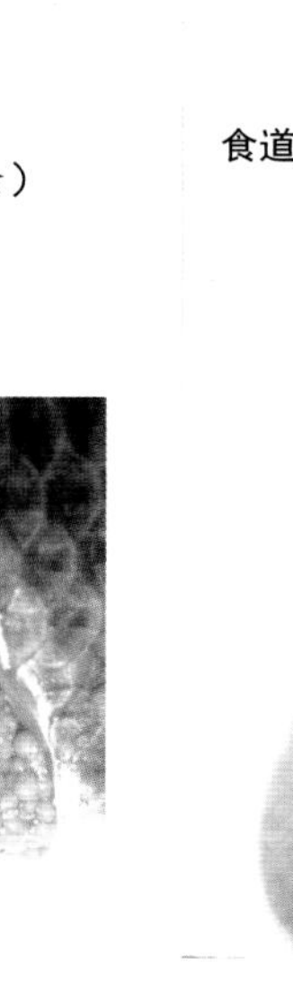

图 2-24-11　内脏（左侧）

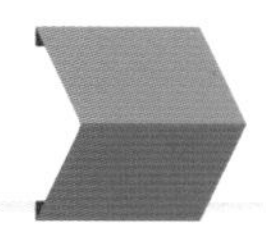

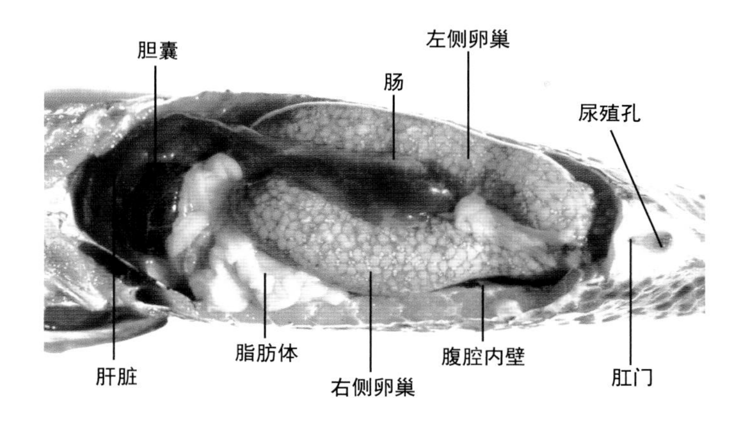

图 2-24-13 内脏（腹面）

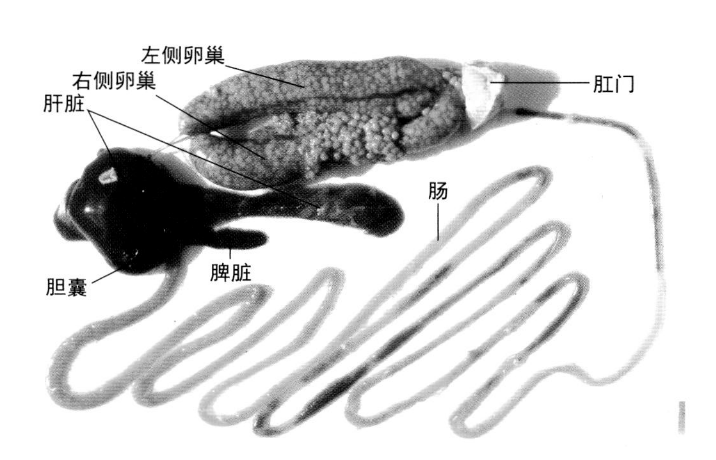

图 2-24-14 内脏（放大图）

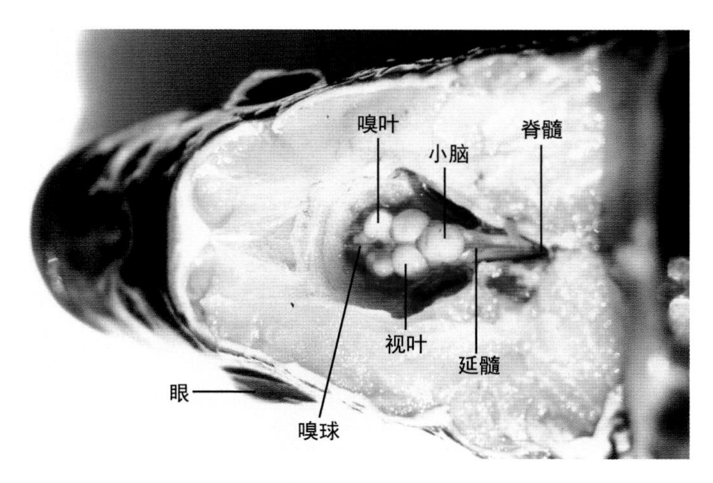

图 2-24-15 脑

（城泰彦、木户芳）

2.25 黄鳍刺鰕虎鱼

Acanthogobius flavimanus（Temminck & Schlegel）

黄鳍刺鰕虎鱼为鲈形目、鰕虎鱼科、刺鰕虎鱼属鱼类，其解剖图和骨骼图分别见图2-25-1和图2-25-2。

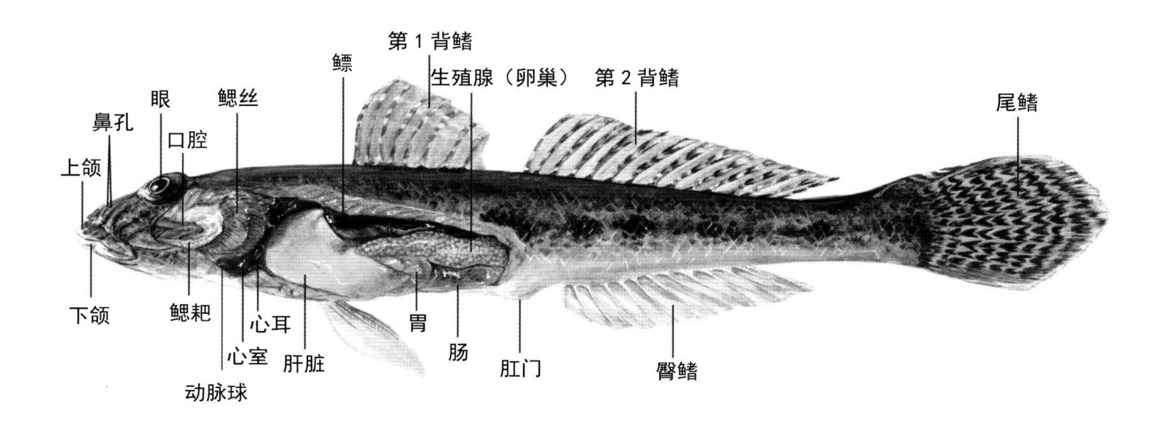

图 2-25-1　解剖图

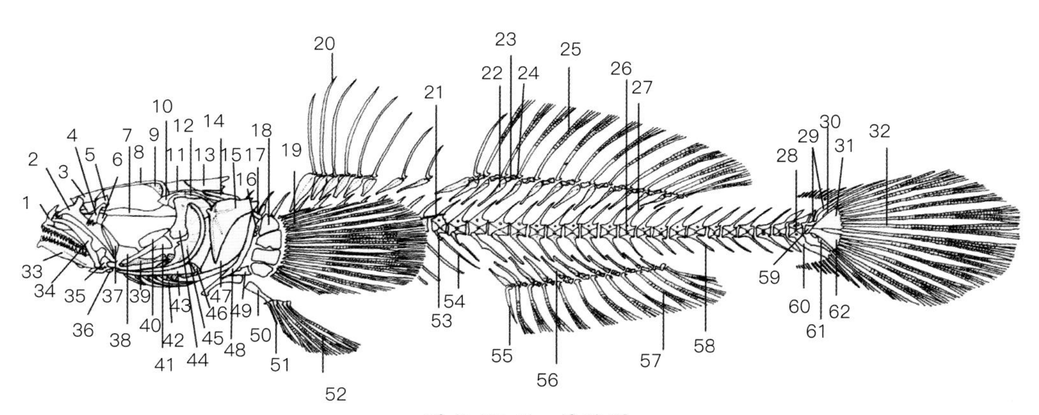

图 2-25-2　骨骼图

1. 前颌骨　2. 腭骨　3. 筛骨　4. 泪骨　5. 侧筛骨　6. 内翼状骨　7. 副蝶骨　8. 额骨　9. 翼蝶骨　10. 蝶耳骨　11. 顶骨　12. 翼耳骨　13. 上枕骨　14. 后颞骨　15. 主鳃盖骨　16. 肩胛骨　17. 上匙骨　18. 辐状骨　19. 胸鳍条　20. 背鳍棘　21. 脉弓小骨　22. 背鳍近端支鳍骨　23. 间支鳍骨　24.背鳍远端支鳍骨　25. 背鳍软条　26. 椎体　27. 髓棘　28. 第2尾鳍椎前椎体　29. 尾上骨　30. 第5尾下骨　31. 第3尾下骨+第4尾下骨　32. 尾鳍条　33. 齿骨　34. 上颌骨　35. 关节骨　36. 隅骨　37. 外翼骨　38. 方骨　39. 角舌骨　40. 后翼骨　41. 续骨　42. 鳃条骨　43. 间鳃盖骨　44. 舌颌骨　45. 前鳃盖骨　46. 上舌骨　47. 下鳃盖骨　48. 匙骨　49. 乌喙骨　50. 腰带　51. 腹鳍棘　52 . 腹鳍软条　53. 椎体横突　54. 肋骨　55. 腹鳍棘　56. 腹鳍近端支鳍骨　57. 臀鳍软条　58. 脉棘　59. 尾部棒状骨　60. 第2尾鳍椎前椎体脉棘　61. 准尾下骨　62. 第1尾下骨+第2尾下骨

2.25.1 外部特征（图 2-25-3，图 2-25-4）

体细长，头部和躯干部呈圆筒形，尾部侧扁。体表大部分被鳞片覆盖。头后部，鳃盖上半部，颊部都被鳞片。躯干部及尾部被栉鳞，头部被圆鳞。鼻孔2对，前鼻孔管状。背鳍2个。第1背鳍具8个鳍棘，鳍棘比较软；第2背鳍具1个鳍棘和13个软条。臀鳍具1个鳍棘和11个软条。尾鳍中央向后延长，后方呈尖圆形。腹鳍愈合成吸盘。腹鳍膜边缘锯齿状。除腹部外，体具暗褐色斑点。此外，体侧还具成列的黑色斑块。背鳍和尾鳍也具成列的黑色斑点。成鱼全长约25cm。

2.25.2 分布、栖息

北海道南部到九州的日本各地，朝鲜半岛沿岸，中国黄、渤海沿岸均有分布。近年来由于人为影响，美国加利福尼亚和澳大利亚悉尼水域也有发现。通常栖息于内湾及河口、河流下游的泥沙底。

2.25.3 成熟、产卵

1龄或2龄性成熟。性成熟体长最小7cm。产卵期从冬季到春季，日本西部为1—3月，日本关东地区以北为2月或3—5月。雌雄一对在内湾的泥沙底建造隧道状产卵室，将卵产在产卵室的壁上。卵为棒状，沉性附着卵，基部具附着丝。卵的长径5～6mm，短径1mm左右。

2.25.4 发育、生长

孵化水温13℃时，受精卵约28d孵化。初孵仔鱼全长5mm左右。全长约17mm时鳍发育完全，转为稚鱼。全长约18mm时，从浮游生活转向底栖生活。孵化后当年的8月可长到45mm左右，12月可达93mm左右。产卵后亲鱼大部分死亡。满1年的未产卵个体翌年秋天能长到13cm左右。

2.25.5 食性

浮游期以桡足类等小型浮游生物为食。营底栖生活时转变为杂食性，捕食沙虫类、甲壳类和海藻等。

2.25.6 解剖特征（图 2-25-5 ～图 2-25-11）

【口】

口稍大，上颌比下颌突出。口腔中等大小。两颌牙齿略微呈细长的圆锥状，形成齿带。犁骨及腭骨无齿。舌大，游离，前端截形。

【脑】

嗅球小，与发达的嗅叶紧密相连。视叶大，小脑小。延髓发达。

【鳃】

鳃弓4对。鳃丝短。鳃耙数较少，上鳃耙约4个，下鳃耙约10个。上鳃耙呈短棒状；下鳃耙呈短板状。鳃耙上无小棘。鳃盖内面有伪鳃。咽齿小，呈圆锥状，形成齿带。

【腹腔】

细长。腹膜背部黑色，腹部银白色。

【消化道】

胃短呈直线状，无盲囊。胃壁厚。无幽门盲囊。肠短呈N形。

【肝脏】

大，单叶，淡黄褐色。

【胆囊】

呈球形，较大，淡黄绿色。位于胃的右侧。

【脾脏】

呈细长的椭圆形，暗红色。位于肠管右侧弯曲处。

【鳔】

大，壁为半透明的薄膜。在腹腔中央背部。

【生殖腺】

细长，呈棒状，分为左右两叶。

【心脏】

心室红色，呈三角形，上方是心耳，前方是白色的动脉球。

【肾脏】

粉红色，位于体腔背面，向前后延伸。

【体侧肌】

白肌。深层红肌和表层红肌均不发达。

【骨骼】

头盖骨扁平，后头部宽，眼间隔窄。咽舌骨宽呈扇形，前缘截形。尾舌骨侧扁。鳃条骨的角舌骨4个，上舌骨1个，第1鳃条骨细短，第5鳃条骨宽。无眶下骨。辐状骨大，由4枚板状骨组成。肩胛骨及乌喙骨小，彼此分离。腰带通过软骨与匙骨相连。脊椎骨33（13+20）个。椎体横突在第2至第13脊椎骨上，肋骨在第3至第13椎体上，椎体小骨在第1至第10脊椎骨上各1个。髓棘细，脉棘比髓棘稍宽。第1尾下骨和第2尾下骨，第3尾下骨和第4尾下骨愈合，形成板状。无尾神经骨或尾下骨侧突起。

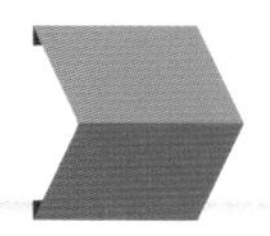

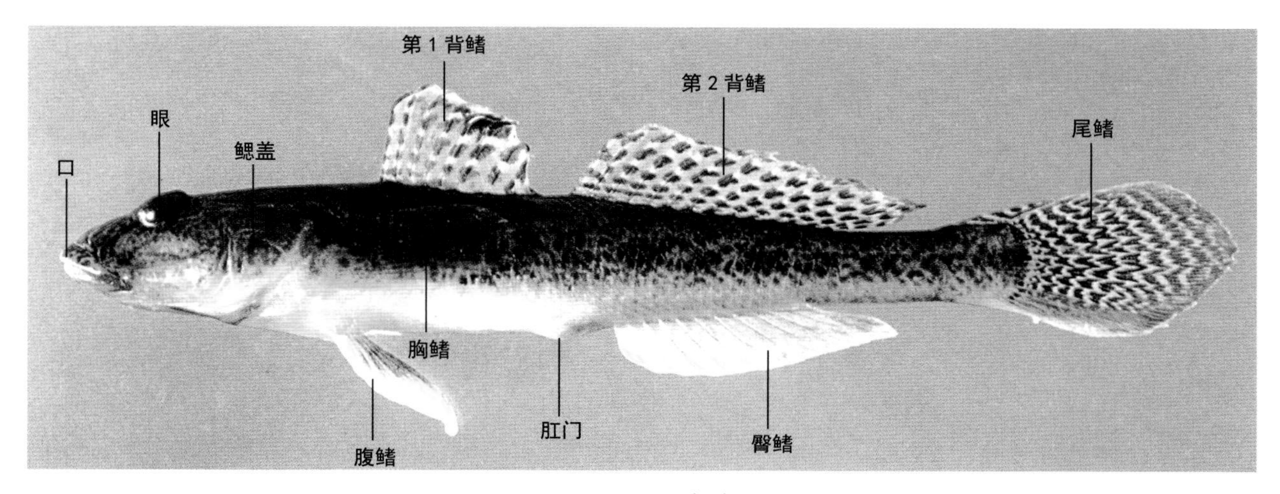

图 2-25-3 形态特征

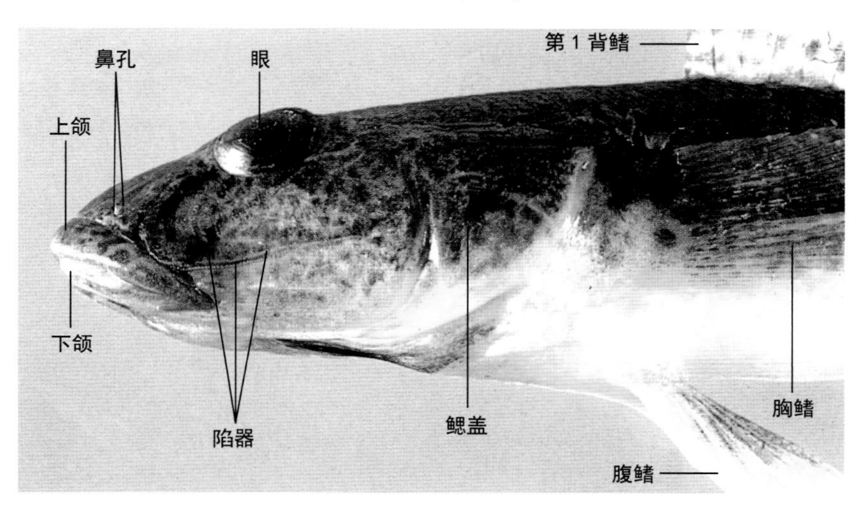

图 2-25-4 头部侧面

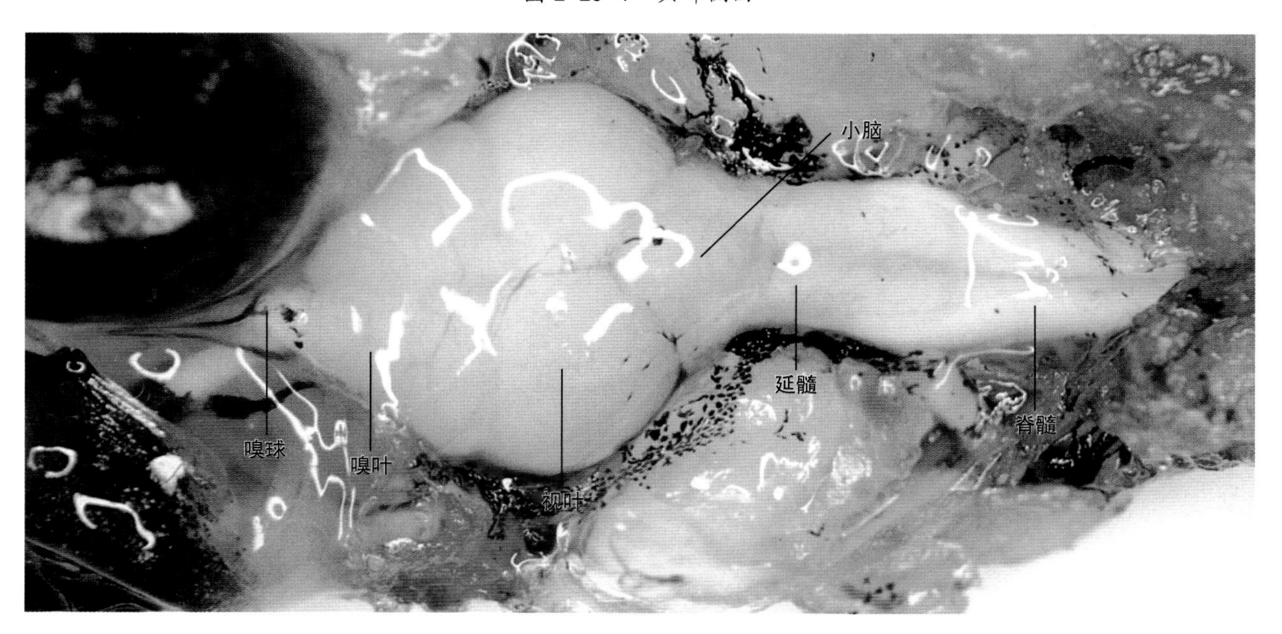

图 2-25-5 脑

心耳
动脉球
心室

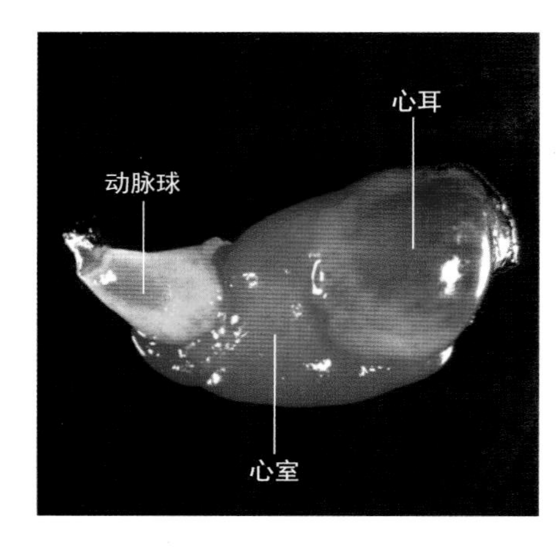

图 2-25-6　心　脏

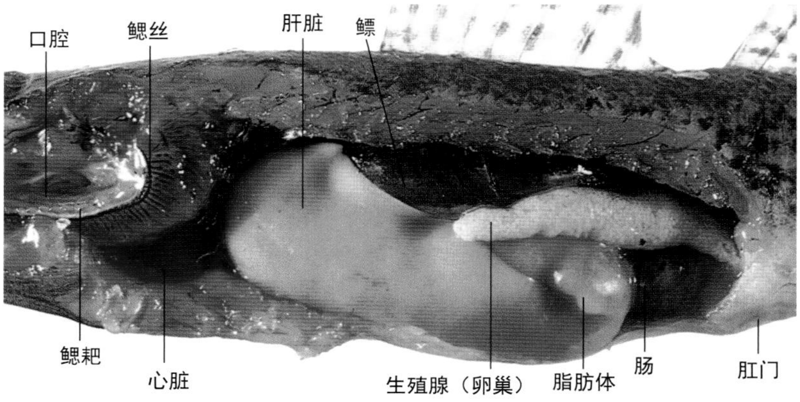

口腔
鳃丝
肝脏
鳔
鳃耙
心脏
生殖腺（卵巢）
脂肪体
肠
肛门

图 2-25-7　鳃与内脏

伪鳃
鳃丝
鳃耙
鳃弓
鳃盖内面
1
2
3
4

图 2-25-8　鳃与伪鳃

脾脏
肝脏
胃
胆囊
肠
肛门

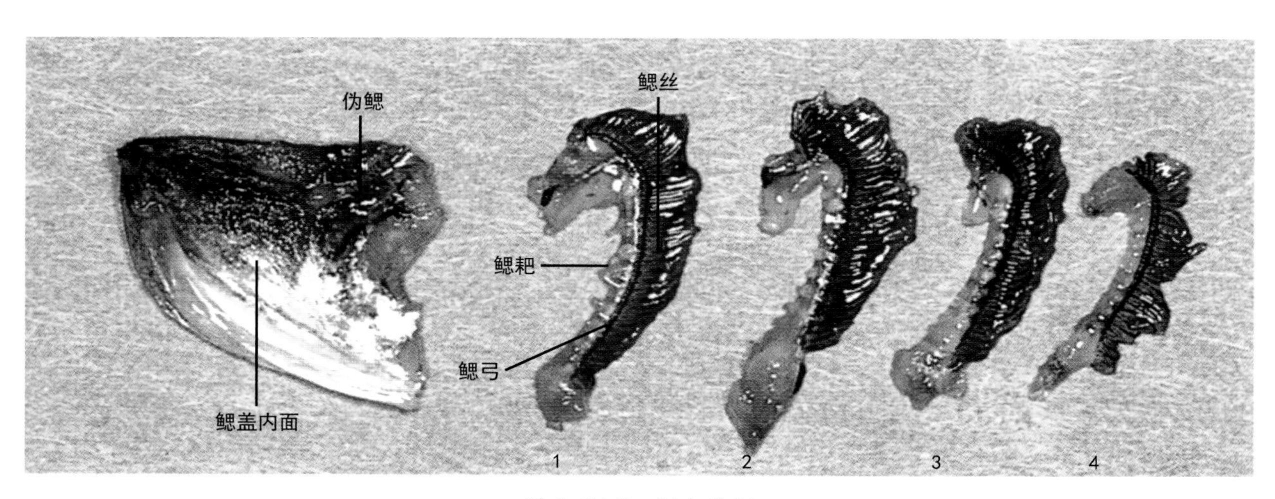

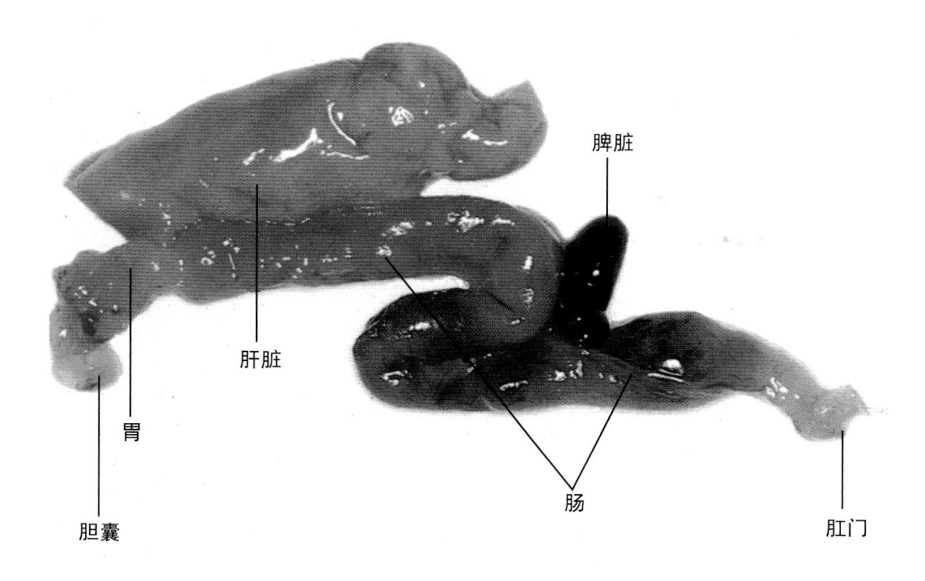

图 2-25-9　消化系统

图 2-25-10　肾　脏

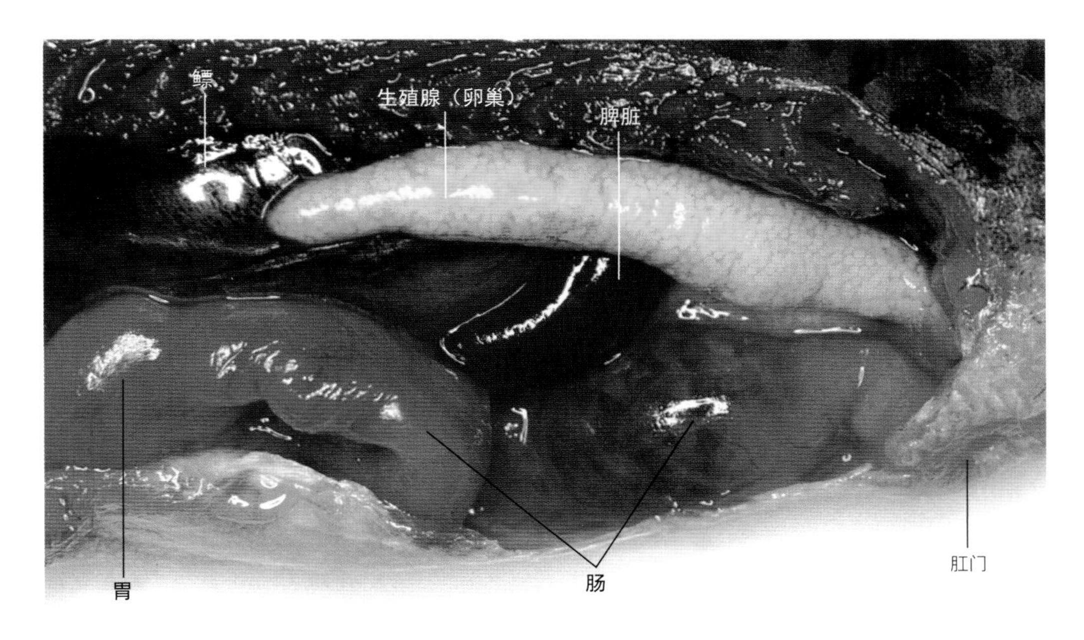

图 2-25-11　内脏（已去除肝脏）

（木村清志）

2.26 褐篮子鱼

Siganus fuscescens （Houttuyn）

褐篮子鱼为鲈形目、篮子鱼科、篮子鱼属鱼类，其解剖图和骨骼图分别见图2-26-1和图2-26-2。

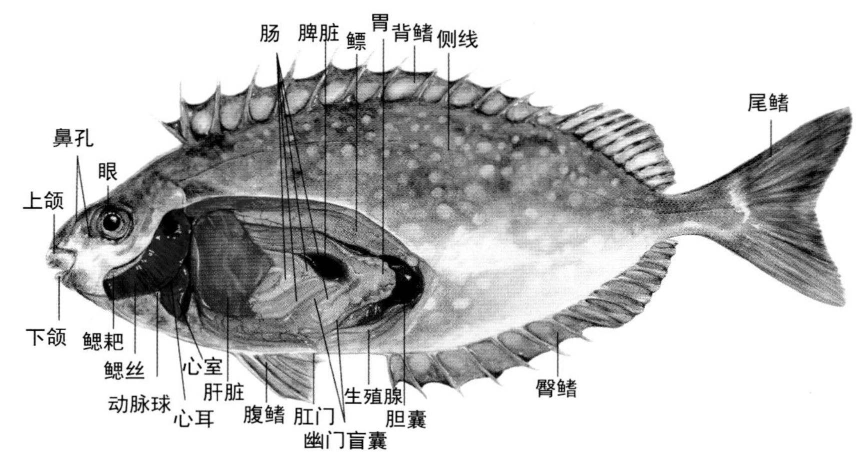

图 2-26-1 解剖图

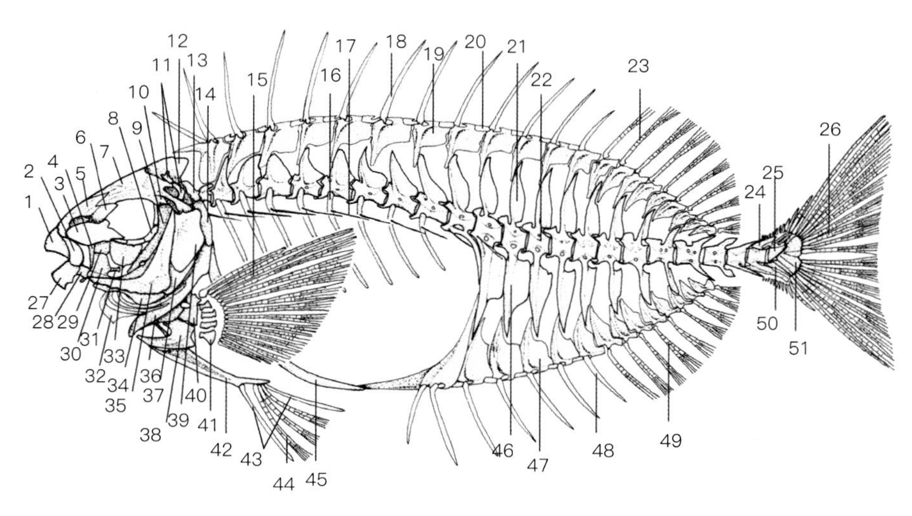

图 2-26-2 骨骼图

1. 前颌骨 2. 上颌骨 3. 泪骨 4. 外翼骨 5. 筛骨 6. 侧筛骨 7. 额骨 8. 眶下骨 9. 舌颌骨 10. 蝶耳骨 11. 上颞骨 12. 上枕骨 13. 后颞骨 14. 上匙骨 15. 胸鳍鳍条 16. 肋骨 17. 脉弓小骨 18. 背鳍棘 19. 背鳍近端支鳍骨 20. 背鳍远端支鳍骨 21. 髓棘 22. 椎体 23. 背鳍条 24. 尾上骨 25. 尾部棒状骨 26. 尾鳍条 27. 齿骨 28. 关节骨 29. 内翼骨 30. 方骨 31. 续骨 32. 鳃条骨 33. 后翼骨 34. 间鳃盖骨 35. 前鳃盖骨 36. 匙骨 37. 下鳃盖骨 38. 乌喙骨 39. 主鳃盖骨 40. 肩胛骨 41. 辐状骨 42. 腰带 43. 腹鳍棘 44. 腹鳍条 45. 后匙骨 46. 脉棘 47. 臀鳍近端支鳍骨 48. 臀鳍棘 49. 臀鳍条 50. 准尾下骨 51. 尾下骨

2.26.1 外部特征（图 2-26-3，图 2-26-4）

体呈椭圆形，体高大而侧扁。吻圆润，口小。尾柄稍细，体表有微小的椭圆形圆鳞，侧线鳞为细长的长方形。腹鳍特化，其前后各有1个鳍棘，中间有3个软条。背鳍具13个鳍棘，臀鳍具7个鳍棘。这些棘具毒腺，被刺伤后剧痛。尾鳍呈叉型。

体色变异丰富，一般为黄褐色，体表散布着不规则的暗色斑及圆形的小斑。鳃盖后方上部具较明显的暗色斑。通常全长在35cm左右，较少全长能达到40cm，体重可达到1kg。

2.26.2 分布、栖息

日本本州以南，琉球列岛以北有分布。中国南部，澳大利亚北部和安达曼海也有分布。全长2～3cm的稚鱼摄食浮游藻类。幼鱼在内湾藻场生活，成鱼在海藻繁茂的外海岩礁地带生活。

2.26.3 成熟、产卵

1龄或2龄性成熟。每年7—8月在沿岸的岩礁区及藻场进行产卵。产卵水温21～27℃。完全成熟的卵无色透明，直径0.62～0.66mm，有4～7个大油球及数个小油球。卵为沉性卵，具有黏着力，能黏附在礁石或海藻上。

2.26.4 发育、生长

水温23.5～26℃时，受精卵约27h孵化。初孵仔鱼全长2.1mm左右，油球融合为一个，位于卵巢前部。孵化后2d长达3mm左右，眼部黑色素细胞开始出现。此外，卵黄几乎完全吸收，口张开。全长3.3mm时背鳍鳍棘出现，腹鳍的外棘形成。全长9.5mm左右各个鳍的鳍条数达到定值，成为稚鱼。

人工养殖条件下，孵化后10d全长可达4.6mm，20d为12.2mm，25d为19.0mm，30d为27.4mm，43d为43.2mm。

2.26.5 食性

浮游期的仔鱼捕食桡足类等浮游动物和甲壳类，栖息于藻场里摄食附着硅藻类。全长5cm左右开始以海藻类为食，成鱼以海藻类及虾蟹类等小动物为主要饵料。

2.26.6 解剖特征（图 2-26-5 ～图 2-26-11）

【口】

口小，上颌几乎不突出。口腔稍大。舌短，游离。两颌齿小，2尖头或3尖头门齿状齿排成一列。前犁骨及腭骨无齿。

【脑】

嗅球小，嗅叶稍大。视叶特别大，小脑小。

【鳃】

鳃弓4对。鳃瓣中等大小。第1鳃弓鳃耙小，呈镰刀状。鳃耙的末端尖，2叉或3叉。上鳃耙数5～6个，下鳃耙数17～18个。伪鳃发达。上下两咽齿细长，为小型圆锥齿，形成小齿带。

【腹腔】

宽，腹膜白色有光泽。

【消化道】

胃盲囊不发达，呈V形，贲门部长，幽门部较短。胃壁较厚。幽门盲囊呈指状，具褶皱2～3个。肠长，从幽门部开始，在腹腔内回旋向前2.5周，逆向1.5周，其间有小的折叠。肛门开口于左右腹鳍之间。大个体鱼类肠外部有大量的脂肪积累。

【肝脏】

黄褐色或红褐色，较小。分为左右两叶，右叶比左叶稍小。

【胆囊】

浓绿色，球形，较大，在腹腔的后方。

【脾脏】

暗红色，长卵形，在腹腔中部。

【鳔】

较大，固着于体背侧部腹膜处。鳔壁较薄。

【生殖腺】

左右两叶，位于肛门后方的腹腔下缘和后方。

【心脏】

心室为红色的四面体，其上方是暗红色的心耳，前上方是白色的动脉球。

【肾脏】

红色，沿脊椎骨的腹面前后延伸。

【体侧肌】

白色。表层红肌位于体侧中线两侧皮肤下侧，几乎无深层红肌。

【骨骼】

头盖骨宽，扁平。额骨背面的各隆起低。尾舌骨的腹缘扁平，向左右水平延展。鳃条骨5个。第1鳃条骨扁平且宽。后匙骨的下半部沿着体腹缘向后延伸，与臀鳍第1支鳍骨的向前棘接触。脊椎骨数9+14=23个。

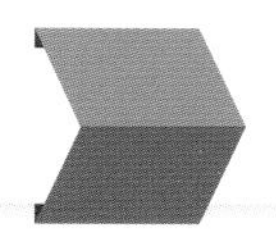

第1脊椎骨上的椎体横突较大，第2脊椎骨以后的椎体横突较小。第2至第9脊椎骨具肋骨，椎体小骨在第1至第11脊椎骨（第2尾椎骨）上。脉棘和髓棘宽。尾神经骨与尾部棒状骨完全愈合。尾下骨一侧突起不明显。背鳍和臀鳍的近端支鳍骨宽，前后连接紧密。背鳍第1支鳍骨前部通常埋于皮下，形成向前突起棘。

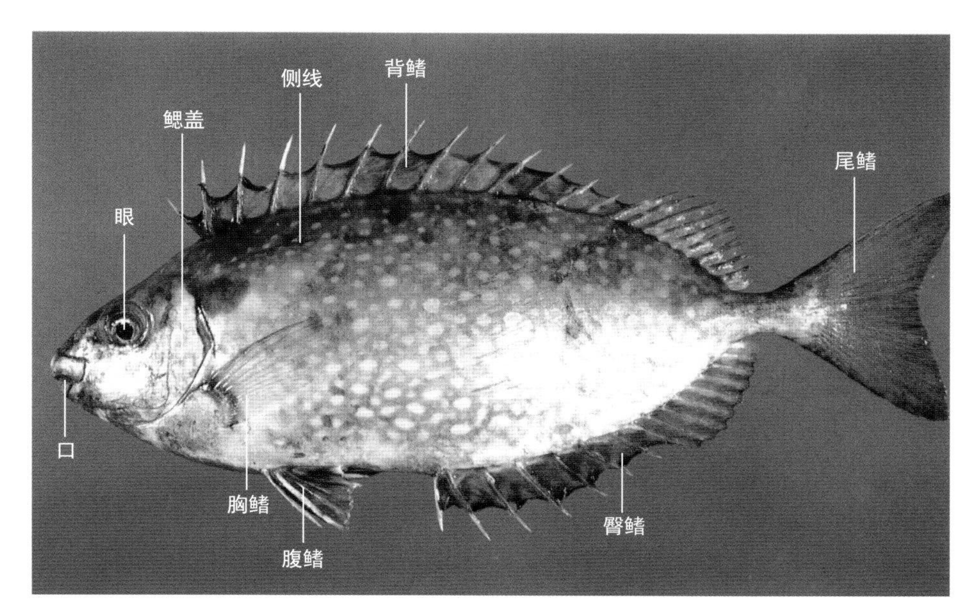

图 2-26-3　形态特征

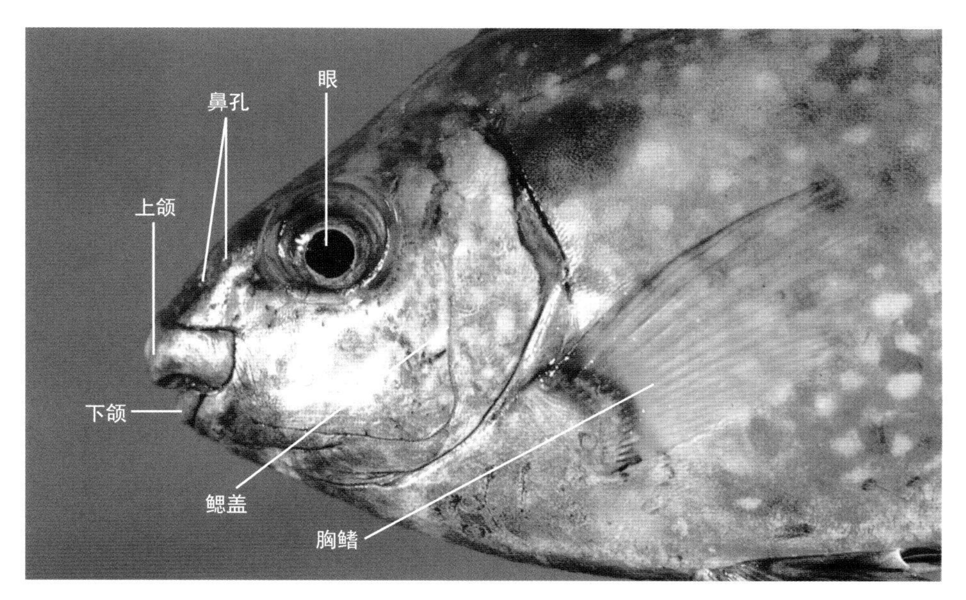

图 2-26-4　头部侧面

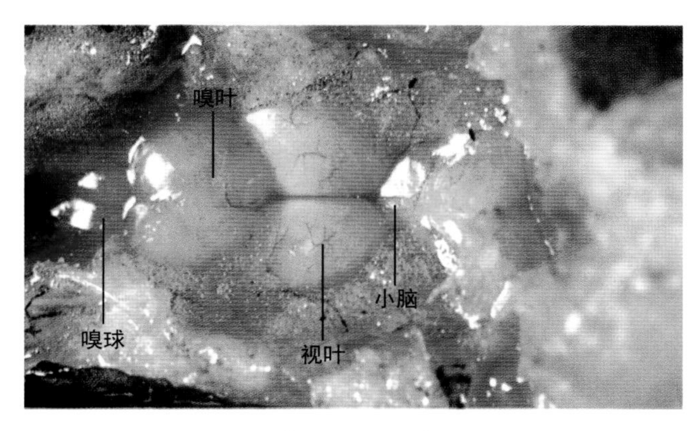

图 2-26-5　脑

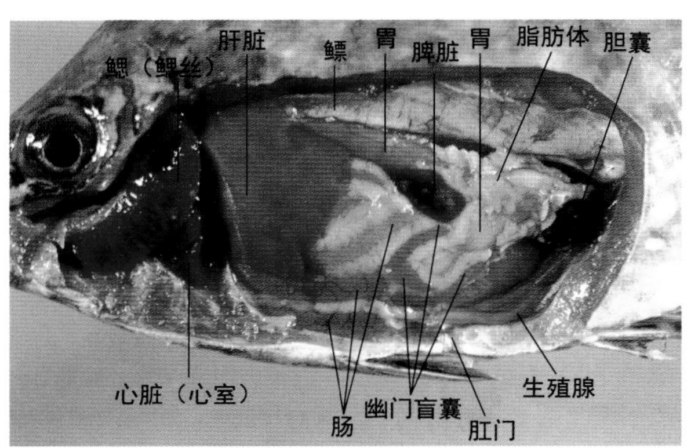

图 2-26-6　鳃与内脏

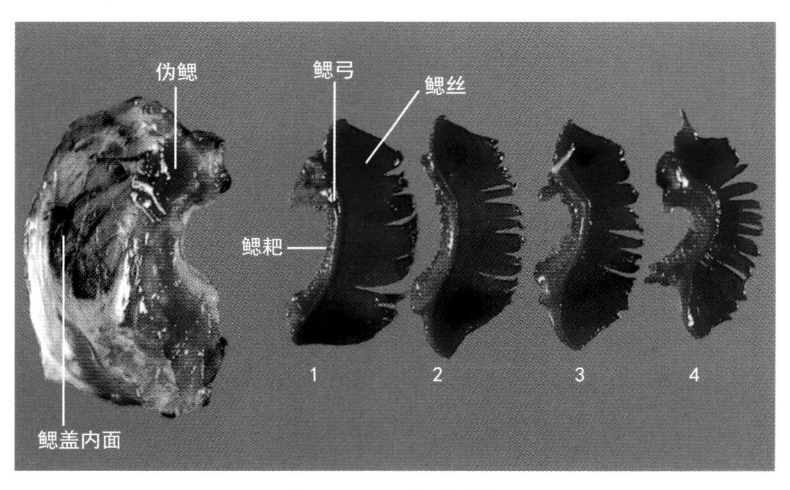

图 2-26-7　鳃与伪鳃

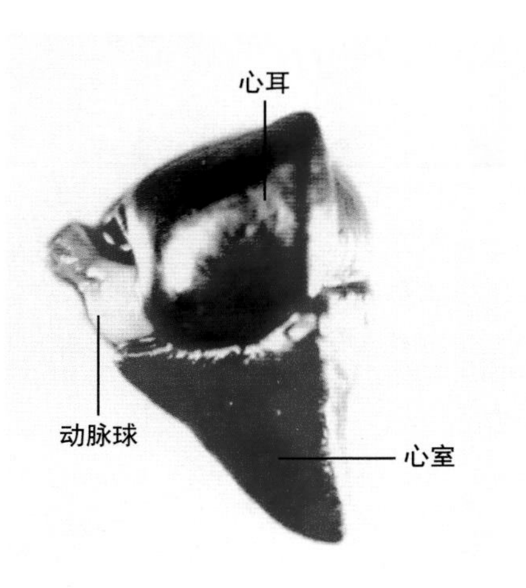

图 2-26-8　心　脏

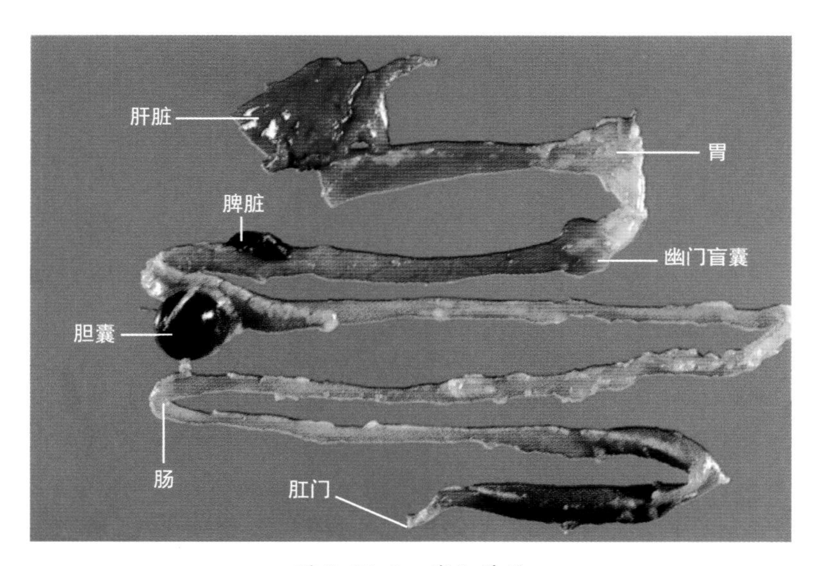

图 2-26-9　消化系统

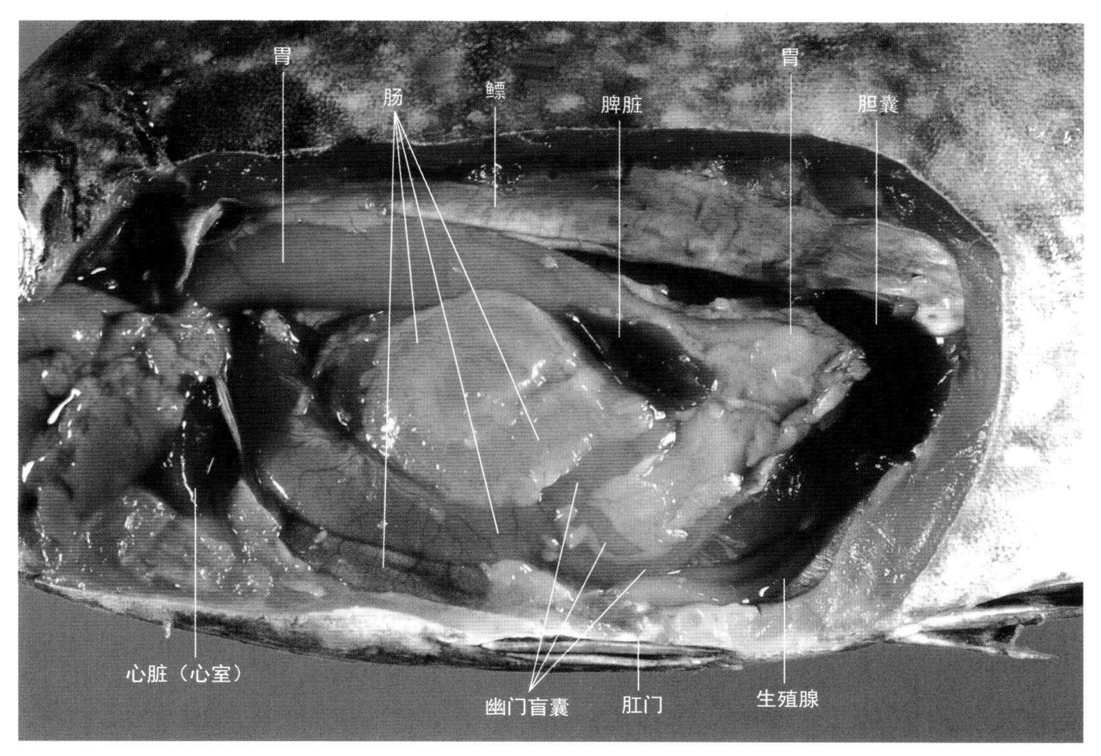

图 2-26-10　内脏（已去除肝脏）

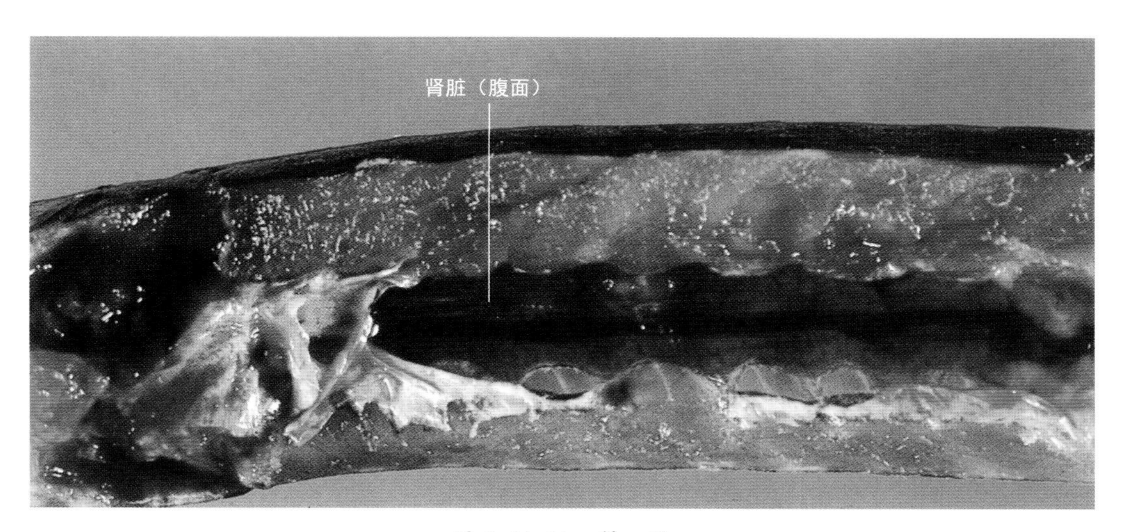

图 2-26-11　肾　脏

（木村清志）

2.27 带鱼

Trichiurus japonicus （Temminck & Schlegel）

带鱼为鲈形目、带鱼科、带鱼属鱼类，其解剖图和骨骼图分别见图2-27-1和图2-27-2。

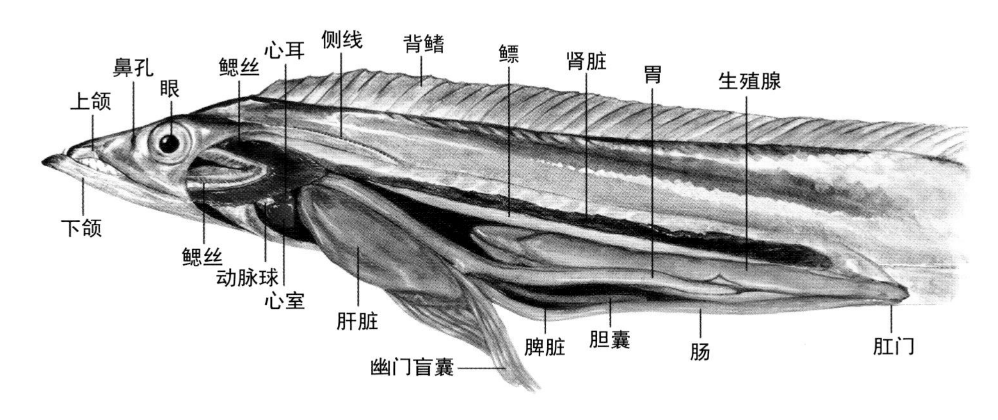

图 2-27-1　解剖图

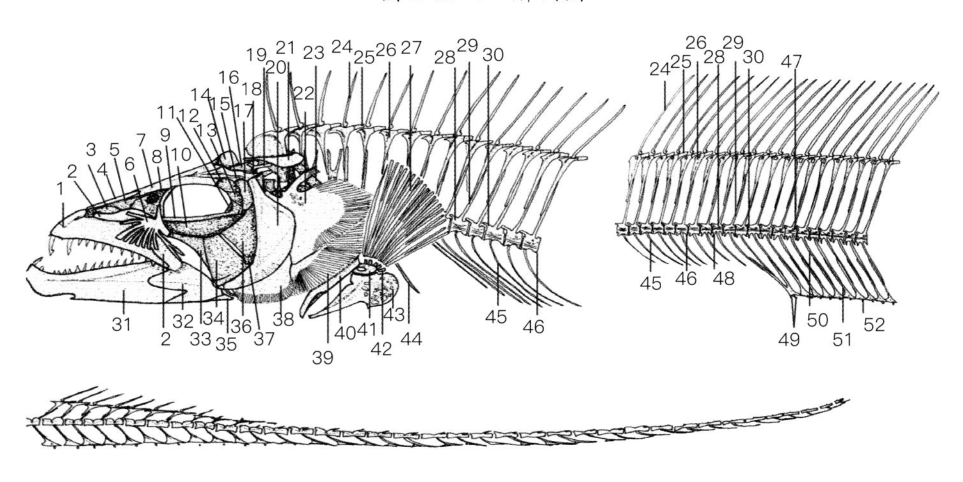

图 2-27-2　骨骼图

1. 前颌骨　2. 上颌骨　3. 腭骨　4. 鼻骨　5. 筛骨　6. 泪骨　7. 额骨　8. 侧筛骨　9. 副蝶骨　10. 内翼骨　11. 基蝶骨　12. 翼蝶骨　13. 前耳骨　14. 上枕骨　15. 蝶耳骨　16. 上耳骨　17. 舌颌骨　18. 翼耳骨　19. 上颞骨　20. 前鳃盖骨　21. 后颞骨　22. 主鳃盖骨　23. 上匙骨　24. 背鳍条　25. 背鳍远端支鳍骨　26. 背鳍近端支鳍骨　27. 胸鳍条　28. 椎体　29. 髓棘　30. 前背关节突　31. 齿骨　32. 关节骨　33. 外翼骨　34. 方骨　35. 隅骨　36. 后翼骨　37. 续骨　38. 间鳃盖骨　39. 下鳃盖骨　40. 匙骨　41. 肩胛骨　42. 辐状骨　43. 乌喙骨　44. 后匙骨　45. 肋骨　46. 后腹关节突　47. 后背关节突　48. 前腹关节突　49. 臀鳍棘　50. 脉棘　51. 臀鳍近端支鳍骨　52. 臀鳍条

2.27.1 外部特征（图 2-27-3 ～图 2-27-5）

体延长，呈带状。尾极长，占全长的1/2以上。口大，下颌长于上颌。体表无鳞。侧线从鳃盖后方延伸至胸鳍后方时急剧下弯，而后基本平直。

背鳍基底长，背鳍鳍条数130～140个。臀鳍鳍条极短，基本完全埋于皮下。无腹鳍和尾鳍。尾部后端呈纽带状。身体基本为银白色，尾部后端、吻端及胸鳍呈微黑色。全长可达1.5m。

2.27.2 分布、栖息

北海道以南日本各地，朝鲜半岛及中国均有分布。通常栖息于大陆架300n mile内浅水水域。小个体白天在底层生活，夜间浮到水面中上层。大个体白天浮到水面中上层，夜间在底层生活。稚鱼在水深50m处分布较多。

2.27.3 成熟、产卵

雌雄均为1龄性成熟，最小性成熟体长（肛门前长）雌性为21～22cm，雄性为19～21cm。

产卵时间较长且不同水域种群有差异，纪伊水道和熊野滩的种群为5—11月，骏河湾为7—11月，日本海中部海域为6—10月，东海和黄海为4—8月。纪伊水道和熊野滩以及黑潮流经的水域产卵盛期有变化，有春季集中产卵的群体，也有春、秋两次产卵盛期的群体，或者无明显高峰期从春季到秋季均可产卵的群体。产卵场在水深200m以内浅海海域，主要集中在50～75m的中、底层。

肛长30cm个体的怀卵量为35 000～42 000粒，40cm为86 000～92 000粒。东海、黄海和日本海的繁殖期为一年1次，而太平洋沿岸则可能产卵2次以上。

卵球形，卵径为1.59～1.88mm，有1个油球。卵为分离浮性卵，水面表层较少，大多在水深20m处。

2.27.4 发育、生长

水温16℃时受精卵经4d孵化。初孵仔鱼全长5.75mm，腹鳍具黑色素细胞。仔鱼脊索长达7～8mm时背鳍前端有前缘呈锯齿状的3根棘。这些棘随生长发育逐渐退化，棘和软鳍条的区别变得不明显。臀鳍在仔鱼脊索达10mm时发达，40mm时形态明显，之后退化，并埋没于皮下。

带鱼的生长因海域的不同而具有明显差异，通常满1龄个体肛门前长20～24cm，2龄为28～30cm，3龄为31～36cm，4龄为33～38cm，5龄为34～41cm，6龄为35～42cm。通常雌性较雄性生长快，春季出生的种群较秋季出生的种群生长速度快。

2.27.5 食性

稚鱼通常以桡足类等浮游动物为食，体长20cm的仔鱼以磷虾或糠虾类、蟹类等作为主要饵料。成鱼摄食鱼类的倾向加强，捕食对象多是沙丁鱼类、鲐鲹类、犀鳕类等。不同海区也可见自残现象。

2.27.6 解剖特征（图 2-27-6 ～图 2-27-12）

【口】

口大，下颌较上颌突出。口腔中大，舌稍大，前端有膜与口底相连。两颌有大型齿，侧扁，非常锐利。两颌的前端有1～2对强大的犬齿，尖端呈钩状。腭骨有微小的锯齿，犁骨无齿。

【脑】

嗅球小，嗅叶和视叶大。小脑小，小脑鬈及迷走叶大且发达。

【鳃】

鳃弓4对。鳃瓣较短。多数鳃耙的小棘由1～3根长齿状突起构成，每个鳃弓上1列。基鳃骨和上颌骨上部的鳃耙虽也可见小棘，却无齿状突起。有齿状突起的鳃耙数为11～29个，所有可见小棘的鳃耙数为32～35个。鳃盖内面有伪鳃。咽齿细长，呈小型圆锥齿，形成齿带。

【腹腔】

细长，腹膜黑色。

【消化管】

胃呈卜形，盲囊明显且发达。空胃状态时，胃壁很厚。幽门垂细长呈房状，有18～25个。肠短，幽门部直线状达肛门处。肠壁较厚。

【肝脏】

黄褐色，较大，左右两叶。

【胆囊】

呈透明、淡绿色的细长袋状，沿肠延伸。

【脾脏】

呈暗红色，细长，位于胃部盲囊的右侧。

【鳔】

显著细长，沿肾脏的腹面延伸。鳔壁呈银白色，较厚。

【生殖腺】

细长的棒状，有左右两叶，右叶比左叶大。

【心脏】

心室为红色四面体，上后方为心耳，前上方是白色的动脉球。

【肾脏】

呈暗红灰色，沿脊椎骨腹面前后伸长。

【体侧肌】

白色，表层红肌和深层红肌几乎不可见。

【骨骼】

头盖骨细长。额骨背面的隆起低。鼻骨薄，呈膜状。前颌骨和齿骨具坚固锐齿。泪骨呈膜状。主鳃盖骨的边缘呈毛刷状。鳃条骨7根，最后2根前端有2个分叉。乌喙骨的后端膨出，膨出部分有多个小孔。辐状骨固着在肩胛骨上。后匙骨细长，呈丝状延伸。

脊椎骨160～180个，其中170～175个的个体偏多。尾部后端经常有缺损。椎体小骨在第1至第4脊椎骨上。肋骨细，第3脊椎骨后为躯椎骨。第1背鳍近端支鳍骨宽。背鳍、臀鳍的近端支鳍骨每一个都有髓棘，同时有脉棘固着。无尾骨。

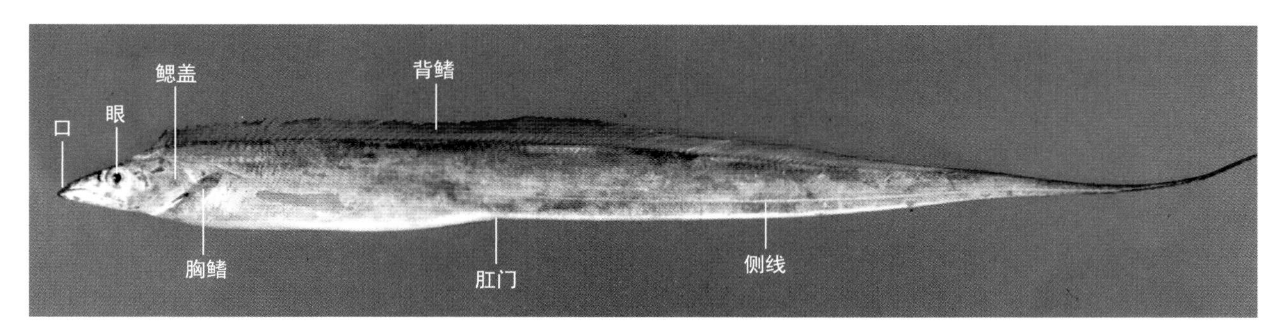

图 2-27-3 形态特征

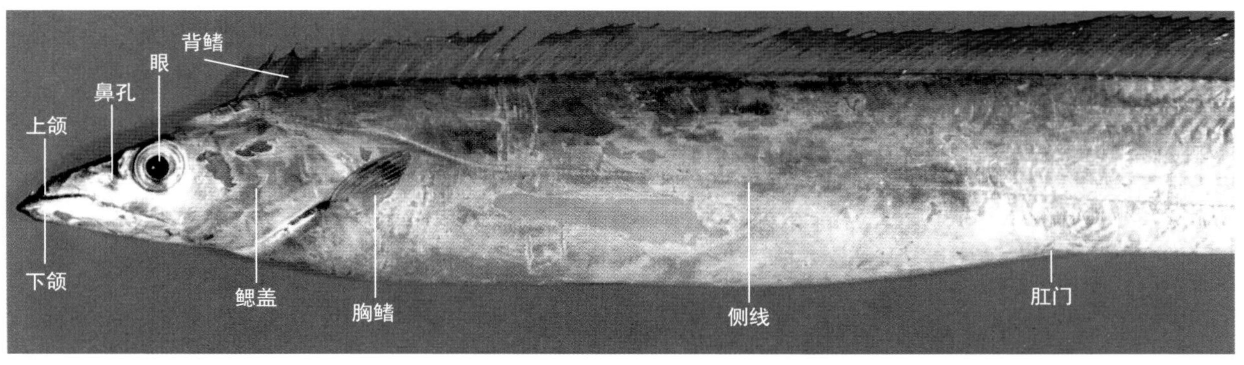

图 2-27-4 躯干与头部

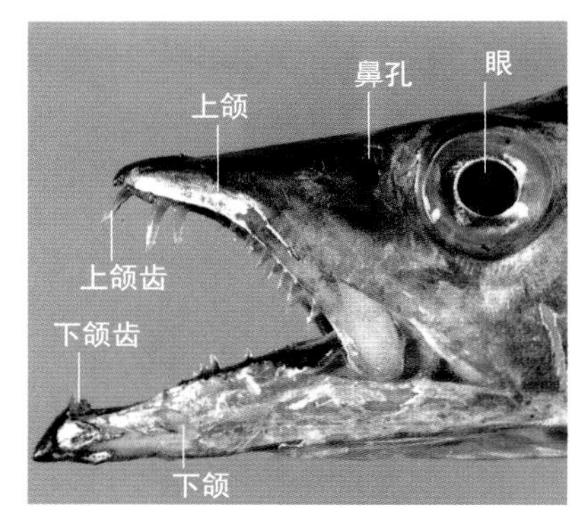

图 2-27-5 前头部

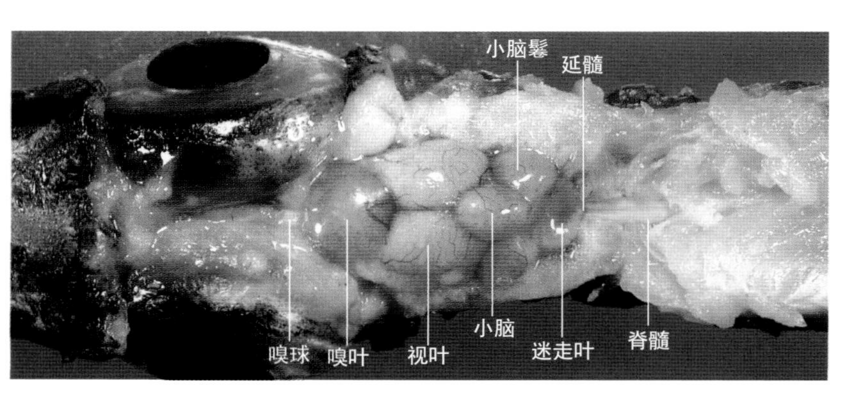

图 2-27-6 脑

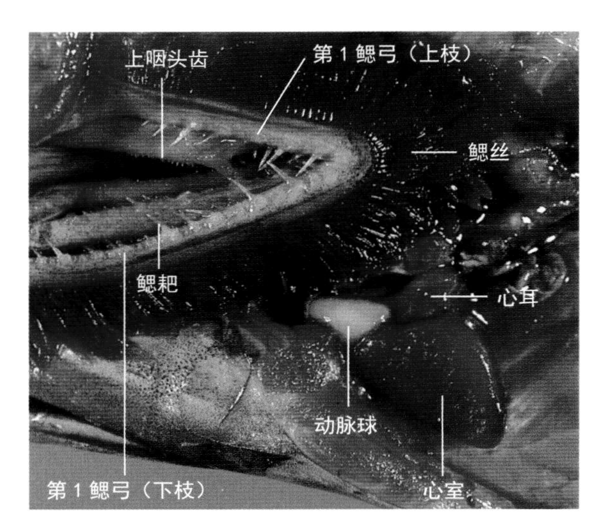

图 2-27-7 鳃与心脏

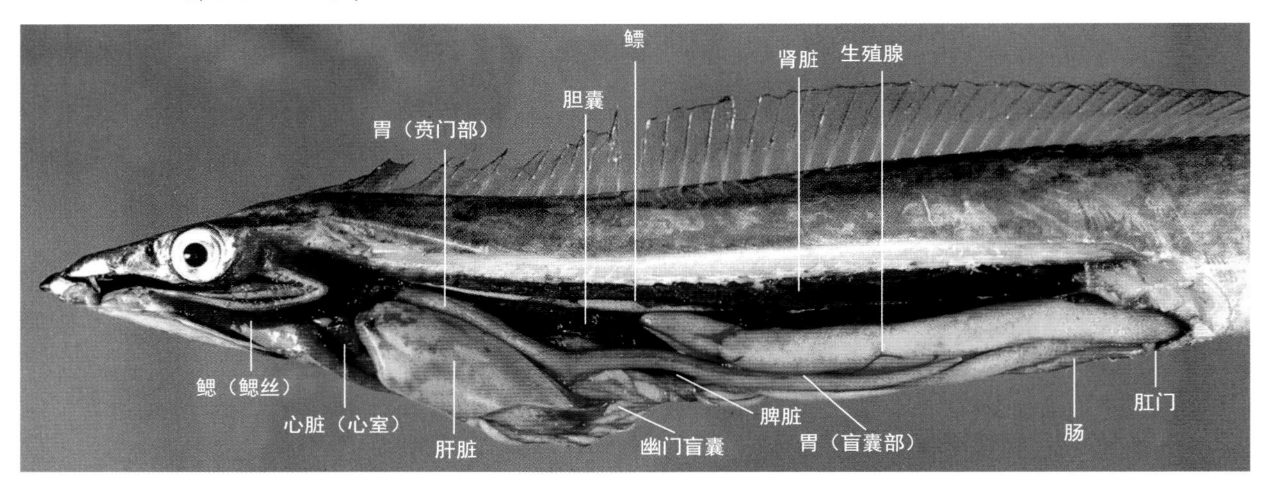

图 2-27-8 鳃与内脏

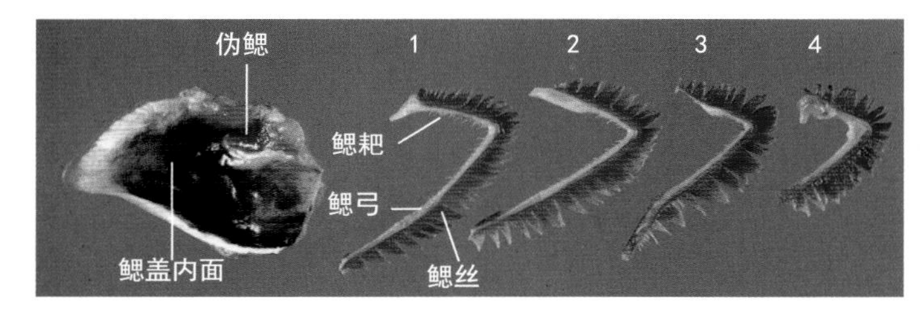

图 2-27-9 鳃与伪鳃

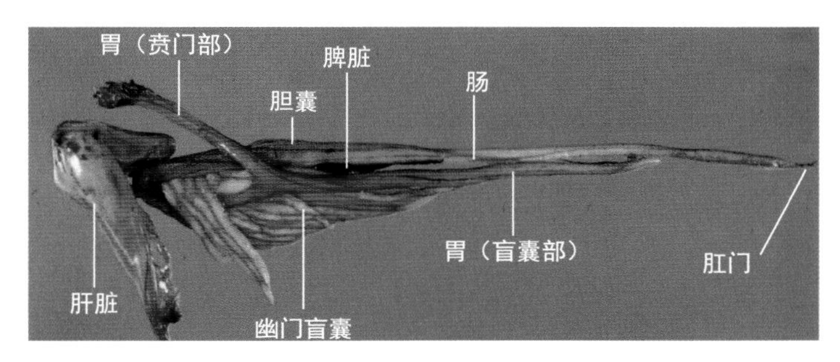

图 2-27-10 消化系统

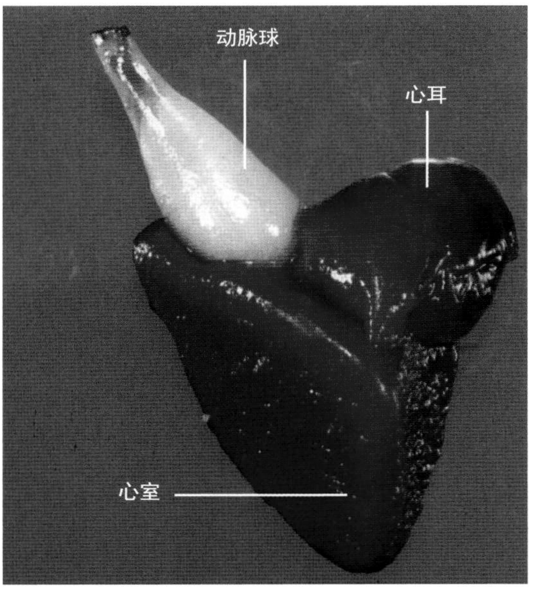

图 2-27-11 心 脏

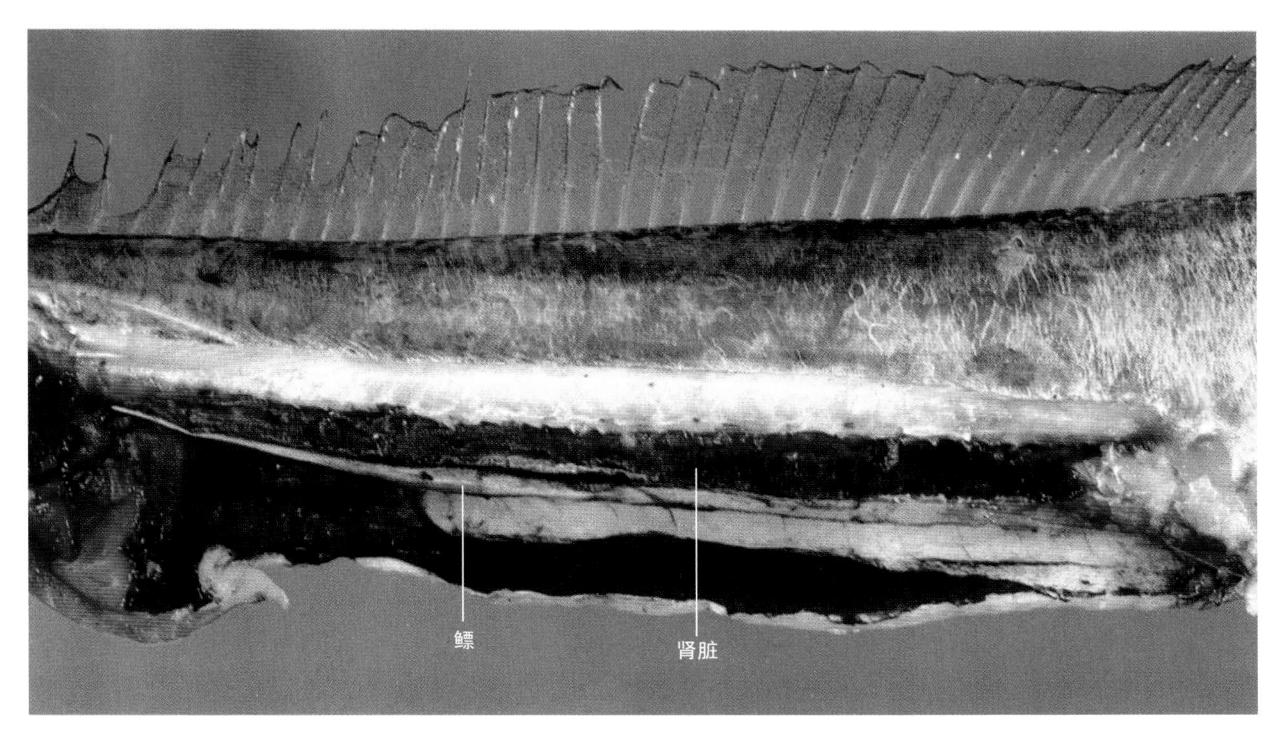

图 2-27-12　鳔与肾脏

（木村清志）

2.28 褐牙鲆

Paralichthys olivaceus（Temminck & Schlegel）

褐牙鲆为鲽形目、牙鲆科、牙鲆属鱼类，其解剖图和骨骼图分别见图2-28-1和图2-28-2。

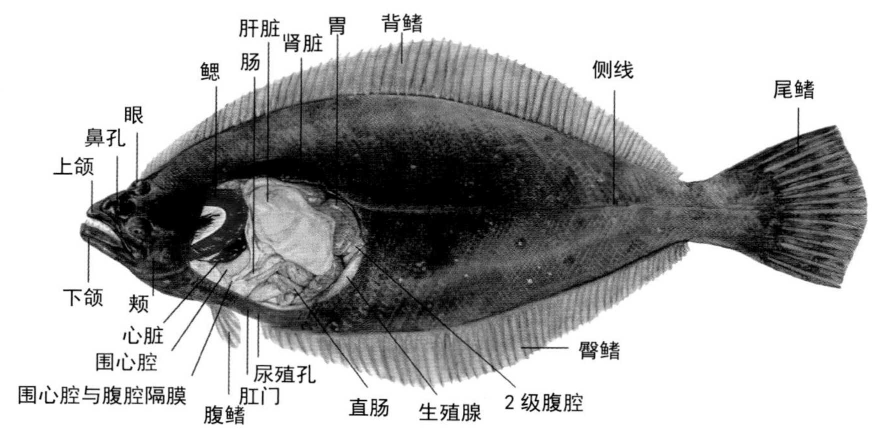

图 2-28-1 解剖图

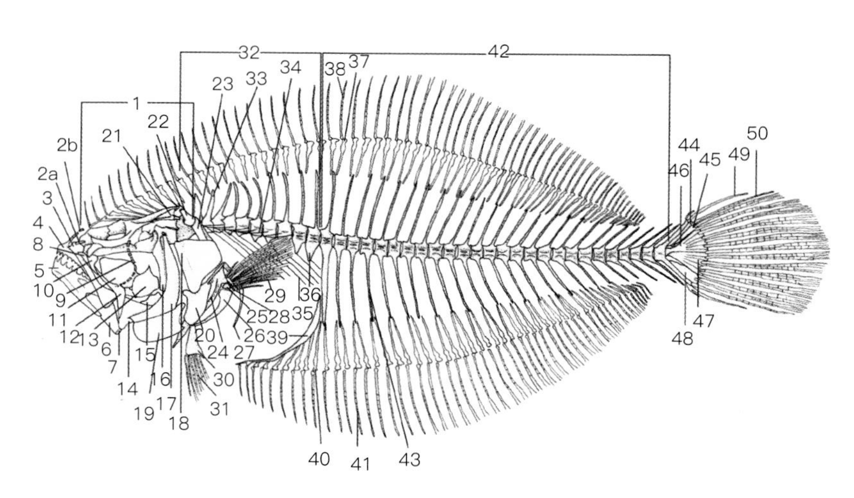

图 2-28-2 骨骼图

1. 头盖骨 2a. 鼻骨（有眼侧） 2b. 鼻骨（无眼侧） 3. 上颌骨 4. 前颌骨 5. 齿骨 6. 关节骨 7. 后关节骨 8. 泪骨 9. 眶下骨 10. 腭骨 11. 内翼骨 12. 外翼骨 13. 后翼骨 14. 方骨 15. 续骨 16. 舌颌骨 17. 前鳃盖骨 18. 主鳃盖骨 19. 间鳃盖骨 20. 下鳃盖骨 21. 上颞骨 22. 后颞骨 23. 上匙骨 24. 匙骨 25. 肩胛骨 26. 乌喙骨 27. 后匙骨 28. 辐状骨 29. 胸鳍条 30. 腰带 31. 腹鳍条 32. 躯椎 33. 髓棘 34. 椎体小骨 35. 肋骨 36. 脉关节突 37. 背鳍近端支鳍骨 38. 背鳍条 39. 臀鳍第1支鳍骨 40. 臀鳍近端支鳍骨 41. 臀鳍条 42. 尾椎 43. 脉棘 44. 尾上骨 45. 第5尾下骨 46. 第3+4尾下骨 47. 第1+2尾下骨 48. 准尾下骨 49. 尾鳍条（不分节） 50. 尾鳍条（分节）

2.28.1 外部特征（图 2-28-3，图 2-28-4）

两眼均位于头左侧；口大，具1列犬齿。鳞较小，有眼侧被栉鳞，无眼侧被圆鳞；全长可达80cm。

2.28.2 栖息、分布

库页岛以南，日本沿海，中国渤海到南海均有分布，主要栖息在水深200m左右的沿岸沙泥底质海域。冬、春季水温上升时，向近岸浅水海域移动进行产卵繁殖；秋季水温下降，向深海和南部海域进行越冬洄游。最适水温为15～25℃，最适盐度为18左右。

2.28.3 成熟、产卵

雌性体长约40cm性成熟，雄性约30cm达到性成熟。怀卵量40万～50万粒。产卵时间：日本中部以西海域在2—5月，日本北部沿海5—7月。产卵地点一般在近岸水深20～50m，潮流通畅的海域。产卵期一尾雌鱼可多次产卵，平均每尾日产卵量100万粒，整个产卵期可产多达3 000万粒卵。产卵水温在12～20℃。

成熟卵呈球形，直径0.9mm左右；油球一个，直径约0.13mm；卵膜表面散布微细的黑点。

2.28.4 发育、生长

受精卵在水温15～18℃经约50h孵化，20℃约经40h孵化；孵化水温范围在10～24℃，15℃为最适温度。孵化盐度以原海水浓度的2/3为宜。初孵仔鱼全长2.4～2.9mm，体表和卵黄具树枝状黑色素分布。全长11mm左右时，右眼开始移动；全长约13mm时右眼完全移动至左侧。孵化后30～40d，变态完成。

从孵化开始到变态前，幼体离开近岸水域，在中上层营浮游生活。此时水温12～20℃，盐度18左右。右眼从头部移动至背部时，幼体开始转入内湾营底栖生活。稚鱼常在水深10m以内的浅海河口水域聚集。

孵化后3个月幼体全长达6cm，秋季时可达20cm。1龄时体长约30cm，体重250g；2龄时体长约40cm，体重约700g；3龄时体长约50cm，体重约1.4kg；5龄时体长约65cm，体重约3.3kg。适宜生长水温为15～25℃。

2.28.5 食性

稚鱼以摄食磷虾类为主，也摄食水蚤及其他稚鱼。体长10cm左右时幼体的肉食性显著提高，15cm时食性完全转化，多以鱼类为食，摄食对象主要有日本鳀、玉筋鱼、竹筴鱼、日本鲭、鲳、杜父鱼、鲽类等。此外，从春季到秋季还摄食头足类，全年摄食甲壳类。

摄食量在10～25℃随水温升高而增加。26℃左右摄食量急剧减少，27℃以上处于停止摄食状态。

2.28.6 解剖特征（图 2-28-5 ～图 2-28-12）

【口】

口大，倾斜，与无眼侧相比，有眼侧稍短。舌呈三角柱状，前端游离。口腔内侧呈白色。两颌齿犬齿状，疏松排成1列，越往后齿越小。犁骨和腭骨不具齿。

【脑】

整体呈棒状，嗅球小，嗅叶稍大，紧贴嗅球。下叶扁平，视叶较大。小脑较小。

【鳃】

鳃弓4对，各鳃弓外侧具细长尖锐的鳃耙，且大多数具有小刺。第1鳃弓上鳃耙数5～6个，下鳃耙数15～16个。第2咽鳃骨具细齿形成的齿带，第3、第4咽鳃骨具2～3列小齿。第5角鳃骨及第3上鳃骨也具细齿形成的齿带。

【腹腔】

腹腔侧扁，腹膜白色，背部略呈黑色。

【消化管】

胃卜形，胃壁厚，幽门盲囊短，4个，其中3个呈环状，另外1个附着于后方。肠前部盘曲一周，直肠前部弯曲，通常较肥厚。

【肝脏】

由2叶组成，有眼侧的一叶较大。

【胆囊】

胆囊呈球状。

【脾脏】

长卵圆形。

【鳔】

仔稚鱼有鳔，成鱼无鳔。

【体侧肌】

肌肉呈白色，背鳍、臀鳍的屈肌、提肌和降肌发达。

【骨骼】

头盖骨左右不对称。两眼之间棒状骨发达。头盖骨腹缘大体呈直线状。脊椎骨包括躯椎11个和尾椎27个。从第5躯椎以后有发达的椎体横突，自第8躯椎以后，椎体横突左右合并形成脉关节突。第3躯椎以后具肋骨。最前端尾椎的脉棘较其他的显著粗大。背鳍近端支鳍骨的前端伸达头盖骨上方，前端支撑2软条。第1臀鳍近端支鳍骨粗大，向前部延长，具2个软条。

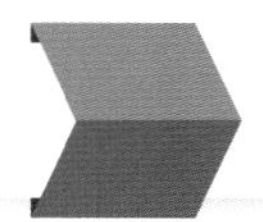

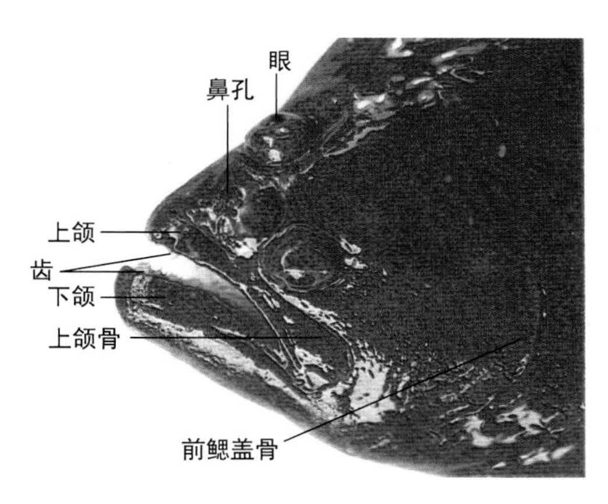

图 2-28-3 头部侧面

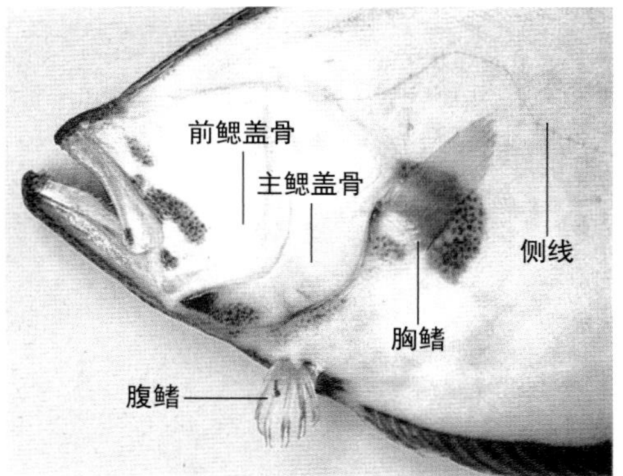

图 2-28-4 头部无眼侧

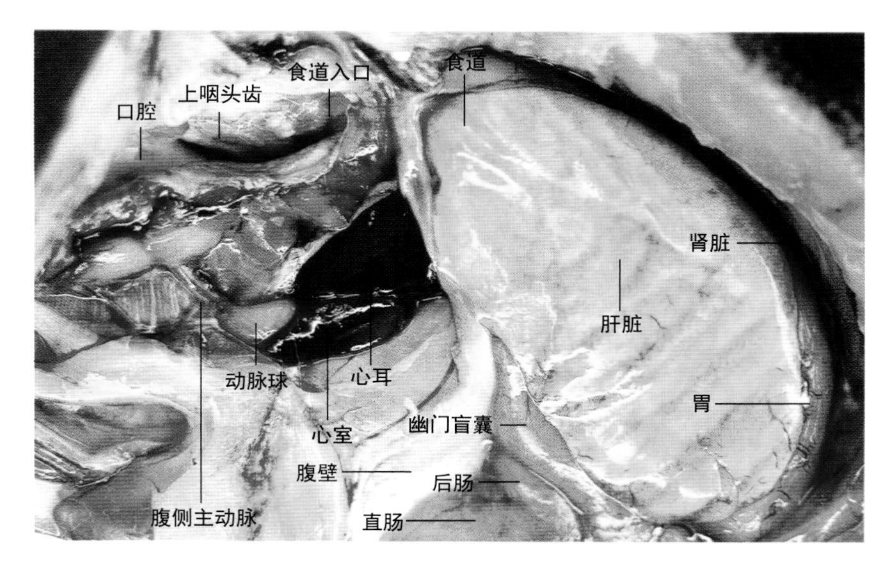

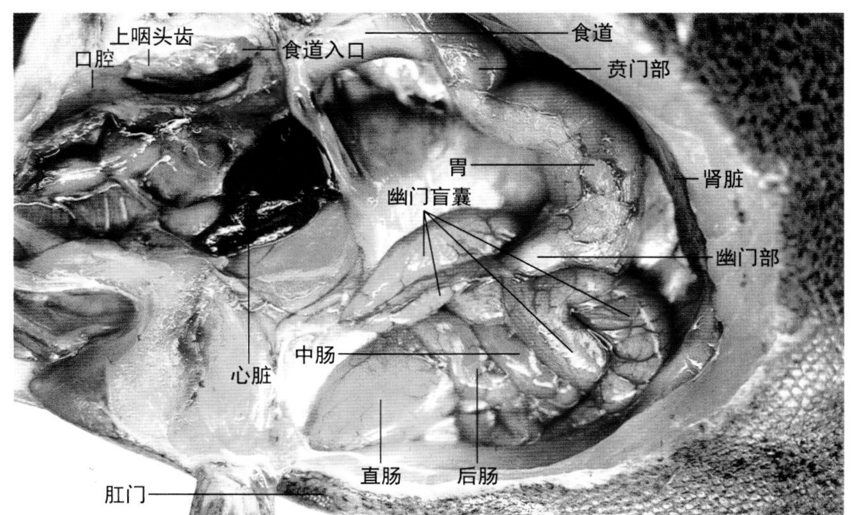

图 2-28-5 口腔、心脏、内脏

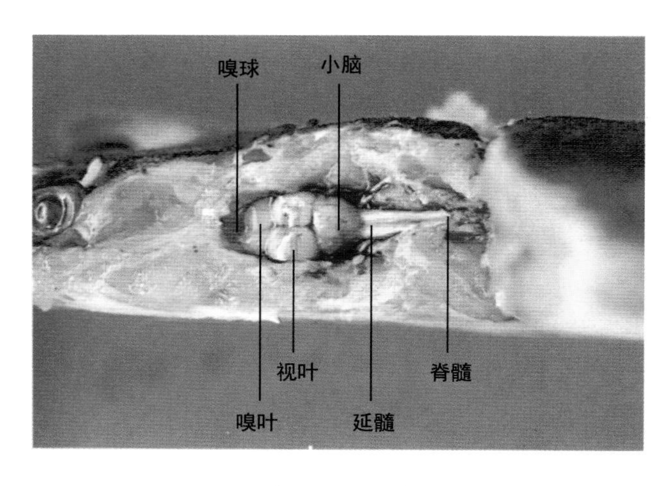

图 2-28-6 脑

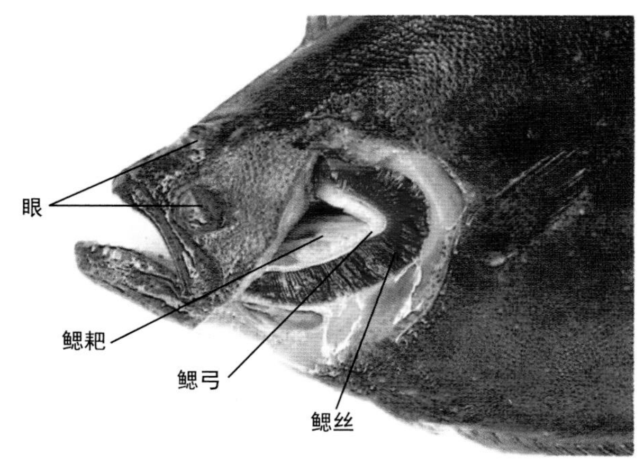

图 2-28-7 鳃 部

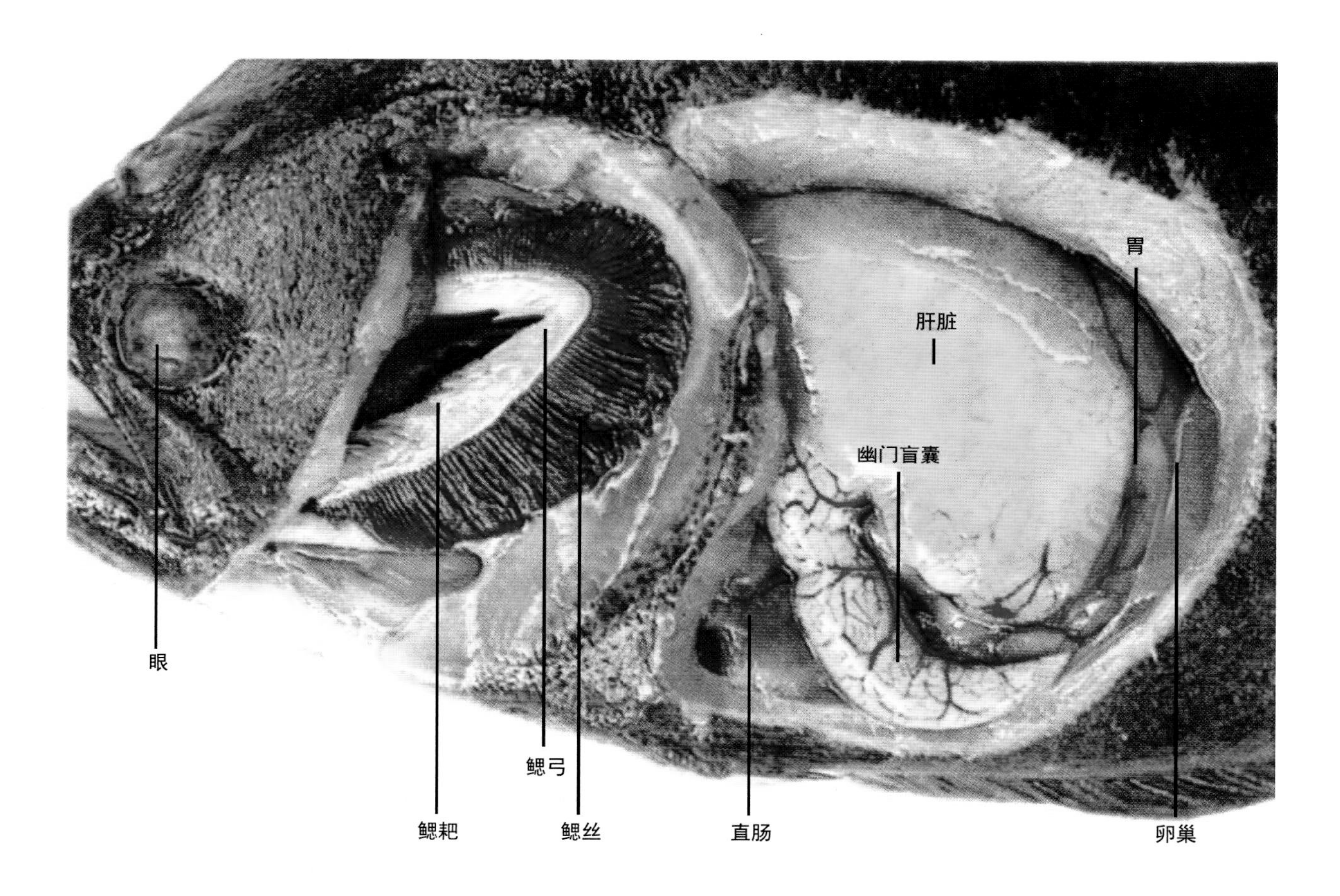

图 2-28-8 鳃与内脏

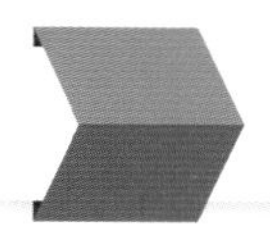

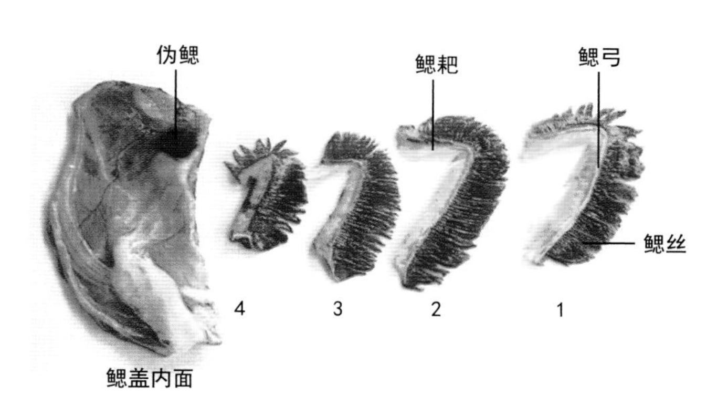

图 2-28-9　鳃与伪鳃

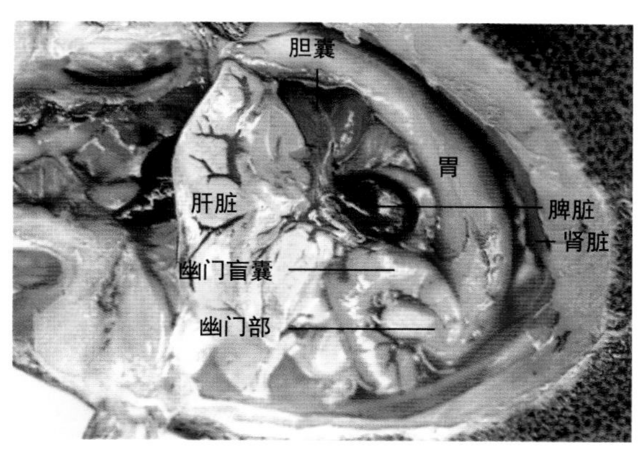

图 2-28-10　内　脏

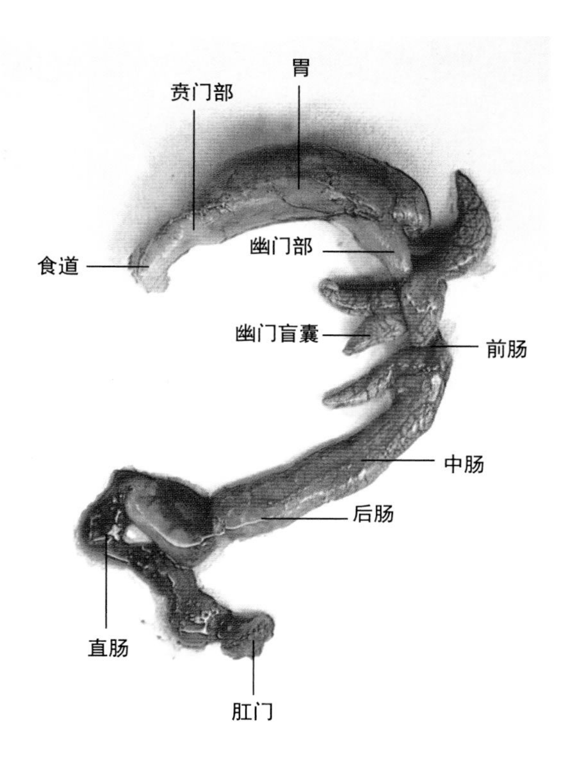

图 2-28-11　消化系统

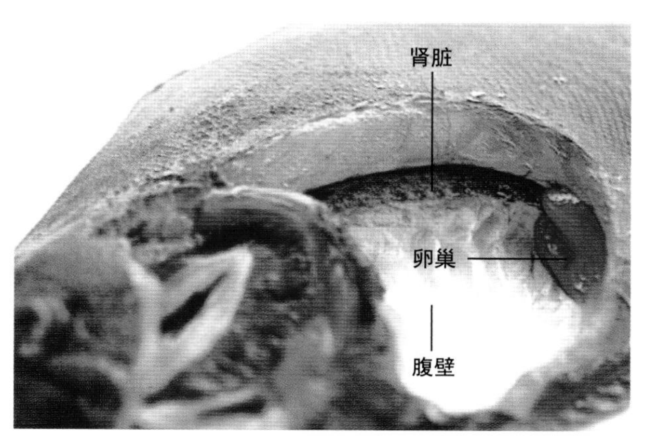

图 2-28-12　肾脏与卵巢

（盐满捷夫、内藤一明）

2.29 高眼鲽

Cleisthenes herzensteini （Jordan & Snyder）

高眼鲽为鲽形目、鲽科、高眼鲽属鱼类，其解剖图和骨骼图分别见图2-29-1和图2-29-2。

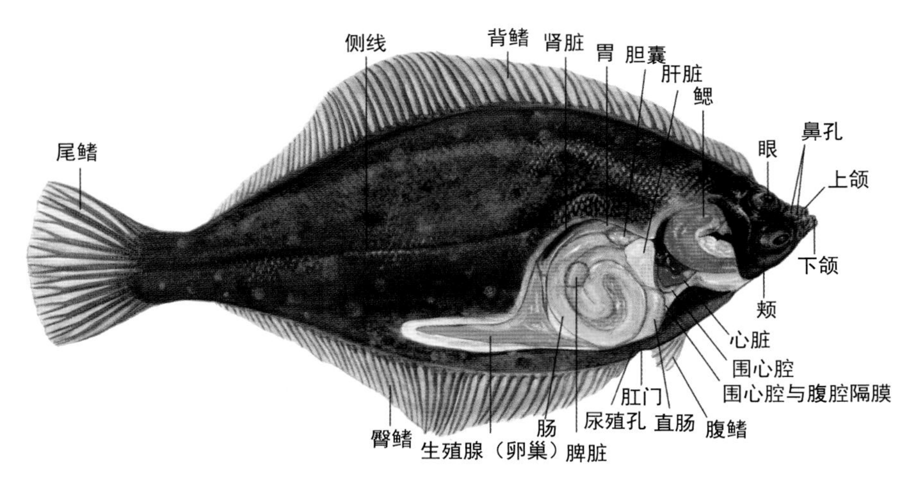

图 2-29-1　解剖图

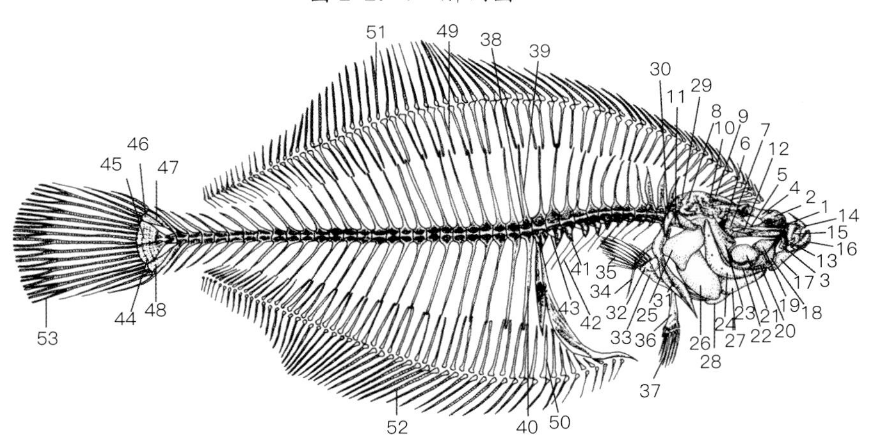

图 2-29-2　骨骼图

1. 中筛骨　2. 左侧侧筛骨　3. 右侧侧筛骨　4. 左侧额骨　5. 右侧额骨　6. 蝶耳骨　7. 翼蝶骨　8. 上耳骨　9. 上枕骨　10. 顶骨　11. 基枕骨　12. 副蝶骨　13. 泪骨　14. 前颌骨　15. 上颌骨　16. 齿骨　17. 关节骨　18. 外翼骨　19. 内翼骨　20. 方骨　21. 后翼骨　22. 续骨　23. 舌颌骨　24. 前鳃盖骨　25. 主鳃盖骨　26. 下鳃盖骨　27. 间鳃盖骨　28. 尾舌骨　29. 后颞骨　30. 上匙骨　31. 匙骨　32. 肩胛骨　33. 乌喙骨　34. 后匙骨　35. 胸鳍条　36. 腰带　37. 腹鳍条　38. 椎体　39. 髓棘　40. 脉棘　41. 椎体横突　42. 肋骨　43. 椎体小骨　44. 第1+2尾下骨　45. 第3+4尾下骨　46. 第5尾下骨　47. 尾上骨　48. 准尾下骨　49. 背鳍近端支鳍骨　50. 臀鳍近端支鳍骨　51. 背鳍条　52. 臀鳍条　53. 尾鳍条

2.29.1 外部特征（图 2-29-3，图 2-29-4）

体椭圆形，体长约为体高的2倍。眼较小，位于身体右侧。无眼侧上、下颌分别具20余枚齿。侧线在胸鳍上方呈半圆状弯曲。无眼侧身体后半部背腹两侧边缘具淡黄色纵带。通常，雌性成鱼全长40cm，雄性成鱼全长30cm左右。

2.29.2 栖息、分布

从朝鲜海峡到间宫海峡北部的日本海沿岸均有分布，鄂霍次克海的北海道沿岸、南千岛海域到库页岛东南岸，太平洋沿岸包括南千岛浅海地带，北海道及本州岛东岸向南一直延伸到九州岛南部均有分布。全年栖息于大陆架范围内的沙质或沙泥底质水域，春季进入近岸浅水区水深40～60m的水域集群。北海道北部群体从鄂霍次克海通过宗谷海峡，进入日本海产卵洄游。

2.29.3 成熟、产卵

雌性满3龄或4龄，雄性满2龄或3龄的个体即可性成熟。性成熟的生物学最小型为雌性全长12.3cm，雄性全长10.4cm。全长20cm的个体怀卵量为60万粒左右，全长30cm的个体怀卵量为270万粒左右。成熟的卵呈淡黄色，球形，卵径0.78～0.92mm。受精卵直径0.81～1.01mm，分离浮性卵，不具油球。产卵多在水深15～70m（多集中在40～60m）的浅海进行。产卵期越往北越晚，在日本若狭湾为2月，新潟县为3—4月，陆奥湾为5月，北海道北部为5—6月。产卵场底层水温为3～15℃。

2.29.4 发育、生长

受精卵于水温7.8～10.0℃时经148h开始孵化；在水温10.2～12.2℃时经107h开始孵化。初孵仔鱼全长2.0～2.9mm，具有长椭圆形的大型卵黄。孵化后5～10d，卵黄渐被吸收，进入仔鱼后期（体长3.6～4.2mm）。体长6.3～7.4mm时眼睛开始移动，鳍开始出现。体长9mm左右时开始伏底，10mm结束变态进入稚鱼期。孵化后的浮游期为35d左右。

雌性生长发育较好，不同水域差异明显。日本海沿岸与鄂霍次克海和太平洋沿岸相比，日本海沿岸的发育更好。1龄雌鱼体长4～8cm，雄鱼4～7cm；2龄雌鱼体长12～14cm，雄鱼11～13cm；3龄雌鱼体长16～20cm，雄鱼15～17cm。高龄鱼可达10龄以上。

2.29.5 食性

稚鱼多摄食桡足类、多毛类、端足类。幼鱼和成鱼摄食以多毛类、双壳贝类、等足类、端足类为主。摄食活动多在白天进行，夏秋季节从正午前一直到傍晚，冬春季节每日09：00前后和15：00摄食活跃。

2.29.6 解剖特征（图 2-29-5 ～图 2-29-11）

【鼻孔】

有眼侧鼻孔位于两眼之间靠前的位置，无眼侧鼻孔位于背鳍前部。

【口】

口稍向前伸出，下颌稍突出。口腔狭窄，口腔内侧呈白色。舌细长，前端游离。犁骨和腭骨不具齿。两颌具齿1列，侧扁、门齿状，形成切割状边缘。两颌无眼侧牙齿发达。

【脑】

有少量脂肪状物质包裹，有眼侧前部扭曲变形。嗅球小，嗅叶稍大。视叶相对发达，视神经粗大，间脑膨大，小脑小，后方膨出。延髓发达，侧面肥大。脑下垂体呈薄圆盘状。

【鳃】

鳃弓4对。第1鳃弓上鳃耙数2～5个，下鳃耙数6～8个。鳃耙不长，顶端尖。伪鳃位于鳃盖内较上位置。咽齿圆锥状，上咽骨3对齿带，下咽骨1对。

【腹腔】

腹腔狭窄，腹膜有眼侧为黑色，无眼侧白色。此外，雌性的卵巢肥大，向腹腔延伸至尾部。

【消化管】

胃圆筒状，不弯曲。肠细长，盘曲3回。幽门垂4个，呈较粗的指状。其中3个在幽门部靠近肠道的位置，另外一个在稍微远离肠道位置。

【肝脏】

肝脏大，主要偏向无眼一侧。

【胆囊】

卵圆形，呈黄色或黄绿色。

【脾脏】

卵圆形，呈暗红色。

【鳔】

成鱼退化消失。

【生殖腺】

卵巢呈细长三角状，精巢半月状。精巢左右大小基本相同，卵巢左侧稍大。

【肾脏】

肾脏细长，头肾稍肥大。

【膀胱】

膀胱发达，位于左右生殖腺之间。

【尿殖孔】

雄性尿殖孔和雌性泌尿孔都位于紧邻肛门后方的有眼侧，雌性生殖孔开口于臀鳍前方。

【体侧肌】

白色，有极少量表层红肌，深层红肌不发达。

【骨骼】

头盖骨前半部右侧扭曲变形，眼移至右侧。各侧的额骨、顶骨、翼耳骨具有许多齿状突起。上耳骨的隆起线发达。背鳍近端支鳍骨中，前7个位于头盖骨上方。脊椎骨数37～40个（躯椎10～12个，尾椎27～28个），多为39个。尾椎骨，尤其是前半部的椎体侧面有明显的突起。椎体横突自第2脊椎开始渐次延长。肋骨、椎体小骨都较细短。臀鳍第1近端支鳍骨粗大，向前部延长。

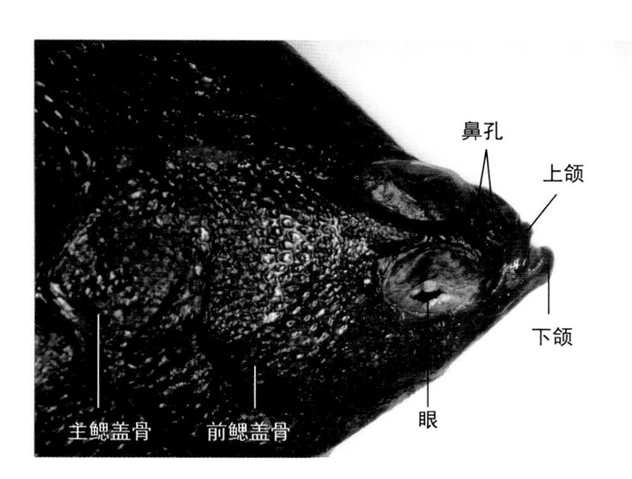

图 2-29-3　头部（有眼侧）

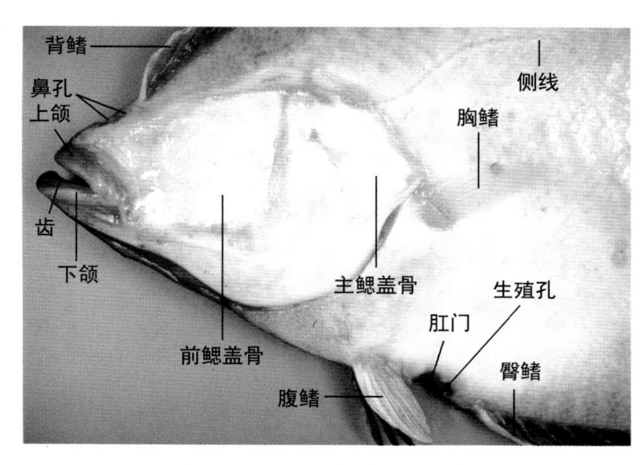

图 2-29-4　头部（无眼侧）

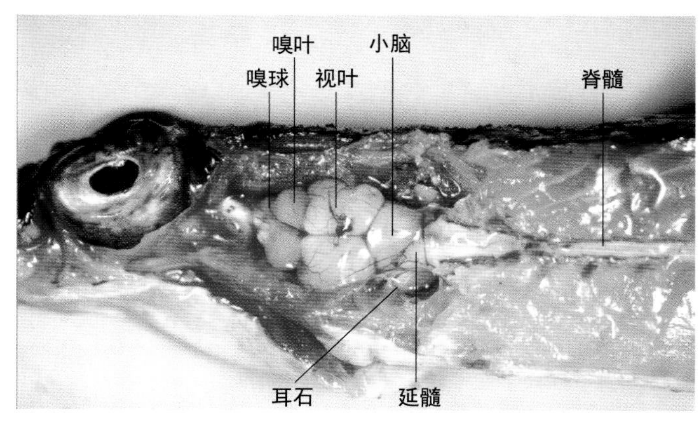

图 2-29-5　脑

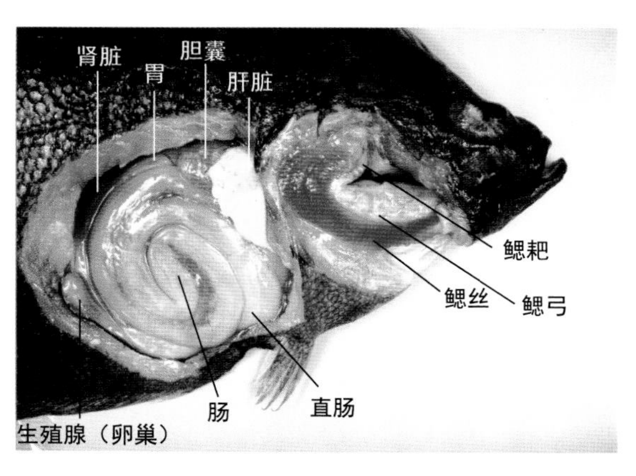

图 2-29-6　鳃与内脏

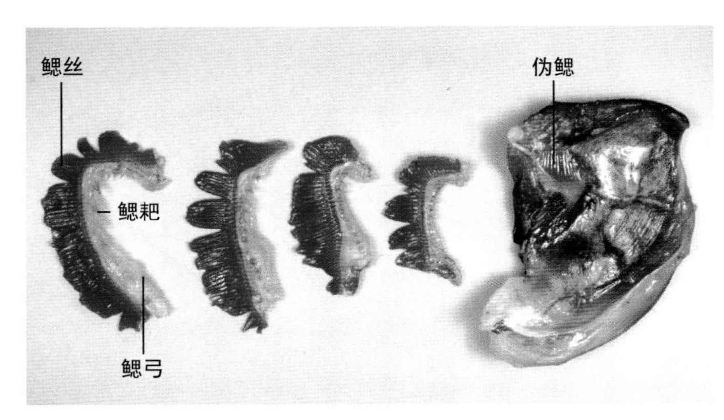

图 2-29-7　鳃与伪鳃

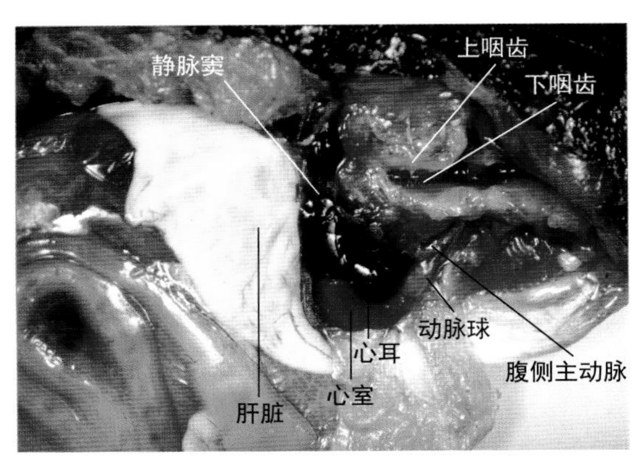

图 2-29-8　心脏与咽齿

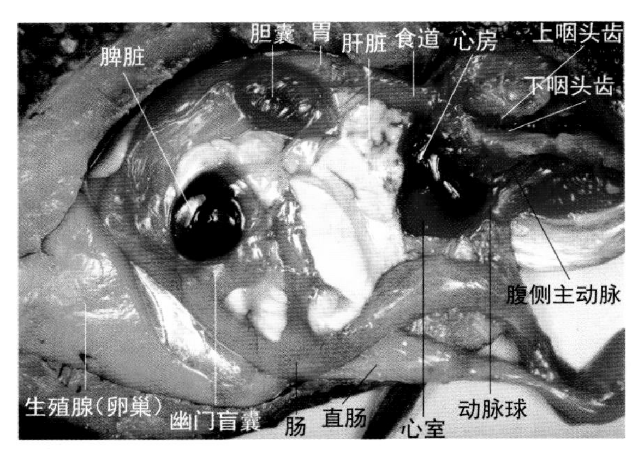

图 2-29-9　心脏与内脏

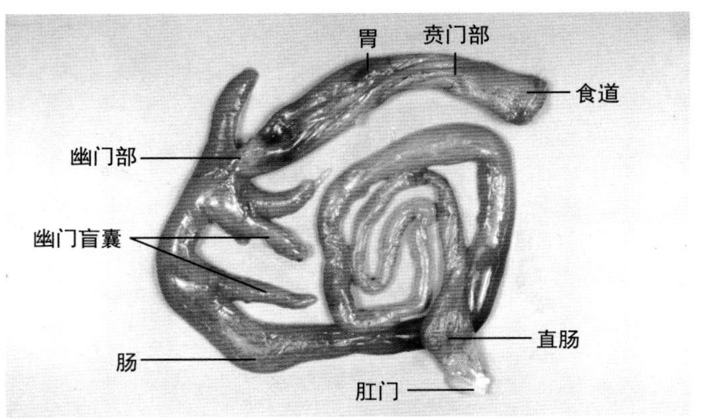

图 2-29-10　消化道

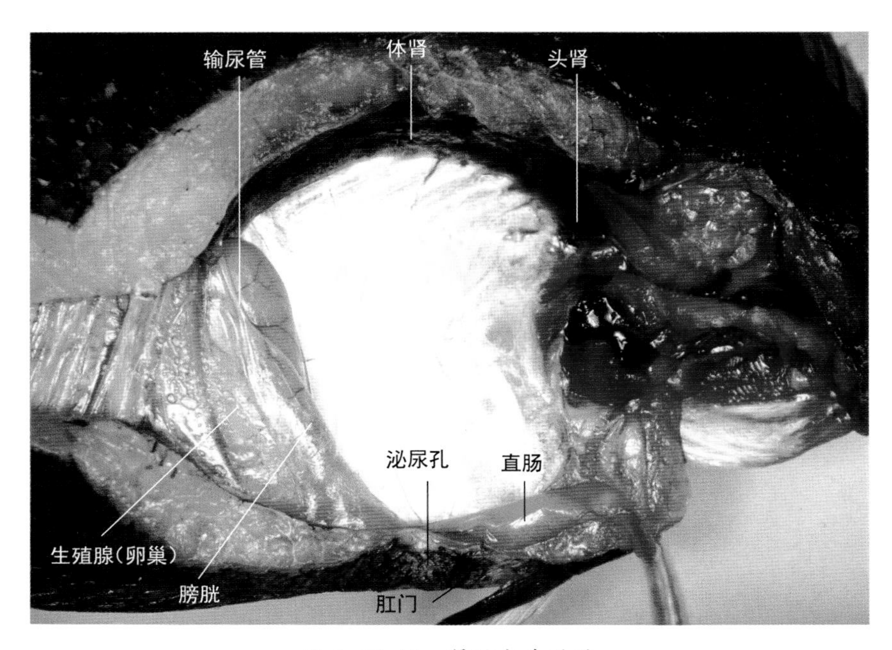

图 2-29-11　肾脏与生殖腺

(西内修一)

2.30 焦氏舌鳎

Cynoglossus joyneri （Günther）

焦氏舌鳎为鲽形目、舌鳎科、舌鳎属鱼类，其解剖图和骨骼图分别见图2-30-1和图2-30-2。

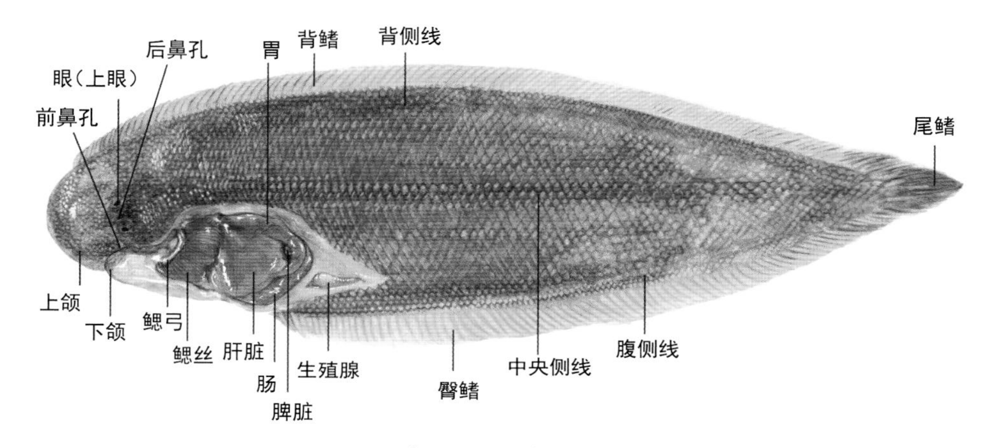

图 2-30-1 解剖图

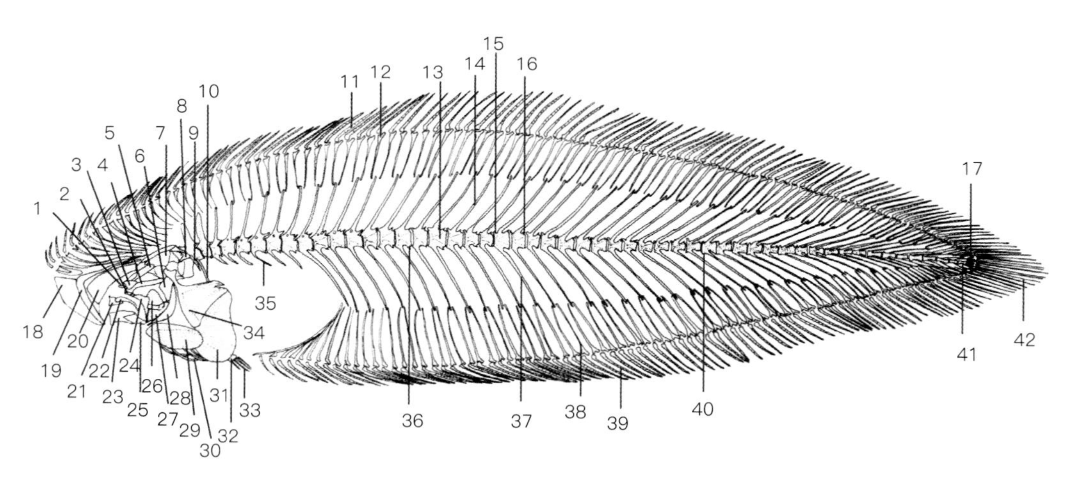

图 2-30-2 骨骼图

1. 鼻骨 2. 腭骨 3. 侧筛骨 4. 副蝶骨 5. 额骨 6. 舌颌骨 7. 蝶耳骨 8. 后颞骨 9. 上匙骨 10. 匙骨 11. 背鳍条 12. 背鳍近端支鳍骨 13. 椎体 14. 髓棘 15. 前背关节突 16. 后背关节突 17. 尾下骨 18. 吻软骨 19. 变形髓间棘 20. 前拟髓间棘 21. 前颌骨 22. 上颌骨 23. 齿骨 24. 外翼骨 25. 关节骨 26. 后翼骨 27. 方骨 28. 前鳃盖骨 29. 间鳃盖骨 30. 鳃条骨 31. 下鳃盖骨 32. 腰带 33. 腹鳍条 34. 主鳃盖骨 35. 椎体横突 36. 后腹关节突 37. 脉棘 38. 臀鳍近端支鳍骨 39. 臀鳍条 40. 前腹关节突 41. 尾部棒状骨 42. 尾鳍条

2.30.1 外部特征（图 2-30-3 ～图 2-30-5）

体较细长，显著侧扁。吻下垂，眼小，位于身体左侧。口裂后方达到下眼后缘。鼻孔2对，前鼻孔呈管状，后鼻孔位于有眼侧的两眼之间。身体两侧通常布满栉鳞，无眼侧也混有圆鳞。有眼侧有侧线3条，中央侧线与背部侧线间纵列鳞为11～12枚。背鳍具99～116根软条，臀鳍具80～90根软条，腹鳍有4根软条。成鱼无胸鳍，有眼侧为红褐色，沿着鳞片排列方向有紫色的细纵线。最大体长可达25cm。

2.30.2 分布、栖息

日本岩手县以南的本州、四国、九州沿岸，中国渤海、黄海和南海均有分布。日本沿岸多栖息于内湾的沙泥底质，东海多栖息于水深70m以浅的沙泥底。

2.30.3 成熟、产卵

最小性成熟体长14.5cm，最小性成熟年龄2龄，产卵期7—9月。卵球形，为分离浮性卵，卵径0.75mm。

2.30.4 发育、生长

体长达12mm的仔鱼的头部前端开始形成钩状弯曲的吻部和口，右眼尚未移动，胸鳍为残留的膜状。体长14.2mm以上时，变态完成，体形接近成鱼。1龄鱼体长9.8cm；2龄鱼14.2cm；3龄鱼16.6cm；4龄鱼可达到21cm。

2.30.5 食性

仔稚鱼以桡足类等浮游动物为食，幼鱼多以端足类及小型甲壳类为食。成鱼多以多毛类和小型虾蟹类、端足类、双壳贝类等为食。

2.30.6 解剖特征（图 2-30-6 ～图 2-30-12）

【口】

口小，弯曲。口腔小，舌中等，前端圆形且与口腔底部游离，无眼侧两颌具小齿，呈细长圆锥状，形成狭窄齿带。有眼侧两颌、前犁骨和腭骨无齿。

【脑】

嗅球稍小，嗅叶较大。视叶较小，小脑小。

【鳃】

鳃弓4对。鳃丝较大。无鳃耙和伪鳃。咽齿比两颌齿更大，圆锥状，形成齿带。

【腹腔】

腹腔小，侧扁。腹膜白色至透明。

【消化管】

胃很短，直线状。无幽门盲囊。肠稍长，在胃的后方到腹侧部弯曲，回转一圈后呈之字形弯曲。直肠发达。肛门开口于身体右侧。

【肝脏】

肝脏由两叶组成，茶褐色，右叶明显小于左叶。

【胆囊】

胆囊呈卵圆形，淡黄绿色。位于胃的右侧。

【脾脏】

脾脏大，暗红色。位于腹腔中央部左侧。

【鳔】

无。

【生殖腺】

生殖腺细长，位于腹腔后方，支鳍骨与脉棘将生殖腺分为左右两叶。

【心脏】

心室红色，四面体形，上方为心耳，前上方为白色动脉球。

【肾脏】

肾脏呈红色，位于腹腔背面。

【肌肉】

肌肉白色，表层红肌分布于体侧中线的皮下，无深层红肌。

【骨骼】

头盖骨前半部左侧弯曲变形，额骨和侧筛骨明显左右不对称。头部的支鳍骨支撑呈大镰刀状的变形髓间棘。它的前方有吻软骨支持吻端。前拟髓间棘呈大板状，与前额骨紧密连接。尾舌骨长而侧扁，后方上下变宽。下鳃盖骨和间鳃盖骨膜状。鳃条骨6根。腰带细长，腹鳍鳍条的关节部呈三角形。第1和第2髓棘强壮，从第3椎体开始出现椎体横突，无肋骨和椎体小骨。尾下骨5个，呈细棒状，第1至第4尾下骨基部与尾部棒状骨愈合。第5尾下骨游离，尾上骨愈合。准尾下骨呈棒状。脊椎骨数50～55个。

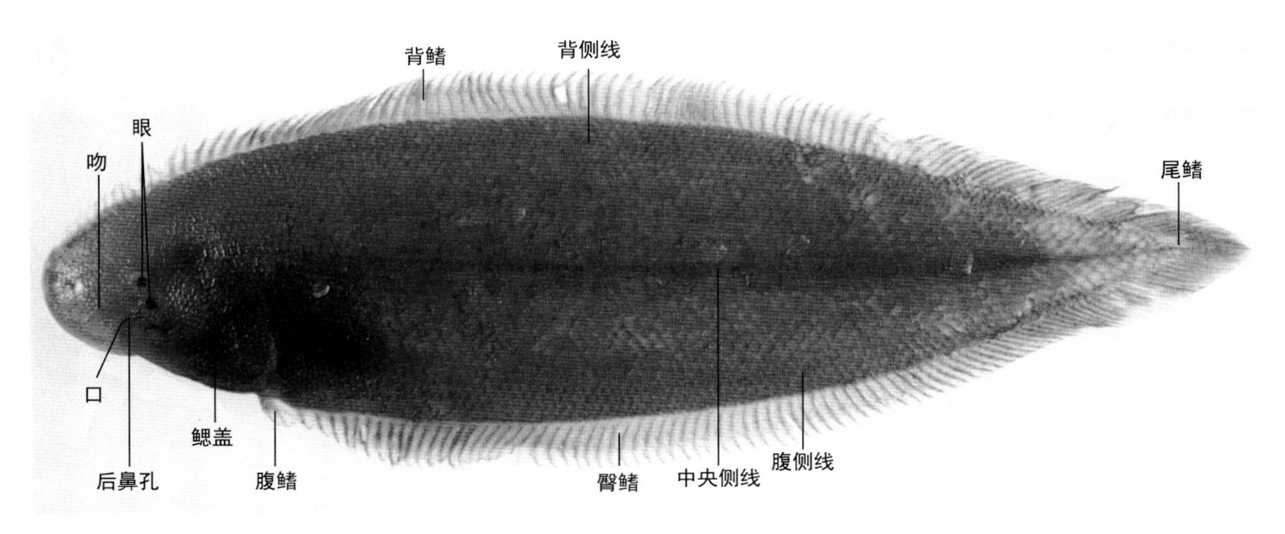

图 2-30-3　形态特征

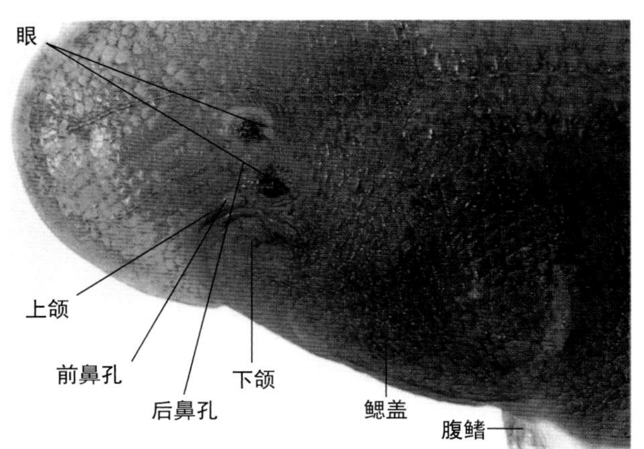

图 2-30-4　头部侧面（左侧）

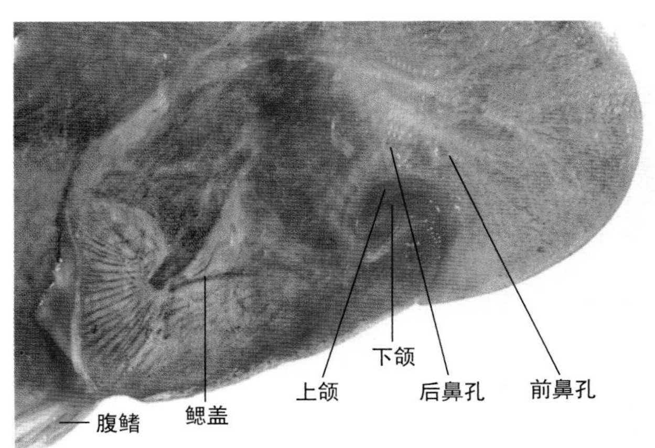

图 2-30-5　头部侧面（右侧）

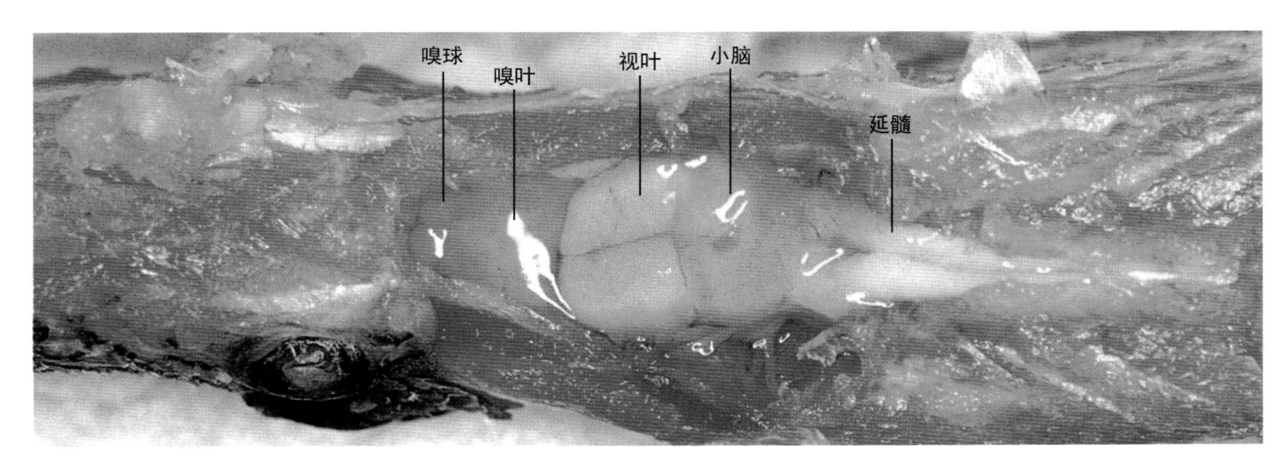

图 2-30-6　脑

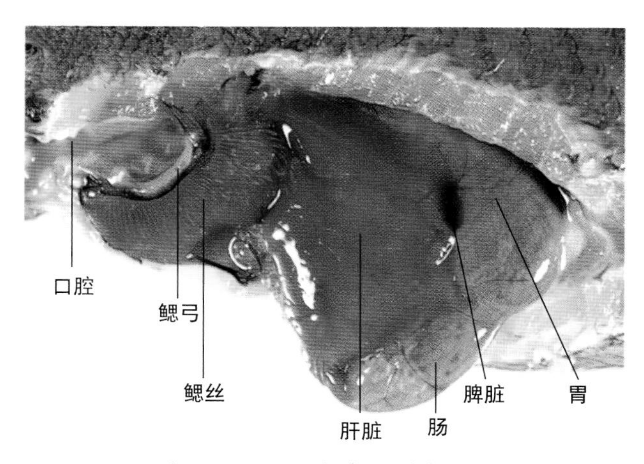

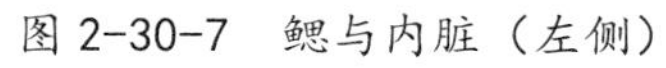
图 2-30-7　鳃与内脏（左侧）

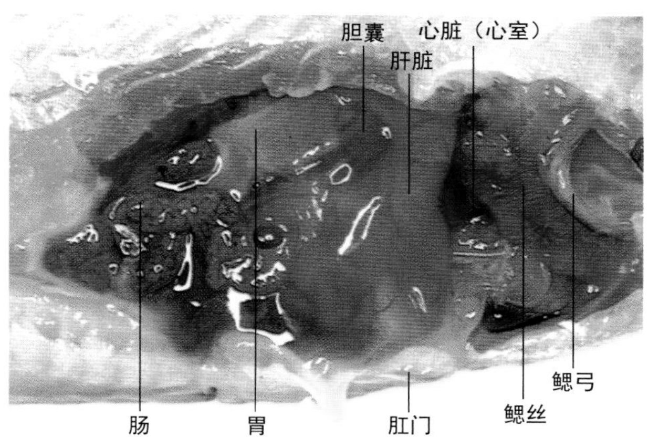

图 2-30-8　鳃与内脏（右侧）

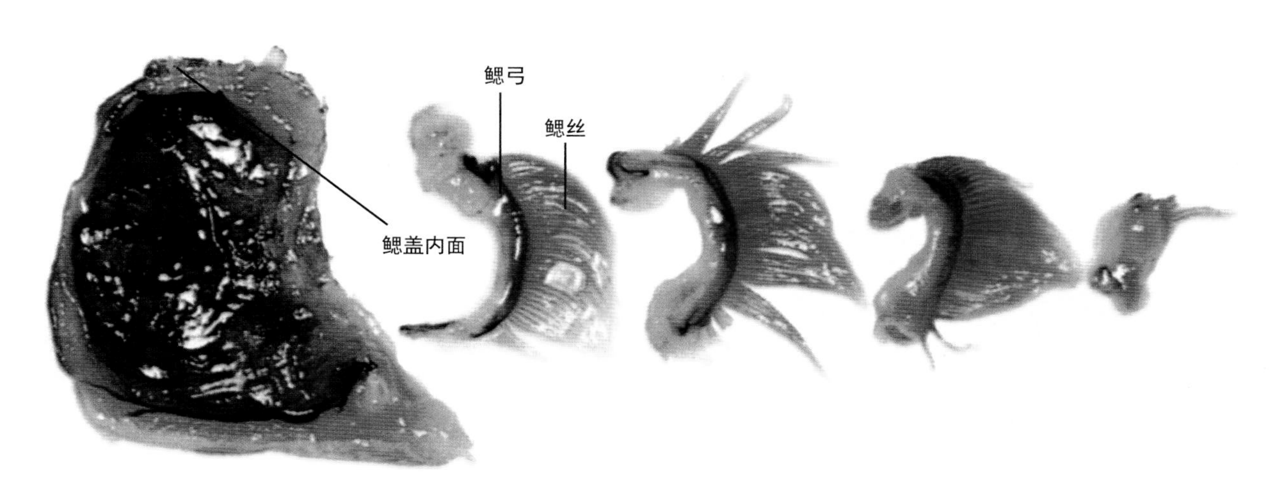

图 2-30-9　鳃

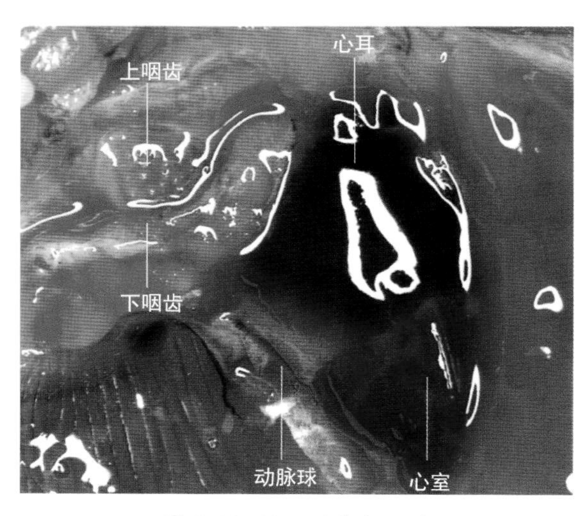

图 2-30-10　咽齿与心脏

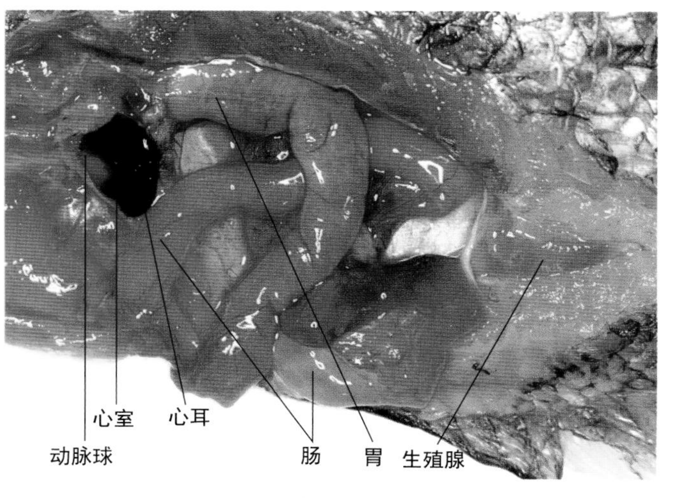

图 2-30-11　内脏（已去除肝脏）

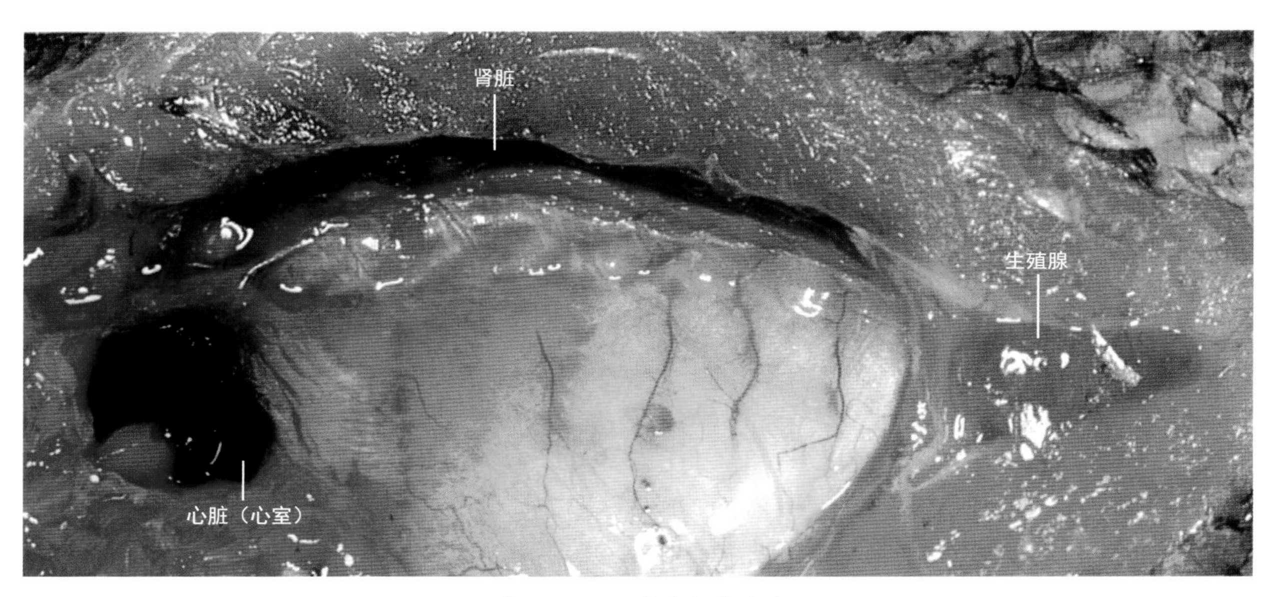

图 2-30-12　肾脏与生殖腺

（木村清志）

2.31 绿鳍马面鲀

Thamnaconus modestus （Günther）

绿鳍马面鲀为鲀形目、革鲀科、马面鲀属鱼类，其解剖图和骨骼图分别见图2-31-1和图2-31-2。

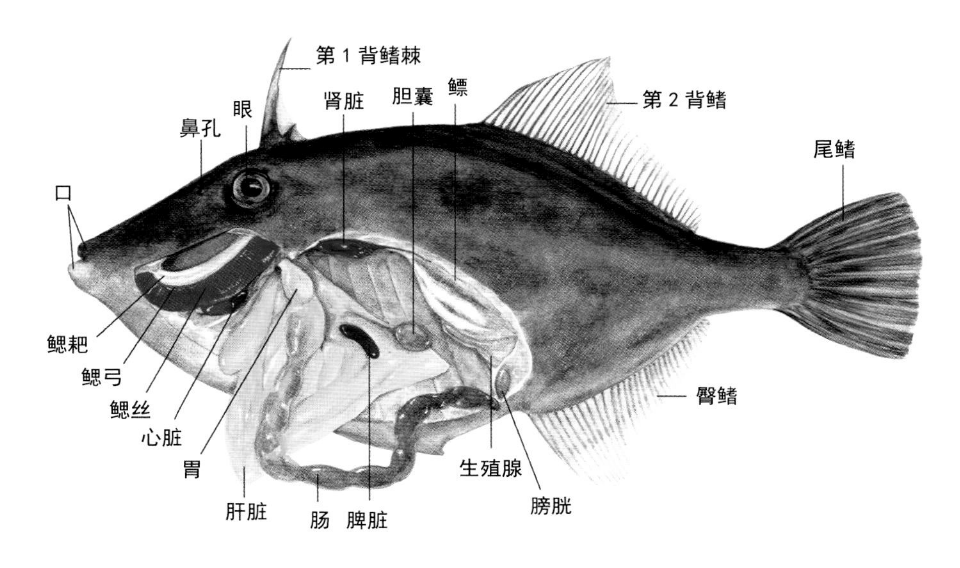

图 2-31-1 解剖图

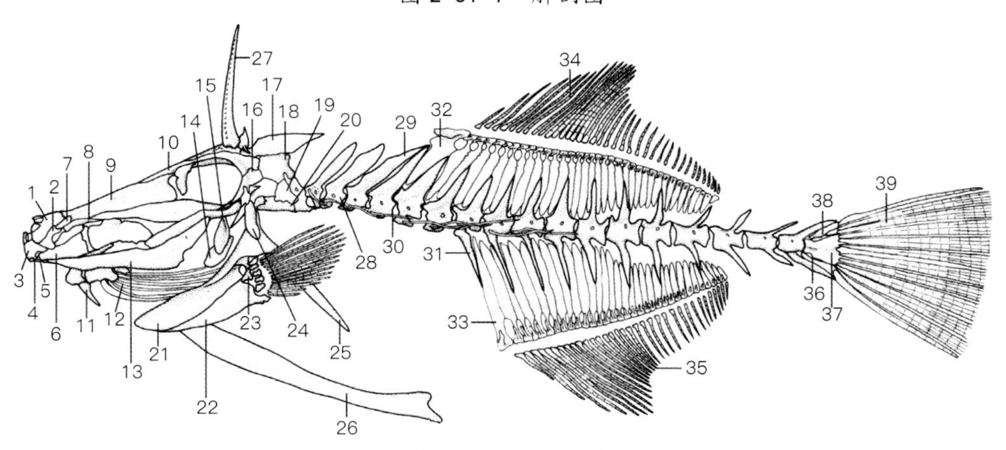

图 2-31-2 骨骼图

1. 前颌骨 2. 上颌骨 3. 齿骨 4. 关节骨 5. 隅骨 6. 方骨 7. 腭骨 8. 犁骨 9. 筛骨 10. 额骨 11. 尾舌骨 12. 鳃条骨 13. 前鳃盖骨 14. 下鳃盖骨 15. 主鳃盖骨 16. 蝶耳骨 17. 背鳍棘的支鳍骨 18. 上耳骨 19. 侧枕骨 20. 基枕骨 21. 匙骨 22. 乌喙骨 23. 肩胛骨 24. 上匙骨 25. 后匙骨 26. 腰带 27. 第 1 背鳍棘 28. 脊椎骨 29. 髓棘 30. 椎体小骨 31. 脉棘 32. 背鳍近端支鳍骨 33. 臀鳍近端支鳍骨 34. 背鳍条 35. 臀鳍条 36. 准尾下骨 37. 尾下骨 38. 尾上骨 39. 尾鳍条

2.31.1 外部特征

体侧扁，体高比体长的1/2稍低。背鳍棘位于眼后上方，吻很短。雌鱼体色灰褐色，雄鱼体色发青，具明显斑纹。成鱼全长35cm左右。

2.31.2 栖息、分布

日本各地、韩国沿海皆有分布。4—7月明显靠近沿岸。

2.31.3 成熟、产卵

雌雄个体皆1龄成熟，初次性熟体长约19cm。体长21cm个体怀卵量约150万粒，25cm的约300万粒。分多次产卵，1d产卵7万粒左右。4—7月进入马尾藻场等海区产卵。产卵水温20～25℃。成熟卵呈球形且具黏着性，卵黄无色透明，有5～10个大油球和10多个小油球。

2.31.4 发育、生长

水温24℃时，受精卵经40h开始孵化。初孵仔鱼全长1.8mm，孵化3d后全长达2.6mm，卵黄逐渐被吸收。全长10mm左右各鳍鳍条数固定。4cm左右的稚鱼依附在漂浮藻上生活，5cm时离开海藻到水深10m以浅的岩礁区生活。雌雄个体平均体长：1龄时为18cm；2龄为22cm；3龄为25cm。

2.31.5 食性

主要以大型浮游性桡足类为食，同时摄食水螅、贝类及硅藻、红藻等附着生物和底栖生物。

2.31.6 解剖特征（图 2-31-3 ～图 2-31-12）

【口】

口小，吻突出。两颌呈尖嘴状，口腔狭窄，舌细小。上颌前端有截形齿3枚，嘴角有大的边缘切割状齿1对。下颌口端有小齿3对。犁骨和腭骨无齿。

【脑】

整体呈棒状，纵扁。嗅球非常小，经较短的嗅神经与发达的嗅叶相连。视叶较发达，不太突出。下丘脑下叶极大，在其背部视叶的侧方凸出。小脑大，长卵圆形，背面中央变细。延髓发达，侧面肥大。

【鳃】

鳃弓4对，第4鳃弓后有一鳃孔。鳃耙细，前端尖。第1鳃弓下鳃耙数35个，上支无鳃耙。第2和第3咽骨上具栉状的上咽齿。

【腹腔】

腹腔稍宽。

【消化管】

胃肠细，肠在腹腔内盘曲8回。

【肝脏】

肝脏大，分为左右两叶，左叶较大。

【鳔】

鳔大，纺锤形。前部稍细长，鳔膜薄。

【骨骼】

头盖骨侧扁，前部延长。头后背部有背鳍棘条愈合的髓间棘，向后方突出，直达第2脊椎骨上方。其背面眼窝后缘的正上方具一凹形，支持着背鳍第1棘。脊椎骨数19个，其中躯椎数7个。髓棘侧扁，尤其是前部较大，呈板状。第1躯椎髓棘，左右相距较远，距离近。从第2躯椎开始有椎体小骨。尾椎骨的前背关节突发达。

脉突的前部向后弯曲，走向与椎体平行。尾椎骨的髓棘和脉棘细长，前端尖细。背鳍棘的支鳍骨在头盖骨上方，背鳍第1软条的支鳍骨在第5与第6髓间棘之间。腰带明显较长。

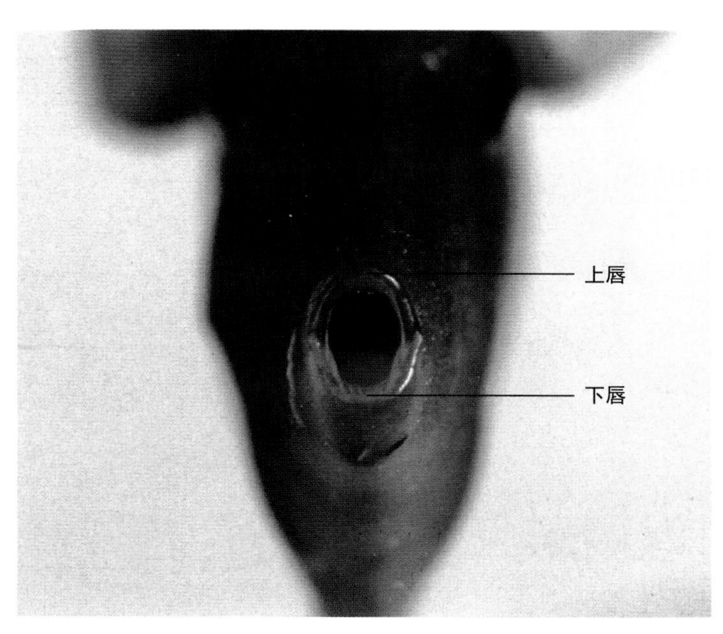

图 2-31-3　口　部

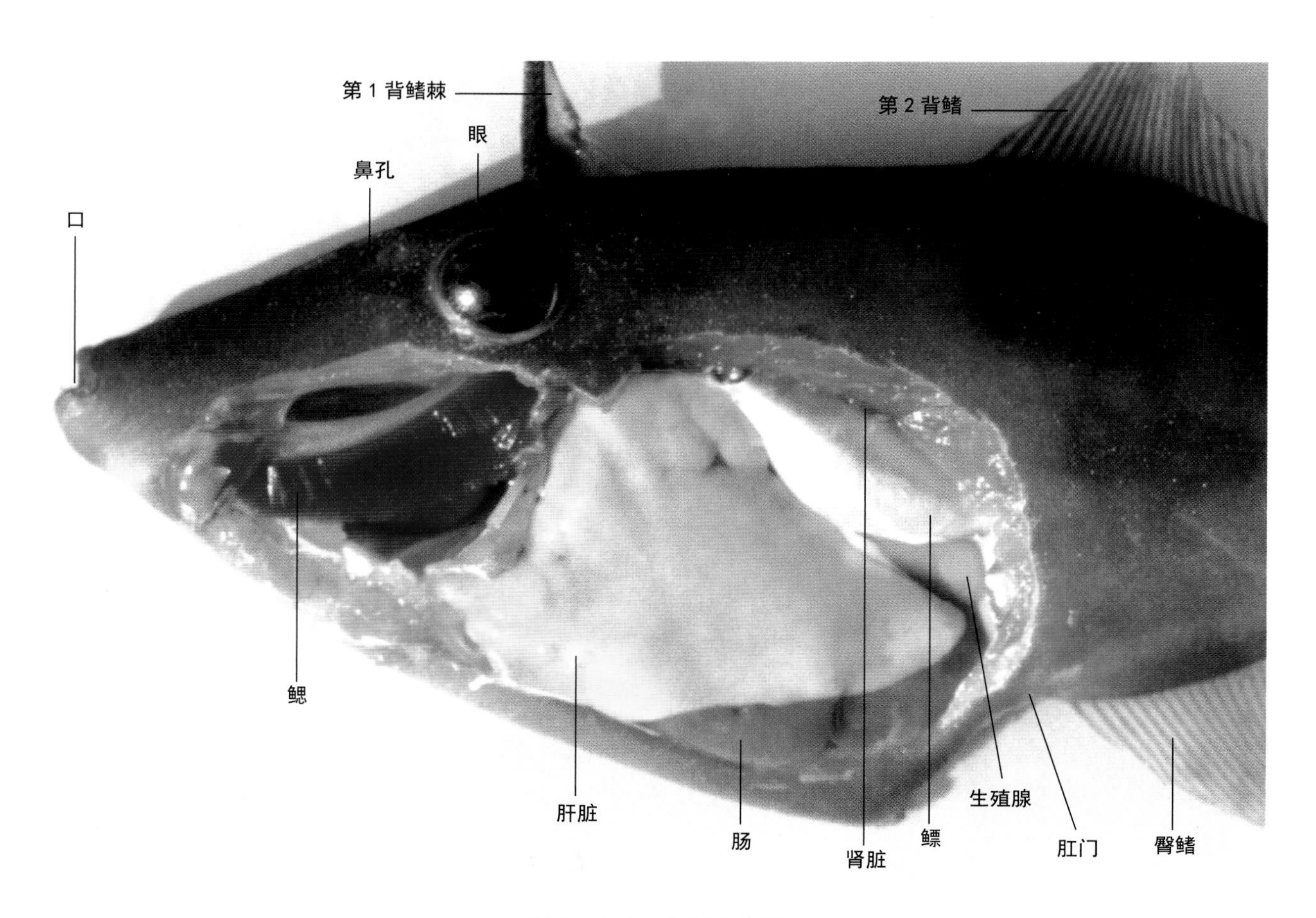

图 2-31-4 头部与内脏

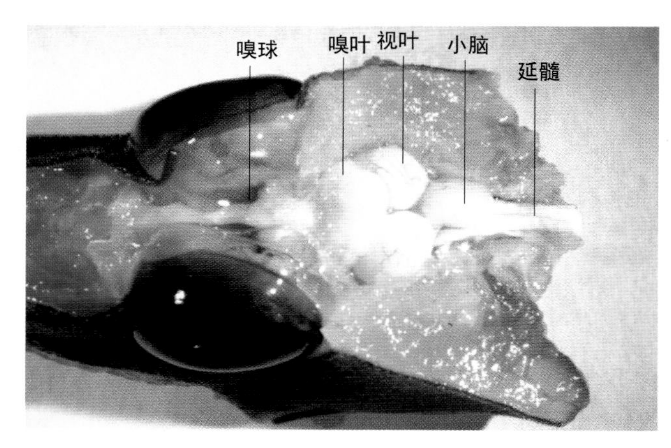

图 2-31-5 脑

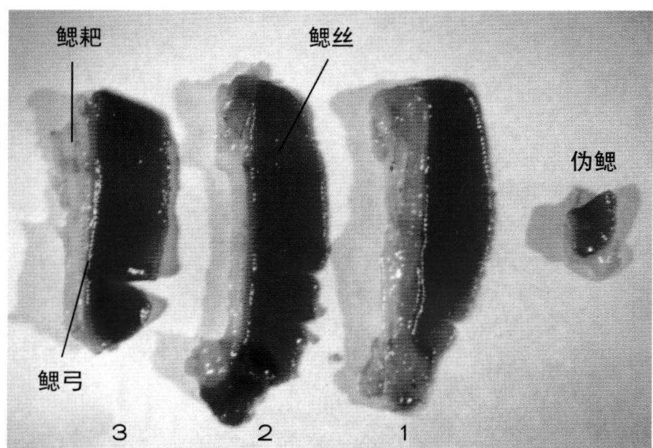

图 2-31-6 鳃与伪鳃

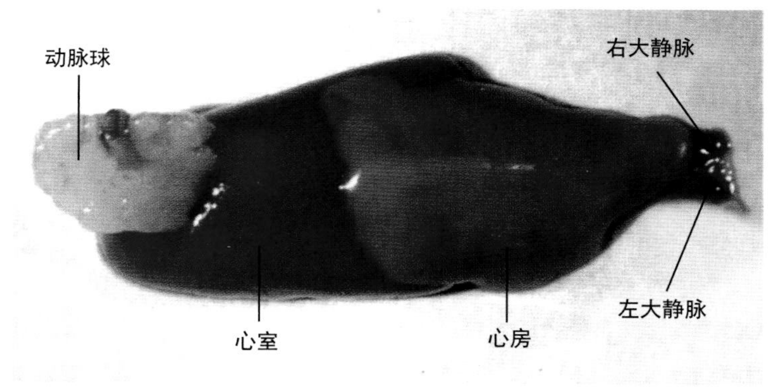

图 2-31-7 心 脏

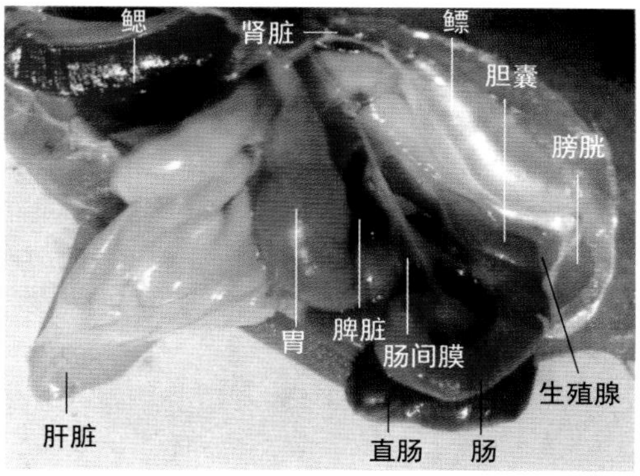

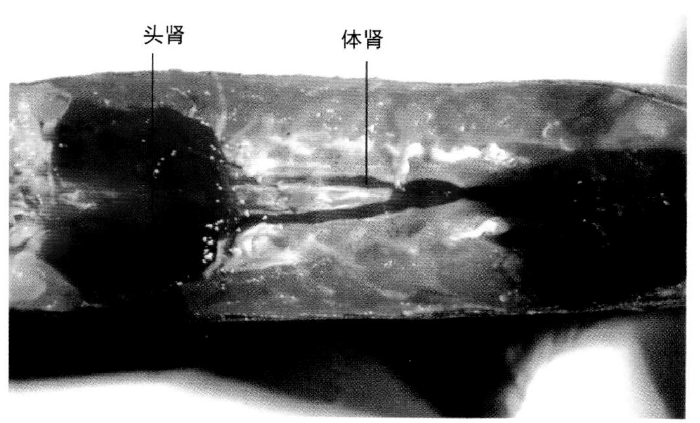

图 2-31-8 内 脏

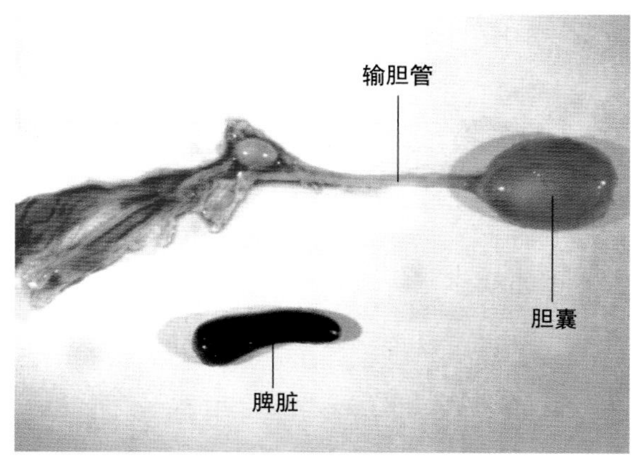

图 2-31-9 胆囊与脾脏

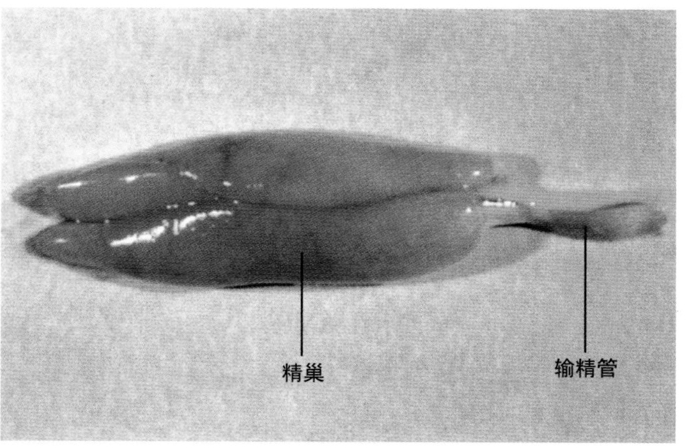

图 2-31-10 肾 脏

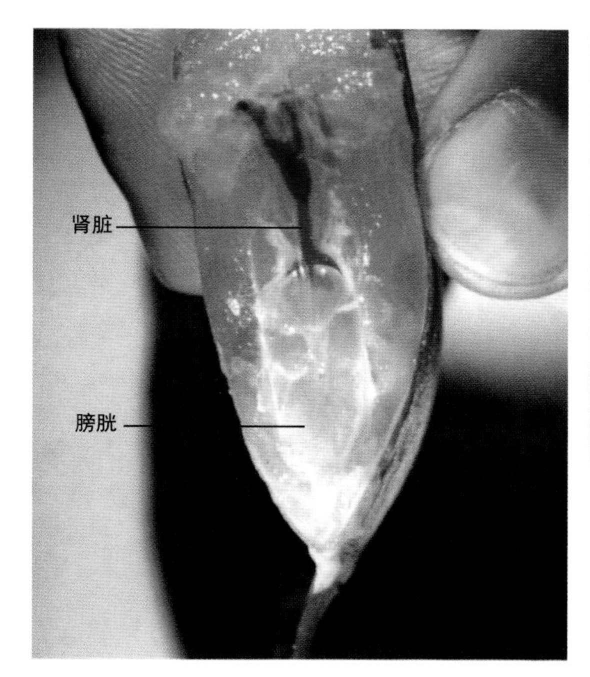

图 2-31-11 排泄系统

精巢
输精管

图 2-31-12 精 巢

（松冈学、西田清德）

2.32 红鳍东方鲀

Takifugu rubripes （Temminck & Schlegel）

红鳍东方鲀为鲀形目、鲀科、东方鲀属鱼类，其解剖图和骨骼图分别见图2-32-1和图2-32-2。

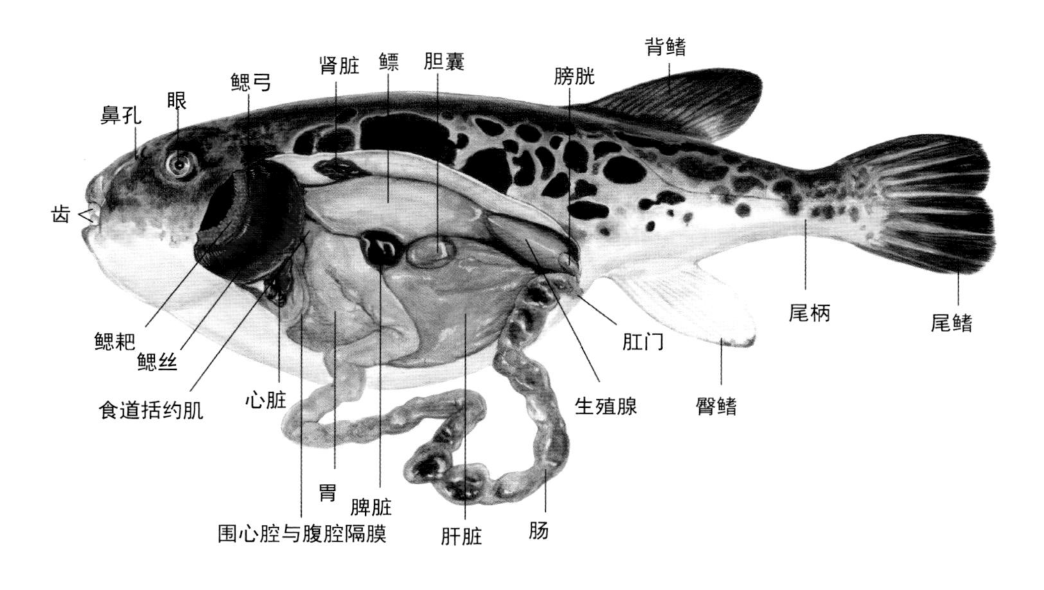

图 2-32-1 解剖图

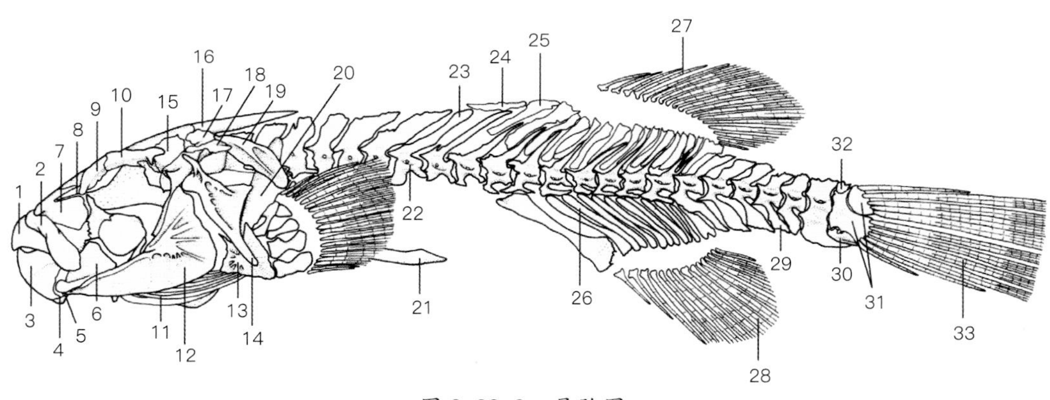

图 2-32-2 骨骼图

1. 前颌骨 2. 上颌骨 3. 齿骨 4. 隅骨 5. 关节骨 6. 方骨 7. 腭骨 8. 犁骨 9. 侧筛骨 10. 额骨 11. 鳃条骨 12. 前鳃盖骨 13. 下鳃盖骨 14. 主鳃盖骨 15. 蝶耳骨 16. 上枕骨 17. 上耳骨 18. 翼耳骨 19. 上匙骨 20. 匙骨 21. 后匙骨 22. 脊椎骨 23. 髓棘 24. 上髓棘 25. 背鳍近端支鳍骨 26. 臀鳍近端支鳍骨 27. 背鳍条 28. 臀鳍条 29. 脉棘 30. 准尾下骨 31. 尾下骨 32. 尾上骨 33. 尾鳍条

2.32.1 外部特征（图 2-32-3，图 2-32-4）

身体背面和腹面密生小棘。胸鳍根部后方体侧有1对具白色边缘的圆形大黑斑，臀鳍白色，成鱼全长70cm左右。

2.32.2 分布、栖息

日本沿海、黄海、东海海域皆有分布，通常栖息在沿岸水域。全长10cm左右时，在浅滩活动，随生长发育逐渐向深水区移动，冬天在外海活动。栖息水温为5～25℃。

2.32.3 成熟、产卵

雌鱼3龄，全长44cm时性成熟，雄鱼2龄，全长36cm时性成熟。全长47～67cm的个体怀卵量为51万～295万粒。产卵期在3月下旬至6月上旬，产卵地点多为湾口及岛屿之间水深20m左右的水流通畅的海底。产卵水温17～20℃。成熟卵直径1.3mm，为球形、黏着性鱼卵，小油球多个，呈直径为0.5～0.9mm的块状。

2.32.4 发育、生长

受精后在水温16～19℃经222h开始孵化。初孵仔鱼全长2.7mm，几小时后开口，孵化1d后可达3.0mm。1周后卵黄渐被吸收，达到3.5mm，10d后腹侧小棘开始出现。全长9.5mm时发育为稚鱼。

野生鱼全长1龄约25cm；2龄32cm；3龄42cm；5龄52cm左右。养殖鱼满1.5龄时体重800g左右，达到上市最小规格。生长适宜水温16～23℃。

2.32.5 食性

稚鱼以底栖小型甲壳类为食，幼鱼多以沙丁鱼幼鱼、虾和蟹类为食，成鱼以虾蟹类、鱼类等为食。养殖鱼多以沙丁鱼、竹筴鱼、鲐、玉筋鱼、秋刀鱼等为饵料，全长10cm以下小个体投喂时需制成鱼糜，大个体可切成适当大小的鱼块进行投喂。水温15℃以下摄食活动下降，14℃以下时停止摄食。

2.32.6 解剖特征（图 2-32-5 ～图 2-32-12）

【口】

口小，端位。上颌不向前突出，口腔稍大，舌大且厚，皮褶表面具色素，两颌的牙齿坚固，愈合呈尖嘴状。犁骨和腭骨无齿。

【脑】

整体呈棒状，明显纵扁。嗅球小，其正后方有较大嗅叶紧密连接。嗅叶背面后部有松果体。下丘脑下叶大，向下凸出。下叶背面的视叶极发达，向两侧凸出。小脑卵形，不大。延髓发达，侧面肥大。

【鳃】

鳃弓4对。鳃耙短，棍棒状。第1鳃弓下鳃耙数7～8个，无上鳃耙。有伪鳃，不发达。

【腹腔】

腹腔稍大。

【消化管】

胃短，壁厚，胃具膨胀囊，吸入水或空气后，可使腹部膨胀。肠长，肠壁厚。消化管在腹腔内盘曲4回。

【肝脏】

肝脏非常大，呈黄白色，由1叶组成。肝脏的主体位于身体右侧。

【胆囊】

长卵圆形，呈袋状。

【脾脏】

长卵圆形。

【鳔】

鳔大，呈长卵圆形。鳔后端细长，鳔膜稍厚。

【骨骼】

头盖骨纵扁，宽阔而坚固。上枕骨稍隆起，后方延长。脊椎骨数22～23根。髓棘侧扁，呈板状。前端5～6个髓棘较宽，后端的尖细。第1至第4脊椎骨上的髓棘短，左右分离。脉关节突向后弯曲，与椎体平行。后方尾椎骨的髓棘和脉棘都呈侧扁板状，前端较宽。背鳍第1软条的髓间棘位于第7和第8髓棘上。此外，臀鳍第1软条的脉间棘位于第11椎体骨脉关节突的下方。

2.32.7 野生鱼与养殖鱼的差异

养殖鱼不分季节，各器官均无毒。

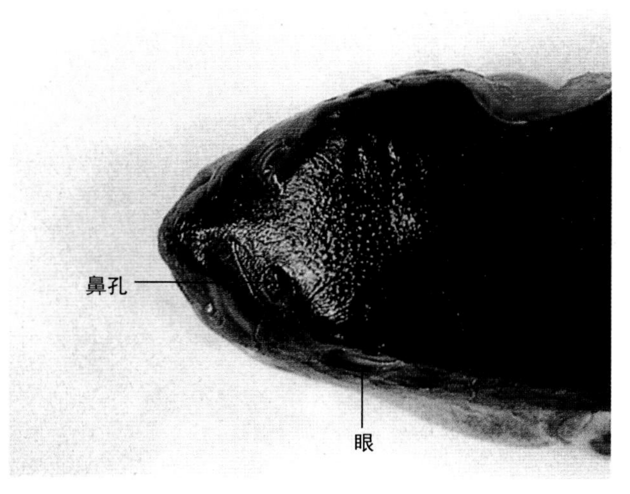

图 2-32-3　头部背面

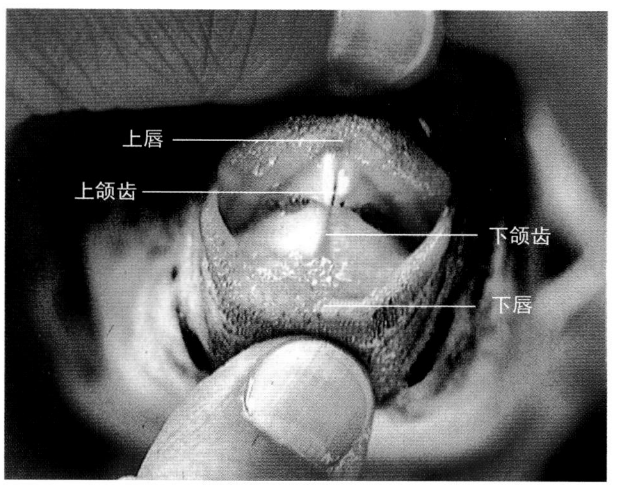

图 2-32-4　口　部

注：口部上下左右各一对齿板

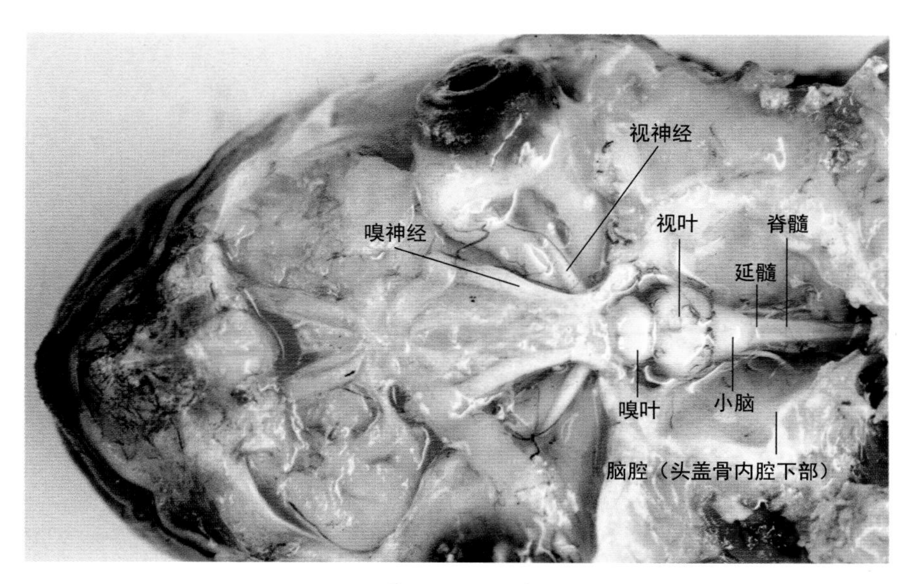

图 2-32-5　脑

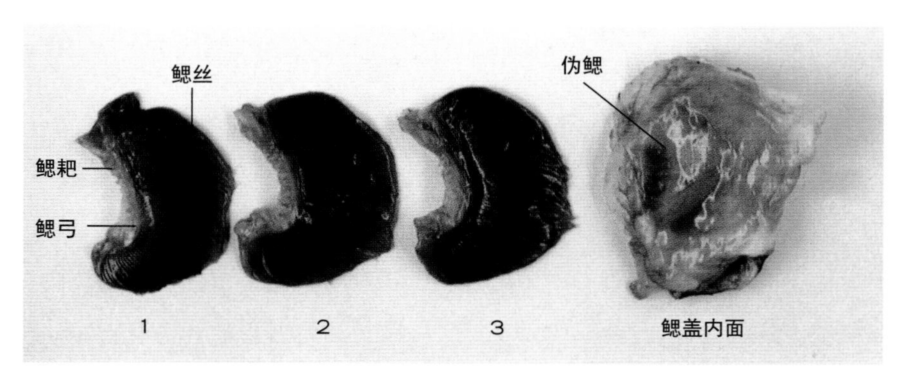

图 2-32-6　鳃

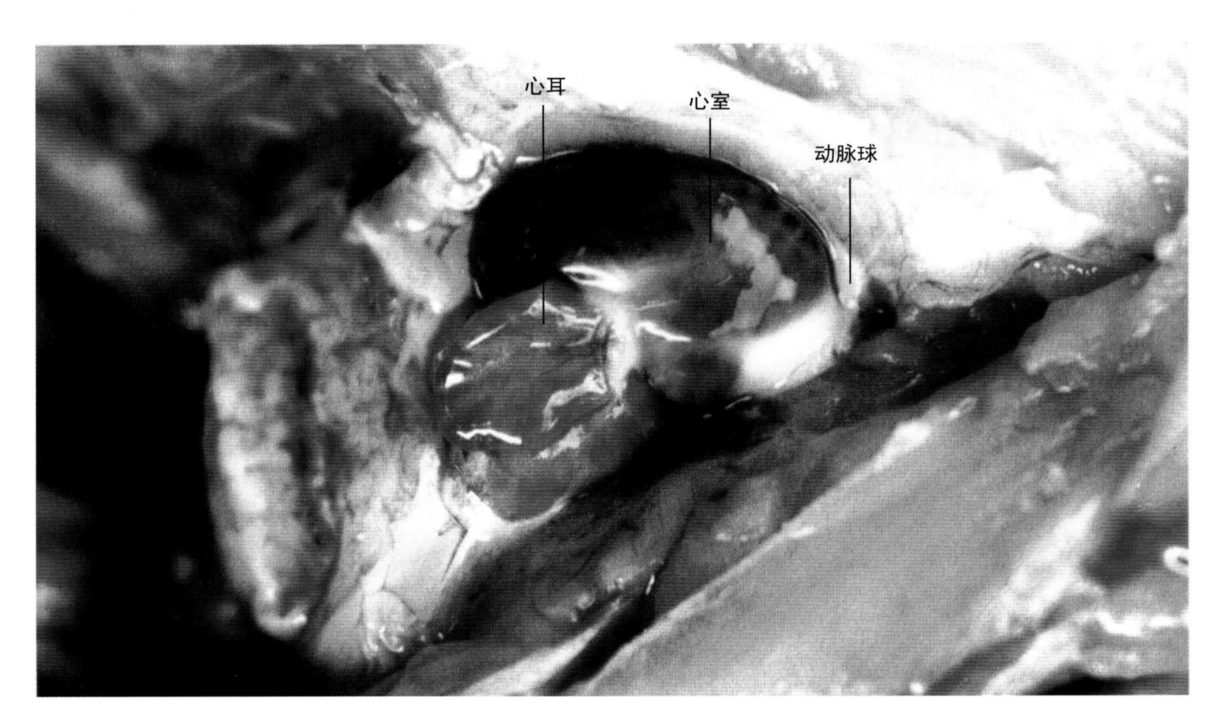

图 2-32-7 心 脏

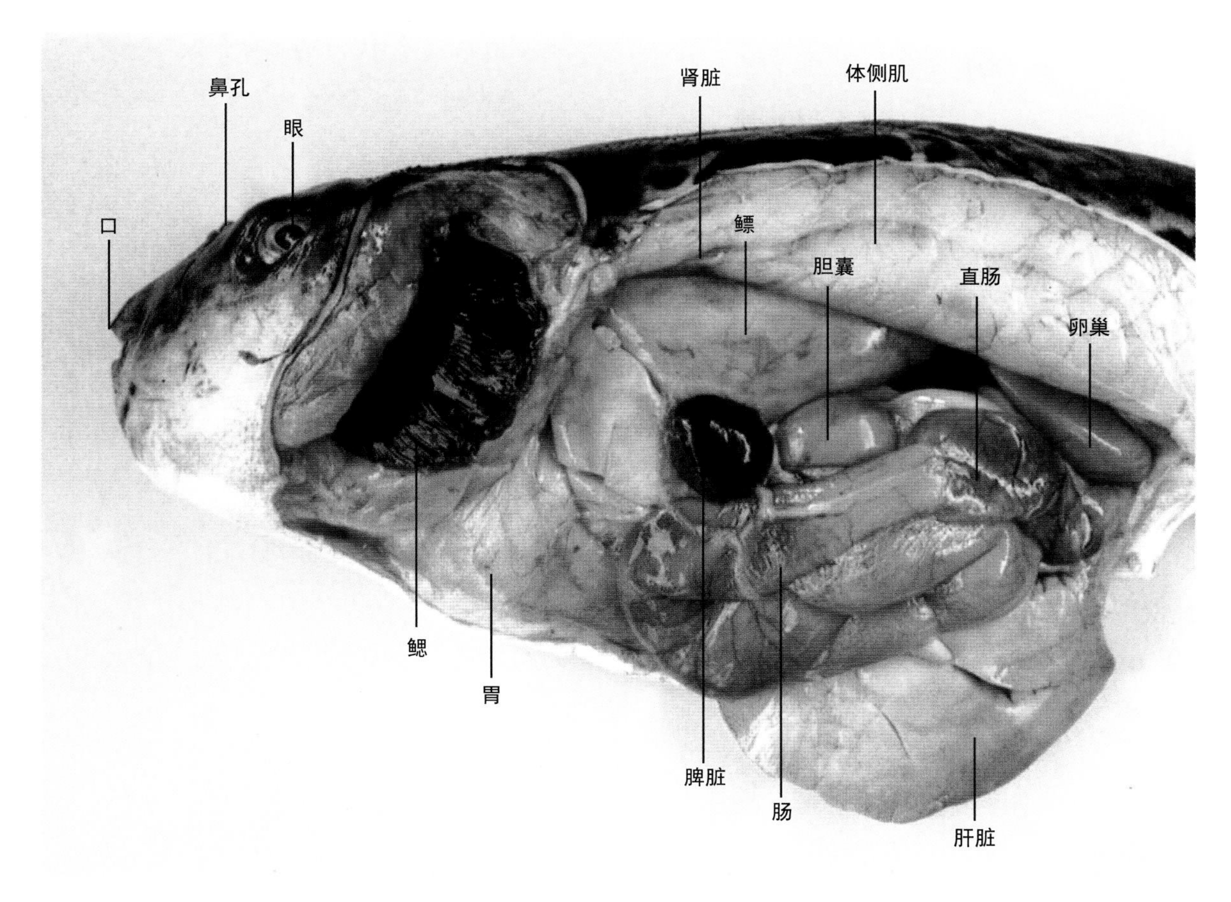

图 2-32-8 头与内脏

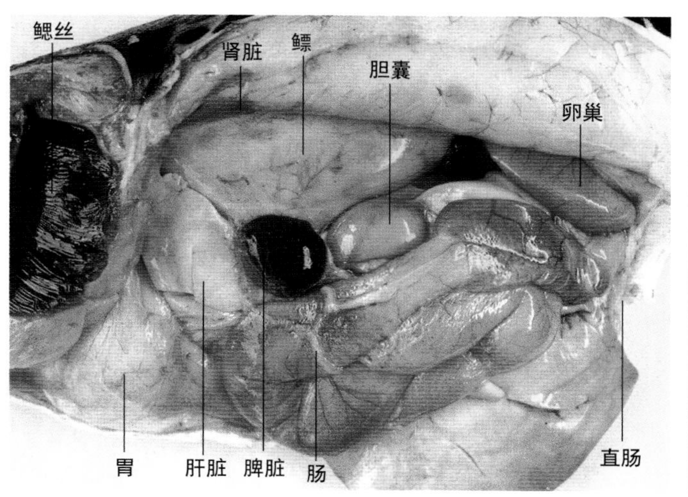

图 2-32-9 内 脏

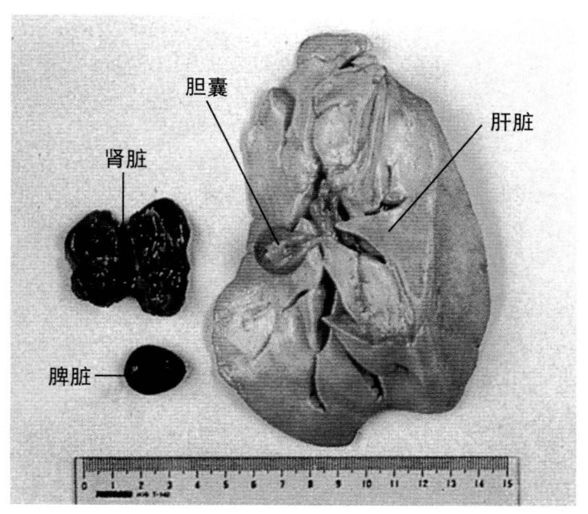

图 2-32-10 内脏（标尺比对）
注：根据标尺，可见不同内脏规格的差异

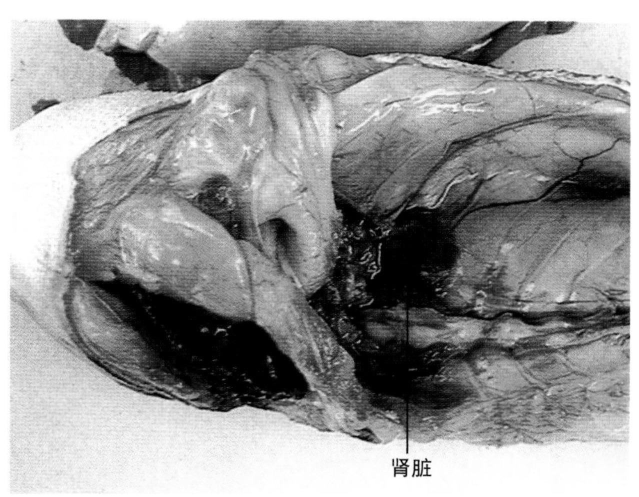

图 2-32-11 肾 脏
注：沿脊椎骨，肾脏左右对称

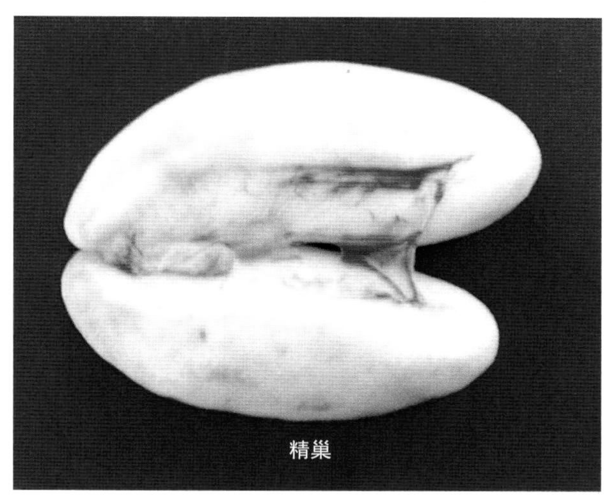

图 2-32-12 生殖腺（豹纹东方鲀）

（盐满捷夫、濑崎启次郎、西田清德）

图书在版编目（CIP）数据

新鱼类解剖图鉴 /（日）木村清志主编；高天翔，张秀梅译 .—北京：中国农业出版社，2021.3
（现代兽医基础研究经典著作）
国家出版基金项目
ISBN 978-7-109-24352-1

Ⅰ. ①新… Ⅱ. ①木… ②高… ③张… Ⅲ. ①鱼类－动物解剖学－图解 Ⅳ. ① Q959.404-64

中国版本图书馆 CIP 数据核字 (2019) 第 186989 号

合同登记号：图字 01－2016－5361 号

新鱼类解剖图鉴
XIN YULEI JIEPOU TUJIAN

中国农业出版社出版
地址：北京市朝阳区麦子店街18号楼
邮编：100125
责任编辑：王金环 郑珂
版式设计：艺天传媒 责任校对：刘丽香 责任印制：王宏
印刷：北京中科印刷有限公司
版次：2021年3月第1版
印次：2021年3月北京第1次印刷
发行：新华书店北京发行所
开本：880mm × 1230mm 1/16
印张：18.25
字数：450千字
定价：150.00元